HANDBUCH DER ANALYTISCHEN CHEMIE

HERAUSGEGEBEN
VON

W. FRESENIUS UND G. JANDER†
WIESBADEN BERLIN

DRITTER TEIL
QUANTITATIVE BESTIMMUNGS- UND
TRENNUNGSMETHODEN

BAND IV a β, δ
ELEMENTE DER VIERTEN HAUPTGRUPPE
II · IV

BERLIN · HEIDELBERG · NEW YORK
SPRINGER-VERLAG
1966

ELEMENTE DER VIERTEN HAUPTGRUPPE

II · IV

GERMANIUM · BLEI

BEARBEITET
VON
DR. GÜNTHER KRAFT
FRANKFURT/MAIN

BERLIN · HEIDELBERG · NEW YORK
SPRINGER-VERLAG
1966

ISBN-13: 978-3-540-03530-5   e-ISBN-13: 978-3-642-48084-3
DOI: 10.1007/978-3-642-48084-3

Alle Rechte, insbesondere das der Übersetzung in fremde Sprachen, vorbehalten
Ohne ausdrückliche Genehmigung des Verlages ist es auch nicht gestattet,
dieses Buch oder Teile daraus auf photomechanischem Wege
(Photokopie, Mikrokopie) zu vervielfältigen
© by Springer-Verlag, Berlin-Heidelberg 1966
Softcover reprint of the hardcover 1st edition 1966
Library of Congress Catalog Card Number 41-36317

Die Wiedergabe von Gebrauchsnamen, Handelsnamen, Warenbezeichnungen usw. in diesem Buche berechtigt auch ohne besondere Kennzeichnung nicht zu der Annahme, daß solche Namen im Sinne der Warenzeichen- und Markenschutz-Gesetzgebung als frei zu betrachten wären und daher von jedermann benutzt werden dürften.
Titel Nr. 5404

Inhaltsverzeichnis.

	Seite
Germanium	1
Blei (Mit 1 Abbildung.)	93

Das Kapitel **Zinn** erscheint zu einem späteren Zeitpunkt als Band IV a γ.

Verzeichnis der Zeitschriften und ihrer Abkürzungen.

Abkürzung	Zeitschrift
A.	LIEBIGS Annalen der Chemie; bis 172 (1874): Annalen der Chemie und Pharmacie.
Acc. Sci. med. Ferrara	Accademia delle scienze mediche di Ferrara.
A. Ch.	Annales de Chimie; vor 1914: Annales de Chimie et de Physique.
Acta Comment. Univ. Tartu	Acta et Commentationes Universitatis Tartuensis (Dorpatensis).
Acta med. Scand.	Acta Medica Scandinavica.
Agricultura	Agricultura.
Am. Chem. J. (Am. Ch.)	American Chemical Journal; seit 1917 vereinigt mit Ann. Soc.
Am. Fertilizer	The American Fertilizer.
Am. J. Physiol.	American Journal of Physiology.
Am. J. Sci.	American Journal of Science.
Am. Soc.	Journal of the American Chemical Society
Am. Soc. Test. Mater. (Am. Soc. Testing Materials)	American Society of Testing Materials.
Anal. Chem.	Analytical Chemistry, früher Ind. Eng. Chem. Anal. Edit.
Anal. chim. Acta	Analytica chimica acta.
Analyst	The Analyst.
An. Argentina	Anales de la asociación química Argentina.
An. Españ.	Anales de la sociedad española de física y química; seit 1941: Anales de fisica y quimica (Madrid).
An. Farm. Bioquim.	Anales de farmacia y bioquimica (Buenos Aires).
Angew. Ch.	Angewandte Chemie, vor 1932: Zeitschrift für angewandte Chemie.
Ann. Acad. Sci. Fenn.	Annales academiae scientiarum fennicae.
Ann. agronom.	Annales agronomiques.
Ann. Chim. anal.	Annales de Chimie analytique et de Chimie appliquée.
Ann. Chim. appl(ic).	Annali di chimica applicata.
Ann. Falsific.	Annales des Falsifications et des Fraudes.
Ann. Office nat. Combustibles liquides	Annales de l'Office National des Combustibles Liquides.
Ann. Phys.	Annalen der Physik (GRÜNEISEN und PLANCK).
Ann. Sci. agronom. Franç.	Annales de la Science agronomique française et étrangère; nach 1930: Annales agronomiques.
Ann. Soc. Sci. Bruxelles	Annales de la société scientifique de Bruxelles, Série A: Sciences mathématiques; Série B: Sciences physiques et naturelles.
Anz. Akad. Wiss. Wien, math.-naturwiss. Kl.	Anzeiger der Akademie der Wissenschaften in Wien, Mathematische-Naturwissenschaftliche Klasse.
Anz. Krakau. Akad.	Anzeiger der Akademie der Wissenschaften, Krakau.
Apoth.-Z.	Apotheker-Zeitung.
Ar.	Archiv der Pharmazie.
Arch. Eisenhüttenw.	Archiv für das Eisenhüttenwesen.
Arch. exp. Pathol.	Archiv für experimentelle Pathologie und Pharmakologie (NAUNYN-SCHMIEDEBERG).
Arch. Math. Naturvidensk (Arch. F. Mathem. og Naturvid.)	Archiv for Mathematik og Naturvidenskab.
Arch. Neerland. Physiol.	Archives Néerlandaises de Physiologie de l'Homme et des Animaux.
Arch. Phys. biol.	Archives de Physique biologique et de Chimie-Physique des Corps organisés.
Arch. Physiol.	Archiv für die gesamte Physiologie des Menschen und der Tiere (PFLÜGER).

VIII Verzeichnis der Zeitschriften und ihrer Abkürzungen

Abkürzung	Zeitschrift
Arch. Sci. biol.	Archivio di scienze biologiche (Italy).
Arch. Sci. phys. nat. Genève.	Archives des Sciences physiques et naturelles, Genève.
Atti Accad. Lincei	Atti della Reale Accademia nazionale dei Lincei.
Atti Accad. Sci. Torino	Atti della Reale Accademia delle Science di Torino.
Atti Congr. naz. Chim. pura applic.	Atti del congresso nazionale di chimica pura ed applicata.
Atti X Congr. int. Chim., Roma (Atti Congr. int. Chim. Roma)	Atti del X Congresso Internazionale di Chimica (Roma).
Austr. J. exp. Biol. med.	
Austr.J.exp.Biol.med.Sci.	Australian Journal of Experimental Biology and Medical Science.
B.	Berichte der Deutschen Chemischen Gesellschaft.
Ber.dtsch.keram.Ges.	Berichte der Deutschen Keramischen Gesellschaft.
Ber.dtsch.pharm.Ges.	Berichte der Deutschen Pharmazeutischen Gesellschaft.
Ber.oberhess.Ges.Naturk.	Bericht der oberhessischen Gesellschaft für Natur- und Heilkunde.
Ber. Wien. Akad.	Sitzungsberichte der Akademie der Wissenschaften, Wien.
Betriebslab.	Betriebslaboratorium; russ.: Sawodskaja Laboratorija.
Biochem. J.	Biochemical Journal.
Biol. Bl.	Biological Bulletin of the Marine Biological Laboratory; seit 1930: Biological Bulletin.
Bio. Z.	Biochemische Zeitschrift.
Bl.	Bulletin de la Société chimique de France; vor 1907: Bulletin de la Société chimique de Paris.
Bl. Acad. Roum.	Bulletin de la section scientifique de l'Académie Roumaine.
Bl. Acad. Russie	Bulletin de l'Academie des Sciences de Russie; seit 1925: Bl. Acad. URSS.
Bl. Acad. Sci. Pétersb.	Bulletin de l'Académie impériale des Sciences, Pétersbourg; seit 1917: Bl. Acad. Russie.
Bl. Acad. URSS.	Bulletin de l'Académie des Sciences de l'U[nion des] R[épubliques] S[oviétiques] S[ocialistes].
Bl. Acad. URSS., Ser. chim.	Bulletin de l'Académie des Sciences de l'U[nion des] R[épubliques] S[oviétiques] S[ocialistes], Sér. chimique.
Bl.agric.chem.Soc.Japan	Bulletin of the Agricultural Chemical Society of Japan.
Bl. Am. phys. Soc.	Bulletin of the American Physical Society.
Bl. Assoc. techn. Fonderie (Bull. [Ass.] techn. Fonderie)	Bulletin de l'Association Technique de Fonderie.
Bl. Biol. pharm.	Bulletin des Biologistes pharmaciens.
Bl. Bur. Mines Washington	Bulletin, Bureau of Mines, Washington.
Bl. chem. Soc. Japan	Bulletin of the Chemical Society of Japan.
Bl.Chim.puraappl. Bukarest (B. Chim. pura aplicata Bukarest)	Buletinul de Chimie Pură si Áplicată (al Societătii Romane de Chimie) Bukarest.
Bl. Inst. physic. chem. Res. (Abstr.) Tôkyô	Bulletin of the Institute of Physical and Chemical Research, Abstracts, Tôkyô.
Bl. Sci. pharmacol.	Bulletin des Sciences pharmacologiques.
Bl. Soc. chim. Belg.	Bulletin de la Société chimique de Belgique.
Bl. Soc. Chim. biol.	Bulletin de la Société de Chimie biologique.
Bl. Soc. chim. Paris	Vgl. Bl.
Bl. Soc. Min.	Bulletin de la Société française de Minéralogie.
Bl. Soc. Mulhouse	Bulletin de la Société industrielle de Mulhouse.
Bl. Soc. Pharm. Bordeaux	Bulletin des Travaux de la Société de Pharmacie de Bordeaux
Bl. Soc. România	Buletinul societatii de chimi din România.
Bodenkunde Pflanzenernähr.	Bodenkunde und Pflanzenernährung: 1. Folge (Band 1 bis 45) heißt: Zeitschrift für Pflanzenernährung, Düngung und Bodenkunde.
Boll. chim. farm.	Bolletino chimico-farmaceutico.
Branntwein-Ind. (russ.)	Branntwein-Industrie (russisch).
Brit. chem. Abstr.	British Chemical Abstracts.
Bur. Stand. J. Res.	Bureau of Standarfs Journal of Research.
C.	Chemisches Zentralblatt.

Verzeichnis der Zeitschriften und ihrer Abkürzungen

Abkürzung	Zeitschrift
Canad. Chem. Metallurgy (*Can. Chem. Met.*)	Canadian Chemistry and Metallurgy; ab Bd. 22 (1938): Canadian Chemistry and Process Industries.
Canadian J. Res.	Canadian Journal of Research.
Časopis českoslov. Lékárn.	Časopis československého, Lékárnietva.
Cereal Chem.	Cereal Chemistry.
Chem. Abstr.	Chemical Abstracts.
Chem. Age	Chemical Age.
Chem. Apparatur	Chemische Apparatur.
Chem. eng. min. Rev.	Chemical Engineering and Mining Review.
Chem. Ind.	Chemistry and Industry.
Chemisat. soc. Agric. (*Chemisat. socialist. Agr.*) (*russ.*)	Chemisation of Socialistic Agriculture (russisch).
Chemist-Analyst	The Chemist-Analyst.
Chem. J. Scr. A	Chemisches Juornal Serie A, Journal für allgemeine Chemie; russ.: Chimitscheski Shurnal Sscr. A, Shurnal obschtschei Chimii.
Chem. J. Ser. B	Chemisches Journal Serie B, Journal für angewandte Chemie; russ.: Chimitscheski Shurnal Sser. B, Shurnal prikladnoi Chimii.
Chem. Listy	Chemické Listy pro vědu a průmysl.
Chem. Metallurg. Eng. (*Chem. Met. Engin.*)	Chemical and Metallurgical Engineering.
Chem. N.	Chemical News.
Chem. Obzor	Chemický Obzor.
Chem. Reviews	Chemical Reviews.
Chem. social. Agric.	Chemisation of socialistic Agriculture; russ.: Chimisazia sozialistitscheskogo Semledelija.
Chem. Trade J. chem. Engr. (*Chem. Trade J.*)	Chemical Trade Journal and Chemical Engineer.
Chem. Weekbl.	Chemisch Weekblad.
Ch. Fabr.	Die chemische Fabrik.
Chim. e Ind. (*Milano*)	Chimica e Industria (Milano).
Chim. Ind.	Chimie & Industrie.
Chim. Ind.17.Congr.Paris	Chimie & Industrie, 17. Congrès, Paris.
Ch. Ind.	Die chemische Industrie.
Ch. Z.	Chemiker-Zeitung.
Ch.Z.Chem.techn. Übersicht	Chemiker-Zeitung, Chemisch-technische Übersicht.
Ch. Z. Repert.	Chemiker-Zeitung, Repertorium.
Coll. Trav. chim. Tchécosl.	Collection des Travaux chimiques de Tchécoslovaqui.
C. r.	Comptes rendus de l'Académie des Sciences.
C. r. Acad. URSS.	Comptes rendus (Doklady) de l'académie des sciences de l'U[nion des] R[épubliques] S[oviétiques] S[ocialistes].
C. r. Carlsberg	Comptes rendus des Travaux du Laboratoire de Carlsberg.
C. r. Soc. Biol.	Comptes rendus de la Société de Biolgie.
Current Sci.	Current Sciencde.
Dansk Tidsskr. Farm.	Dansk Tidssjkrift for Farmaci.
Dingl. J.	DINGLERs Polytechnisches Journal.
Dtsch. med. Wschr.	Deutsche medizinische Wochenschrift.
Dtsch. tierärztl. Wschr.	Deutsche tierärztliche Wochenschrift.
Eng. Min. Journ.	Engineering and Mining Journal.
E. P.	Englisches Patent.
Erzmetall	Zeitschrift für Erzbergbau und Metallhüttenwesen; neue Folge von ,,Metall und Erz".
Fenno-Chem.	Fenno-Chemica.
Finska Kemistsamfundets Medd.	Finska Kemistsamfundets Meddelanden; fortgesetzt unter der Bezeichnung: Fenno-Chemica.
Fortschr. Chem. Physik physik. Chem.	Fortschritte der Chemie, Physik und physikalischen Chemie.
Fr.	Zeitschrift für analytische Chemie (FRESENIUS).
G.	Gazzetta chimica italiana.
Gas- und Wasserfach	Das Gas- und Wasserfach; vor 1922: Journal für Gasbeleuchtung sowie für Wasserversorgung.

Abkürzung	Zeitschrift
Gen. electr. Rev. (General Electric Rev.)	General Electric Review.
Giorn. Biol. appl. Ind. chim. aliment. (G. Biol. appl. Ind. chim.)	Giornale di Biologia Applicata alla Industria Chimica ed Alimentare; ab Bd. 5 (1935): Giornale di Biologia Industriale Agraria ed Alimentare.
Giorn. Chim. ind. ed applic. (Giorn. Chim. ind. appl.)	Giornale di Chimica Industriale ed Applicata.
Glastechn. Ber.	Glastechnische Berichte.
Glückauf	Glückauf, berg- und hüttenmännische Zeitschrift.
H.	Zeitschrift für physiologische Chemie (HOPPE-SEYLER).
Helv.	Helvetica chimica acta.
Ind. Chemist (chem. Manufacturer) (Ind. Chemist a. Chemical Manufacturer)	Industrial Chemist and Chemical Manufacturer.
Ind. chimica	L'Industria chimica, mineraria e metallurgica.
Ind. eng. Chem.	Industrial and Engineering Chemistry.
Ind. eng. Chem. Anal. Edit.	Industrial and Engineering Chemistry, Analytical Edition.
Ing. Chimiste (Bruxelles)	Ingénieur Chimiste (Bruxelles).
Internat. Sugar J.	International Sugar Journal.
J. agric. Sci.	Journal of Agricultural Science.
J. Am. ceram. Soc.	Journal of the American Ceramic Society.
J. Am. Leather Chem.	Journal of the American Leather Chemists' Association.
J. Am. med. Assoc.	Journal of the American Medical Association.
J. Am. pharm. Assoc.	Journal of the American Pharmaceutical Association.
J. Am. Soc. Agron.	Journal of the American Society of Agronomy.
J. Am. Water Works Assoc.	Journal of the American Water Works Association.
J. anal. appl. Chem.	Journal of Analytical and Applied Chemistry.
J. Assoc. offic. agric. Chem.	Journal of the Association of Official Agricultural Chemists.
J. Biochem.	Journal of Biochemistry (Japan).
J. biol. Chem.	Journal of Biological Chemistry.
Jbr.	Jahresberichte über die Fortschritte der Chemie (LIEBIG und KOPP), 1847—1910.
Jb. Radioakt.	Jahrbuch der Radioaktivität und Elektronik.
J. chem. Educat.	Journal of Chemical Education.
J. chem. Ind.	Journal der chemischen Industrie; russ.: Shurnal Chimitscheskoj Promyschlennosti.
J. chem. Physics (J. chem. Phys.)	Journal of Chemical Physics.
J. chem. Soc.	Journal of the Chemical Society of London.
J. chem. Soc. Japan	Journal of the Chemical Society of Japan.
J. Chim. appl. (J. chem. applic.) (russ.)	Journal de Chimie Appliquée (russisch).
J. Chim. phys.	Journal de Chimie physique; seit 1931: ... et Revue générale des Colloides.
J. chos. med. Assoc.	Journal of the Chosen Medical Association (Japan.)
Jernkont. Ann.	Jernkontorets Annaler.
J. Gen. Chem. (USSR)	Journal of general chemistry (USSR).
J. ind. eng. Chem.	Journal of Industrial and Engineering Chemistry; seit 1923: Ind. eng. Chem.
J. Indian chem. Soc.	Journal of the Indian Chemical Society.
J. Indian Inst. Sci.	Journal of the Indian Institute of Sciences.
J. Inst. Brew.	Journal of the Institute of Brewing.
J. Inst. Petrol. Tech.	Journal of the Institution of Petroleum Technologists.
J. Iron. Steel Inst.	Journal of the Iron and Steel Institute.
J. Labor clin. Med.	Journal of Laboratory and Clinical ;Medicine.
J. Landwirtsch.	Journal für Landwirtschaft.
J. of Hyg. (Brit.)	Journal of Hygiene (britisch).
J. opt. Soc. Am.	Journal of the Optical Society of America.
J. Pharm. Belg.	Journal de Pharmacie de Belgique.
J. Pharm. Chim.	Journal de Pharmacie et de Chimie.
J. pharm. Soc. Japan	Journal of the Pharmaceutical Society of Japan.
J. physic. Chem.	Jaurnal of Physical Chemistry.
J. Physiol.	Journal of Physiology.

Abkürzung	Zeitschrift
J. pr.	Journal für praktische Chemie.
J. Pr. Austr. chem. Inst.	Journal and Proceedings of the Australian Chemical Institute.
J. Res. Nat. Bureau of Standards	Journal of Research of the National Bureau of Standards, früher: Bur. Stand. J. Res.
J. Russ. Met. Soc.	Journal of the Russian metallurgical society.
J. S. African chem. Inst.	Journal of the South African Chemical Institute.
J. Sci. Soil Manure	Journal of the Sciences of Soil and Manure (Japan).
J. Soc. chem. Ind.	Journal of the Society of Chemical Industrie (Chemistry and Industry).
J. Soc . chem. Ind. Japan ((Suppl.)	Journal of the Society of Chemical Industry, Japan. Supplement.
J. Soc. Dyers Colourists	Journal of the Society of Dyers and Colourists.
J. Washington Acad. Sci.	Journal of the Washington Academy of Sciences.
J. Zucker-Ind.	Journal der Zuckerindustrie; russ.: Shurnal Sakharnoi Promyschlennosti.
Keem. Teated	Keemia Teated (Tartu).
Kem. Maanedsbl. nord. Handelsbl. kem. Ind.	Kemisk Maanedsblad og Nordisk Handelsblad for Kemisk Industri.
Klin. Wschr.	Klinische Wochenschrift.
Koks u. Chem. (russ.)	Koks und Chemie (russisch).
Kolloidchem. Beih.	Kolloidchemische Beihefte.
Kolloid-Z.	Kolloid-Zeitschrift.
Lantbruks-Akad. Handl. Tidskr.	Kugl. Lantbruks-Akademiens Handlingar och Tidskrift.
Lantbruks-Högskol. Ann.	Lantbruks-Högkolans Annaler.
L. V. St.	Landwirtschaftliche Versuchsstationen.
M.	Monatshefte für Chemie.
Magyar Chem. Folyóirat	Magyar Chemiai Folyóirat (Ungarische chemische Zeitschrift).
Malayan agric. J.	Malayan Agricultural Journal.
Medd. Centralanst. Försöksväs. jordbruks., landwirtssh.-chem. Abt.	Meddelande från Centralanstalten för Försöksväsendet på Jordbruksområdet, landbrukskemi.
Medd. Nobelinst.	Meddelanden från K. Vetenskapsakademiens Nobelinstitut.
Med. Doswiadczalna i Spoleszna	Medycyna Doswiadczalna i Spoleczna.
Mem. Sci. Kyoto Univ.	Memoirs of the College of Science, Kyoto Imperial University.
Metal Ind. (London)	Metal Industry (London).
Metallurgia ital. (Metallurg. Ital.)	Metallurgia Italiana.
Metallwirtschaft (Metallwirtsch., Metallwiss., Metalltechn.)	Metallwirtschaft, Metallwissenschaft, Metalltechnik.
Met. Erz	Metall und Erz.
Mikrochemie (Mikrochem.)	Mikrochemie, vereinigt mit Mikrochimica acta.
Mikrochim. A.	Mikrochimica acta.
Milchw. Forsch.	Milchwirtschaftliche Forschungen.
Mitt. berg- u. hüttenmänn. Abt. kgl. ung. Palatin-Joseph-Universität Sopron	Mitteilungen der berg- und hüttenmännischen Abteilung der königlich ungarischen Palatin-Joseph-Universität, Sopron.
Mitt. Forsch.-Anst. G. H. Hütte (Gutehoffnungshütte-Konzerns)	Mitteilungen aus den Forschungsanstalten des Gutehoffnungshütte-Konzerns.
Mitt. Geb. Lebensmitteluntersuch. Hyg.	Mitteilungen auf dem Gebiet der Lebensmitteluntersuchung und Hygiene.
Mitt. Kali-Forsch.-Anst.	Mitteilungen der Kali-Forschungsanstalt.
Mitt. K.W.I. Eisenforschg. (Düsseldorf)	Mitteilungen aus dem Kaiser-Wilhelm-Institut für Eisenforschung zu Düsseldorf.
Nachr. Götting. Ges.	Nachrichten der Kgl. Gesellschaft der Wissenschaften, Göttingen; sei 1923 fällt „Kgl." fort.
Nature	Nature (London)
Naturwiss.	Naturwissenschaften.
Natuurwetensch. Tijdschr.	Natuurwetenschappelijk Tijdschrift.

Abkürzung	Zeitschrift
Nederl. Tijdschr. Genekes.	Nederlandsch Tijdschrift voor Geneeskunde.
Neues Jahrb. Mineral.Geol.	Neues Jahrbuch für Mineralogie, Geologie und Paläontologie.
New Zealand J. Sci. Tech.	New Zealand Journal of Since and Technology.
Norsk Geol. Tidsskr.	Norks geologisk tidsskrift.
Nuclear Sci. Abstracts	Nuclear science Abstracts.
Öst. Ch. Z.	Österreichische Chemiker-Zeitung.
Onderstepoort J. Vet. Sci.	Onderstepoort Journal of Veterinary Science and Animal Industry.
P. C. H.	Pharmazeutische Zentralhalle.
Ph. Ch.	Zeitschrift für physikalische Chemie.
Pharm. Weekbl.	Pharmaceutisch Weekblad.
Pharm. Z.	Pharmaceutische Zeitung.
Phil. Mag.	Philosophical Magazine and Journal of Science.
Phil. Trans.	Philosophical Transactions of the Royal Society of London.
Phys. Rev.	Physical Review.
Phys. Z.	Physikalische Zeitschrift.
Plant Physiol.	Plant Physiology.
Pogg. Ann.	Annalen der Physik und Chemie, herausgegeben von POGGENDORFF (1824—1877); dann Wied. Ann. (1877—1899); seit 1900: Ann. Phys.
Pr. Am. Acad.	Proceedings fo the American Academy of Arts and Sciences, Boston.
Pr. Am. Soc. Test. Mater. (Pr. Am. Soc. for testing Materials)	Proceedings of the American Society for Testing Materials.
Pr. (chem. Soc.)	Proceedings of the Chemical Society (London).
Pr. Indian Acad. Sci.	Proceedings of the Indian Academy of Sciences.
Pr. internat. Soc. Soil Sci.	Proceedings of the International Society of Soil Science.
Pr. Leningrad Dept. Inst. Fert.	Proceedings of the Leningrad Departmental Institute of Fertilizers.
Pr. Roy. Soc. Edinburgh	Proceedings of the Royal Society of Edinburgh.
Pr. Roy. Soc. London Ser. A.	Proceedings of the Royal Society (London). Serie A: Mathematical and Physical Sciences.
Pr. Roy. Soc. New South Wales	Proceedings of the Royal Society of New South Wales.
Pr. Soc. Cambridge	Proceedings of the Cambridge Philosophical Society.
Problems Nutrit.	Problems of Nutrition; russ.: Woprossy Pitanija.
Pr. Oklahoma Acad. Sci.	Proceedings of the Oklahoma Academy of Science.
Pr. Soc. exp. Biol. Med.	Proceedings of the Society for Experimental Biology and Medicine.
Pr. Utah Acad. Sci.	Proceedings of the Utah Academy of Sciences.
Przemysl Chem.	Przemysl Chemiczny.
Publ. Health Rep.	Public Health Reports.
R.	Recueil des Travaux chimiques des Pays-Bas.
Radium	Le Radium, seit 1920: Journal de Physique et Le Radium.
Rep. Central Inst. Metals	Reports of the central Institute for Metals (Leningrad).
Rep. Connecticut agric. Exp. Stat.	Report of the Connecticut Agricultural Experiment Station.
Repert. anal. Chem.	Repertorium der analytischen Chemie (1881—1887).
Repert. Chim. appl.	Répertoire de Chimie pure et appliquée (von 1864 ab: Bulletin de la Société chimique de France).
Rep. Invest. (Rep. Investig.)	United States Department Interior, Bureau of Mines, Report of Investigation.
Rev. brasil. chim. (Revista brasileira de chimica)	Revista Brasileira de Chimica (São Paulo).
Rev. Centro Estud. Farm. Bioquim.	Revista del centro estudiantes de farmacia y bioquimica.
Rev. Met.	Revue de Métallurgie.
Rev. univ. des Min.	Revue universelle des Mines.
Roczniki Chem.	Roczniki Chemji.
Schweiz. Apoth. Z.	Schweizerische Apotheker-Zeitung.
Schweiz. med. Wschr.	Schweizerische-medizinische Wochenschrift.

Abkürzung	Zeitschrift
Schw. J.	Schweiggers Journal für Chemie und Physik (Nürnberg, Berlin 1811—1833, 68 Bde.).
Science	Science (New York).
Sci. Pap. Inst. Tôkyô	Scientific Papers of the Institute of Physical and Chemical Research Tôkyô.
Sci. quart. nat. Univ. Pekin	Science Quarterly of the National University of Peking.
Sci. Rep. Res. Inst. Tôhoku Univ.	Science Reports of the research institutes Tohoku university.
Sci. Rep. Tôhoku (Imp. Univ.)	Science Reports of the Tôhoku Imperial University.
Skand. Arch. Physiol.	Skandinavisches Archiv für Physiologie.
Soc.	Journal of the Chemical Society of London.
Soc. chem. Ind. Victoria (Proc.)	Society of Chemical Industry of Viktoria, Preseedings.
Soil Sci.	Soil Science.
Spectrochim. Acta	Spectrochimica Acta.
Sprechsaal	Sprechsaal für Keramik-Gas-Email.
Stahl Eisen	Stahl und Eisen.
Svensk. Tekn Tidskr.	Svensk Teknisk Tidskrift.
Sr. V.A.H. (Sv VAH, Sv. Vet. Akad, Handl.)	Svenska Vetenskaps-Akademiens-Handlingar.
Techn. Mitt. Krupp	Technische Mitteilungen Krupp.
Tôhoku J. exp. Med.	Tôhoku Journal of Experimental Medicine.
Trans. Am. electrochem. Soc.	Transactions of the American Electrochemical Society.
Trans. Am. Inst. min. metalling. Eng. (Trans. Am. Inst. Min. Eng.)	Transactions of the American Institute of Mining and Metallurgical Engineers.
Trans. Butlerov Inst. chem. Technol. Kazan	Transactions of the Butlerov Institute; (seit 1935; Kirov Institute) for Chemical Technology of Kazan.
Trans. ceram. Soc. England	Transactions of the Ceramic Society, England; ab Bd. 38 (1939): Transactions of the British Ceramic Society.
Trans. Dublin Soc.	Scientific Transactions of the Royal Dublin Society.
Trans. Faraday Soc.	Transactions of the Faraday Society.
Trans. Roy. Soc. Edinburgh	Transactions of the Royal Society of Edinburgh.
Trans. sci. Inst. Fert.	Transactions of the Scientific Institute of Fertilizers and Insectofungicides (USSR).
Trans. Sci. Soc. China	Transactions of the Science Society of China.
Trav. Inst. Etat Radium (russ.)	Travaux de l'Institut d'Etat de Radium (russisch).
Trav. Lab. biogeochim. Acad. Sci. URSS.	Travaux du laboratoire biogéochimique de l'académic des sciences de l'U[nion des] R[épubliques] S[oviétiques] S[ocialistes].
Uchen. Zapiski Kazan. Gosud. Univ.	Uchenye Zapiski Kazanskogo Gosudarstvennogo Universiteta (USSR)..
Ukrain. chem. J.	Ukraine Chemical uournal (Journal chimique de l'Ukraine).
Union pharm.	Union pharmeuftice.
Union S. Africa Dept. Agric	Union of South Africa. Department of Agriculture.
Univ. Illinois Bl.	University of Illinois, Bulletin.
Univ. Toronto Studies, Geol. Ser.	University of Toronto Studies, Geologycal series.
U. S. Dep. Commerce Bur. Mines Bl. (U. S. Bur. Min. B.)	U. S. Department of Commerce, Bureau of Mines, Bulletin.
U. S. Dep. Interior Bur. (U. S. Mines Bull.)	United States Department of the Interior, Bureau of Mines, Bulletin.
U. S. Dept. Agric. Bl.	United States Department of Agriculture, Bulletins.
U. S. Geol. Surv. Bl.	United States Geological Survey Bulletin.
Verh. phys. Ges.	Verhandlungen der Deutschen physikalischen Gesellschaft.
Vorratspflege u. Lebensmittelforsch.	Vorratspflege und Lebensmittelforschung.

Abkürzung	Zeitschrift
Washington Acad. Science	Journal of the Washington Academy of Sciences.
Wschr. Brauerei	Wochenschrift für Brauerei.
Wied. Ann.	Annalen der Physik und Chemie, herausgegeben von WIEDEMANN; s. Pogg. Ann.
Wien. klin. Wschr.	Wiener klinische Wochenschrift.
Wien. med. Wschr.	Wiener medizinische Wochenschrift.
Wiss. Nachr. Zucker-Ind.	Wissenschaftliche Nachrichten der Zuckerindustrie (ukrain.).
Wiss. Veröffentl. Siemens-Konzern	Wissenschaftliche Veröffentlichungen aus dem SIEMENS-Konzern (seit 1935: aus den SIEMENS-Werken).
Z. anorg. Ch.	Zeitschrift für anorganische und allgemeine Chemie.
Zbl. Min. Geol. Paläont. Abt. A	Zentralblatt für Mineralogie, Geologie und Paläontologie, Abt. A: Mineralogie und Petrographie.
Z. Chem. Ind. Kolloide	Zeitschrift für Chemie und Industrie der Kolloide; seit 1913: Kolloid-Zeitschrift.
Z. Deutsch. Öl- u. Fettind.	Zeitschrift für Deutsche Öl- und Fettindustrie.
Z. El. Ch.	Zeitschrift für Elektrochemie.
Zentr. wiss. Forsch.-Inst. Leder-Ind.	Zentrales wissenschaftliches Forschungsinstitut für die Lederindustrie; russ: Zentralny nautschno-issledowatelski Institut koshewennoi Promyschlennosti, Sbornik Rabot.
Z. ges. Brauw.	Zeitschrift für das gesamte Brauwesen.
Z. ges. Kältetechnik (-Industrie)	Zeitschrift für die gesamte Kältetechnik (-Industrie).
Z. Hygiene	Zeitschrift für Hygiene und Infektionskrankheiten.
Z. klin. Med.	Zeitschrift für klinische Medizin.
Z. Krist.	Zeitschrift für Kristallographie und Mineralogie.
Z. landw. Vers.-Wes. Österr	Zeitschrift für das landwirtschaftliche Versuchswesen in Deutsch-Österreich; 1925—1933 genannt: Fortschritte der Landwirtschaft.
Z. Lebensm.	Zeitschrift für Untersuchung der Lebensmittel; bis 1925; Zeitschrift für Untersuchung der Nahrungs- und Genußmittel sowie der Gebrauchsgegenstände.
Z. Metallkunde	Zeitschrift für Metallkunde.
Z. Naturforschg.	Zeitschrift für Naturforschung.
Z. Oberschl. Berg. u. Hüttenmänn. Verb.	Zeitschrift des Oberschlesischen Berg- und Hüttenmännischen Verbandes.
Z. öffentl. Ch.	Zeitschrift für öffentliche Chemie.
Z. Pflanzenernähr. Düng. Bodenkunde	Vgl. Bodenkunde Pflanzenernähr.
Z. Phys.	Zeitschrift für Physik.
Z. pr. Geol.	Zeitschrift für praktische Geologie.
Zpráry česk. keram. společnosti	Zprávy československé keramické společnosti.
Z. techn. Phys. (russ.)	Zeitschrift für technische Physik (russ.).
Z. VDI (Z. Ver. dtsch. Ing.)	Zeitschrift des Vereins Deutscher Ingenieure.

Abkürzungen oft benutzter Sammelwerke.

Abkürzung	Sammelwerk
Berl-Lunge	BERL-LUNGE: Chemisch-technische Untersuchungsmethoden, 8. Aufl. Berlin 1931—1934. Bis zur 7. Aufl. „LUNGE-BERL" genannt.
GM.	GMELINS Handbuch der anorganischen Chemie, 8. Aufl. Berlin.
Handbuch Pflanzenanal.	Handbuch der Pflanzenanalyse (KLEIN).
Lunge-Berl	Vgl. BERL-LUNGE.
Schiedsverfahren	Analyse der Metalle. Erster Band: Schiedsverfahren. 2. Aufl. Berlin/Göttingen/Heidelberg 1949.

ELEMENTE DER
VIERTEN HAUPTGRUPPE
II · IV

Germanium*.

Ge; Atomgewicht 72,60; Ordnungszahl 32

Inhaltsübersicht.

§ 1. Gravimetrische Bestimmungsverfahren 4
    A. Chemische Verfahren 4
        1. Bestimmung als GeO_2 4
           Allgemeines 4
           I. Eigenschaften des GeO_2 4
           II. Löslichkeit von GeO_2 5
           III. Analysenvorschriften 6
              a) Bestimmung als GeO_2 nach Fällung als GeS_2 6
                  α) Fällung des GeS_2 6
                  β) Überführung von GeS_2 in GeO_2 9
                  γ) Genauigkeit 10
                  δ) Direkte Bestimmung als GeS_2 10
              b) Bestimmung als GeO_2 nach Fällung mit Tannin 11
              c) Bestimmung als GeO_2 nach Fällung mit o-Diphenolen 13
              d) Bestimmung als GeO_2 nach Fällung als 5,6-Benzochinolinsalz der komplexen Oxalato-germanium(IV)-säure 13
        2. Bestimmung als $MgGeO_4$ 14
        3. Bestimmung als Salz organischer Basen der Ge-Mo-Heteropolysäure . . . 15
           Allgemeines 15
           I. Fällung mit Pyridin 15
           II. Fällung mit Cinchonin 17
           III. Fällung mit 8-Oxichinolin 18
           IV. Fällung mit 5,7-Dibrom-8-oxichinolin 18
           V. Fällung mit Guanidin 19
           VI. Fällung mit Chinolin 19
           VII. Fällung mit Tetraphenylarsoniumchlorid 19
           VIII. Sonstige Verfahren 20
           IX. Kritische Wertung der Verfahren 20
        4. Bestimmung als Ba-Salz der komplexen Tartratogermanium(IV)-säure . . 21
        5. Bestimmung als Cd-Phenanthrolinsalz der Brenzcatechin-Germaniumsäure 22
    B. Elektroanalytische Verfahren 22

§ 2. Titrimetrische Bestimmungsverfahren 23
    A. Acidimetrische Titrationsverfahren 23
        1. Direkte Titration 23
        2. Titration nach Zusatz von Mannit 23
        3. Titration nach Zusatz von o-Diphenolen 24
        4. Titration von Salzen der Germanomolybdänsäure 25
    B. Oxidimetrische Titrationsverfahren 25
        1. Jodometrische Bestimmung der bei der Komplexbildung mit Mannit oder o-Diphenolen gebildeten Säure 25
        2. Jodometrische Titration nach Reduktion zu Ge(II) 26
        3. Jodometrische Titration des Thiogermanations 26
        4. Jodometrische Titration des Bariumchromats nach Fällung des Ge als Bariumgermanotartrat 27
        5. Titration von Salzen der Germanomolybdänsäure 27

---

* Unter Verwertung eines Manuskriptes von P. ROYEN (Frankfurt/Main) aus dem Jahre 1947, für dessen Überlassung auch an dieser Stelle bestens gedankt sei.

   I. Jodometrische Titration des Oxinsalzes 27
   II. Vanadometrische Titration des Dibromoxinsalzes 28
 C. Fällungstitrimetrische Verfahren 28
  1. Fällung der Germanomolybdänsäure mit Nitron 28
  2. Fällung von Ge(II) mit Gallussäure 29
  3. Fällung von Ge mit Diäthyldithiophosphorsäure 29
 D. Komplexbildungstitrationen 29
  1. Titration mit Äthylendiamintetraessigsäure 29
   I. Durch Rücktitration 29
   II. Durch indirekte Titration 30
  2. Titration mit Brenzcatechinlösung 30

§ 3. Photometrische Bestimmungsverfahren 30

 A. Photometrische Bestimmung mit Hilfe anorganischer Reagenzien 30
 Allgemeines 30
  1. Bestimmung als gelbe Germanomolybdänsäure 31
   I. in wäßriger Lösung 31
   II. nach Extraktion mit organischen Lösungsmitteln 33
  2. Bestimmung als Germanovanadomolybdänsäure 34
  3. Bestimmung als Molybdänblau 35
   I. in wäßriger Lösung 35
    a) Reduktion mit Hydrochinon und Sulfition 35
    b) Reduktion mt Fe(II) 36
    c) Reduktion mit Ascorbinsäure 37
    d) Reduktion mit einer Mo(VI)/Mo(V)-Lösung 38
    e) Reduktion mit Metol und Disulfition 38
   II. in organischer Lösung 39

 B. Photometrische Bestimmung mit Hilfe organischer Reagenzien . 40
  1. Bestimmung mit Phenylfluoron 40
   I. in wäßriger Lösung 40
   II. in organischer Lösung 43
  2. Bestimmung mit anderen Fluoron-Derivaten 44
  3. Bestimmung mit Quercetin und dessen Derivaten 46
  4. Bestimmung mit oxydiertem Hämatoxylin 47
  5. Bestimmung mit Chinalizarin 47
  6. Bestimmung mit Dianthrimid 48
  7. Bestimmung mit Brenzcatechinderivaten 49
   I. mit Nitrobrenzcatechin 49
   II. mit Brenzcatechinviolett 49
  8. Bestimmung mit weiteren organischen Reagenzien 49

 C. Turbidimetrische und fluorimetrische Verfahren 50

§ 4. Polarographische Bestimmungsverfahren 50
Allgemeines 50

 A. Polarographie des Germaniums (IV) 51
  1. Analyse nichtkomplexer Ge-Lösungen 51
   I. Grundlagenuntersuchungen 51
   II. Anwendungen 52
  2. Analyse komplexer Ge-Lösungen 53
   I. Ge-Komplexe mit o-Diphenolen 53
   II. Ge-Salicylsäure-Komplex 53
   III. Ge-Molybdänsäure 53

 B. Polarographie des Germaniums (II) 54
  1. Reduktion 54
  2. Oxydation 55

§ 5. Spektrochemische Bestimmungsverfahren 55
Allgemeines 55

 A. Flammenspektrometrie 55

B. Emissionsspektralanalyse 56
  Allgemeines 56
    1. Lösungsspektralanalyse 56
    2. Analyse fester Proben 57
C. Röntgenspektralanalyse (Röntgenfluorescenzanalyse) 61

§ 6. Radiochemische Bestimmungsverfahren 63

§ 7. Trennungsverfahren 64
A. Chemische Verfahren 64
  1. Fällungen 64
    I. Trennung mit nachfolgender direkter Ge-Bestimmung 64
    II. Trennung durch Mitfällung 65
    III. Trennung durch Reduktion 66
  2. Destillation 66
    I. Destillation als $GeCl_4$ 66
    II. Destillation als $GeBr_4$ 68
  3. Extraktion 69
    I. als $GeCl_4$ 69
      Allgemeines 69
      a) mit CCl_4 69
      b) mit $CHCl_3$ 70
      c) mit Methylisobutylketon 71
      d) mit hochmolekularen Aminen 71
    II. als $GeBr_4$ 71
    III. als GeJ_4 71
    IV. als Thiogermanation 72
    V. als Germaniummolybdänsäure 72
    VI. Sonstiges 72
B. Chromatographische Verfahren 72
  1. Ionenaustauschverfahren 72
    I. Anionenaustausch 72
    II. Kationenaustausch 73
    III. Mischbettaustauscher 73
    IV. Cellulosesäulen 73
  2. Papierchromatographie 74
  3. Gaschromatographie 75

§ 8. Aufschlußverfahren 75
Allgemeines 75
A. Aufschluß anorganischen Materials 76
  1. Lösen des Metalls 76
  2. Lösen von Erzen, Silicaten, Flugstäuben 76
    Allgemeines 76
    I. Löseverfahren 76
    II. Aufschlußverfahren 77
B. Aufschluß von Kohle 78
  Allgemeines 78
  1. Trockener Aufschluß 78
  2. Nasser Aufschluß 79
C. Aufschluß organischen Materials 79
  Allgemeines 79
  1. Nasser Aufschluß 79
  2. Trockener Aufschluß 80
D. Aufschluß von Germaniumwasserstoffen 80

§ 9. Untersuchung von Ge-Metall, GeO_2 und $GeCl_4$ auf Reinheit 80
Allgemeines 80

A. Chemische Verfahren 81
   1. Bestimmung des Arsens 81
   2. Bestimmung des Antimons 81
   3. Bestimmung des Bors 82
   4. Bestimmung des Galliums 82
   5. Bestimmung des Indiums 82
   6. Bestimmung des Kobalts 82
   7. Bestimmung des Kupfers 82
   8. Bestimmung des Kohlenstoffs 82
   9. Bestimmung des Phosphors 82

B. Spektrochemische Verfahren 83

C. Aktivierungsanalyse 83

D. Massenspektrometrie 84

E. IR-Analyse 84

Literatur 84

§ 1. Gravimetrische Bestimmungsverfahren.

A. Chemische Verfahren.

1. Bestimmung als GeO$_2$.

Allgemeines. Die älteste Bestimmungsform für Ge ist die gravimetrische als GeO$_2$; sie wird bereits von WINKLER [1] in seiner klassischen Publikation über die Entdeckung dieses Elements beschrieben. Als Fällungsform verwendet er GeS$_2$, das sich aus relativ stark schwefelsauren Lösungen quantitativ abscheidet. Er erkannte auch bereits, daß GeS$_2$ als Wägungsform ungeeignet ist, weil es praktisch stets mit freiem Schwefel verunreinigt ist.

Etwa 50 Jahre lang ist dieses Verfahren von WINKLER Stand der analytischen Chemie des Ge geblieben. Es wurde erstmals wieder in den zwanziger Jahren dieses Jahrhunderts aufgegriffen, wobei lediglich hinsichtlich der Überführung des GeS$_2$ in GeO$_2$ Verbesserungen erzielt werden konnten.

Erst mit dem Auffinden einiger organischer Fällungsreagenzien wurden neue Wege zur Abscheidung von Ge in einer Form beschritten, die eine Bestimmung als GeO$_2$ ermöglichen.

I. Eigenschaften des GeO$_2$.

GeO$_2$ ist eine weiße Substanz, die nach MÜLLER und BLANK [2] in zwei allotropen Modifikationen existiert. Außerdem ist eine amorphe Form bekannt. Nach LAUBENGAYER und MORTON [3] sind die beiden kristallinen Modifikationen enantiotrop. Ihr Umwandlungspunkt liegt bei (1033 ± 10) °C; die Umwandlungsgeschwindigkeit ist nur gering. Die eine Form ist löslich, sie kristallisiert kubisch; die andere ist unlöslich, sie kristallisiert tetragonal. Der Schmelzpunkt des löslichen GeO$_2$ liegt bei (1116 ± 4) °C, derjenige des unlöslichen bei (1086 ± 5) °C [3]. TCHAKIRIAN [4] und HOLNESS [5] nennen als Schmelzpunkt — allerdings ohne Zuordnung zu einer der beiden Formen — 1025 °C, MÜLLER und BLANK [2] sprechen von 1090 bis 1100 °C.

Die unlösliche Form bildet sich nach MÜLLER und BLANK [2] beim Eindampfen einer wäßrigen GeO$_2$-Lösung und mehrstündigem Erhitzen des erhaltenen Rückstandes auf 380 °C zu etwa 15%. Völlige Umwandlung wird nach SCHWARZ und HASCHKE [6] dadurch erreicht, daß man den bei 380 °C geglühten Rückstand wiederholt mit einer gesättigten NH$_4$F-Lösung durchtränkt und erneut bei der gleichen Temperatur längere Zeit glüht. Von PFLUGMACHER und KELLERMANN [7] wird mitgeteilt, daß Alkalispuren die Bildung des unlöslichen GeO_2 beim Glühen stark begünstigen.

Gefälltes und bei 110 °C getrocknetes GeO_2 enthält nach DENNIS und PAPISH [8] noch viel Wasser. Eine völlige Entwässerung wird erst durch Glühen auf 900 °C erreicht. Auch ein durch Hydrolyse von $GeCl_4$ erhaltenes GeO_2, das stets noch chlorhaltig ist, wird durch Glühen völlig chlorfrei. Nach SCHWARZ und HUF [10] ist hierfür eine Temperatur von 800 °C ausreichend.

Für die Analyse ist die Existenz zweier GeO_2-Modifikationen mit so ausgeprägten Unterschieden in der Löslichkeit insofern von Bedeutung, als beim Weiterverarbeiten eines — wenn auch nur schwach — geglühten GeO_2-Niederschlages nicht ohne weiteres mehr mit seiner Löslichkeit in Wasser gerechnet werden darf. Dies gilt, wie BRADACS, LADENBAUER und HECHT [9] unter Verwendung von radioaktivem ^{71}Ge gezeigt haben, auch beim Lösen in Ammoniak; eine gewisse Aktivität verbleibt stets im Unlöslichen.

II. Löslichkeit von GeO_2.

Die Löslichkeitsangaben in der Literatur liefern kein einheitliches Bild. Es zeigt sich, daß die Wasserlöslichkeit stark von der Vorgeschichte des Dioxids abhängt. WINKLER [1] gibt die Löslichkeit bei 20 °C mit 1 Teil GeO_2 in 247,1 Teilen Wasser

Tabelle 1. *Löslichkeit von GeO_2 in HCl.*

HCl-Konzentration Mol/l	Löslichkeit g GeO_2/100ml
0,0	0,447
0,25	0,4115
0,50	0,3810
1,50	0,2600
2,00	0,2185
2,925	0,1544
3,85	0,1140
4,53	0,0920
5,20	0,0740
5,72	0,1020
6,23	0,1820
6,85	0,3164
7,62	0,7660

Tabelle 2. *Löslichkeit von GeO_2 in H_2SO_4.*

H_2SO_4-Konzentration Mol/l	Löslichkeit g GeO_2/100 ml
0,00	0,447
0,50	0,355
0,98	0,2805
1,50	0,200
2,05	0,160
2,52	0,1305
3,02	0,099
3,50	0,074
4,00	0,054
4,50	0,041
5,85	0,019
7,95	0,009

und bei 100 °C mit 1 Teil GeO_2 in 95,3 Teilen an. LAUBENGAYER und MORTON [3] nennen sie mit 4,53 g GeO_2/l bei 25 °C, MÜLLER und BLANK [2] mit 10,9 g/l bei 100 °C. PUGH [11] ermittelt sie zu 0,447 g/100 ml bei 25 °C.

Beim Lösevorgang treten infolge kolloidchemischer Vorgänge mehr oder weniger stark ausgeprägte, zeitliche Maxima auf. Die Beständigkeit des Sols ist wesentlich kleiner als diejenige der echten Lösung (SCHWARZ und HUF [10]). Die Lösegeschwindigkeit nimmt mit steigender Temperatur stark zu. Die Lösungen neigen zu vorübergehenden Übersättigungen.

Tabelle 3. *Löslichkeit von GeO_2 in NaOH.*

NaOH-Konzentration Mol/l	Löslichkeit Mol GeO_2/l
0,00	0,0428
0,00125	0,0440
0,0025	0,0483
0,005	0,0545
0,010	0,0675
0,0125	0,0746
0,025	0,1115
0,050	0,1693
0,100	0,2280

Für die Löslichkeit in Säuren und verdünnter Natronlauge liegen Angaben von PUGH [11] vor. Danach nimmt die Löslichkeit in HCl mit steigender Säurekonzentration zunächst ab, erreicht in 5,3 n HCl ein Minimum und steigt dann wieder stark an. In H_2SO_4 hingegen nimmt die Löslichkeit mit steigender Säurekonzentration stetig ab; in NaOH steigt sie mit zunehmender Konzentration. Im einzelnen werden die folgenden Zahlen genannt (Tab. 1 bis 3).

Für die Löslichkeit von $GeCl_4$ in konz. HCl wird von ALLISON und MÜLLER [12] ein Wert von etwa 1 g/l angegeben. Dies bedeutet, daß die Löslichkeit von GeO_2 in Salzsäure von Konzentrationen, die oberhalb der von PUGH untersuchten liegen, wieder kleiner wird.

III. Analysenvorschriften.

a) Bestimmung als GeO_2 nach Fällung als GeS_2.

α) Fällung des GeS_2.

Nach WINKLER [1] gelingt die Fällung von GeS_2 entweder durch Sättigen einer sauren Lösung mit H_2S oder durch Zersetzen einer Thiosalzlösung mit Säure. In beiden Fällen ist die Anwesenheit beträchtlicher Mengen freier Säure erforderlich. Der so erhaltene Niederschlag ist gut filtrierbar. Wasser, auch mit H_2S gesättigtes, ist als Waschflüssigkeit wegen der hohen Löslichkeit des GeS_2 darin — sie wird mit 1 Teil GeS_2 in 221,9 Teilen Wasser angegeben — nicht geeignet. Gut brauchbar ist eine mit H_2S gesättigte, verd. HCl oder H_2SO_4. Der so ausgewaschene Niederschlag wird dann mit schwefelwasserstoffgesättigtem Äthanol säurefrei gewaschen und schließlich mit Äther vom Äthanol befreit. Der Niederschlag enthält jedoch häufig freien Schwefel, der nicht durch Glühen vertrieben werden kann, weil GeS_2 unter diesen Bedingungen flüchtig ist. Ein vorsichtiges Absublimieren im CO_2-Strom hingegen führt zum Ziel.

WINKLER selbst gibt der Fällung durch Zersetzung einer Germaniumthiosalzlösung mit Säure den Vorzug. Dazu wird die germaniumhaltige Lösung alkalisch gemacht, mit Na_2S oder $(NH_4)_2S$ versetzt, sodann mit einem starken Überschuß an H_2SO_4 angesäuert und schließlich diese Lösung mit H_2S gesättigt. Nach 12stündigem Stehen wird der Niederschlag abfiltriert und mit verd., mit H_2S gesättigter H_2SO_4 gewaschen.

BUCHANAN [13, 14] bedient sich der direkten Fällung aus saurer Lösung, wofür er die germaniumhaltige Lösung verwendet, die nach der Destillation aus starker Salzsäure vorliegt. Er verdünnt das Destillat mit Wasser auf das Doppelte und leitet 30 Min. H_2S durch. Der Niederschlag wird abfiltriert und mit sehr wenig kaltem Wasser gewaschen. Filter samt Niederschlag werden dann in einen Kolben mit 150 ml H_2O überführt. Nach 15 Min. langem Kochen wird abfiltriert. Das Filtrat wird unter guter Kühlung mit 50 ml HCl konz. versetzt und erneut mit H_2S gesättigt. Das so umgefällte GeS_2 wird schließlich wieder abfiltriert.

MÜLLER [15] verwendete eine mit H_2SO_4 zur Trockene gerauchte Ge-Lösung, die er mit so viel HCl versetzt, daß die erhaltene Lösung daran 15 bis 20%ig ist. Die H_2S-Fällung nimmt er ähnlich wie BUCHANAN vor.

Auch DENNIS und PAPISH [8] gehen vom Destillat einer HCl-Destillation aus. Diese Lösung wird unter Eiskühlung mit so viel H_2SO_4 versetzt, daß sie daran 6 n ist; man sättigt mit H_2S und läßt verschlossen 24 Std. stehen. Das GeS_2 wird abfiltriert, zunächst mit an H_2S gesättigter, 3 n H_2SO_4 bis zur Cl^--Freiheit und anschließend bis zur Säurefreiheit mit Äthanol gewaschen. Sie verweisen darauf, daß unter diesen Bedingungen etwa 2 mg Ge/l in Lösung bleiben. Deshalb wird das Filtrat erneut mit H_2S gesättigt und 48 Std. beiseite gestellt. Ein gegebenenfalls ausgeschiedener Niederschlag wird separat abfiltriert und wie die Hauptmenge behandelt.

JOHNSON und DENNIS [16] bringen die Fällungsvorschrift in eine Form, die auch heute noch voll gültig ist (vgl. COCOZZA [17]). Außerdem weisen sie anhand von Belegzahlen nach, daß die GeS_2-Fällung für Ge-Mengen zwischen 100 und 300 mg dabei quantitativ ist.

Arbeitsvorschrift. Die germaniumhaltige Lösung (150 ml) wird mit 30 ml konz. H_2SO_4 versetzt, was zu einer Säurekonzentration von 6n führt. In der Kälte wird 15 Min. H_2S eingeleitet. Das Fällungsgefäß wird verschlossen, und die Lösung 48 Std. stehengelassen. Das zunächst fast kolloidal ausgefallene GeS_2 setzt sich in dieser Zeit in Flocken ab und kann gut abfiltriert werden. Wird die Standzeit auf 24 Std. verkürzt, verläuft die Filtration etwas schlechter. Das abfiltrierte GeS_2 wird mit an H_2S gesättigter 6 n H_2SO_4 gewaschen.

GEILMANN und BRÜNGER [18] nehmen die Fällung in dem auf eine Acidität von *3* bis *4 n HCl* gebrachten Destillat einer $GeCl_4$-Destillation vor gemäß folgender

Arbeitsvorschrift. Das Destillat, das normalerweise bereits 3 bis 4 n an HCl ist oder einzustellen ist, wird in der Kälte mit H_2S gesättigt. Zur Vervollständigung der Fällung bleibt die Lösung über Nacht stehen. Es ist zu empfehlen, sie unter eine Glasglocke zu stellen, unter der außerdem ein Schälchen mit H_2S-Wasser steht. Anschließend wird nochmals H_2S eingeleitet. Während die Flüssigkeit lebhaft vom Gas durchmischt wird, werden 2 bis 3 Tropfen einer gesättigten, wäßrigen Lösung von SO_2 oder Na_2SO_3 zugesetzt. Die dabei auftretende S-Ausscheidung bewirkt eine Ausflockung des vorhandenen kolloidalen GeS_2. Die Fällung wird durch Zentrifugieren (10 Min. mit etwa 2000 U/Min) abgetrennt. Die danach erhaltene, über dem Niederschlag stehende Lösung wird vorsichtig abgehebert. Der Niederschlag wird für eine spektrochemische Bestimmung des Ge verwendet und braucht deshalb nicht nachgewaschen zu werden.

KOMAROWSKY und POLUEKTOFF [19] beurteilen diese Arbeitsweise als *vollbefriedigend*. Sie verwenden sie im Zusammenhang mit einem photometrischen Ge-Nachweis.

DAVIES und MORGAN [25] liefern einen Beitrag zur Klärung der Frage nach der *optimalen* Säurekonzentration bei der GeS_2-Fällung, die, wie vorn bereits ausgeführt, von JOHNSON und DENNIS mit 6 n für das Arbeiten in schwefelsaurer Lösung und von GEILMANN und BRÜNGER mit 3 bis 4 n für dasjenige in HCl-saurer Lösung angegeben wird. Sie erhalten die folgenden Resultate (Tabelle 4):

Es werden somit die Angaben der Erstautoren weitgehend bestätigt: Für die Fällung aus salzsaurer Lösung ist eine Acidität von 3 bis 4 n, für die aus schwefelsaurer eine von 5,5 n am günstigsten.

Mit Hilfe des *radioaktiven* ^{71}Ge zeigen BRADACS, LADENBAUER und HECHT [9], daß die Fällung aus 6 n H_2SO_4 quantitativ erfolgt; das Filtrat enthält keine meßbare Aktivität mehr.

Tabelle 4. *Fällung von GeS_2 aus HCl und H_2SO_4 unterschiedlicher Normalität.*

mg GeO_2 eingesetzt	verwendete Säure	mg GeO_2 gefunden bei Fällung aus Säure der folgenden Normalität					
		2 n	3 n	4 n	5 n	6 n	7 n
3,90	HCl	3,85	3,90	3,89	3,80	3,74	3,73
58,7	HCl	58,1	58,8	58,4	57,8	57,2	57,0
62,9	H_2SO_4	62,4	62,5	62,6	63,0	62,5	62,3
151,3	H_2SO_4			150,8	151,1	150,9	(151,4 bei 5,5 n H_2SO_4)

Nach GEILMANN und STEUER [34] läßt sich die Abscheidung des Germaniumsulfids durch eine *Druckfällung* erheblich beschleunigen.

Arbeitsvorschrift. Die in einer Druckflasche befindliche, in bezug auf Säure — HCl oder H_2SO_4 — etwa 4 n Ge-Lösung wird in der Kälte mit H_2S gesättigt. Die Flasche wird verschlossen und im Wasserbad langsam erwärmt. Nachdem das Wasserbad etwa 10 Min. im vollen Sieden war, läßt man langsam erkalten und kühlt dann nach 10 Min. im fließenden Wasser, um das in der Hitze etwas lösliche Sulfid zur Abscheidung zu bringen, was durch gelegentliches Schütteln begünstigt wird. Das GeS$_2$ scheidet sich auf diese Weise in gut filtrierbarer Form ab.

BARTELMUS und HECHT [20] nehmen die Fällung von GeS$_2$ unter Verwendung von *Thioacetamid* als Fällungsmittel vor, wobei ein leicht filtrierbares GeS$_2$ erhalten wird. Sie ist aus saurer oder ammoniakalischer Lösung — auch im Mikromaßstab — ausführbar, muß aber in saurer Lösung in der Kälte erfolgen.

Arbeitsvorschriften. αα) *Fällung aus H$_2$SO$_4$-Lösung*. Die schwefelsaure, germaniumhaltige Lösung wird mit 4%iger, wäßriger Thioacetamidlösung vorsichtig überschichtet, wobei für je 10 mg Ge 3,5 ml Lösung verwendet werden. Das Endvolumen soll 60 ml betragen und 6 n an H$_2$SO$_4$ sein. Den Ansatz läßt man 24 bis 36 Std. unter einer Glasglocke stehen. Der entstandene Niederschlag wird abfiltriert, mit 6 n H$_2$SO$_4$, die etwas Thioacetamid enthält, und schließlich mit Äthanol gewaschen. 25 mg Ge werden mit Fehlern von $\pm$ 1,1% erfaßt.

ββ) *Fällung aus NH$_4$OH-Lösung*. Die germaniumhaltige Lösung wird mit 3 bis 4 ml konz. NH$_4$OH versetzt, zum Sieden erhitzt und je 10 mg GeO$_2$ mit 2,5 ml 2%iger Thioacetamidlösung versetzt. Nach Abkühlen auf Zimmertemperatur wird die erhaltene Thiogermanatlösung unter Kühlen mit so viel H$_2$SO$_4$ angesäuert, daß ihre Konzentration darin 6 n ist. Die Lösung läßt man über Nacht stehen und verfährt, wie unter αα) ausgeführt, weiter. Die *Genauigkeit* der Fällung liegt nach mitgeteilten Belegzahlen zwischen -1 und -5% für Ge-Mengen von 15 mg, $-0,5$ und $-1,5$% für solche von 30 mg und zwischen $+1$ und $-0,5$% für 60 mg.

Tabelle 5. *Fehler bei der Fällung mit Thioacetamid.*

für 15 mg GeO$_2$	$-1,1$ bis $+0,1$%
für 25 mg GeO$_2$	$-1,2$ bis $+1,0$%
für 30 mg GeO$_2$	$-0,8$ bis $+1,0$%
für 50 mg GeO$_2$	$+0,4$ bis $+1,0$%
für 99 mg GeO$_2$	$-0,4$ bis $-0,2$%

γγ) *Fällung aus HCl-Lösung*. Für die Bestimmung von 100 mg GeO$_2$ soll das Endvolumen der Lösung 100 ml betragen, für die von 50 mg und weniger 50 ml. Je 50 ml Lösung werden unter guter Kühlung 15 bis 20 ml konz. HCl zugegeben und danach je 10 mg GeO$_2$ 3,5 ml 4%ige wäßrige Thioacetamidlösung, wobei wie bei der Fällung aus H$_2$SO$_4$-Lösung verfahren wird. Auch das weitere Vorgehen entspricht dem dort bereits genannten. Aus den Beleganalysen ergeben sich die folgenden Fehler (Tabelle 5);

δδ) *Zur Fällung im Mikromaßstab aus H$_2$SO$_4$-Lösung* wird eine durch mehrmalige Extraktion mit Äther besonders *gereinigte* Reagenslösung verwendet. 0,5 mg Ge in wenigen ml neutraler Lösung werden mit so viel H$_2$SO$_4$ versetzt, daß die Lösung daran nach der Reagenszugabe 6 n ist. Die Lösung überschichtet man mit 1,5 ml 5%iger wäßriger Thioacetamidlösung und läßt sie 24 bis 36 Std. unter einer Glasglocke stehen. Die Flüssigkeit wird mit einem Filterstäbchen abgesaugt und der Niederschlag mit wenig 6 n H$_2$SO$_4$, die etwas Thioacetamidlösung enthält, gewaschen. 50 μg Ge werden mit Abweichungen von bis zu $+4$ μg, 125 μg mit solchen zwischen -4 und -9 μg und 250 μg mit solchen zwischen -5 und -12 μg erfaßt.

Von FISCHER und KEIM [21] sind Angaben über die *untere Grenze* der Brauchbarkeit der GeS$_2$-Fällung gemacht worden. Sie kommen zu dem Ergebnis, daß die Mindestkonzentration für eine ausreichend zuverlässige Fällung 0,4 mg GeO$_2$/l betragen muß. Als echte Löslichkeit wird für 3 bis 6 n H$_2$SO$_4$-Lösungen ein Wert von 0,04 mg GeS$_2$/l genannt. Mit fallender Ge-Konzentration und steigender Temperatur werden Unterwerte erhalten, die in 6 n H$_2$SO$_4$ größer sind als bei der Fällung aus 4 n HCl. Daran ändert auch die von GEILMANN und BRÜNGER [18] vorgeschlagene Zugabe von SO_3^{2-} zur Fällungslösung nach der Sättigung mit H$_2$S nichts. Einen deutlichen Effekt hingegen zeitigt der Zusatz von Hg^{2+} [als Hg(NO$_3$)$_2$] als Spurenfänger, der nach der ersten Sättigung mit H$_2$S, d. h. noch vor der SO_3^{2-}-Zugabe, am wirkungsvollsten ist. Während ohne Hg^{2+} schon 70 µg GeO_2 aus 500 ml Lösung nicht mehr als GeS_2 gefällt werden können, sind es in seiner Gegenwart nur 20 µg, die sich der Fällung entziehen. Wenn eine Fehlergrenze von ± 5% eingehalten werden soll, empfehlen die Autoren die Verwendung von Ge-Lösungen mit 2,5 bis 5 mg/l und eine Fällungstemperatur zwischen 0 und 15 °C. Das abfiltrierte GeS_2 wird mit 40 ml an H_2S gesättigter, 6 n H_2SO_4 und 2mal mit 2 bis 3 ml Äthanol gewaschen. 10 bis 20 µg GeO_2 können so noch auf ± 10% erfaßt werden.

β) Überführung von GeS_2 in GeO_2.

WINKLER [1] spritzt den gewaschenen GeS_2-Niederschlag vom Filter ab und wäscht das Filter mit NH_4OH aus. Diese ammoniakalische Lösung wird samt dem Waschwasser in einem Porzellantiegel zur Trockne gebracht. Dazu wird die Hauptmenge des Niederschlages hinzugegeben und das Ganze mit H_2SO_4 durchfeuchtet. Die Masse wird zur Trockne gedampft und die H_2SO_4 weggeraucht. Der Rückstand wird schwach geglüht, nach Erkalten mit konz. HNO_3 getränkt, abermals zur Trockne gebracht und wiederum geglüht. Der Rückstand enthält jedoch immer noch SO_4^{2-}. Er wird deshalb längere Zeit mit konz. NH_4OH digeriert, anschließend trocken gedampft und wieder stark geglüht, wobei sich die SO_4^{2-}-Reste als NH_4-Salz verflüchtigen. Der Glührückstand wird gewogen und als GeO_2 angesehen (F = 0,6941).

BUCHANAN [13, 14] arbeitet wie WINKLER, geht aber von dem bei 110 °C getrockneten GeS_2-Niederschlag aus. Die Reinigungs- und Umwandlungsoperationen werden von ihm in Pt-Tiegeln vorgenommen.

MÜLLER [15] behandelt den GeS_2-Niederschlag direkt mit HNO_3 und verglüht.

Von DENNIS und PAPISH [8] wird dazu die folgende

Arbeitsvorschrift gegeben. Das mit Äthanol schwefelsäurefrei gewaschene GeS_2 wird getrocknet. Die Hauptmenge davon wird in einem Porzellantiegel mit HNO_3 (1 + 1) (etwa 7 m) durchfeuchtet und vorsichtig erhitzt, bis die gesamte Flüssigkeit vertrieben ist. Nach dem Abkühlen wird der Rückstand mit konz. HNO_3 getränkt, die wiederum durch langsames Erwärmen verflüchtigt wird. Schließlich wird auf helle Rotglut geglüht. Das Filterpapier mit den GeS_2-Resten wird verglüht. Es wird dabei ein infolge GeO-Bildung schwarz gefärbter Rückstand erhalten, der dann gleichfalls durch Behandeln mit HNO_3 in weißes GeO_2 übergeführt wird.

Die Autoren führen aus, daß ihr Arbeitsverfahren *keine* hohe Genauigkeit beansprucht. Es sei darauf hingewiesen, daß das Verglühen des GeS_2-Reste enthaltenden Filterpapiers nicht unbedenklich ist, weil dabei GeO-Verluste auftreten können, worauf LUNDIN [23] aufmerksam macht.

JOHNSON und DENNIS [16] beschreiben für die Umwandlung einen anderen Weg, der von vielen Bearbeitern nach ihnen als *gut brauchbar* befunden wurde und auch heute noch bevorzugt begangen wird.

Arbeitsvorschrift. Das gewaschene GeS_2 wird durch Zugabe von verschiedenen kleinen Anteilen an 10 n NH_4OH vom Filter heruntergelöst. GeS_2 löst sich dabei glatt unter Bildung einer gelben Thiosalzlösung. Das Filter wird mit Wasser nachgewaschen, bis dieses farblos bleibt. Die in einer Pt-Schale aufgefangene Lösung wird durch Zugabe von 20 ml 3%igem H_2O_2 oxydiert und langsam zur Trockne gebracht. Der Trockenrückstand wird mit konz. H_2SO_4 befeuchtet, die durch vorsichtiges Erhitzen vertrieben wird. (Es wird so erreicht, daß das Vertreiben der NH_4-Salze ohne Spritzverluste, wie sie beim trockenen Verglühen auftreten, verläuft.) Das erhaltene GeO_2 wird schließlich bis zur Gewichtskonstanz geglüht.

BARTELMUS und HECHT [20] lösen das GeS_2 gleichfalls in NH_4OH, oxydieren aber die zur Trockne gebrachte Lösung mit konz. HNO_3 statt mit H_2O_2. Sie müssen jedoch feststellen, daß nach dem Glühen nicht mehr das gesamte GeO_2 löslich ist.

MÜLLER und EISNER [22] sowie ABRAHAMS und MÜLLER [26] überführen GeS_2 in GeO_2 durch *Hydrolyse*. Sie lassen dazu Wasserdampf auf die wäßrige Suspension von GeS_2 einwirken, wobei der Schwefel als H_2S abgespalten wird. Die Umwandlung verläuft sehr sicher und sehr schnell. Mengen von 20 g GeS_2 werden auf diesem Weg innerhalb 3 Std. quantitativ hydrolysiert.

Arbeitsvorschrift. Das über einen Porzellantiegel abfiltrierte, mit an H_2S gesättigter n H_2SO_4 gewaschene und trocken gesaugte GeS_2 wird mit dem Tiegel in ein Becherglas mit so viel Wasser eingestellt, daß er davon bedeckt ist. Das Glas wird abgedeckt und das Wasser zum Sieden erhitzt. Wenn der Niederschlag in Lösung gegangen ist, wird der Tiegel entfernt und gründlich abgespritzt. Die Lösung wird auf 40 ml eingeengt, dann in einen Porzellantiegel überführt und darin zur Trockne gebracht. Nach Glühen bei 900 °C wird das GeO_2 gewogen.

Freier Schwefel bildet sich bei dieser Operation nur, wenn der Tiegel mit dem GeS_2 zu lange unbedeckt bleibt. Nach Ansicht der Autoren werden auf diese Weise die Schwierigkeiten umgangen, die mit der oxydativen Umwandlung des GeS_2 unter Verwendung von HNO_3 verbunden sind (heftige Reaktion, wenn mit konz. HNO_3 gearbeitet wird und infolgedessen Gefahr von Verlusten; Bildung von freiem S bei der Verwendung verdünnter HNO_3, der nachträglich nur schwer zu entfernen ist).

Anhand von Belegzahlen wird gezeigt, daß auf diesem Weg 5 bis 250 mg Ge mit Fehlern zwischen +0,5 mg und −0,9 mg als GeO_2 bestimmt werden können.

γ) Genauigkeit.

Die Arbeitsweise nach JOHNSON und DENNIS, d. h. die Umwandlung von GeS_2 in GeO_2 durch Oxydation in ammoniakalischer Lösung mit H_2O_2, wird mit Fehlern von zwischen 0 und −0,5% im Bereich von 100 bis 300 mg Ge von den Autoren belegt. Diese Angaben werden von zahlreichen Bearbeitern, wie z. B. DAVIES und MORGAN [25], nicht zuletzt auch in „Analyse der Metalle" [24], im wesentlichen bestätigt. Das Arbeiten in Pt-Gefäßen ist dabei aber für das Überführen in GeO_2 unerläßlich, weil, worauf schon JOHNSON und DENNIS aufmerksam machen und was von DAVIES und MORGAN bestätigt wird, bei Verwendung von Glasgefäßen Überwerte erhalten werden.

Die Genauigkeit des Verfahrens in der Ausführungsform nach MÜLLER und EISNER, d. h. der hydrolytischen Umwandlung des Disulfids in das Dioxid, kann mit etwa ± 0,3% für Ge-Mengen von etwa 200 mg und mit etwa ± 10% für solche von etwa 10 mg angesetzt werden.

Die Fällung von GeS_2 mit Thioacetamid aus homogener Lösung nach BARTELMUS und HECHT besitzt für Ge-Mengen zwischen 15 und 100 mg eine Genauigkeit von etwa ± 1%; sie ist auch im Mikromaßstab bei Ge-Mengen zwischen 50 und 250 μg auf etwa 7% genau.

Nach FISCHER und KEIM [21] ist auch die Fällung mit H_2S unter den von ihnen genannten Bedingungen für Ge-Mengen zwischen 10 und 20 μg auf ± 10% genau.

δ) Direkte Bestimmung als GeS_2.

Von WINKLER [1] bereits stammt der Hinweis, daß der normalerweise im gefällten GeS_2 enthaltene, freie Schwefel durch vorsichtiges Absublimieren im CO_2-Strom daraus entfernt werden kann.

Nach GEILMANN und STEUER [34] kann dieses Vorgehen für die quantitative Bestimmung kleiner Ge-Mengen − 0,05 bis höchstens 0,1 g − verwendet werden; für größere Mengen ist es jedoch nicht geeignet, weil dabei infolge eines Rückhalts von Schwefel leicht etwas zu hohe Werte erhalten werden.

Arbeitsvorschrift. Das abfiltrierte, mit an H_2S gesättigter 3 bis 4 n H_2SO_4 gewaschene und zur Verdrängung der Säure mit einigen Millilitern Äthanols nachgespülte GeS_2 wird in einem Aluminiumblock im CO_2-Strom getrocknet. Danach wird die Temperatur auf 350 bis 380° gesteigert und etwa 30 Min. auf dieser Höhe gehalten. Aus dem erhaltenen GeS_2, das fast stets grau ist, errechnet sich das GeO_2 durch Multiplikation mit dem empirischen Faktor 0,766.

Auf diesem Wege werden, auch bei Fällung des Sulfids aus Cl_2 enthaltender Lösung, wie sie nach einer *$GeCl_4$-Destillation* vorliegen kann, völlig brauchbare Ergebnisse erhalten. Die angegebenen Beleganalysen weisen eine *Genauigkeit* von ± 0,2 mg für Ge-Gehalte zwischen 6 und 65 mg GeS_2 aus.

Neben allen anderen Sulfiden wirkt auch As_2S_3 *störend*, weil es bei 375 °C noch nicht verflüchtigt wird.

Nach Dupuis und Duval [37] verflüchtigt sich der Schwefel erst bei *410 °C restlos*.

b) Bestimmung als GeO_2 nach Fällung mit Tannin.

Dieses Verfahren wird erstmals von Davies und Morgan [25] beschrieben. Sie finden, daß Ge, vorausgesetzt, daß eine ausreichende Menge NH_4-Salze vorliegen, mit Hilfe dieses Reagenses aus schwach saurer Lösung leicht als farbloser Komplex ausgefällt werden kann. In Gegenwart von H_2SO_4 kann deren Konzentration sogar 1 n betragen. Das Arbeiten in salpetersaurer Lösung setzt eine niedrigere Säurekonzentration voraus; der dabei erhaltene Niederschlag ist aber wesentlich feiner als der aus schwefelsaurer Lösung gefällte und läßt sich nur erheblich schwieriger filtrieren als jener.

Arbeitsvorschrift. 150 bis 250 ml neutrale Ge-Lösung mit maximal 50 bis 60 mg Ge (größere Mengen ergeben einen zu voluminösen Niederschlag) werden mit 5 bis 15 ml 2 n H_2SO_4 sowie 8 bis 10 g $(NH_4)_2SO_4$ versetzt und zum Sieden erhitzt. Anschließend werden 10 bis 30 ml einer frischbereiteten, 5%igen, wäßrigen Tanninlösung langsam unter Rühren eingetragen. Die Lösung läßt man so lange warm stehen, bis sich der flockige Niederschlag abgesetzt hat. Er wird unter schwachem Saugen über Filterpapier abfiltriert und mit einer 5%igen NH_4NO_3-Lösung, die in 100 ml 5 ml 2 n HNO_3 und etwas Tannin enthält, gewaschen. Da der Niederschlag leicht Fremdmaterial adsorbiert, empfiehlt es sich für das Waschen, den Niederschlag in das Fällungsgefäß zurückzuspritzen, mit 50 ml Waschlösung zu digerieren und wieder abzufiltrieren. Filter samt Niederschlag werden in einem Tiegel getrocknet und dann zu GeO_2 verglüht (nicht über 700 °C). Im Hinblick auf die Flüchtigkeit von GeO ist es jedoch vorteilhafter, den Ge-Tannin-Komplex samt Filter naß mit H_2SO_4/HNO_3 zu veraschen und den erhaltenen Rückstand vorsichtig, zuletzt bei 1000 °C zu verglühen.

GeO_2-Mengen von 12 bis 44 mg werden auf ± *0,1 mg genau* wiedergefunden.

Neben As, Ga, Zn, Cu, Fe^{2+} und Mn kann Ge nach der angegebenen Vorschrift mit einer *einmaligen* Fällung bestimmt werden. In Gegenwart von V, Ti und Zr müssen diese zunächst aus stärker saurer Lösung mit Tannin gefällt werden (4 bis 10 ml 18 n H_2SO_4 je 250 bis 300 ml Lösung). Ge wird dann im Filtrat bestimmt.

Eine Trennung des Ge von Mo gelang nicht befriedigend, auch *nicht* durch eine *doppelte* Fällung aus HNO_3-Lösung. Das Verfahren wird aber als für die Ge-Bestimmung in Germanit geeignet bezeichnet (Holness [28] hingegen teilt mit, daß eine Trennung des Ge von Ti unter Verwendung von Tannin nicht möglich ist; das gleiche gälte für die Trennung von Sn).

Nach Dupuis und Duval [37] erfährt der Ge-Tanninkomplex beim Erwärmen bis zu 114 °C lediglich eine Entwässerung, zwischen 114 und 180 °C eine Zersetzung des Tannins, bis zu 900 °C eine langsame Verbrennung des dabei ausgeschiedenen Kohlenstoffs und erreicht Gewichtskonstanz erst zwischen 900 und 950 °C.

WEISSLER [27] führt die Fällung in salzsaurer Lösung im Destillat einer $GeCl_4$-Abtrennung aus.

Arbeitsvorschrift. Durch Zugabe von 2 g $NH_2OH \cdot HCl$ zum Destillat wird möglicherweise vorhandenes Cl_2 reduziert. Unter Rühren werden 30 ml frisch bereitete 5%ige Tanninlösung zugegeben. Nach Neutralisation mit Ammoniak bis zum Methylrot-Umschlag wird mit H_2SO_4 so weit angesäuert, daß die Lösung daran 0,08 n ist. Die Lösung wird zum Sieden gebracht, bis zur Flockung des Niederschlags bei dieser Temperatur gehalten und abgekühlt. Der Ge-Tanninkomplex wird über ein Papierfilter abfiltriert, mit einer Lösung, die 50 g NH_4NO_3, 5 g Tannin und 5 ml HNO_3 im Liter enthält, chloridfrei ausgewaschen, vorsichtig verascht und 1 Std. bei 600 °C geglüht. Der Rückstand wird abgekühlt, mit 5 Tropfen konz. H_2SO_4 und 3 ml konz. HNO_3 zur Verbrennung noch vorhandener C-Reste versetzt, zur Trockne gebracht, bei Temperaturen < 600 °C geglüht, bis aller Kohlenstoff verschwunden ist, und schließlich 10 Min. bei 900 bis 1000 °C geglüht.

Das Verfahren wird als zufriedenstellend bezeichnet; Einzelheiten über die Genauigkeit werden jedoch nicht mitgeteilt.

Bei der Nacharbeitung der Fällungsvorschrift von WEISSLER findet HOLNESS [28], daß *noch 90%* Ge aus 0,05 n HCl-Lösung fallen. Es rückt unter diesen Bedingungen an die erste Stelle der mit Tannin fällbaren Elemente (Ge, Sn, Zr, Ti, Th, V, Fe^{3+}). Seine Fällungsbedingungen sind: 25 ml praktisch neutrale Ge-Lösung mit 100 ml n HCl, 25 ml gesättigter NH_4Cl-Lösung und 35 ml H_2O versetzen. Bei Zimmertemperatur 1 g Tannin in 15 ml H_2O zugeben und bis zur Ausflockung des Niederschlags erwärmen. Er rät jedoch im Hinblick auf die Flüchtigkeit von $GeCl_4$ aus salzsaurer Lösung von diesem Verfahren ab.

HOLNESS [28] verwendet für die Fällung eine oxalathaltige Ge-Lösung und stellt fest, daß auf diese Weise ein grobflockiger, leichtfiltrierbarer Niederschlag erhalten wird. Die Fällung ist quantitativ, wenn die Acidität der Lösung nicht größer als 0,06 n ist.

Arbeitsvorschrift. Zu 25 ml einer gerade mit H_2SO_4 angesäuerten germaniumhaltigen Lösung werden 3 g $(NH_4)_2C_2O_4$ zugegeben. Nach Verdünnen auf 200 ml wird die Lösung zum Sieden erhitzt und mit einer frischbereiteten Lösung von 1 g Tannin in 15 ml H_2O versetzt. Der ausgefallene, grobflockige Niederschlag wird mit Filterschleim auf Papier abfiltriert, mit einer 2%igen NH_4NO_3-Lösung gewaschen und in einem Quarztiegel bei Temperaturen < 700 °C zu GeO_2 verglüht. Es wird dazu empfohlen, Filter samt Niederschlag zunächst nur zu veraschen, von Zeit zu Zeit mit konz. HNO_3 zu durchfeuchten, bis der gesamte Kohlenstoff verbrannt ist, und erst dann bei 1000 °C zur Gewichtskonstanz zu glühen. Bei dieser Arbeitsweise wird die Gefahr der GeO-Verflüchtigung beim Glühen ausgeschaltet. (GeO_2 haftet sehr hartnäckig an den Tiegelwandungen, kann jedoch mit Hilfe saurer Ammoniumoxalat-Lösung leicht wieder aus dem Tiegel herausgelöst werden.)

Bei dieser Arbeitsweise wird eine *glatte* Trennung des Ge von Fe^{3+}, V, Zr, Th und Al erreicht, nicht aber von Ti, Sn und Ta. 51 mg Ge können auch in Gegenwart eines großen Überschusses an V, Fe^{3+} und Al auf 0,3 mg genau bestimmt werden.

Von BRAUER und RENNER [29] wird die *Empfindlichkeit* der Ge-Tannin-Fällung untersucht. Sie stellen fest, daß für die Fällung die Anwesenheit eines Elektrolyten erforderlich ist. So wird die Fällung von 0,5 mg GeO_2 in 10 ml mit 3 ml 2,5%iger wäßriger Tanninlösung erst quantitativ, wenn mindestens 4 ml

4 m NH_4Cl-Lösung zugegeben wurden. Entsprechendes gilt auch für einen HCl-Zusatz; optimale Verhältnisse werden erst in einer 2 n HCl-Lösung erreicht.

Die Empfindlichkeit der Ge-Fällung in einer Lösung, die sowohl 2 m an NH_4Cl als auch an HCl ist, beträgt 1:100000, d. h. 40 γ Ge in 4 ml Lösung treten noch als Niederschlag in Erscheinung. (Interessant ist, daß sich der Ge-Tannin-Komplex in rein salzsaurer Lösung beim Erwärmen löst und beim Abkühlen wieder ausscheidet; in NH_4Cl-Lösung hingegen tritt kein Auflösen ein.)

In oxalathaltiger Lösung (2,5 ml gesättigte NH_4-Oxalat-Lösung in 10 ml) ist die Empfindlichkeit erheblich geringer; sie beträgt nur noch 1:2500.

Wird die Fällung in salzsaurer Lösung ausgeführt, so *stören*, wenn sie im hundertfachen Überschuß vorliegen: Pb, Tl, Hg_2^{2+} und Ag, weil sie als Chloride ausfallen, Pt, weil es als $(NH_4)_2PtCl_6$, und W, weil es als WO_3 gefällt wird, Au und Pd, weil sie vom Tannin zum Metall reduziert werden, und schließlich V, Mo, Nb, Ta, Sn^{4+}, Zr und Ti, weil sie gleichfalls als Tanninkomplexe gefällt werden. Cr(VI) verhindert die Ge-Fällung und färbt die Lösung tiefbraun. Die Störungen durch Pb, Tl, Hg_2^{2+}, Ag, Pt und W können dadurch ausgeschaltet werden, daß ihre Niederschläge vor der Tanninfällung abfiltriert werden. Die Mitfällung von Ti, Nb, Ta, Sn^{4+} und Zr kann dadurch verhindert werden, daß die Prüflösung außer den Gehalten an HCl und NH_4Cl zu etwa einem Viertel an Ammoniumoxalat gesättigt wird. Die Ge-Konzentration muß jedoch in diesem Fall mindestens 0,005 n sein. Noch besser ist es, diese Elemente vor der Ge-Fällung durch Hydrolyse abzuscheiden und zu entfernen. Der Störeinfluß seitens V, Mo, Au und Pd tritt nur in Erscheinung, wenn deren Konzentration mehr als 10mal größer ist als diejenige des Ge. Von Anionen stört außer CrO_4^{2-} auch das F^-; es setzt bei einer Konzentration von 0,08 n die Empfindlichkeit der Reaktion bereits auf etwa 1:5000 herab; der Cr(VI)-Einfluß kann leicht durch Reduktion ausgeschaltet werden.

c) Bestimmung als GeO_2 nach Fällung mit o-Diphenolen.

TCHAKIRIAN und BÉVILLARD [30] sowie BÉVILLARD [31] fällen Ge mit 3,4-Dioxiazobenzol aus saurer Lösung und verglühen den granatroten Niederschlag unter ähnlichen Bedingungen wie den Ge-Tannin-Komplex zu GeO_2.

Arbeitsvorschrift. 5 ml Analysenlösung mit 20 mg Ge werden mit 30 ml äthanolischer Lösung von 3,4-Dioxiazobenzol (1 g in 100 ml 95%igem Äthanol) und 6 ml konz. HCl versetzt. Der ausgefallene Niederschlag wird abfiltriert, mit verd. HCl gewaschen und getrocknet. Er wird in Gegenwart von HNO_3 verascht, der Rückstand zu GeO_2 verglüht und gewogen. Genauigkeitsangaben werden nicht gemacht.

BÉVILLARD [32, 33] weist auf zahlreiche weitere organische Verbindungen hin, die mit Ge *gefärbte* Verbindungen bilden. Sie gehören durchweg zur Gruppe der o-Diphenole. Auch Gemische eines Chinons mit einem o-Diphenol ergeben mit Ge Niederschläge, z. B. p-Benzochinon mit Brenzkatechin einen tiefgrünen, mit Pyrogallol einen roten, mit Oxihydrochinon einen braunen, mit Brenzkatechinphthalein einen hellgrünen Niederschlag; doch werden für ihre analytische Verwertung keine genauen Angaben gemacht.

Die genannten Verfahren haben *keine größere* Bedeutung erlangt. Eine Nachprüfung von anderer Seite liegt nicht vor.

d) Bestimmung als GeO_2 nach Fällung als 5,6-Benzochinolinsalz der komplexen Oxalatogermanium(IV)-säure,

WILLARD und ZUEHLKE [35] fällen Ge als 5,6-Benzochinolinsalz der komplexen Oxalatogermanium(IV)-säure, aufbauend auf Arbeiten von TCHAKIRIAN [36], der $H_2Ge(C_2O_4)_3$ als Chinin- und Strychninsalz isoliert hatte.

Arbeitsvorschrift. Die neutrale, germaniumhaltige Lösung mit bis zu 100 mg Ge wird auf 400 ml verdünnt, mit 5 g Oxalsäure versetzt und zur Bildung des Ge-Komplexes erwärmt. Nach Zugabe von 25 ml Reagenslösung (10 g 5,6-Benzochinolin und 5 g Oxalsäure in 50 ml H_2O erwärmen, noch heiß filtrieren und Filtrat auf 500 ml mit Wasser verdünnen) wird auf Zimmertemperatur abgekühlt. Die Lösung läßt man über Nacht stehen; der in Form langer Nadeln auskristallisierte Niederschlag wird abfiltriert und mit einer verdünnten Reagenslösung gewaschen. Filter samt Niederschlag werden in einem Pt-Tiegel in einer Muffel bei 700 bis 800 °C verglüht.

Die Fällung ist *quantitativ*. Der Niederschlag kann aber nicht direkt gewogen werden, weil er stets freies Reagens enthält. Beleganalysen weisen für die Bestimmung von 50 bis 85 mg GeO_2 Abweichungen von $\pm$ 0,2 mg aus.

Störungen werden verursacht von allen Elementen, die schwerlösliche Oxalate oder mit der organischen Base fällbare komplexe Oxalate, wie z. B. Ti, Zr, Sn, z. T. auch Fe, bilden. 20 bis 30 g NaCl in einem Volumen von 400 ml verhindern die Fällung völlig, was bedeutet, daß das Verfahren im Anschluß an eine $GeCl_4$-Destillation nicht geeignet sein dürfte.

Nach DUPUIS und DUVAL [37] verliert der Niederschlag bei 120 °C sein Wasser; die Zersetzung der organischen Bestandteile erfolgt bei Temperaturen zwischen 177 und 321 °C. Bis zu 800 °C verbrennt der abgeschiedene Kohlenstoff, bei höheren Temperaturen liegt GeO_2 vor.

2. Bestimmung als Mg_2GeO_4.

Der Vorschlag, Ge als Magnesiumgermanat zu bestimmen, geht auf MÜLLER [38] zurück, der darin eine Möglichkeit sieht, die Schwierigkeiten zu umgehen, die mit der Umwandlung von GeS_2 in GeO_2 verknüpft sind.

Arbeitsvorschrift. 100 ml wäßrige Ge-Lösung mit 0,2 bis 0,5 g GeO_2 werden mit 15 bis 25 ml n $MgSO_4$-Lösung und 20 bis 25 ml 2 n $(NH_4)_2SO_4$-Lösung versetzt. Nach Zugabe von 20 ml konz. NH_4OH fällt ein voluminöser, weißer Niederschlag. Die Lösung erhitzt man zum Sieden, läßt sie wieder auf Zimmertemperatur abkühlen und 12 Std. stehen. Der Niederschlag wird abfiltriert und mit 50 ml einer Lösung von 10 ml konz. NH_4OH und 90 ml Wasser gewaschen. Er wird über einem Brenner bis zur Gewichtskonstanz geglüht (F = 0,3919).

Tabelle 6. *Fällung des Germaniums als Mg_2GeO_4*

Soll (mg)	Ist (mg)	Fällungsvolumen
0,2	0,1	15 ml
0,5	0,6	50 ml
1,1	1,0	50 ml
113,0	114,8	100 ml
215,4	215,8	110 ml
430,8	430,1	125 ml

Die Prüfung des Filtrats und des Waschwassers *mit H_2S* ergab GeO_2-Mengen von 0,2 mg im Filtrat und 0,4 mg im Waschwasser. Wird die Ge-Fällung mit 50 ml 2 n $(NH_4)_2SO_4$-Lösung, 20 ml 1n $MgSO_4$-Lösung und 20 ml konz. NH_4OH vorgenommen, so verbleiben 1,2 mg GeO_2 im Filtrat, selbst wenn die Lösung vor der Filtration mehrere Tage gestanden hat. Ergänzend wird mitgeteilt, daß die Ge-Fällung nur quantitativ ist, wenn nicht mehr als 25 ml 2 n $(NH_4)_2SO_4$ in 100 ml Lösung vorliegen.

Eine Erhöhung der *Temperatur* der Fällungslösung bis zum Sieden begünstigt die Fällung. Wird anstelle der angegebenen Standzeit vor der Filtration von 12 Std. nur eine von 6 Std. eingehalten, so werden Unterwerte erhalten. Von einer Verwendung von $MgCl_2$ und NH_4Cl als Fällungsreagenzien wird im Hinblick auf mögliche Ge-Verluste beim Glühen des Niederschlags abgeraten.

Die *Löslichkeit* von Mg_2GeO_4 wird mit 0,016 mg/ml H_2O bei 26 °C und mit 0,13 mg/ml 10%iger $(NH_4)_2SO_4$-Lösung angegeben.

Die Fällung wird *verhindert* durch H_2O_2 (wichtig, wenn sie in der Lösung von GeS_2 in $NH_4OH + H_2O_2$ vorgenommen werden soll) und durch F^-.

Die mitgeteilten Beleganalysen zeigen folgende *gut* befriedigende Resultate (Tab. 6).

Eine kritische Überprüfung dieses Verfahrens haben DAVIES und MORGAN [25] publiziert. Sie können die von MÜLLER genannten Resultate *nicht bestätigen* und erhalten stets Überwerte, die für 15 mg GeO_2 etwa 30% und für 227 mg etwa 20% betragen. Der Grund dafür wird in der Mitfällung von Mg erkannt. Durch eine schärfere Begrenzung der Reagensmengen können zwar genauere Resultate erzielt werden, doch setzt dieses Vorgehen die ungefähre Kenntnis der vorliegenden Ge-Menge voraus. Die Bedingungen sind: Zu 100 ml germaniumhaltiger Lösung setze man 24 bis 30 ml 2 n $(NH_4)_2SO_4$-Lösung und so viel $MgSO_4$-Lösung zu, daß davon 2 bis 3 ml im Überschuß vorliegen. Entscheidend scheint das Verhältnis zwischen der $(NH_4)_2SO_4$-Lösung und der $MgSO_4$-Lösung zu sein, das zwischen 8 und 12 liegen soll. Unter diesen Bedingungen, und wenn die Lösung 1 Minute gekocht und der in einen Porzellanfiltertiegel abfiltrierte Niederschlag mit 25 bis 30 ml Waschlösung gewaschen wird, werden für 14 bis 227 mg GeO_2 sehr genaue Resultate erhalten.

Auch durch *Umfällung* des Niederschlags können bessere, wenn auch nicht in allen Fällen genaue Ergebnisse erzielt werden, auch wenn der vorliegende Ge-Gehalt nicht bekannt ist. Zu diesem Zweck wird der Mg_2GeO_4-Niederschlag in 7 bis 10 ml warmer 2 n H_2SO_4 gelöst, die Lösung nahezu mit NH_4OH neutralisiert und auf 100 ml verdünnt. 15 ml 2 n $(NH_4)_2SO_4$-Lösung und 1 ml 1 n $MgSO_4$-Lösung werden zugegeben, anschließend 15 bis 20 ml konz. NH_4OH. Dann wird wie üblich weiterverfahren.

Auch von WEISSLER [27] wird konstatiert, daß nach den von MÜLLER gemachten Angaben Ge-Überwerte erhalten werden.

GEILMANN und BODE [39] hingegen gelangen nach der MÜLLERschen Vorschrift bevorzugt zu Unterwerten, die für 50 bis 100 mg Ge etwa 5% ausmachen; lediglich bei der Bestimmung von etwa 20 mg Ge tritt ein Überwert von 15% auf.

In der „Analyse der Metalle" [40] schließlich wird das Verfahren als für Betriebsanalysen geeignet angesehen, ihm jedoch nur eine mittlere Genauigkeitsnote erteilt.

DUPUIS und DUVAL [37] stellen bei *thermogravimetrischen* Untersuchungen fest, daß das abfiltrierte Mg_2GeO_4 bis zu Temperaturen von 62 °C eine starke, anschließend bis zu 280 °C eine weitere Gewichtsabnahme erfährt und jenseits davon bis 814 °C gewichtskonstant bleibt.

3. Bestimmung als Salz organischer Basen der Ge-Mo-Heteropolysäure.

Allgemeines. Germanium bildet mit Molybdationen, ähnlich wie P, As(V) und Si, eine Heteropolysäure der allgemeinen Formel $GeO_2 + 12 MoO_3 + aq$, die Germanomolybdänsäure [41, 42], die mit einer Reihe organischer Basen in Form schwerlöslicher, gelber Salze abgeschieden werden kann. Diese Salze haben für die Bestimmung kleiner Ge-Mengen (< 10 mg) wegen ihres sehr günstigen Umrechnungsfaktors auf Ge eine erhebliche praktische Bedeutung erlangt. Als Nachteil ist jedoch die Notwendigkeit der Verwendung empirischer Faktoren anzusehen.

I. Fällung mit Pyridin.

GEILMANN und BRÜNGER [18 (b)] geben als erste ein Verfahren zur gravimetrischen Bestimmung des Ge mit Hilfe der schwerlöslichen Verbindungen der Germanomolybdänsäure mit organischen Basen an. Als Base verwenden sie das Pyridin.

Arbeitsvorschrift. Zu der neutralen Ge-Lösung, die nicht mehr als 10 bis 15 mg Ge enthalten soll und deren Volumen etwa 50 ml beträgt, werden nacheinander zugegeben: 10 ml Ammoniumnitratlösung (50%ige wäßrige Lösung), 15 ml Ammoniummolybdatlösung (3%ige wäßrige Lösung) und 10 ml Salpetersäure (D = 1,2). Anschließend wird das Gemisch auf dem Wasserbad erwärmt, bis es sich gelb gefärbt hat. Nunmehr fügt man etwa 15 bis 20 ml Pyridiniumnitratlösung (gesättigte wäßrige Lösung) zu, worauf sofort ein milchig weißer Niederschlag entsteht, der nach kurzer Zeit kristallin wird und sich mit gelber Farbe absetzt. Sobald die Lösung blank erscheint, überzeugt man sich durch Zugabe von etwas Pyridiniumnitrat von der Vollständigkeit der Fällung, saugt in einen Filtertiegel ab, wäscht mit 50 ml Waschflüssigkeit [12 g NH_4NO_3, 10 ml HNO_3 (D = 1,2) und 0,5 g Pyridiniumnitrat in 250 ml Wasser], trocknet bei 150 bis 160 °C und wägt.

Die Fällung ist nur quantitativ, wenn die angegebene Ammoniumsalzmenge *vorhanden* ist. Ein Aufkochen der Lösung bei der Fällung ist zu vermeiden, weil sonst leicht eine Ausscheidung von Molybdänsäure erfolgt.

Nach Ansicht der Autoren fällt eine Verbindung der Zusammensetzung $(C_5H_5NH)_4H_4[Ge(Mo_2O_7)_6]$ aus mit einem Ge-Gehalt von *3,26%*. Sie stellen jedoch fest, daß bei Verwendung dieses Faktors — 0,0326 — merklich zu niedrige Resultate erhalten werden. Sie bedienen sich deshalb des empirischen Faktors 0,0353. Mit seiner Hilfe finden sie bei der Bestimmung von Ge-Mengen zwischen 0,5 und 5 mg auf etwa ± 0,02 mg genaue Resultate; für 10 mg jedoch tritt ein Fehler von —0,2 mg auf.

Davies und Morgan [25] können bei der sorgfältigen Nacharbeitung der Angaben von Geilmann und Brünger deren Resultate nicht bestätigen. Als Grund dafür geben sie an, daß die mitgeteilte Vorschrift zu knapp gehalten ist, keine Angaben über die Erhitzungszeit und -temperatur vor der Pyridin-Zugabe enthält und übersieht, daß der Niederschlag in der Waschlösung nicht völlig unlöslich ist. Letzteres wird als sehr wichtig angesehen, weil dabei je nach Waschtechnik und Kristallgröße unterschiedliche Mengen des Niederschlags in Lösung gehen können, was experimentell bestätigt wird. Der hohe Faktor von Geilmann und Brünger wird in etwa nur erhalten, wenn langsam gewaschen und die Waschlösung gleichfalls langsam abfiltriert wird. Im übrigen wird darauf hingewiesen, daß sich die Heteropolysäure unmittelbar nach dem Molybdatzusatz auch ohne Erwärmen bildet und daß für den Niederschlag die Formel $(C_5H_5NH)_4[GeMo_{12}O_{40}]$ [43] als wahrscheinlicher anzusehen ist (F = 0,0333). Sie schlagen die folgende

Arbeitsvorschrift vor, für die der Faktor 0,0317 gilt: Die germaniumhaltige Lösung (40 ml) wird nacheinander mit 20 ml 25%iger NH_4NO_3-Lösung, 15 ml 3%iger Ammoniummolybdatlösung und 10 ml Salpetersäure (D = 1,2) versetzt und dann auf einem Wasserbad erwärmt, bis sie eine Temperatur von 50 °C erreicht hat. Danach werden 15 ml einer gesättigten, wäßrigen Pyridiniumnitratlösung eingerührt. Das Ganze bleibt 4 Std. stehen (über die Temperatur dabei werden keine Angaben gemacht). Die über dem ausgefallenen Niederschlag stehende Lösung wird dann in einen Filtertiegel dekantiert und der Bodenkörper zweimal mit je 10 ml Waschlösung (Zusammensetzung wie bei Geilmann und Brünger) durch Dekantieren gewaschen, wobei die Lösung abgegossen wird, sobald sich der Niederschlag wieder abgesetzt hat. Mit weiteren 30 ml Waschlösung wird der Niederschlag in den Filtertiegel überführt und darin nachgewaschen. Die Filtration soll so schnell wie möglich ausgeführt werden. Der Niederschlag wird schließlich 3 Std. bei 160 °C getrocknet.

Die Autoren betonen jedoch, daß das Verfahren so viele Unsicherheitsfaktoren beinhaltet, daß es zu empfehlen ist, daß jeder Bearbeiter an Hand von *Testanalysen* den für seine spezielle Ausführungsform des Verfahrens gültigen Faktor selbst ermittelt.

Das Verfahren ist von HECHT und BARTELMUS [44] in der Ausführungsform von DAVIES und MORGAN überprüft worden. Sie kommen zu einem Faktor von 0,03487 und können damit 0,5 bis 4,7 mg Ge auf *—0,01 bis +0,15 mg* genau bestimmen. Der gleiche Faktor wird auch beim Arbeiten im Mikromaßstab, wobei das Volumen und die Reagensmengen auf $1/10$ der beim Arbeiten im Makrobereich vermindert worden sind und mit Hilfe eines Filterstäbchens filtriert wird, als gültig gefunden. Für die Bestimmung von Ge-Mengen zwischen 0,06 und 0,25 mg werden Abweichungen zwischen —0,003 und +0,01 mg mitgeteilt.

SCHACHOWA und MOTORKINA [45] nehmen die Fällung aus *salzsaurer* Lösung nach der folgenden

Arbeitsvorschrift vor. 10 bis 15 ml gegen Thymolblau neutralisierte, germaniumhaltige Lösung mit 0,5 bis 11 mg GeO_2 werden mit 2 ml 10%iger H_2SO_4 und 10 ml frischbereiteter, 5%iger Ammoniummolybdatlösung versetzt. Die Lösung wird auf dem Wasserbad auf 50 °C erwärmt. Ihr werden nach 10 Min. 4 ml konz. HCl und 5 ml einer 10%ig salzsauren Pyridinlösung (10 ml Pyridin + 10 ml konz. HCl in 100 ml) zugefügt. Nach einer Standzeit von 3 bis 4 Stunden — bei sehr geringen Ge-Mengen über Nacht — wird die völlig klare, über dem Niederschlag stehende Lösung abfiltriert. Der Niederschlag wird einmal dekantierend gewaschen, auf das Filter gebracht, dort mit 50 bis 60 ml einer Waschlösung behandelt, die 12 g NH_4NO_3, 10 ml HNO_3 (D = 1,2) und 0,5 g Pyridiniumnitrat in 250 ml enthält, und 3 Std. bei 150 bis 160 °C getrocknet. Als Umrechnungsfaktor für GeO_2 wird 0,04986 verwendet. Der mittlere, absolute *Fehler* wird mit kleiner als 0,1 mg angegeben.

II. Fällung mit Cinchonin.

DAVIES und MORGAN [25] haben eine ganze Reihe von im einzelnen nicht näher genannten Aminen, speziell tertiären, auf ihre Eignung als Fällungsmittel für die Germanomolybdänsäure untersucht und dabei das Cinchonin als am brauchbarsten befunden. Es zeichnet sich vor den anderen dadurch aus, daß es ein recht schwerlösliches Salz mit der Heteropolysäure, nicht aber mit dem überschüssigen Molybdation, bildet. Das Cinchoningermanomolybdat ist amorph, von gelber Farbe und in verd. NH_4NO_3-Lösung nur wenig löslich. Bei 160 °C getrocknet, kommt ihm die Formel: $(C_{19}H_{22}ON_2)_4H_4[GeMo_{12}O_{40}]$ mit einem Ge-Gehalt von 2,384% zu. Für die Bestimmung von Ge-Mengen von bis zu 5 mg wird die nachstehende

Arbeitsvorschrift genannt. Zu der neutralen Ge-Lösung (40 ml) werden 20 ml einer 25%igen Ammoniumnitratlösung, 16 ml einer 2%igen Ammoniummolybdatlösung und unter Rühren 20 ml 2 n Salpetersäure sowie danach 9 ml einer 2,5%igen Cinchonin-Lösung in 0,25 n Salpetersäure zugegeben. Das Gemisch läßt man unter gelegentlichem Umrühren 2 bis 4 Std., je nach Menge des Niederschlags, stehen. (Es gehört eine gewisse Erfahrung dazu, festzustellen, wann die Fällung beendet ist, weil die überstehende Flüssigkeit nicht völlig klar wird, sondern stets eine leichte Opalescenz behält. Wenn diese sich jedoch nach Aufrühren des Niederschlags und Absitzenlassen innerhalb 30 Min. nicht verstärkt, kann die Fällung als abgeschlossen angesehen werden.) Der Niederschlag wird in einen Filtertiegel abfiltriert, mit 2,5%iger NH_4NO_3-Lösung, die 5 ml 2 n HNO_3 in 100 ml enthält, gewaschen — keine Angaben über Menge der Waschlösung! — und 2 Std. bei 160 °C getrocknet.

Aus den mitgeteilten Beleganalysen ist für Ge-Mengen zwischen 0,6 und 3 mg eine *Abweichung* vom Sollwert von im Durchschnitt 0,02 mg zu entnehmen. Für Ge-Mengen von größer als 4 mg werden Unterwerte erhalten, die für 5 mg bis zu 0,2 mg betragen können. Für die Bestimmung derartiger Mengen wird empfohlen, die Menge Molybdatlösung von 16 ml auf 18 ml sowie diejenige der Cinchoninlösung von 9 auf 10 ml zu erhöhen und die Fällung vor der Filtration über Nacht stehen zu lassen. Die Unterwerte gehen dadurch auf etwa 0,05 bis 0,1 mg zurück. (Dem anderen Vorschlag, die ursprünglichen Fällungsbedingungen unverändert zu lassen und so ermittelte Ge-Mengen von 4 mg mit +0,1 mg und jede weiteren 0,1 mg Ge mit +0,01 mg zu korrigieren, dürfte allgemein wohl kaum zugestimmt werden.)

HECHT und BARTELMUS [44] haben auch dieses Verfahren nachgearbeitet und kommen unter den genannten Originalbedingungen zu einem Faktor von *0,02374*, der dem von DAVIES und MORGAN genannten theoretischen (0,02384) recht nahe ist.

Wird das Verfahren im *Mikromaßstab* angewendet, wobei die Reagensmengen auf $^1/_{10}$ bis $^1/_{20}$ der ursprünglich angegebenen reduziert werden, werden recht hohe Überwerte erhalten. Zu richtigen Resultaten gelangen die Autoren bei Verwendung des Faktors 0,01907. Als Grund für diese Abweichungen wird eine Mitfällung von MoO_3 angenommen.

FREDERICK, WHITE und BIBER [46] führen die Fällung in Gegenwart einer größeren HNO_3-Konzentration aus als DAVIES und MORGAN (30 ml statt 20 ml 2 n HNO_3 und eine 2,5-n-salpetersaure Reagenslösung anstelle einer 0,25 n), folgen aber sonst deren Vorschrift. Ihr Faktor ist 0,02955, der dem für einen Niederschlag der Formel: $(C_{19}H_{22}ON_2)_2H_4[GeMo_{12}O_{40}]$ theoretisch zu erwartenden entspricht. Die *Genauigkeit* der Bestimmung von Ge-Mengen zwischen 0,7 und 1,4 mg wird mit ± 0,04 mg angegeben.

III. Fällung mit 8-Oxichinolin

8-Oxichinolin als die Germanomolybdänsäure fällende Base ist von ALIMARIN und ALEKSEJEWA [47] vorgeschlagen worden.

Arbeitsvorschrift. Zu 25 ml neutraler Ge-Lösung, die auf 70 °C erwärmt ist, werden 7,5 ml Fällungsreagens [5 g Oxin, in 5 ml HCl (D = 1,19) gelöst, mit H_2O auf 100 ml verdünnt; 16 ml davon mit 42 ml HCl (D = 1,19) und 42 ml 10%iger Ammoniummolybdat-Lösung mischen] tropfenweise zugegeben. Der ausfallende hellgelbe Niederschlag wird nach 5-stündigem Stehen, besser noch nach Stehen über Nacht, abfiltriert, mit einer Lösung, die 7 ml konz. HCl und 25 ml 2%ige Oxin-Lösung in Essigsäure im Liter enthält, gewaschen und bei 110 °C getrocknet. Die Auswaage wird mit dem für einen Niederschlag der Zusammensetzung $(C_9H_7ON)_4[GeO_2 \cdot 12\, MoO_3]$ theoretischen Faktor: 0,03009 auf Ge umgerechnet.

HECHT und BARTELMUS [44] bestätigen bei ihrer Nachprüfung die *gute Brauchbarkeit* des Verfahrens. Sie verwenden zur Bestimmung von Ge-Mengen zwischen 0,5 und 1 mg den Faktor 0,0300, für solche größer als 1 mg 0,0311. Der Fehler der Bestimmungen schwankt zwischen −0,026 und +0,042 mg. Beim Arbeiten im Mikromaßstab wird als Faktor 0,02807 erhalten. Mit ihm werden 60 μg Ge auf ± 2 μg und 250 μg auf ± 25 μg genau bestimmt. Es wird darauf hingewiesen, daß bei der Bestimmung von etwa 3 mg Ge Fällungsvolumen und Reagensmengen zweckmäßigerweise verdoppelt werden.

LABBÉ [50] hingegen teilt mit, daß der Niederschlag freies Oxin enthält, erkenntlich an der braunen Farbe, und daß deshalb Überwerte erhalten werden.

IV. Fällung mit 5,7-Dibrom-8-oxichinolin.

5,7-Dibrom-8-oxichinolin als Fällungsmittel für die Germanomolybdänsäure wird von BARTELMUS und HECHT [48] untersucht. Sie stellen fest, daß das entstehende hellgelbe Salz auch in stark sauren Lösungen noch schwerlöslich ist. Das Molybdation bildet nur in schwächer sauren Lösungen — noch in n HCl — einen anfangs orangeroten, später braun werdenden Niederschlag.

Arbeitsvorschrift.
a) im Makromaßstab. 2 ml Ge-Lösung werden mit 3 ml einer frischbereiteten, 5%igen Ammoniummolybdatlösung und 1 ml 2 n H_2SO_4 versetzt. Nach 10 Min. wird mit Wasser auf 10 ml verdünnt. Nach Zugabe von 5 ml konz. H_2SO_4 werden unter kräftigem Schwenken des Becherglases 5 ml Reagenslösung [0,6 g Dibromoxin in 100 ml HCl (1 + 1) (etwa 6 m)] eingetragen.

Der ausgefallene Niederschlag wird dreimal mit je 10 ml Waschflüssigkeit (10 ml Wasser + 5 ml konz. HCl + 1 ml Reagenslösung) dekantiert, mit weiteren 30 ml in einen Filtertiegel gebracht, trocken gesaugt und bei 90 °C getrocknet. (Beim Waschen tritt im Filtrat eine Trübung auf, die aber nicht auf Ge, sondern die Bildung von Dibromoxinmolybdat zurückgeht.) Es wird als empirischer Faktor 0,02289 verwendet [der theoretische für $(C_9H_5ONBr_2)_4 \cdot GeO_2 \cdot 12\ MoO_3$ ist 0,02385]. Für die Bestimmung von 1 mg Ge werden Abweichungen zwischen —0,066 und +0,034 mg mitgeteilt.

b) im Mikromaßstab. In einem 20 ml-Porzellantiegel wird 1 ml Ge-Lösung mit 0,3 ml 3%iger Ammoniummolybdatlösung und 0,3 ml 2 n H_2SO_4 versetzt. Nach 10minütigem Warten wird mit Wasser auf 4 ml verdünnt; danach werden 2 ml konz. HCl und 2 ml Dibromoxinlösung (s. unter a) hinzugefügt. Nach 1 bis 2 Std. wird der Niederschlag mehrmals dekantiert, wobei die Lösung mit Hilfe eines Filterstäbchens abgesaugt wird. Tiegel samt Filterstäbchen und Niederschlag werden schließlich bei 90 °C getrocknet (Umrechnungsfaktor wie unter a).

Bei der Bestimmung von 250 µg Ge werden Abweichungen zwischen —19 und —5 µg erhalten.

V. Fällung mit Guanidin.

Arbeitsvorschrift nach SCHACHOWA und MOTORKINA [45]. 10 bis 30 ml Analysenlösung mit 1 bis 30 mg GeO_2 werden gegen Thymolblau neutralisiert, je mg GeO_2 mit 2 ml 5%iger Ammoniummolybdatlösung und so viel 10%iger H_2SO_4 versetzt, daß die resultierende Lösung daran 0,2 bis 0,1 n ist (etwa 2 ml auf 20 ml Lösung). Nach 10-minütigem Stehen werden 2 ml konz. HCl und 20 ml 20%iger Guanidiniumsulfatlösung — oder 20 ml gesättigter Guanidiniumnitratlösung — hinzugeben. Nach 12 bis 24 Std. wird der Niederschlag in einen Glasfiltertiegel G 4 abfiltriert, mit 0,5%iger Guanidiniumsulfatlösung — oder gesättigter Guanidiniumgermanomolybdatlösung: 1 g Niederschlag 2 Std. mit 500 ml Wasser schütteln — und einmal mit Wasser gewaschen. Trocknungstemperatur: 150 bis 160 °C; empirischer Umrechnungsfaktor: 0,04897. Mittlerer Fehler 0,5%.

Für die Bestimmung von 0,5 mg GeO_2 werden zu 2 ml Analysenlösung 1 ml 25%iger Ammoniummolybdatlösung, 0,3 ml 10%iger H_2SO_4 und nach 10 Min. 1 ml konz. HCl sowie 10 ml gesättigte Guanidiniumsulfatlösung zugesetzt. Nach 12 Std. wird der Niederschlag in einen Mikrofiltertiegel abfiltriert, je einmal mit gesättigter Guanidiniumsulfatlösung — oder gesättigter Lösung des Niederschlags — und Wasser gewaschen. Getrocknet wird bei 130 bis 140 °C.

VI. Fällung mit Chinolin.

Arbeitsvorschrift nach FILIPOV [49]. Zur neutralen Analysenlösung (etwa 100 ml) werden 12 ml 5%ige H_2SO_4, 8 bis 10 ml konz. HCl und unter ständigem Rühren 20 ml 5%ige Ammoniummolybdatlösung sowie 30 ml 2%ige Chiniliniumchloridlösung zugesetzt. Die Lösung wird auf 90 bis 100 °C erwärmt, auf 20 °C abgekühlt und der Niederschlag in einen Filtertiegel abfiltriert. Nach Waschen mit 0,05%iger Chiniliniumchloridlösung wird bei 150 °C getrocknet. Faktor: 0,03045.

VII. Fällung mit Tetraphenylarsoniumchlorid.

LABBÉ [50] empfiehlt zur Fällung der Germanomolybdänsäure Tetraphenylarsoniumsalz. Er teilt mit, daß die auf bekanntem Weg gebildete Heteropolysäure mit einer wäßrigen Lösung von Tetraphenylarsoniumchlorid ausgefällt wird. Es bildet sich ein grüner Niederschlag, der in Wasser nur wenig, in 0,1 bis 0,2 n H_2SO_4 aber gut stabil ist. Molybdation ergibt mit dem Reagens einen weißen Niederschlag, der durch Behandeln der Gesamtfällung mit einem Carbonat-Hydrogencarbonat-Puffer von $p_H = 7{,}4$ wieder gelöst werden kann. Die Praxis hat aber gezeigt, daß dies neben dem Salz der Germanomolybdänsäure nicht quantitativ möglich ist. Er versucht deshalb, durch langsame Fällung und Arbeiten bei erhöhter Temperatur diese Mitfällung zurückzudrängen.

Es wird wie folgt verfahren — eine **Arbeitsvorschrift** expressis verbis enthält die Veröffentlichung nicht:

Für die Fällung von 1 mg Ge wird so viel Molybdation zur Fällung verwendet, wie Niederschlag zur Auswaage kommt, für diejenige von 0,1 mg Ge das doppelte davon. Tetraphenylarsoniumchlorid wird in der $1^1/_2$ fachen Menge, bezogen auf das eingesetzte Molybdation, zugegeben. Die Fällung ist in 0,1 bis 0,2 n H_2SO_4 schnell auszuführen; etwa 1 Min. nach Bildung des Niederschlags wird mit Hydrogencarbonatlösung abgepuffert. Der Niederschlag ist fein und amorph, läßt sich aber gut filtrieren. Er wird zunächst 2 bis 3mal mit kalter Pufferlösung gewaschen, anschließend etwa 10mal mit heißem Wasser. Getrocknet wird bei 130 °C. Die Zusammensetzung des Niederschlags ist $[(C_6H_5)_4As]_4(GeMo_{12}O_{40})$, entsprechend einem Umrechnungsfaktor auf Ge von 0,02137. Thermogravimetrische Untersuchungen haben ergeben, daß er bis 200 °C beständig ist und oberhalb 550 °C in $GeO_2 \cdot 12\ MoO_3$ übergeht. 1,5 mg Ge werden auf $+0{,}3$ bis $+1{,}1\%$ genau erfaßt, 0,1 mg auf etwa $\pm 1\%$, 0,04 mg auf $\pm 2\%$.

VIII. Sonstige Verfahren.

SUBBARAMAN [51] findet die Fällung mit Acridin aus salpetersaurer Lösung als brauchbar. Der Niederschlag enthält 2,81% Ge. Das Verfahren scheint jedoch recht störungsanfällig zu sein, weil u. a. auch Sulfat- und Chloridionen abwesend sein müssen.

SCHACHOWA und MOTORKINA [45] bestätigen die prinzipielle Verwendbarkeit von Acridin und untersuchen außerdem: Hexamethylentetramin, Pyramidon, Salipyrin, Antipyrin, Indooxin, Rivanol und Monoäthanolamin. Alle diese Basen bilden schwerlösliche Salze mit der Germanomolybdänsäure. Die Salze mit Antipyrin und Rivanol werden als für die gravimetrische Ge-Bestimmung geeignet bezeichnet. Es wird aber darauf hingewiesen, daß sie amorph und schwer filtrierbar sind. (Das Salz mit Hexamethylentetramin soll für eine acidimetrische Bestimmung, das mit Pyramidon für eine vanadometrische verwendet werden können. Die anderen sind für analytische Zwecke ungeeignet. Gleichfalls unbrauchbar sind die Germano-vanado-molybdänsäure und die Germano-vanadowolframsäure).

HECHT und BARTELMUS [44] haben gefunden, daß auch die Germanowolframsäure mit organischen Basen schwerlösliche Verbindungen bildet, so z. B. mit Oxin ($F_{theor.} = 0{,}02053$, $F_{empir.} = 0{,}02019$), mit Cinchonin ($F_{theor.} = 0{,}01757$, $F_{empir.} = 0{,}01937$) und mit Pyridin ($F_{theor.} = 0{,}02219$, $F_{empir.} = 0{,}02283$). Mit ihnen konnten 2 bis 5 mg Ge auf $\pm 1\%$ genau bestimmt werden. Es mußte dabei aber von einer Germanowolframsäure als Analysenlösung ausgegangen werden; die Fällung einer nichtkomplexen Ge-Lösung unter Verwendung von Natriumwolframat gelang nicht.

IX. Kritische Wertung der Verfahren.

Anhand thermogravimetrischer Untersuchungen kommen DUPUIS und DUVAL [37] zu den folgenden Ergebnissen über die thermische Beständigkeit einer Reihe von Salzen der Germanomolybdänsäure:

Hexamethylentetramingermanomolybdat:
   Gewichtskonstanz zwischen 70 und 90 °C; es liegt aber ein Base-Überschuß vor. Zwischen 440 und 813 °C Gewichtskonstanz, entsprechend $GeO_2 \cdot MoO_3$.
Pyridiniumgermanomolybdat:
   Gewichtskonstanter Temperaturbereich nur zwischen 429 und 813 °C (= $GeO_2 \cdot 12\, MoO_3$). Die von GEILMANN und BRÜNGER [18 (b)] genannte Trocknungstemperatur von 160 °C liegt im Bereich eines recht steilen Abfalls der thermogravimetrischen Kurve. Die so ermittelten Ge-Resultate sind deshalb nur als angenähert zu bezeichnen.
Cinchoniniumgermanomolybdat:
   Gewichtskonstanz zwischen 93 und 121 °C, entspricht aber weder einer Zusammensetzung des Niederschlags von $(Cin)_4H_4[GeMo_{12}O_{40}]$ noch derjenigen von $(Cin)_4H_4[GeMo_{12}O_{42}]$. Ein weiterer gewichtskonstanter Temperaturbereich liegt zwischen 450 und 900 °C vor (= $GeO_2 \cdot 12\, MoO_3$). Das Salz enthält einen Mo-Überschuß und ist deshalb für die Ge-Bestimmung nicht zu empfehlen.
8-Oxichinoliniumgermanomolybdat:
   Gewichtskonstanz zwischen 50 und 115 °C, die aber nicht der von ALIMARIN und ALEKSEJEWA [47] genannten Formel $(Oxin)_4 \cdot GeO_2 \cdot 12\, MoO_3$ entspricht. Außerdem Gewichtskonstanz zwischen 496 und 920 °C (= $GeO_2 \cdot 12\, MoO_3$).
   Als *am besten brauchbar* bezeichnen die Autoren das *Oxin-Verfahren*. Dieses erfordert zwar auch einen empirischen Umrechnungsfaktor, zeichnet sich gegenüber den anderen Methoden aber dadurch aus, daß es zu einem Salz führt, das im Bereich der dafür mitgeteilten Trocknungstemperatur Gewichtskonstanz besitzt.
   BARTELMUS und HECHT [20] kommen bei einem Vergleich des Pyridin-Verfahrens mit dem Oxin-Verfahren zu dem Ergebnis, daß gleichfalls dem letzteren der Vorzug zu geben ist.
   Auch MACDONALD [52] kommt zu dem Schluß, daß das Oxin-Verfahren als das brauchbarste der gravimetrischen Bestimmungsverfahren für Ge auf der Basis der schwerlöslichen Salze der Germanomolybdänsäure mit organischen Basen anzusehen ist.

4. Bestimmung als Ba-Salz des komplexen Tartratogermanium(IV)-säure.

Nach SCHRAUZER [53] fällt aus Alkaligermanatlösungen mit einer ammoniakalischen Lösung von Bariumtartrat in Gegenwart von NH_4Cl ein Niederschlag der Zusammensetzung: $Ba_2GeC_8H_8O_{14} + 2\, H_2O$. Durch Zusatz von Aceton kann seine relativ hohe Löslichkeit in Wasser zurückgedrängt werden.

Arbeitsvorschrift. Zu 1 ml schwach alkalischer Ge-Lösung, die maximal 5 mg Ge enthalten darf, werden in der Kälte unter Umrühren 5 ml Reagenslösung (240 g NH_4Cl, 14 g Weinsäure und 13 g $BaCl_2 + 2\, H_2O$ im Liter) und 3 bis 3,5 ml 15 n Ammoniak zugegeben. (Es ist zu empfehlen, die bariumhaltige Lösung und das Ammoniak unmittelbar vor Verwendung miteinander zu mischen.) Nach 10 Min. werden 0,5 bis 0,6 ml Aceton zugesetzt. Nach weiteren 10 Minuten wird der Niederschlag in einen Glasfiltertiegel G 2 abfiltriert und so lange mit einer Lösung, die im Liter 100 ml Aceton und 100 ml 15 n NH_4OH enthält, gewaschen, bis das ablaufende Filtrat bariumfrei ist. Schließlich wird mit Aceton nachgewaschen und 1 Std. bei 110 °C getrocknet (Faktor: 0,1020).

Die *Genauigkeit* des Verfahrens ist mit etwa 0,5% anzusetzen.

Das Verfahren dürfte nur für die Analyse *reiner* Ge-Lösungen von Interesse sein — es *stören* alle die Ionen, die mit Ba Niederschläge ergeben, aber auch solche, die schwerlösliche Salze mit dem Bariumtartrat-Komplex bilden, wozu außer B auch die Elemente der 4. Nebengruppe gehören. Ferner muß Cd abwesend sein.

Al, Ga, Fe^{3+}, Cr^{3+}, Sn^{2+} und Pb stören, wenn sie in höherer Konzentration als Ge vorliegen. As(III) und As(V) hingegen stören *nicht*, selbst wenn sie in einem großen Überschuß vorhanden sind.

5. Bestimmung als Cd-Phenanthrolinsalz der Brenzcatechin-Germaniumsäure.

0,5 bis 20 mg Ge können nach NAZARENKO und ADRIANOV [54] als Cd-Phenanthrolin-Germaniumbrenzcatechinat gravimetrisch bestimmt werden. Die Fällung wird in schwachsaurer Lösung ausgeführt, die zur besseren Zusammenballung des Niederschlages zwischen 4 und 40 g Na_2SO_4/l enthält. Die Fällung ist nach kurzem Stehen abzufiltrieren; längeres Stehen führt zu Überwerten. Das Komplexsalz ist in Wasser schwerlöslich. Der Fehler für die Bestimmung von mehr als 1 mg Ge wird mit $\leq 2\%$ angegeben.

Arbeitsvorschrift. 15 ml Analysenlösung, die zwischen 0,5 und 20 mg Ge enthalten sollen, werden mit 5 ml frischbereiteter, 10%iger Brenzcatechinlösung, 2 ml 5%iger Na_2SO_4-Lösung und 8 ml Acetatpuffer, $p_H = 4$, versetzt. Unter Rühren werden 25 ml Reagenslösung hinzugefügt. Nach 15 bis 30 Min. wird der Niederschlag abfiltriert, zweimal mit je 5 ml Wasser, einmal mit 3 ml Äthanol gewaschen und bei 100 bis 110 °C getrocknet. Umrechnungsfaktor: 0,08347.

Reagenslösung: 0,21 g wasserfreies $CdSO_4$ werden in 50 ml Wasser gelöst und mit einer Lösung von 0,374 g o-Phenanthrolin in 50 ml Wasser versetzt.

Das Verfahren ist nur für die Ge-Bestimmung in reinen Lösungen geeignet. Eine Abtrennung durch Extraktion des $GeCl_4$ mit CCl_4 wird empfohlen.

B. Elektroanalytische Verfahren.

Von WINKLER [1] bereits wurde gefunden, daß die elektrolytische Fällung von Ge schwierig wie auch unvollkommen ist und am besten noch aus ammoniakalischer Ammoniumtartratlösung auf einer Pt-Elektrode gelingt. Die Abscheidung ist jedoch unvollkommen, und der braune, matte Niederschlag haftet auf Pt nur schlecht.

SCHWARZ, HEINRICH und HOLLSTEIN [55] haben bisher als einzige eine Methode angegeben, mit deren Hilfe die quantitative, elektrolytische Abscheidung des Germaniums als Metall möglich ist. Sie greifen dabei auf das Verfahren der elektrolytischen Sn-Bestimmung aus oxalathaltiger Lösung zurück und scheiden Ge nach Zusatz einer bekannten Menge Sn^{4+} ab. Alle Versuche, Ge allein niederzuschlagen, scheitern.

Arbeitsvorschrift. Ge soll als Germanation vorliegen, die Lösung muß frei von Cl^- sein und soll keine NH_4- und Na-Ionen enthalten. Das zur Anwendung kommende Sn muß vierwertig sein und ist gegebenenfalls mit H_2O_2 aufzuoxydieren. Das Verhältnis Sn:Ge soll etwa 2:1 (Atome) betragen. Bei 1,5:1 bleibt die Ge-Abscheidung unvollständig, bei $> 2:1$ wird die Elektrolysedauer unnötig verlängert und die Gefahr von Elektrolyteinschlüssen im Niederschlag erhöht.

Die Kathode ist zunächst zu verkupfern, dann zu verzinnen (Pt legiert sich leicht mit Sn!). Die Elektrolyse erfolgt bei 85 bis 90 °C und wird unter Rühren (600 U/min) ausgeführt. Die Elektrolysendauer (etwa 300 mg Sn + 100 mg Ge) beträgt etwa 4 Std. Als Stromstärke wird für die erste Stunde 2 A (3,5 V Klemmenspannung), für die nächsten drei 3 A (4 V) vorgeschlagen. Auf Vollständigkeit der Fällung ist nach Zerstören des Oxalations im Elektrolyten mit H_2S zu prüfen. Mit heißer, halbkonzentrierter HCl kann der Niederschlag von der Elektrode abgelöst werden.

Als Beispiel für die Elektrolyse wird angegeben: 25 ml Sn^{4+}-Lösung mit etwa 200 mg Sn werden mit etwa 100 mg GeO_2, 10 g $K_2C_2O_4$ und 25 g KOH versetzt. Mit Wasser wird auf 150 ml verdünnt. Beleganalysen auf Tabelle 7.

Tabelle 7. *Elektrolytische Bestimmung des Germaniums.*

mg Sn	mg Ge	Σ Sn + Ge gefunden	Abweichung mg Ge vom Sollwert
209,0	76,4	285,7	+0,3
209,0	65,7	274,7	±0
313,5	110,6	424,3	+0,2

Ergänzend sei erwähnt, daß das Normalpotential Ge/Ge^{4+} in wäßriger Lösung bislang nicht exakt bestimmt werden konnte. Als Näherungswert kann der von SCHWARZ, HEINRICH und HOLLSTEIN an der Kette: Ge (−)/0,5 n $HClO_4$ + 0,025 m GeO_2/0,1 n HCl/0,1 n HCl, Hg_2Cl_2/Hg (+) gemessene von etwa 200 mV angesehen werden. Sicher bekannt ist lediglich, daß Ge Ag-Ionen aus der Lösung verdrängen kann, nicht aber Cu, Hg, Pb, Sn, As, Sb und Bi; es ist somit edler als Wasserstoff (HALL und KÖNIG [56]).

§ 2. Titrimetrische Bestimmungsverfahren.

A. Acidimetrische Titrationsverfahren.

1. Direkte Titration.

Die ersten Angaben zur titrimetrischen Bestimmung von Ge gehen auf TCHAKIRIAN [57] zurück. Er titriert eine wäßrige GeO_2-Lösung mit Alkali gegen Phenolphthalein als Indikator und stellt fest, daß dabei nur $^2/_5$ der vorliegenden Ge-Säure neutralisiert werden.

Wird die Neutralisation in Gegenwart starker Elektrolyte, wie $CaCl_2$, $SrCl_2$ u. ä. in einer Konzentration von 20 g je 10 ml Lösung, vorgenommen, so werden für ein Ge zwei Äquivalente NaOH verbraucht.

Arbeitsvorschriften zur Titration werden nicht gegeben.

2. Titration nach Zusatz von Mannit.

TCHAKIRIAN [57] weist ferner darauf hin, daß, wenn die Neutralisation von Germaniumsäure in Gegenwart mehrwertiger Alkohole, wie Mannit, Glycerin oder Glukose, erfolgt, für ein Ge ein OH^- benötigt wird. (Bildung einer Mannitogermaniumsäure der Formel $H_2[Ge_2O_5 \cdot (C_6H_{14}O_6)n]$. Die *Genauigkeit* des Verfahrens, das nicht eingehender behandelt wird — es werden z. B. keine Angaben über die benötigte Mannitmenge gemacht —, wird, ohne daß Belegzahlen mitgeteilt werden, mit etwa 1% genannt.

Von POLUEKTOFF [58] werden die Angaben TCHAKIRIANS nachgearbeitet und präzisiert.

Arbeitsvorschrift 10 ml Ge-Lösung mit 1 bis 50 mg Ge werden mit H_2SO_4 schwach angesäuert. Nach Verkochen vorhandenen Kohlendioxids wird die Lösung mit je 1 Tropfen p-Nitrophenol- und Phenolphthaleinlösung — keine Angaben über die Konzentrationen — sowie mit 0,1 n Lauge bis zum Auftreten einer Gelbfärbung versetzt. Nach der auf diese Weise durchgeführten Neutralisation der freien Säure werden 0,5 bis 0,7 g Mannit der Lösung zugegeben. Anschließend wird mit 0,1 n Lauge bis zum Auftreten einer Rosafärbung titriert.

Ist sie aufgetreten, wird noch einmal Mannit zugesetzt und — sollte dabei die Rotfärbung verschwunden sein — wiederum bis zu ihrem Auftreten titriert (Laugeverbrauch · 7,26 = mg Ge). Ein Blindversuch mit allen verwendeten Reagenzien ist auszuführen.

Mitgeteilte Beleganalysen zeigen, daß 1 bis 50 mg Ge auf ± *0,1 mg genau* zu bestimmen sind.

CLULEY [59] bestätigt die Richtigkeit der Angaben von POLUEKTOFF und wendet das Verfahren nach Abtrennen des Ge mit Hilfe einer H_2S-Fällung an. Er löst den GeS_2-Niederschlag mit NH_4OH (2 + 1) (etwa 12 m), wäscht mit NH_4OH (1 + 9) (etwa 1,8 m) und heißem Wasser nach, oxidiert mit 20 ml 6%igem H_2O_2 (10 Min. stehen lassen), verkocht mit 5 ml 5 n NaOH vorhandenes NH_3 sowie überschüssiges H_2O_2 und säuert mit H_2SO_4 (1 + 6) (etwa 2,7 m) an. Zur Zersetzung vorhandener Oxydationsmittelreste, die die Erkennbarkeit des Indikatorumschlags beeinträchtigen könnten, wird nochmals 10 Min. gekocht. Sollte mit der Anwesenheit von As zu rechnen sein, wird bis zur Abkühlung der Lösung SO_2 eingeleitet, dessen Überschuß wiederum verkocht wird. Die so vorbereitete Lösung (etwa 80 ml) wird nach der folgenden

Arbeitsvorschrift titriert. Sie wird mit 5 n NaOH neutralisiert, mit n H_2SO_4 gegen Bromkresolrot angesäuert und durch Kochen (5 Min.) von vorhandenem CO_2 befreit. Nach Zugabe von 5 weiteren Tropfen Bromkresolrots wird genau auf dessen Umschlagspunkt eingestellt und nach Zugabe von 10 g Mannit mit 0,02 n Lauge bis zum Umschlagspunkt ($p_H = 6,2$) titriert. In gleicher Weise wird ein Blindversuch ausgeführt.

Die Vorschrift ist für die Bestimmung von 1 bis 20 mg Ge gedacht, ist aber auch auf größere Mengen beim Titrieren mit einer stärkeren Lauge anwendbar. Der Endpunkt kann auch *potentiometrisch* indiziert werden.

Nach CLULEY müssen *empirische* Faktoren angewendet werden. Während der theoretische für eine angewendete 0,0185 n Lauge 1,343 mg Ge/ml beträgt, findet er anhand von Testanalysen für die Titration von 1 mg Ge einen solchen von 1,461, für 3 mg 1,367, für 6 mg 1,366, für 10 mg 1,359 und für 20 mg schließlich 1,371. Auf diesem Weg werden 1 bis 10 mg Ge auf wenige Hundertstel mg genau bestimmt (auch neben einem bis zu 100fachen As-Überschuß).

CSAPO und REPETSCHNIG [60] bestimmen den Ge-Gehalt *hochprozentiger* Materialien durch Titration als Mannitogermaniumsäure nach Vortrennung über die $GeCl_4$-Extraktion mit CCl_4 (s. S. 69). Der zur Titration gelangende aliquote Teil der Analysenlösung soll etwa 20 mg Ge in einem Volumen von 50 ml enthalten. Sie folgen bei der Titration der Vorschrift von CLULEY, setzen jedoch so viel Mannit zu, daß etwas davon ungelöst bleibt. Die Indikation erfolgt, wie schon von CLULEY vorgeschlagen, potentiometrisch mit Hilfe einer Glaselektrode. Das Verfahren wird als *genau* bezeichnet.

3. Titration nach Zusatz von o-Diphenolen.

BÉVILLARD [61] stellt fest, daß beim Zusammengeben einer Ge-Lösung mit derjenigen eines o-Diphenols eine beträchtliche p_H-Erniedrigung eintritt. Liegt das o-Diphenol im Überschuß vor, so werden zur Neutralisation der entstandenen Säure 2 Mol Lauge je 1 g-Atom Ge verbraucht. (Das Verfahren ist damit doppelt so empfindlich wie das Mannitverfahren.) Als Phenole wurden getestet: Brenzcatechin, Pyrogallol, Oxihydrochinon sowie 1,2- und 2,3-Dioxinaphthalin.

Arbeitsvorschrift. Die zu untersuchende Ge-Lösung wird mit einem Überschuß an Brenzcatechin versetzt und mit Lauge entweder visuell mit Hilfe eines bei $p_H = 6$ umschlagenden Indikators oder unter Verwendung potentiometrischer Indikation titriert.

Von WUNDERLICH und GÖHRING [62] wird dieses Verfahren überprüft, wobei sich die Autoren der *potentiometrischen Indikation* mittels einer *Glaselektrode* bedienen.

Arbeitsvorschrift. Die germaniumhaltige Lösung — 250 ml mit 20 bis 100 mg Ge — wird mit carbonatfreier 0,1 n NaOH bis auf $p_H = 5{,}0$ neutralisiert, mit 3 g Brenzcatechin versetzt und mit der gleichen Lauge auf den Ausgangs-p_H-Wert zurücktitriert. Die Titration wird bei 20 °C ausgeführt, die Laugezugabe erfolgt mit 1 Tropfen/sec. Als Elektroden werden eine Glas- und eine Kalomel-Elektrode verwendet. Die Entfernung des CO_2 aus der Lauge wird mit $BaCl_2$ im geringen Überschuß vorgenommen; das ausgefällte $BaCO_3$ wird abfiltriert.

Die *Genauigkeit* der Bestimmung von 20 bis 100 mg Ge wird in reinen Lösungen mit $\pm 0{,}1\%$ angegeben. As(III) stört auch bei Anwesenheit größerer Mengen nicht. Bei einem Verhältnis von 5 As:1 Ge wird Ge mit einem Fehler von $+0{,}3\%$ erfaßt. Zahlreiche andere Elemente, wie Sb^{3+}, Sn^{4+}, Fe^{3+} und B, stören. Ge ist deshalb von diesen vor seiner Bestimmung abzutrennen, am besten durch Destillation als $GeCl_4$. Die dann bei der Titration vorliegenden, relativ großen NaCl-Mengen beeinträchtigen die Genauigkeit der Bestimmung praktisch nicht ($\pm 0{,}4\%$). Die Einstellung der 0,1 n NaOH erfolgt gegen bekannte Ge-Mengen unter den gleichen Bedingungen wie bei der Analyse.

Das Verfahren wird in „Analyse der Metalle" [64] *empfohlen.*

4. Titration von Salzen der Germanomolybdänsäure.

Schon GROSSCUP [41] hat darauf hingewiesen, daß die Germanomolybdänsäure alkalimetrisch titriert werden kann. Er verwendet Chlorphenolrot als Indikator und kommt zu dem Ergebnis, daß etwa 24 Mol Lauge für 1 Mol Säure verbraucht werden. Die Titration muß jedoch sehr langsam ausgeführt werden.

Möglicherweise ist es dieser Einschränkung zuzuschreiben, daß trotz der recht intensiven Bearbeitung der Salze der Germanomolybdänsäure zum Zwecke der gravimetrischen Ge-Bestimmung fast keine Hinweise für ihre Verwendung zur titrimetrischen Ge-Analyse in der Literatur enthalten sind. Dies ist um so überraschender, als die Titration komplexer Molybdän-Heteropolysäuren für die Bestimmung des Phosphors eine so große praktische Bedeutung erlangt hat.

Lediglich von SCHACHOWA und MOTORKINA [45] liegen Angaben vor, wonach sowohl das Pyridiniumgermanomolybdat als auch das Chinoliniumgermanomolybdat alkalimetrisch titriert werden können. Es wird dabei derart verfahren, daß der abfiltrierte und säurefrei gewaschene Niederschlag (wegen dieser Operationen und ebenso wegen der Ausführung der Fällung sei auf die Angaben auf S. 17 bzw. 19 verwiesen) in überschüssiger 0,1 n NaOH — 20 bis 40 ml für 1 bis 10 mg GeO_2 — gelöst und dessen Überschuß gegen einen Kresolrot-Thymolblau-Mischindikator mit 0,1 n HCl titriert wird. Die Titration soll auf 0,1 mg Ge genaue Resultate liefern; bei der Bestimmung großer Ge-Mengen (20 bis 25 mg) werden jedoch Unterwerte erhalten.

B. Oxidimetrische Titrationsverfahren.

1. Jodometrische Bestimmung der bei der Komplexbildung mit Mannit oder o-Diphenolen gebildeten Säure.

Nach TCHAKIRIAN [57] können die bei der Komplexbildung des Ge mit Mannit gebildeten H-Ionen jodometrisch auf dem Wege titriert werden, daß sie mit einer neutralen KJ/KJO_3-Lösung umgesetzt werden und das dabei freigewordene J_2 mit Thiosulfatlösung titriert wird. Die Reaktion der Jodbildung dauert etwa drei Std. Je 1 Atom Ge wird 1 Atom Jod freigesetzt. In Gegenwart starker Elektrolyte, wie $CaCl_2$ oder $SrCl_2$, soll die doppelte Menge freien Jods gebildet werden (Reaktionsdauer: 12 Std.). Auf diesem Weg soll Ge auch neben starken Säuren titrimetrisch bestimmt werden können. Eine Nachprüfung dieser Angaben von anderer Seite liegt nicht vor.

Nach BÉVILLARD [61] kann das gleiche Verfahren auch nach der Komplexierung des Ge mit o-Diphenolen angewendet werden. Auch hier steht eine Nachprüfung von anderer Seite aus.

2. Jodometrische Titration nach Reduktion zu Ge(II).

Von IVANOV-EMIN [65] wurde gefunden, daß Ge(IV) mit Hypophosphition in 6 n HCl innerhalb 15 bis 25 Min. quantitativ zu Ge(II) reduziert werden kann, das glatt mit J_2-Lösung titrierbar ist. Das Verfahren soll genaue Resultate liefern.

ABEL [66] prüft diese Arbeitsweise nach und kommt im wesentlichen zu einer Bestätigung der gemachten Aussagen. Er hält lediglich 6 n HCl für zu konzentriert und gibt einer 4 bis 5 n Säure den Vorzug, nachdem er gefunden hat, daß eine völlige und verlustfreie Reduktion des Ge(IV) im Bereich 3 bis 6 n HCl gegeben ist.

Arbeitsvorschrift. 200 ml Analysenlösung, die 4 bis 5 n an HCl ist, werden mit etwa 10 g $NaH_2PO_2 \cdot H_2O$ und 10 ml konz. HBr versetzt. Das Gefäß, am zweckmäßigsten ein Kolben, wird mit einem mit $NaHCO_3$-Lösung gefüllten Aufsatz verschlossen und 5 bis 10 Min. auf Siedetemperatur gebracht. Nach Abkühlen auf 15 bis 20 °C und nach Zusatz von 3 bis 5 ml 0,5%iger Stärkelösung wird sofort mit einer Lösung titriert, die 0,4 g Na_2CO_3, 3 g KJO_3 und 40 g KJ im Liter enthält. Der Endpunkt ist erreicht, wenn die Jod-Stärkefarbe 10 bis 15 Sek. bestehen bleibt.

Die *Einstellung* der Titerlösung wird gegen bekannte Mengen Ge unter den gleichen Bedingungen vorgenommen. Das Verfahren liefert auf $\pm$ 0,2% genaue Ergebnisse; es kann im Anschluß an die Abtrennung des Ge durch Destillation als $GeCl_4$ unter oxidierenden Bedingungen als spezifisch angesehen werden.

Ergänzend sei darauf hingewiesen, daß bereits von BARDET und TCHAKIRIAN [67] versucht wurde, ein oxidimetrisches Ge-Bestimmungsverfahren auf der Reduzierbarkeit von Ge(IV) zum Ge(II) aufzubauen. Sie reduzieren mit *Zink* in schwefelsaurer Lösung und titrieren mit Permangnat- oder Bromatlösung. Die erhaltenen Resultate sind jedoch nur als Näherungswerte anzusehen, weil bei der Reduktion mit der Bildung von GeH_4 zu rechnen ist.

Es kann somit festgestellt werden, daß die direkte oxidimetrische Ge-Bestimmung erst durch Verwendung von *Hypophosphition* als Reduktionsmittel ermöglicht wurde.

3. Jodometrische Titration des Thiogermanations.

Ge bildet ein sehr stabiles, noch in schwachsaurer Lösung beständiges Thiogermanation. Es wird von WILLARD und ZUEHLKE [35] zur Grundlage eines oxidimetrischen Bestimmungsverfahrens gewählt.

Arbeitsvorschrift. 25 ml germaniumhaltige Lösung werden mit 20 ml einer K_2S-Lösung (8 g KOH, gelöst in 100 ml H_2O, mit H_2S bei 0 °C gesättigt; Bildung von Thiosulfat- und Polysulfidionen durch Oxydation vermeiden) und anschließend mit 15 ml 2,5 m CH_3COOH versetzt. Die Säure läßt man an der Wandung des Gefäßes langsam herunterlaufen, um eine zu stürmische H_2S-Entwicklung zu vermeiden. Die Lösung bleibt 5 Min. stehen und wird dann mit einem raschen CO_2-Strom unter gutem Rühren so lange durchgeblasen, bis im Gasstrom kein H_2S mehr nachgewiesen werden kann. Sie wird dann in ein großes Gefäß überspült, mit Wasser auf etwa 1 l verdünnt und mit einem gemessenen Überschuß

0,1 n J_2-Lösung versetzt. Die Lösung bleibt 15 Min. stehen; anschließend daran wird der J_2-Überschuß mit 0,1 n $S_2O_3^{2-}$-Lösung gegen Stärke als Indikator zurücktitriert (1 ml 0,1 n J_2 = 1,452 mg Ge).

Die für Ge-Mengen von 10 bis 50 mg mitgeteilten Beleganalysen zeigen *Abweichungen* vom Sollwert von maximal 0,1 mg.

Wichtig ist, daß ein *hoher* S^{2-}-Überschuß bei der Bildung des Thiogermanations anwesend ist. Bei 25 °C verläuft die Thiogermanatbildung noch zu etwa 96%, bei 65 °C nur noch zu 65%. Das gebildete Thiogermanation ist so beständig, daß aus seiner Lösung in Gegenwart der genannten CH_3COOH-Konzentration selbst mit einer 2 Std. langen CO_2-Behandlung kein H_2S ausgetrieben werden kann. Eine direkte Titration des Thiosalzes mit J_2 ist nicht möglich, weil der dabei sich bildende freie Schwefel etwas Thiogermanation adsorbiert und es der Bestimmung entzieht. Aus diesem Grund muß auch die indirekte Titration in einer großen Verdünnung vorgenommen werden. Bei Anwesenheit größerer NaCl-Mengen, wie sie nach einer Abtrennung von Ge durch Destillation als $GeCl_4$ vorliegen würden, treten erhebliche Fehler auf: bei kleinen Ge-Mengen Überwerte, bei großen Unterwerte. Das Verfahren ist somit im Anschluß an eine $GeCl_4$-Destillation nicht anwendbar. Es wird weiterhin durch alle die Metalle gestört, die bei $p_H = 4,6$ schwerlösliche Sulfide bilden.

4. Jodometrische Titration von Bariumchromat nach Fällung des Ge als Bariumgermanotartrat.

Das von SCHRAUZER [53] für die gravimetrische Bestimmung angegebene Verfahren der Fällung des Ge als $Ba_2GeC_8H_8O_{14} + 2H_2O$ kann auch für eine titrimetrische Ge-Bestimmung herangezogen werden. Dazu wird der erhaltene Niederschlag, der wie auf S. 21 angegeben, gewaschen wurde, in verd. HCl gelöst. Ba wird als Chromat gefällt, nach Abfiltrieren und Waschen mit Säure gelöst und das $Cr_2O_7^{2-}$ jodometrisch in bekannter Weise titriert. Es stören dabei die gleichen Elemente wie bei der gravimetrischen Bestimmung.

5. Titration von Salzen der Germanomolybdänsäure.

I. Jodometrische Titration des Oxinsalzes.

ALIMARIN und ALEKSEJEWA [47] geben auf der Basis des von ihnen für die gravimetrische Ge-Bestimmung vorgeschlagenen Oxingermanomolybdats auch ein titrimetrisches Verfahren an. Dazu wird das isolierte Salz (s. S. 18) in einem Gemisch von Salzsäure und Äthanol gelöst, die Lösung mit KBr/$KBrO_3$ im gemessenen Überschuß versetzt, der mit KJ umgesetzt wird. Das dabei freigewordene J_2 wird mit $S_2O_3^{2-}$ gegen Stärke als Indikator titriert. Das Verfahren entspricht dem von BERG [68] für die bromometrische Bestimmung von Metalloxinaten vorgeschlagenen.

SPACU und GHEORGHIU [75] geben dazu die folgende

Arbeitsvorschrift unter Verwendung *potentiometrischer Indikation*. 50 ml neutrale oder schwachsaure Germanatlösung werden mit 2 ml 5%iger Ammoniummolybdatlösung sowie 3 ml 10%iger Schwefelsäure versetzt und mit Wasser auf 100 ml verdünnt. Nach 5 Min. werden 9 ml konz. HCl und unter Rühren 20 ml 8-Oxichinolinlösung (20 g Oxin und 120 ml Essigsäure im Liter) zugegeben. Nach 3 stündigem Stehen wird der Niederschlag abfiltriert und mit reagenshaltigem, mit HCl angesäuertem Wasser gewaschen. Er wird in heißem Wasser, konz. HCl und Äthanol gelöst. Zur Oxydation des Oxins werden überschüssige Mengen Oxydationsmittel ($KBrO_3$ + KBr, Chloramin T, Natriumchlorit) zugesetzt und anschließend KJ. Das ausgeschiedene Jod wird unter Verwendung potentiometrischer Indikation mit Thiosulfatlösung titriert. Alle drei Verfahren führen zu übereinstimmenden Resultaten.

II. Vanadometrische Titration des Dibromoxin-Salzes.

Nach NAZARENKO und VINKOVECKAJA [69] reagiert V(V) mit Dibromoxin in mineralsaurer Lösung nach der Gleichung:
$C_9H_5ONBr_2 + 5\,O + 2\,H_2O \rightarrow C_5H_3N(COOH)_2 + HCOOH + CO_2 + 2\,HBr$.
Das Äquivalentgewicht des Dibromoxins ist somit $^1/_{10}$ seines Molgewichts.

Arbeitsvorschrift. Das Dibromoxingermanomolybdat, gefällt und abgetrennt nach der Vorschrift von BARTELMUS und HECHT [48] (s. S. 19), wird in 10 n H_2SO_4 gelöst und mit so viel dieser Säure verdünnt, daß die Lösung etwa 0,01 m an Dibromoxin ist (Volumen etwa 75 ml). Die Lösung wird mit 25 bis 50 ml Titerlösung (mindestens 5 bis 6 ml im Überschuß) versetzt, 1 Std. lang auf einem siedenden Wasserbad belassen und abgekühlt. Der V(V)-Überschuß wird dann mit 0,05 n Fe^{2+}-Lösung gegen Phenylanthranilsäure als Indikator titriert. Die zur Anwendung gelangende V(V)-Lösung ist eine 0,02 bis 0,05 n Ammoniummetavanadatlösung in 6 n H_2SO_4.

Die *Genauigkeit* der Bestimmung wird mit etwa 1% für Ge-Mengen zwischen 0,1 und 5 mg angegeben. Zur Filtration des Dibromoxingermanomolybdats wird Asbestwolle empfohlen, die dann samt dem Niederschlag in das Titrationsgefäß gespült wird.

C. Fällungstitrimetrische Verfahren.

1. Fällung der Germanomolybdänsäure mit Nitron.

Die Germanomolybdänsäure ist polarographisch reduzierbar (s. S. 53). Es werden dabei u. a. vor dem Auftreten der ersten Mo-Stufe konzentrationsproportionale Diffusionsströme erhalten, die von HAHN und WAGENKNECHT [70] zur amperometrischen Indikation einer Fällungstitration von Ge als Germanomolybdänsäure mit Nitron herangezogen werden. Die Autoren stellen fest, daß bereits bei Zimmertemperatur das Gleichgewicht ganz in Richtung der Heteropolysäure verschoben ist und daß auf diese Weise bei einer Fällung dieses Komplexes die Gesamtmenge des Zentralelements erfaßt werden kann. Das als für die Fällung besonders geeignet erkannte Nitron, das als salzsaure Lösung zur Anwendung kommt, bildet mit der Heteropolysäure ein Salz, in dem Ge und das Reagens im Molverhältnis 1:4 vorliegen.

Arbeitsvorschrift. 1 bis 8 ml Ge-Lösung (0,4 bis 3,2 mg Ge) werden mit 5 ml Mo-Lösung (29,03 g $Na_2MoO_4 + 2\,H_2O$ im Liter) versetzt, auf $p_H = 2,0$ eingestellt und auf 100 ml verdünnt; bei Zimmertemperatur läßt man sie über Nacht stehen.

20 ml dieser Lösung werden dann mit 30 ml HCl/Glykokollpuffer, $p_H = 2,0$[1], versetzt, 15 Min. (Zeit genau einhalten) mit Wasserstoff gespült und bei einem Potential der Hg-Tropfelektrode von −50 mV gegenüber der gesättigten Kalomelelektrode mit einer 0,005 m Nitronlösung titriert (Tropfzeit der Elektrode: 2,88 Sek.). Die Stufe der Heteropolysäure nimmt proportional zum Nitron-Zusatz steil ab; nach Überschreiten des Äquivalenzpunktes wird nur noch eine geringe Abnahme des Stroms verzeichnet. Die Strom-Volumen-Kurve wird durch Interpolation ausgewertet: es werden zwei Gerade erhalten, die sich in einem stumpfen Winkel schneiden.

---

[1] Man mischt bei 20 °C 48,1 ml 0,1 n HCl mit 51,9 ml 0,1 n NH_2CH_2COOH; letztere enthält 7,50 g $NH_2CH_2COOH + 5,84$ g NaCl/l; vgl. Logarithmische Rechentafeln von KÜSTER-THIEL-FISCHBECK (1965), S. 147, 260.

Bei der Titration von 40 bis 640 μg Ge wird eine geradlinige Eichkurve erhalten. Die *Standardabweichung* des Verfahrens, ermittelt an Titrationen von isolierter Germanomolybdänsäure, wird mit $\pm$ 0,038 ml 0,005 m Nitronlösung angegeben.

2. Fällung von Ge(II) mit Gallussäure.

In einer nur im Referat zugänglich gewesenen Arbeit von NAIR und IBRAHIM [71] wird mitgeteilt, daß zweiwertiges Ge in saurem Medium in Gegenwart von Ammoniumsulfat mit Gallussäure gefällt werden kann. Die Titration wird mit amperometrischer Indikation bei $-0,6$ V gegen die gesättigte Kalomelelektrode bei Anwesenheit von Kresolrot als Maximumdämpfer ausgeführt.

3. Fällung von Ge mit Diäthyldithiophosphorsäure.

Nach Angaben von VINOGRADOWA und IVANOVA [72], die ebenfalls nur als Referat zur Verfügung standen, ist neben einer Reihe weiterer Elemente auch Ge mit Diäthyldithiophosphorsäure unter Verwendung amperometrischer Indikation titrierbar. Ge soll auf diese Weise auch in Gegenwart von As bestimmt werden können.

D. Komplexbildungstitrationen.

1. Titration mit Äthylendiamintetraessigsäure.

I. Durch Rücktitration.

Entgegen der bis dato üblichen Ansicht, daß Ge nicht mit Äthylendiamintetraessigsäure reagiert, weisen NAZARENKO, LEBEDEVA und VINAROVA [73] nach, daß dies unter bestimmten Bedingungen doch der Fall ist. Sie zeigen, daß das Ge^{4+} in der Kälte weder in alkalischer noch in neutraler noch in saurer Lösung — auch nicht nach langem Stehen — komplex gebunden wird. Wird aber eine saure Ge-Lösung mit einem Überschuß von Äthylendiamintetraessigsäure versetzt und erhitzt, so tritt die Bindung ein. Der gebildete Komplex ist sehr stark; so wird aus ihm Ge weder in alkalischer Lösung durch Zn noch in schwachsaurer durch Bi noch in starksaurer durch Zr verdrängt. Da die Komplexbildung aber nur relativ langsam verläuft — entweder bei mindestens 2,5fachem Reagensüberschuß 10 Min. kochen oder 30 Min. in ein siedendes Wasserbad stellen —, ist die Titration nur über eine Rücktitration des Reagensüberschusses möglich. Die Komplexbildung ist in 0,02 bis 0,05 n HCl quantitativ. In HNO_3-, H_2SO_4- oder $HClO_4$-Lösungen erfolgt keine völlige Umsetzung, auch nicht in Lösungen höherer HCl-Konzentration.

1 Mol Äthylendiamintetraessigsäure bindet 1 g-Atom Ge. Für die Titration von 0,1 bis 3,5 mg Ge wird die Zugabe von 25 ml 0,005 m Reagenslösung, für diejenige von 2 bis 15 mg die von 50 ml 0,01 n Lösung und für diejenige von 15 bis 220 mg die von 50 ml 0,1 n Lösung vorgeschlagen. Der Reagensüberschuß kann mit einem 2-, 3- oder 4wertigen Element unter den jeweils geeignetsten Bedingungen zurücktitriert werden, z. B. mit Zn^{2+} in schwach ammoniakalischer Lösung gegen Chromogenschwarz ET-00, mit Bi^{3+} in essigsaurer Lösung gegen Xylenolorange oder mit Zr^{4+} in heißer, salzsaurer Lösung (HCl $>$ 0,5 n) gleichfalls gegen Xylenolorange.

Arbeitsvorschrift. Zu 50 ml Ge-Lösung, die 0,05 bis 0,06 n an HCl ist, wird überschüssige Äthylendiamintetraessigsäure (Di-Na-Salz) entsprechend den bereits gemachten Angaben gegeben. Die Lösung wird 10 Min. im Sieden gehalten, wobei das verkochende Wasser stets wieder ergänzt wird. Nach Abkühlen auf Zimmertemperatur wird auf 200 bis 250 ml verdünnt, mit 3 ml konz. NH_4OH und 0,5 ml 0,2%iger Indikatorlösung versetzt und der Reagensüberschuß mit Zn-Lösung bis zum Indikatorumschlag von blaugrün nach rotviolett titriert. (Wird mit Bi-Lösung zurücktitriert, entfällt der Zusatz von Ammoniak. Es wird dann in der schwachsauren Lösung nach Zugabe 0,5 ml 0,1%iger Xylenolorangelösung bis zum Farbumschlag von gelb nach rosa titriert. Die Rücktitration mit Zr^{4+} wird in der auf n HCl gebrachten und auf 50 bis 60 °C erwärmten Lösung ebenfalls gegen Xylenolorange auf den gelb-rosa-Umschlag vorgenommen.)

Der Titration mit *Zn-Lösung* wird von den Autoren der Vorzug gegeben.

Die *Genauigkeit* wird für die Bestimmung von 15 bis 220 mg Ge mit $\pm$ 1,2%, für diejenige von 0,2 bis 3 mg mit $\pm$ 4,6% ausgewiesen.

Die Titration kann auch in Gegenwart von NaCl erfolgen, was bedeutet, daß sie auch in dem Destillat einer $GeCl_4$-Abtrennung ausgeführt werden kann. Die NaCl-Konzentration darf bei der Rücktitration mit Zr^{4+} bis zu 3 m, bei derjenigen mit Zn^{2+} bis zu 0,6 m und bei derjenigen mit Bi^{3+} nur bis zu 0,02 m betragen.

II. Durch indirekte Titration.

KIM und RIM [74] teilen in einer Arbeit, die nur als Referat eingesehen werden konnte, mit, daß Ge auch indirekt mit Äthylendiamintetraessigsäure titriert werden kann. Die Angabe im Referat lautet:

Arbeitsvorschrift. Zu einer Lösung, die 0,2 bis 0,5 mg Ge/ml enthält, werden 10 ml 5%ige Weinsäure und 10 ml 5%ige $BaCl_2$-Lösung zugegeben. Der p_H-Wert der Lösung wird auf 9 bis 10 eingestellt und die Lösung gut gerührt. Zur Stabilisierung des Niederschlags werden 0,5 bis 1 ml 0,25%ige Polyvinylalkohollösung zugesetzt. Der Niederschlag (wahrscheinlich nach vorangegangener Abtrennung?) wird in HCl (1 + 1) (etwa 6 m) gelöst und die Lösung auf 50 oder 100 ml verdünnt. Es wird davon ein aliquoter Teil von 5 oder 10 ml abgenommen, mit Ammoniak-Puffer auf p_H = 10 gebracht und nach Zugabe von Eriochromschwarz T mit 0,005 oder 0,01 m Äthylendiamintetraessigsäurelösung titriert.

Es scheint sich hier um eine Titration des Ba und somit um eine komplexometrische Ausführung des Verfahrens von SCHRAUZER [53], bei dem Ge als Bariumgermanotartrat gefällt wird, zu handeln (s. S. 21).

2. Titration mit Brenzcatechinlösung

ZELJANSKAJA und STASKOVA [63] titrieren direkt mit Brenzcatechinlösung (0,1 m) und bedienen sich dabei der amperometrischen Indikation an einer Hg-Tropfelektrode. Die Titration wird in einem Borat-Acetat-Puffer bei p_H-Werten zwischen 7 und 9 ausgeführt, wobei bei —1,46 V auch in Gegenwart höherer Ge-Mengen (10 mMol/l) eine deutliche Ge-Stufe erhalten wird. Diese Stufe verschwindet bei Vorliegen eines geringen Brenzcatechin-Überschusses. As(III) verfälscht die Ge-Stufe, nicht aber As(V).

§ 3. Photometrische Bestimmungsverfahren.

A. Photometrische Bestimmung mit Hilfe anorganischer Reagenzien.

Allgemeines. Die Verfahren zur photometrischen Bestimmung des Germaniums mit Hilfe anorganischer Reagenzien besitzen eine sehr weitgehende Ähnlichkeit mit denjenigen zur Phosphor- oder Siliciumbestimmung. Sie basieren entweder auf der Eigenfarbe der Germanomolybdänsäure oder machen von der leichten

Reduzierbarkeit des in der Heteropolysäure gebundenen Molybdäns zum Molybdänblau Gebrauch.

1. Bestimmung als gelbe Germanomolybdänsäure.

I. in wäßriger Lösung.

Schon GROSSCUP [41] empfiehlt die Reaktion des Ge mit Molybdation zur colorimetrischen Ge-Bestimmung. Er teilt mit, daß noch 0,88 mg GeO_2 in 5 ml H_2O an der gelben Farbe der Heteropolysäure gut zu erkennen sind.

Von KRUMHOLZ [76], der die Bildung von Heteropolymolybdaten mit Hilfe eines PULFRICH-Photometers (Filter E 47) untersucht, stammen die Angaben, daß die Extinktion einer Ge-Lösung bei Zugabe von Molybdatlösung so lange zunimmt, bis ein Molverhältnis von 1 GeO_2 zu 12 MoO_3 vorliegt. Wird noch mehr Molybdation zugegeben, ändert sich die Farbintensität praktisch nicht mehr. Die Färbung der Lösung erreicht kurz nach der Molybdatzugabe ein Maximum, nimmt dann rasch ab und erreicht nach etwa 1 Std. einen konstanten Wert. Die Germanomolybdänsäure ist stabiler als die Phosphormolybdänsäure, was daraus abgeleitet wird, daß sie in einer Lösung, die 0,2 n an HCl und 0,25 m an Oxalsäure ist und die 5 ml gesättigte Natriumacetatlösung enthält, erst innerhalb 15 Min. entfärbt wird, jene hingegen sofort (die Silicomolybdänsäure aber erst nach 30 Min.)

Die ersten systematischen Untersuchungen zur Verwertung dieser Reaktion wurden von ALIMARIN und IWANÖFF-EMIN [77] veröffentlicht. Sie teilen mit, daß das Lambert-Beersche Gesetz bis zu einer Konzentration von 40 mg GeO_2/l erfüllt ist und daß noch 1 mg/l bestimmbar ist [2 ml Ge-Lösung, dazu 10 ml 5%ige Ammoniummolybdatlösung und 0,25 ml HNO_3 (D = 1,4), mit H_2O zu 25 ml].

Das Arbeiten in HNO_3-*Lösung* wird als *am günstigsten* bezeichnet, da dabei ein Konzentrationsoptimum (0,15 bis 0,3 n) erhalten wird, in dem die Farbe der Lösung unabhängig von der H^+-Konzentration ist (ähnliches gilt für H_2SO_4 bei 0,15 bis 0,25 n und für Essigsäure bei 1,4 bis 3 n, nicht aber für HCl).

Die Mo-Konzentration wird als optimal bei Verwendung von 40 ml 5%iger Ammoniummolybdatlösung in 100 ml zur Messung gelangender Analysenlösung angegeben, nicht nur, weil damit die maximale Farbintensität erhalten wird, sondern auch, weil sich derartige Lösungen durch gute Stabilität der Farbe auszeichnen.

Die größte Farbintensität ist bereits 1 Min. nach der Molybdatzugabe erreicht; sie bleibt 15 bis 20 Min. konstant, nimmt dann aber ab.

Gestört wird die Ge-Bestimmung auf diesem Weg durch anwesendes As(V) [nicht aber durch As(III) oder Sb(III)], P(V) und SiO_2, die gleichfalls gelbe Heteropolymolybdänsäuren bilden. Die Farbentwicklung wird abgeschwächt oder ganz verhindert durch Weinsäure, Oxalsäure, Citronensäure und Fluoridion; der Störeinfluß des letztgenannten kann durch Maskierung mit Al^{3+} oder Zr^{4+} ausgeschaltet werden. Schwächend wirken auch Se und Te. Die Störung durch As(V) kann zwar dadurch eliminiert werden, daß in der Kälte gearbeitet wird, wobei As(V) einen farblosen Komplex mit Molybdation bildet; jedoch erfordert dies die Verwendung größerer Molybdatmengen, weil dieser As-Komplex stärker ist als derjenige des Ge, der an sich auch in der Kälte entstehen würde. Normalerweise wird der Abtrennung von Ge durch Destillation als $GeCl_4$ im Cl_2-Strom der Vorzug gegeben. Aus dem Destillat wird es als GeS_2 gefällt, mit NH_4OH und H_2O_2 als Germanation gelöst und als solches weiterverarbeitet.

Arbeitsvorschrift. Aliquote Teile der kalten (T < 30 °C) Germanatlösung mit 5 bis 40 mg GeO_2 im Liter werden in einen 100 ml-Meßkolben pipettiert, mit

40 ml 5%iger Ammoniummolybdatlösung und so viel HNO_3 versetzt, daß die zur Marke verdünnte Lösung daran 0,15 bis 0,35 n ist. (Die genannte Reihenfolge der Reagenzienzugabe ist einzuhalten.) Die Lösung wird auf 100 ml mit Wasser verdünnt und nach 2 bis 3 Min. gegen eine Vergleichslösung colorimetriert. Als Vergleichslösung wird einer Pikrinsäurelösung der Vorzug gegeben (10 mg Pikrinsäure im Liter entsprechen 74,8 mg GeO_2/l).

Aus Belegzahlen, die nach einer $GeCl_4$-Destillation erhalten wurden, ergibt sich eine *Unsicherheit* der Bestimmung von etwa ± 0,02 mg, falls 0,5 bis 1,0 mg GeO_2 vorliegen.

KITSON und MELLON [78] kommen bei der Nachprüfung des Verfahrens zu dem Ergebnis, daß die so hergestellten Germanomolybdate *schnell verblassen*. Sie untersuchen eingehend die Wechselwirkung zwischen Farbintensität und -stabilität einerseits und Säureart, Säurekonzentration, Molybdatkonzentration sowie Reihenfolge der Reagenszugabe andererseits. Ihr Ergebnis ist, daß die Verhältnisse am befriedigendsten sind, wenn in *essigsaurer* Lösung gearbeitet wird. Die Farbintensität steigt dabei bis zu einer Konzentration von 3,5 n CH_3COOH an, ist bei weiterer Erhöhung aber praktisch konstant. Als Optimum wird eine Acidität von 5 n CH_3COOH angegeben, weil dabei auch eine gute Stabilität der Farbe erhalten wird. Unter diesen Bedingungen hat zudem eine Variation der Molybdatkonzentration nur noch einen geringen Einfluß auf die Farbintensität der Lösung. Die besten Verhältnisse werden erhalten, wenn in einem Endvolumen von 50 ml 15 ml Eisessig und 5 ml 2,5%ige Ammoniummolybdatlösung (für bis zu 75 ppm Ge) vorliegen und wenn zunächst die Molybdatlösung zur Säure und schließlich dieses Gemisch zur Ge-Lösung zugegeben werden.

Die gleiche Farbintensität, aber eine etwas *geringere Farbstabilität* wird erreicht, wenn die Molybdatlösung in die angesäuerte Ge-Lösung eingetragen wird. Da dies jedoch der einfachste Weg für die Ausführung des Verfahrens ist, wird er dennoch bevorzugt. Die so hergestellten Lösungen gehorchen bis zu einer Ge-Konzentration von 40 ppm dem LAMBERT-BEERschen Gesetz und nehmen je 15 Min. um 2% ihrer Extinktion ab.

Arbeitsvorschrift. Die germaniumhaltige Analysenlösung (1 bis 3 mg Ge) wird in einen 100 ml-Meßkolben eingetragen, mit 30 ml Eisessig versetzt und mit Wasser auf 80 ml verdünnt. Nach Zufügen von 10 ml frischbereiteter 2,5%iger Ammoniummolybdatlösung wird zur Marke verdünnt, durchgemischt und colorimetriert. Als Vergleichslösung wird eine mit Borax auf $p_H = 9$ gepufferte $K_2Cr_2O_7$-Lösung als am geeignetsten vorgeschlagen, die in einer Konzentration von 32,0 ppm $K_2Cr_2O_7$ mit derjenigen einer Ge-Konzentration von 10 ppm farbgleich ist. (Verwendbar sind auch eine ungepufferte $K_2Cr_2O_7$-Lösung sowie eine Pikrinsäurelösung. Farbgleichheit mit 10 ppm Ge wird von der ersteren bei 46,4 ppm $K_2Cr_2O_7$ und von der letzteren bei 4,0 ppm Pikrinsäure erreicht.)

An *störenden Ionen* dürfen in der Analysenlösung vorliegen (für 5 ppm. Ge):

5 ppm AsO_3^{3-}	0 ppm $SnCl_4^{2-}$	0 ppm Fe^{2+}
2 ppm AsO_4^{3-}	0 ppm VO_3^-	5 ppm Fe^{3+}
200 ppm $B_4O_7^{2-}$	0 ppm Ag^+	100 ppm Ni^{2+}
200 ppm CO_3^{2-}	0 ppm Al^{3+}	0 ppm Pb^{2+}
20 ppm $C_4H_4O_6^{2-}$ (Tartration)	50 ppm Ba^{2+}	0 ppm Sb^{3+}
5 ppm $Cr_2O_7^{2-}$	46 ppm Be^{2+}	200 ppm Sr^{2+}
50 ppm F^-	50 ppm Ca^{2+}	0 ppm Th^{4+}
0 ppm PO_4^{3-}	0 ppm Ce^{4+}	0 ppm Ti^{4+}
0 ppm $P_2O_7^{4-}$	50 ppm Co^{2+}	20 ppm UO_2^{2+}
10 ppm $S_2O_3^{2-}$	5 ppm Cr^{3+}	200 ppm Zn^{2+}
0 ppm SiO_3^{2-}	25 ppm Cu^{2+}	0 ppm Zr^{4+}

Im hundertfachen Überschuß *stören nicht*:

Acetat-, Benzoat-, Citrat-, Formiat-, Laktat-, Oxalationen, Br^-, ClO_3^-, Cl^-, CN^-, J^-, NO_3^-, NO_2^-, ClO_4^-, SO_4^{2-}, SO_3^{2-}, CNS^-, WO_4^{2-}, Bi^{3+}, Cd^{2+}, Li^+, Mg^{2+}, Mn^{2+}, Hg^{2+}, Hg_2^{2+}, K^+, Na^+.

Praktisch das gleiche Verfahren wird von HUSEYA [81] im Anschluß an eine $GeCl_4$-Extraktion mit $CHCl_3$ und Rückextraktion mit verdünnter Essigsäure angewendet. Er führt die Bestimmung jedoch *photometrisch* bei 420 oder 440 nm aus.

SCHACHOWA, MOTORKINA und MALZEWA [80] führen die Bestimmung in *schwefelsaurer* Lösung aus.

Arbeitsvorschrift. 6 ml Ge-Lösung (0,1 bis 10 mg GeO_2) werden in einem 50 ml-Meßkolben mit 10 ml 5%iger Ammoniummolybdatlösung und mit 5 ml 2 n H_2SO_4 versetzt. Nach Auffüllen zur Marke wird bei 428 nm photometriert — es wird eine geradlinige Eichkurve erhalten. Von störenden Elementen wird Ge durch Extraktion als $GeCl_4$ aus 9 n HCl mit CCl_4 abgetrennt.

II. Nach Extraktion mit organischen Lösungsmitteln.

WADELIN und MELLON [93] untersuchen eine Reihe von Lösungsmitteln auf ihre Eignung für die Extraktion der Heteropolysäuren des Molybdäns mit P, As, Si und Ge. Sie versetzen dazu 20 ml wäßrige Lösung, die 25 µg P bzw. 100 µg As, Si oder Ge enthält und 0,01 m an Na_2MoO_4 sowie 0,15 n an HCl ist, mit 10 ml Lösungsmittel, schütteln 30 Sek. und lassen die organische Phase in einen 25 ml-Meßkolben ab. Die Extraktion wird noch einmal mit 10 ml Lösungsmittel wiederholt. Die organischen Extrakte werden mit reinem Lösungsmittel zur Marke verdünnt, wobei die zunächst in den Extrakten vorhandene, auf Wasser zurückgehende Trübung, verschwindet. Die gelben Lösungen werden dann im UV gegen den Reagensblindwert photometriert (1 cm-Küvetten). Es werden dabei die folgenden Extinktionen bei 350 nm gemessen (Tabelle 8):

Tabelle 8. *Extinktion der Phosphato-, Arsenato-, Silicato- und Germanomolybdänsäure-Komplexe.*

Lösungsmittel	Extinktion bei 350 nm für			
	25 µg P	100 µg As	100 µg Si	100 µg Ge
1-Butanol	0,328	0,530	0,612	0,204
2-Butanol	0,258	0,518	0,270	0,208
2-Methylpropanol	0,356	0,500	0,536	0,245
1-Pentanol	0,315	0,302	0,641	0,091
1-Hexanol	0,331	0,120	0,349	0,029
2,6-Dimethyl-4-Heptanon	0,386	0,032	0,014	0,023
Äthylacetat	0,295	0,088	0,005	0,003
1-Butylacetat	0,310	0,020	0,002	0,006
Amylacetat	0,310	0,030	0,059	0,120
Äthylacetoacetat	0,384	0,617	0,400	1,140
Diäthyläther	0,307	0,093	0,004	0,003
2-Propyläther	0,142	0,013	0,003	0,002
Chloroform	0	0	0	0
Tetrachlorkohlenstoff	0	0	0	0
Petroläther	0	0	0	0

Die größte Extinktion für Ge wird somit bei der Extraktion mit Äthylacetoacetat erhalten. Eine Vorschrift für die Bestimmung des Ge auf diesem Weg wird von den Autoren nicht gegeben.

SCHACHOWA und MOTORKINA [82] empfehlen die Extraktion der Germanomolybdänsäure aus schwefelsaurer Lösung mit Isoamylalkohol.

Arbeitsvorschrift. Zu einer Lösung, die 0,001 bis 1 mg GeO_2 in maximal 10 ml enthält, werden 10 ml 5%ige Ammoniummolybdatlösung und 1,1 ml 10%ige H_2SO_4 zugegeben. Nach 15 Min. werden weitere 15 bis 18 ml 10%ige H_2SO_4 zugesetzt. Die Lösung wird mit Wasser auf 40 ml verdünnt, mit mehreren Anteilen von jeweils 5 ml Isoamylalkohol extrahiert und der vereinigte, organische Extrakt bei 428 nm photometriert.

In *Gegenwart von As* werden unter den genannten Bedingungen beide Heteropolysäuren extrahiert. Hierbei wird einem gemischten Lösungsmittel aus Butanol und Essigester (1 + 1) und dem Arbeiten in salpetersaurer Lösung (2 ml 5 n HNO_3) der Vorzug gegeben. Wird zu der organischen Phase nach der Extraktion Chloroform zugesetzt und erneut geschüttelt, so geht die Germanomolybdänsäure wieder in die wäßrige Phase über. Sie wird daraus dann nach Zugabe von 3 ml 5 n H_2SO_4 mit Isoamylalkohol extrahiert.

In *schwefelsaurer* Lösung wird deshalb gearbeitet, weil gefunden wurde, daß darin die Germanomolybdänsäure eine gute Stabilität besitzt und nach einer Standzeit von etwa 15 Min. ihr Extinktionsmaximum erreicht hat.

KIBA und URA [83] bedienen sich einer ähnlichen Arbeitsweise bei ihren Untersuchungen zur *fraktionierten* Extraktion der Heteropolymolybdate des Phosphors, Arsens, Siliciums und Germaniums. Es gelingt ihnen, bis zu 20 μg P neben je 500 μg As, Si und Ge frei von diesen zu extrahieren, wenn mit einem Gemisch iso-Butanol/Chloroform (2 + 3) geschüttelt wird (dreimal 3 ml) und wenn die wäßrige Analysenlösung (10 bis 15 ml) 0,14 n an HNO_3 ist, ferner 1 ml 10%ige Natriummolybdatlösung sowie 1 ml 15%ige NaCl-Lösung enthält.

Für die *Extraktion von As* wird die Acidität der wäßrigen Phase mit 0,85 ml 10 n HNO_3 erhöht und mit einem Gemisch (2,5 ml) aus Essigester und n-Butanol (1 + 1) geschüttelt. Nach Zugabe von 5 ml Chloroform wird erneut 1 Min. geschüttelt, wobei die Si- und Ge-Heteropolysäuren in die wäßrige Phase zurückgehen.

Sie werden dann gemeinsam mit n-Butanol aus der wäßrigen Lösung extrahiert — Versuche, sie extraktiv zu trennen, scheiterten. Die abgetrennte Butanolphase wird dann mit 6 ml 0,04 n NaOH geschüttelt, wobei beide erneut in die wäßrige Phase übergehen. Nach Verdünnen mit 5%iger Oxalsäure auf 10 ml wird die Summe der Extinktionen bei 372 nm gemessen. Danach wird die Lösung etwa 1 Min. in ein siedendes Wasserbad gestellt, wobei die Ge-Molybdänsäure völlig zersetzt wird, die Si-Molybdänsäure aber beständig bleibt, und nach Abkühlen auf Zimmertemperatur erneut photometriert. Die erhaltene Extinktionsdifferenz ist ein Maß für den Ge-Gehalt der Analysenlösung.

2. Bestimmung als Germanovanadomolybdänsäure.

Für die photometrische Bestimmung des Ge auf diesem Wege werden von SCHACHOWA und MOTORKINA [84] zwei

Arbeitsvorschriften gegeben. I. Zur germaniumhaltigen Lösung (0,01 bis 1 mg GeO_2 in etwa 10 ml) werden 5 ml 5%ige Ammoniummolybdatlösung und so viel 2 n H_2SO_4 gegeben (0,05 bis 0,12 ml), daß die Endlösung daran 0,2 n ist. Die Lösung bleibt 10 Min. stehen, wird dann mit 5 ml 2%iger $NaVO_3$-Lösung (mit 2 n H_2SO_4 gegen Methylorangepapier neutralisiert) sowie 0,8 ml 2 n H_2SO_4 versetzt und schließlich 1 bis 2 Min. zum Sieden erhitzt. Sie bleibt dann weitere 30 Min. auf einem siedenden Wasserbad stehen. Anschließend wird der dabei ausgefallene, dunkelbraune V-Niederschlag abfiltriert und 3 bis 4mal mit 10%iger NH_4Cl-Lösung gewaschen. Filtrat und Waschflüssigkeit werden auf 40 ml verdünnt und bei 400 nm photometriert.

II. Unter Vermeidung von Ammoniumsalzen.

Reagenslösung. 40 g Natriummolybdat in 120 ml H$_2$O lösen, ebenso 6 g Natriumvanadat in 80 ml. Beide Lösungen filtrieren, im Verhältnis 30 ml (Mo) und 20 ml (V) mischen, mit konz. HCl versetzen und auf 100 ml verdünnen. Die fertige Lösung ist nur 1 bis 2 Tage haltbar (Bildung eines gelben Niederschlags). Der Zusatz an konz. HCl ist so zu bemessen, daß die zur Photometrie kommende Lösung etwa 0,20 bis 0,28 n an HCl ist.

5 ml dieser Reagenslösung werden zu der auf Ge zu untersuchenden Analysenlösung zugegeben. Nach Verdünnen auf 40 ml läßt man die Flüssigkeit wegen der gegenüber I. etwas langsameren Farbentwicklung etwa 20 bis 25 Min. stehen und photometriert.

Die Methode zeichnet sich gegenüber den sich auf der Germanomolybdänsäure aufbauenden Verfahren durch eine bedeutend höhere *Empfindlichkeit* aus.

3. Bestimmung als Molybdänblau.

I. in wäßriger Lösung.

a) Reduktion mit Hydrochinon und Sulfition,

GEILMANN und BRÜNGER [18 (b)] geben als erste in Analogie zu bekannten Verfahren zur P-Bestimmung über Molybdänblau eine Vorschrift, die sich auf der Reduktion der Germanomolybdänsäure zu Molybdänblau aufbaut.

Arbeitsvorschrift. Die neutrale Ge-Lösung, etwa 25 ml, wird mit je 5 ml Molybdän- und Hydrochinonlösung versetzt. Nach etwa 5 Min. werden der grünlich gewordenen Lösung 25 ml Carbonat-Sulfitmischung zugefügt, worauf sofort eine blaue Färbung auftritt. Nach dem Verdünnen auf 100 ml kann nach 15 Min. colorimetriert werden. Nach dieser Zeit wird die intensivste Farbe erreicht, die dann etwa $^1/_2$ Std. konstant bleibt und danach langsam abblaßt. Als Vergleichslösung dient eine in derselben Weise behandelte wäßrige GeO$_2$-Lösung etwa gleicher Konzentration.

An *Reagenzien* sind erforderlich: α) Ammoniummolybdatlösung: 50 g Ammoniummolybdat in 500 ml Wasser lösen und mit 500 ml 2 n H$_2$SO$_4$ versetzen.

β) Hydrochinonlösung: 20 g Hydrochinon in 1 Liter Wasser lösen und mit 1 ml konz. H$_2$SO$_4$ ansäuern.

γ) Carbonat-Sulfitmischung: 75 g Natriumsulfit, wasserfrei, in 500 ml Wasser lösen und zu einer Lösung von 400 g wasserfreier Soda in 2 Liter Wasser hinzufügen.

Das Verfahren wird als innerhalb der für colorimetrische Messungen geltenden Fehlergrenzen *genau* bezeichnet, vorausgesetzt, daß eine Vergleichslösung von nicht zu stark von derjenigen der Analysenlösung abweichender Konzentration verwendet wird. Nachteilig ist jedoch, daß bei der colorimetrischen Messung stets eine Vergleichslösung mituntersucht werden muß. Es wird jedoch darauf hingewiesen, daß dies bei Verwendung einer photometrischen Messung umgangen werden kann.

Die Farbe der Analysenlösung hängt von einer Reihe von Faktoren ab, so z. B. der *Temperatur* der Lösung und ihrem *Salzgehalt.* Der letztgenannte Einfluß macht sich jedoch erst störend bemerkbar, wenn größere Salzmengen vorliegen; er verbietet aber die direkte Bestimmung in dem neutralisierten Destillat einer Abtrennung des Ge als GeCl$_4$. Die Bestimmung ist aber ohne Störung in den Lösungen möglich, die nach Abtrennung des Ge als GeS$_2$ und dessen Lösen mit NH$_4$OH und H$_2$O$_2$ nach Abdampfen zur Trockne erhalten werden. Für diese Arbeitsweise wird für Ge-Mengen zwischen 40 und 200 μg ein Fehler von etwa ± 10% ausgewiesen, wobei es praktisch unerheblich ist, ob das Ge direkt als Sulfid gefällt wird oder vorher einer GeCl$_4$-Destillation unterworfen wurde.

FISCHER und KEIM [21] weisen für dieses Verfahren, das sie im *Mikromaßstab* mit gegenüber GEILMANN und BRÜNGER auf $^1/_{10}$ reduzierten Mengen ausführen — 8 bis 20 μg GeO_2 —, eine Reproduzierbarkeit von ± 1 μg GeO_2 aus. Sie teilen ferner mit, daß bei der Bestimmung von 2 bis 20 μg GeO_2 1500 μg As_2O_3 *nicht stören*, sich aber 800 μg As_2O_5 wie 20 μg GeO_2 und 15 μg SiO_2 bzw. P_2O_5 wie 28 μg GeO_2 verhalten.

$(NH_4)_2SO_4$ reagiert bis zu 20 mg nicht störend, *größere* Mengen verursachen *Unterwerte*.

b) Reduktion mit Fe(II).

POLUEKTOFF [58] reduziert die Germanomolybdänsäure mit Fe^{2+} und verwendet als Reagens eine Lösung, die Molybdat- und Eisen(II)-ionen gemeinsam enthält. Es wird wie folgt *bereitet*: 16 ml einer Molybdatlösung, die durch Mischen von 15%iger Ammoniummolybdatlösung mit dem gleichen Volumen konz. HNO_3 bereitet wird, werden auf 100 ml verdünnt, mit 8 ml einer 5%igen Lösung von Mohrschem Salz [$(NH_4)_2Fe(SO_4)_2$] und 40 ml gesättigter Natriumacetatlösung versetzt und schließlich mit Wasser auf 200 ml verdünnt. Diese Lösung besitzt einen grauen Schimmer, der aber beim weiteren Verdünnen verschwindet. Für die Ge-Bestimmung nach einer $GeCl_4$-Destillation und Fällung des Ge als GeS_2 wird die folgende

Arbeitsvorschrift gegeben. Der GeS_2-Niederschlag wird mit 0,1 ml 25%iger KOH unter Zusatz von 0,05 ml Perhydrol gelöst. Die Lösung wird in einen 50 ml-Meßkolben überführt, mit 1 ml 25%iger Natriumsulfitlösung versetzt und mit etwas verd. H_2SO_4 angesäuert. Nach Zugabe von 25 ml Reagenslösung wird zur Marke aufgefüllt und colorimetriert. Eine Vergleichslösung und der Reagenzienblindwert werden mitgemessen.

0,02 mg Ge werden auf +0,002 mg genau bestimmt, 0,23 mg mit *Fehlern* von +0,008 bis −0,017 mg.

HYBBINETTE und SANDELL [85] verwenden das Reagens von POLUEKTOFF zur photometrischen Ge-Bestimmung in Silicaten. Das Material wird mit H_2SO_4–HNO_3 nebst H_2F_2 aufgeschlossen und mit H_2SO_4 unter Durchleiten von Luft so lange erhitzt, bis das gesamte SiO_2 verflüchtigt ist. Anschließend wird Ge als $GeCl_4$ abdestilliert. Das Destillat wird in 2 ml 25%iger NaOH aufgefangen, mit HCl (1 + 1) (etwa 6 m) neutralisiert und auf 25 ml verdünnt. 10 ml davon werden mit 1 Tropfen 25%iger NaOH alkalisch gemacht, mit 0,1 ml Essigsäure (1 + 1) (etwa 51%ig) angesäuert, mit 10 ml Reagenslösung versetzt und auf 25 ml verdünnt. Nach einer Standzeit von 15 Min. wird unter Verwendung eines Rotfilters photometriert. Vergleichslösungen mit 5 bis 10 μg Ge werden entsprechend der Analysenlösung angesetzt und gemessen, desgleichen der Reagensblindwert. Es wird darauf hingewiesen, daß die Farbintensität der Lösung beim Stehen langsam abnimmt und daß deshalb alle Lösungen stets nach gleichen Standzeiten gemessen werden müssen. Das LAMBERT-BEERsche Gesetz wird für Ge-Konzentrationen von bis zu 1,5 μg Ge/ml als erfüllt gefunden.

Von BOLTZ und MELLON [86] werden die verschiedenen *Einflußgrößen* auf die Molybdänblau-Reduktion eingehender untersucht. Sie finden, daß je 25 ml zur Messung gelangender Analysenlösung mindestens 1 ml Molybdatreagens (10%ige Ammoniummolybdatlösung) vorliegen muß; eine größere Menge hat nur einen geringen Einfluß. Die Reduktionsmittelkonzentration soll stets konstant sein, weil davon die Farbtiefe merklich beeinflußt wird. Die Lösung soll stets frischbereitet sein. In 25 ml Analysenlösung sollen 5 ml enthalten sein. (*Reduktionslösung*: 10 g Mohrsches Salz in 500 ml Wasser, das 1,5 ml 4 n H_2SO_4 enthält, lösen, 5 ml dieser Lösung mit 20 ml 4 n H_2SO_4 mischen.) Die H-Ionenkonzentration ist sowohl für die Bildung der Germanomolybdänsäure wichtig — die Lösung soll 0,1 bis 0,2 n an H_2SO_4 sein — als auch für die Reduktion zum Molybdänblau. Hierfür soll die [H^+] mindestens 1,5 n an H_2SO_4 sein. Zwischen 1,6 n und 3,2 n tritt nur noch eine geringe Farbänderung ein. H_2SO_4 wird als geeigneter als Essigsäure befunden, weil sie zu intensiveren Färbungen führt. Die Stabilität der Molybdänblaulösungen hängt sehr stark von der Zeit ab, die zwischen der Bildung der Germanomolybdänsäure und ihrer Reduktion liegt: je länger diese ist, um so heller wird die Farbe. Es wird deshalb empfohlen, das Reduktionsmittel unmittelbar nach dem Molybdat der Analysenlösung zuzusetzen.

Arbeitsvorschrift. 20 ml Ge-Lösung mit maximal 400 μg Ge werden in einem 50 ml-Kolben mit 0,75 ml 4 n H_2SO_4 und 1 ml 10%iger Ammoniummolybdatlösung und sofort danach mit 25 ml Reduktionslösung (Zusammensetzung s. oben) versetzt, zur Marke verdünnt und in 1 cm-Küvetten bei 830 nm photometriert. Das Lambert-Beersche Gesetz ist für Ge-Konzentrationen von bis zu 0,2 mg Ge/50 ml (= 4 ppm) erfüllt.

Bis zu einer Konzentration von 500 ppm *stören nicht*: Al^{3+}, NH_4^+, Cd^{2+}, Ca^{2+}, Cr^{3+}, Co^{2+}, Cu^{2+}, Fe^{2+}, Mg^{2+}, Mn^{2+}, Ni^{2+}, Ag^+, Zn^{2+}, Acetation, AsO_4^{3-}, AsO_3^{3-}, Br^-, ClO_3^-, Cl^-, Citration, NO_3^-, Oxalation und WO_4^{2-}. F^- und PO_4^{3-} sind bis zu einer Konzentration von 100 ppm zulässig. Abwesend sein müssen Ba^{2+}, Bi^{3+}, Fe^{3+}, Pb^{2+}, SiO_3^{2-} und VO_3^-.

Auch SHAW und CORWIN [87] kommen zu dem Ergebnis, daß für die *Genauigkeit* der Bestimmung das Zeitintervall zwischen der Molybdatzugabe und dem Zusatz des Reduktionsmittels entscheidend ist; erst in zweiter Linie wirken sich die Mo-Konzentration und die H^+-Konzentration aus.

Arbeitsvorschrift. In einen 100 ml-Meßkolben, der 2 ml 4 n H_2SO_4 enthält, werden Ge-Mengen zwischen 0,1 und 0,3 mg eingetragen. Die Lösung wird mit Wasser auf 36 ml verdünnt und mit 8 ml 5%iger Ammoniummolybdatlösung [5 g $(NH_4)_6Mo_7O_{24} + 4 H_2O$ in 80 ml warmem Wasser lösen, nach Abkühlen mit 2,8 ml konz. H_2SO_4 versetzen und mit Wasser auf 100 ml verdünnen] versetzt. Nach (1 ± 0,2) Min. werden schnell 50 ml Reduktionslösung [5 g $FeSO_4 \cdot (NH_4)_2SO_4 \cdot 6 H_2O$ in 250 ml Wasser, das 1 ml 4 n H_2SO_4 enthält, lösen. Vor Verwendung 5 ml dieser Lösung mit 20 ml 4 n H_2SO_4 mischen] zugegeben. Die Lösung bleibt dann 20 bis 30 Minuten stehen und wird danach bei 825 nm photometriert.

Die Reagenslösungen sind, im Kühlschrank aufbewahrt, etwa 2 bis 3 Wochen *haltbar*. Sie müssen jedoch vor ihrer Verwendung auf Zimmertemperatur gebracht werden. Über eine Temperaturabhängigkeit der Färbung werden keine Angaben gemacht. Werden die angegebenen Zeiten nicht eingehalten, resultieren stets zu helle Lösungen.

Die *Genauigkeit* der beschriebenen Arbeitsweise wird mit ± 5% genannt.

Es wird darauf hingewiesen, daß beim Arbeiten bei höherer als der angegebenen Acidität zwar schneller die maximale Färbung erreicht wird, daß aber die Farbkonstanz *schlecht* zu reproduzieren ist. Ähnliches gilt für eine Erhöhung der Molybdatkonzentration.

ROSENFELD [89] photometriert bei *880 nm*. Er versetzt etwa 10 ml germaniumhaltige Lösung mit 2 ml neutraler Ammoniummolybdatlösung (5,31 g in 100 ml H_2O) und nach Durchmischen mit 1 ml saurer Fe^{2+}-Lösung [21 g $FeSO_4 \cdot (NH_4)_2SO_4 \cdot 6 H_2O$ und 20 ml n H_2SO_4 im Liter]. Die Lösung verdünnt man auf 25 ml, läßt 30 Min. stehen und photometriert.

c) Reduktion mit Ascorbinsäure.

ERDEY und BODOR [88] schlagen für die Reduktion der Germanomolybdänsäure die Verwendung von Ascorbinsäure vor. Dieses Reagens reduziert das Molybdation erst bei p_H-Werten oberhalb 5 mit ausreichender Geschwindigkeit, nicht aber bei kleineren Werten. In Gegenwart von GeO_2, ebenso von SiO_3^{2-} und PO_4^{3-}, mit AsO_4^{3-} hingegen erst bei Vorliegen größerer Mengen, erfolgt auch in saurer Lösung glatt die Reduktion des gebundenen Molybdats. Die erhaltene Farblösung ist nach 15 Min. weitgehend intensitätskonstant geworden und wird nach 20 Min. mit Hilfe des Filters S 72 gegen Wasser als Vergleichslösung photometriert.

Die **Arbeitsvorschrift**, die die erkannten optimalen Verhältnisse berücksichtigt, lautet: Zu 10 ml Analysenlösung, die 0,05 bis 450 µg Ge/ml enthalten kann und auf genau 20 °C gebracht ist, werden 5 ml n H_2SO_4, 3 ml 0,05 m Ammoniummolybdatlösung und 10 ml 0,1 n Ascorbinsäure (alle von 20 °C) versetzt. Nach einer Standzeit von 20 Min. wird mit Wasser (20 °C) auf 50 ml verdünnt und photometriert (Temperaturänderung zwischen 15 und 30 °C sind nur von geringem Einfluß auf die Farbintensität).

Das Lambert-Beersche Gesetz wird als nicht erfüllt bezeichnet. Bei der Messung von 5 bzw. 10 ml 10^{-3} m Ge-Lösung wird eine größte Abweichung vom Sollwert von 5% erhalten (20 Bestimmungen).

d) Reduktion mit einer Mo(VI)/Mo(V)-Lösung.

LUCENA-CONDE und PRAT [90] geben ein neues Reagens für die photometrische Bestimmung von Heteropolymolybdaten an, bei dem sich die Verwendung eines Reduktionsmittels erübrigt. Sie fügen das zur Bildung von Molybdänblau erforderliche Mo in Form einer Lösung zu, die 10 n an H_2SO_4 wie auch 3 n an HCl ist und Mo(VI) sowie Mo(V) im Verhältnis 3:2 enthält [0,12 m an Mo(VI) und 0,08 m an Mo(V)]. Wird eine Heteropolymolybdatlösung mit diesem Reagens etwa 15 Min. zum Sieden erhitzt, so wird eine maximale Intensität von Molybdänblau erhalten. Ist das Verhältnis Mo(VI):Mo(V) in der Reagenslösung kleiner als 3:2, so ist ihre Empfindlichkeit geringer; ist es größer, so treten merkliche Blindwerte auf.

Arbeitsvorschrift. α) *Herstellung* des Reagenses: 8,15 g krist. Ammoniummolybdat werden in 60 ml H_2O gelöst.

Zu 25 ml dieser Lösung werden 12,5 ml 12 n HCl und nach Verdünnen auf 50 ml 10 ml Hg zugegeben. Es wird 5 Min. kräftig geschüttelt und danach die nunmehr rotbraune Lösung abfiltriert.

Weitere 30 ml der ursprünglichen Lösung werden unter ständigem Umschütteln mit 50 ml 12 n HCl und 56 ml 36 n H_2SO_4 versetzt. Dazu werden 40 ml der vorher mit Hg reduzierten Lösung hinzugegeben. Das ganze wird filtriert und das Filtrat auf 200 ml mit Wasser verdünnt. Diese Lösung ist mindestens 6 Monate haltbar.

β) *Analyse*: Die Analysenlösung (mit max. 200 µg GeO_2) wird in einen 50 ml-Meßkolben eingefüllt, mit 1,5 ml Reagenslösung versetzt, 15 Min. in einem siedenden Wasserbad belassen und nach Abkühlen auf Zimmertemperatur zur Marke verdünnt. Die Extinktion der Lösung wird bei 830 nm gemessen. Es wird für GeO_2-Mengen von bis zu 220 µg/50 ml eine geradlinige Eichkurve erhalten.

Es *stören* die Elemente, die mit Molybdation Heteropolysäuren bilden, ferner solche, die zu Fällungen führen, wie Ba, Pb, Sb und Bi. NO_3^-, Fe^{3+} und Fe^{2+} vermindern die Empfindlichkeit der Reaktion.

e) Reduktion mit Metol und Disulfition.

REZAC und RUZICKOVA [91] geben dafür folgende

Arbeitsvorschrift. Die Analysenlösung mit max. 250 µg GeO_2 wird in einen 50 ml-Meßkolben pipettiert, mit 15 ml Eisessig versetzt und auf 40 ml mit Wasser verdünnt. Es wird 1 ml Reduktionslösung (15 g $Na_2S_2O_5$ + 1 g $Na_2SO_3 \cdot 7 H_2O$ +

0,5 g Metol in 100 ml) zugegeben. Nach einer Standzeit von 30 Min. wird mit Wasser zur Marke verdünnt und bei 827 nm photometriert.

Der mittlere *Fehler* des Verfahrens wird mit 2% angegeben. Die Eichkurve ist im Bereich 0 bis 250 μg Ge/50 ml linear.

II. in organischer Lösung.

SENISE und SANT'AGOSTINO [92] bauen auf den Arbeiten von WADELIN und MELLON [93], die gefunden hatten, daß die Germanomolybdänsäure mit organischen Lösungsmitteln extrahiert werden kann, auf und untersuchen die Möglichkeiten für die Umsetzung des als $GeCl_4$ extrahierten Ge mit Molybdation und einem Reduktionsmittel in der organischen Phase. Sie finden, daß Methylisobutylketon für diesen Zweck ein besonders geeignetes Lösungsmittel ist; es extrahiert Ge sehr wirksam, ebenfalls die Germanomolybdänsäure, und ermöglicht deren Umsetzung mit einem organischen Reduktionsmittel zum Molybdänblau, das darin gleichfalls löslich ist. Als Reduktionsmittel sind Hydrochinon und Ascorbinsäure als brauchbar befunden worden. Der letzteren wird der Vorzug gegeben, weil sie zu einer höheren Farbintensität und zu einer besseren Farbkonstanz führt. Da die Löslichkeit der Ascorbinsäure im Methylisobutylketon nur gering ist, wird dieses mit Äthylenglykol versetzt und durch Zugabe von Äthanol homogenisiert. — Es wird die folgende

Arbeitsvorschrift gegeben:

a) **für die Ge-Extraktion.** 1 bis 5 ml Analysenlösung, die 7,5 n an HCl ist und 1 bis 50 μg Ge enthält, werden mit 1 ml Methylisobutylketon (MJBK) extrahiert. Da dabei nur etwa 90 bis 95% des anwesenden Ge erfaßt werden, werden noch zwei weitere Extraktionen mit je 1 ml MJBK vorgenommen. Die vereinigten Extrakte — wegen der Löslichkeit des MJBK in der salzsauren Lösung nur etwa 2 bis 2,5 ml — enthalten auf $\pm$ 0,1 μg genau das gesamte Ge der Analysenlösung.

b) **Umwandlung von Ge in Germanomolybdänsäure.** Die vereinigten MJBK-Phasen werden mit 1,5 ml 2,5%iger Ammoniummolybdatlösung versetzt, geschüttelt, wobei Ge in die wäßrige Phase übergeht. Unter gelegentlichem Umschütteln werden tropfenweise 0,5 ml 60%iger $HClO_4$ zugegeben und danach die Germanomolybdänsäure wieder mit dem gleichen Lösungsmittel extrahiert Nach erfolgter Phasentrennung wird die gelbe, obere MJBK-Phase in einen 10 ml-Meßkolben abgelassen. Die wäßrige Phase wird noch zweimal mit je 0,5 ml MJBK nachextrahiert. Diese Extrakte werden mit dem ersten vereinigt.

c) **Umwandlung der Germanomolybdänsäure in Molybdänblau.** Die MJBK-Lösung wird mit 2 ml Ascorbinsäurelösung, 10%ig in Äthylenglykol, versetzt und mit Äthanol zur Marke verdünnt. Nach Umschütteln, wobei wieder eine homogene Lösung erhalten wird, wird das Kölbchen 5 Min. in ein Wasserbad von 60 °C gestellt. Nach Abkühlen auf Zimmertemperatur wird bei 785 nm gegen einen Reagenzienblindwert photometriert. Das Lambert-Beersche Gesetz ist nur in einem gewissen Konzentrationsbereich, etwa bis zu 5 μg Ge/ml, erfüllt. Die blaue Lösung ist nicht lichtempfindlich und 2 bis 3 Wochen beständig.

Die Ge-Bestimmung auf diesem Weg wird von einigen Elementen *gestört*; von den Elementen, die vom MJBK aus salzsaurer Lösung mitextrahiert werden, sind es Fe^{3+}, Sb^{3+}, Sn^{2+} und, wenn große Mengen vorliegen, auch Zr^{4+} (Intensitätsverminderung) sowie Vanadat-, Phosphat- und bei Anwesenheit größerer Mengen auch Arsenation (Intensitätserhöhung). Es sei bemerkt, daß PO_4^{3-}, das aus HCl mit MJBK nur wenig extrahiert wird, in einem viel größeren Ausmaß in das Lösungsmittel übergeht, wenn Ge anwesend ist. Silication wird, vorausgesetzt, daß F^- abwesend ist, nicht extrahiert. *Nicht* stören u. a.: Cu, Ni, Co, Tl, In, Ga, Ti, Th, Al, As(III), WO_4^{2-}, Oxalat-, Boration und Br^-. Die meisten der genannten störenden Elemente können durch eine der Ge-Extraktion vorangehende Extraktion mit MJBK nach Zusatz von Cupferron entfernt werden (Fe^{3+}, Zr, Sb, Sn, V). Die Störung durch As(V) wird dadurch ausgeschaltet, daß es zu As(III) reduziert wird, diejenige durch PO_4^{3-} dadurch, daß es mit Zr^{4+} in saurer Lösung gefällt und der Zr^{4+}-Überschuß dann als Cupferronat extrahiert wird. F^- stört nicht, wenn ein größerer Überschuß an Al^{3+} der Analysenlösung zugesetzt wird.

Unter diesen Bedingungen können noch 5 µg Ge/ml neben dem 1000fachen an Fe^{3+} und PO_4^{3-}, dem 400fachen an Zr^{4+} sowie dem 200fachen an Sb^{3+}, VO_3^-, F^- und AsO_4^{3-} genau bestimmt werden. Die *Genauigkeit* des Verfahrens wird anhand von Analysen synthetischer Flugstaubproben unter Beweis gestellt.

Ähnlich wie das MJBK verhält sich nur das *Methylisopropylketon*. Als weniger gut geeignet wurden n-Butanol, iso-Butanol, Isopropyläther, Äthylacetat, Amylacetat, Cyclohexanol, Cyclohexanon, Benzol und Methylisobutylcarbinol befunden.

Das Verfahren wird als denjenigen der Photometrie des Molybdänblaus in wäßriger Lösung als *weit überlegen* bezeichnet, weil alle die Einflußgrößen, die dort peinlich genau beachtet werden müssen, hier völlig bedeutungslos sind.

B. Photometrische Bestimmung mit Hilfe organischer Reagenzien.

1. Bestimmung mit Phenylfluoron.

I. in wäßriger Lösung.

Die Verwendung von Phenylfluoron (= 9-Phenyl-2,3,7-trioxi-6-fluoron) als photometrisches Reagens zur Bestimmung von Ge geht auf einen Vorschlag von GILLIS, HOSTE und CLAEYS [94] zurück; sie fanden, daß Ge mit einer 0,05%igen Lösung des Reagenses in Äthanol, die mit HCl auf eine Acidität von 6 n gebracht worden ist, unter Bildung eines rotvioletten Komplexes reagiert. Wird die Reaktion als Tüpfelreaktion auf Filterpapier ausgeführt, besitzt sie eine Nachweisempfindlichkeit von $1:(3 \cdot 10^5)$. Wird das Papier mit 6 n HNO_3 nachgewaschen, soll der Test spezifisch für Ge sein. Störungen gehen dann lediglich noch auf die Anwesenheit starker Oxadytionsmittel zurück.

Von CLULEY [95] ist diese Nachweisreaktion zu einem quantitativen Bestimmungsverfahren ausgebaut worden. Er verwendet als Reagenslösung eine Lösung von 20 mg Phenylfluoron in 95 ml Äthanol und 5 ml H_2SO_4 (1 + 6) (etwa 2,7 m). Er stellt fest, daß der Ge-Komplex in wäßriger Lösung unlöslich ist, durch Zusatz einer 0,5%igen Lösung von Gummiarabicum als Schutzkolloid aber in einer recht beständigen Lösung gehalten werden kann. Die Untersuchung der verschiedenen Einflußgrößen ergab: das Arbeiten in schwefelsaurer Lösung ist günstiger als dasjenige in salzsaurer, weil die darin erhaltene Farblösung länger beständig ist und über einen breiteren Bereich dem LAMBERT-BEERschen Gesetz gehorcht als diejenige in jener. Die Farbintensität nimmt mit steigender Reagenskonzentration zu, mit steigender H_2SO_4-Konzentration hingegen ab. Ist andererseits die Acidität zu niedrig, treten Fällungen auf.

Arbeitsvorschriften. a) Für das Arbeiten *in H_2SO_4-Lösung* werden als optimale Konzentrationen ermittelt:

bis zu 25 µg Ge,
15 ml einer 0,02%igen Reagenzlösung,
10 ml H_2SO_4 (1 + 6) (etwa 2,7 m) und
5 ml 0,5%ige Gummiarabicum-Lösung
in einem Endvolumen von 50 ml.

Die Farbentwicklung ist unter diesen Bedingungen nach 30 Min. abgeschlossen. Die Lösung zeigt eine leichte Abweichung vom LAMBERT-BEERschen Gesetz. Die

Messung erfolgt mit Licht des blaugrün-Filters Ilford 603 und wird gegen reine Reagenslösung in gleicher Konzentration vorgenommen.

b) Wird *in salzsaurer Lösung* photometriert, ist eine höhere Reagenskonzentration und eine etwas höhere Acidität anzuwenden.

In einem Endvolumen von 50 ml sollen enthalten sein:

bis zu 25 μg Ge,
15 ml einer 0,03%igen Reagenslösung,
5 ml HCl (D = 1,18),
5 ml 0,5%ige Gummi arabicum-Lösung.

Vor der Messung soll die Lösung 30 Min. stehen. Die Farbe ist 14 Std. konstant; nach zwei bis 3 Tagen tritt eine Fällung auf.

Die *Abweichung* der Eichkurve von der Geradlinigkeit ist stärker als beim Arbeiten in H_2SO_4-Lösung. Die Photometrie in salzsaurer Lösung wird als 4mal *empfindlicher* als diejenige als Molybdänblau bezeichnet.

Es *stören* — auch im 1000fachen Überschuß — nicht: NH_4^+, Na^+, K^+, Li^+, Cu^{2+}, Ag^+, Be^{2+}, Mg^{2+}, Ca^{2+}, Zn^{2+}, Cd^{2+}, Hg^{2+}, Al^{3+}, Cr^{3+}, Mn^{2+}, Fe^{2+}, Co^{2+}, Ni^{2+}, BO_3^{3-}, PO_4^{3-}, Cl^-.

Störungen werden verursacht von (in Klammern zulässige Menge im Vergleich mit der Ge-Menge): Ga^{3+} (<1), Ti^{4+} (2), Sn^{2+} (<1), Sn^{4+} (<1), As(III) (50), AsO_4^{3-} (100), Sb^{3+} (<1), Bi^{3+} (10), MoO_4^{2-} (<1), Fe^{3+} (10), außerdem von allen starken Oxydationsmitteln, wie Cr(VI), Mn(VII).

Es wird deshalb eine *Abtrennung* des Ge empfohlen, die am besten als $GeCl_4$-Destillation nach vorangegangener Oxydation des As(III) zum As(V) vorgenommen wird (die dabei noch übergehenden kleinen As-Mengen stören dann in Anbetracht der nur geringen Empfindlichkeit des Reagenses auf As nicht mehr). Da bei der photometrischen Bestimmung kein Cl_2 in der Lösung enthalten sein darf, ist darauf zu achten, daß in der zur Destillation kommenden Lösung keine Substanzen vorliegen, die mit HCl unter Cl_2-Bildung reagieren. (KUNSTMANN und MÜLLER [98] empfehlen dafür den Zusatz von 1 ml 5%iger $FeSO_4 \cdot 7 H_2O$-Lösung zur Analysenlösung vor der Destillation.) Wird die Destillation aus HCl (1 + 1) (etwa 6 m) ausgeführt, so liegen bis zu 50 μg Ge quantitativ in 20 ml Destillat vor.

Neben je 10 mg Na^+, K^+, Cu^{2+}, Ag^+, Mg^{2+}, Zn^{2+}, B, Al^{3+}, Ga^{3+}, Si, $Sn^{2+(4+)}$, Pb^{2+}, Ti^{4+}, P, $As^{3+(5+)}$, $Sb^{3+(5+)}$, V, Cr^{3+}, Mo, Mn^{2+}, $Fe^{2+(3+)}$ und Ni^{2+} werden auf diese Weise 20 μg Ge als 20 μg, 80 als 79 und 300 als 293 bestimmt.

SCHNEIDER und SANDELL [79] extrahieren Ge als $GeCl_4$ aus etwa 9 n HCl mit CCl_4, reextrahieren mit Wasser und bestimmen es darin mit Phenylfluoron. Als Reagenslösung verwenden sie eine verdünnte, stärker salzsaure als bei CLULEY, ersparen sich damit aber den separaten Säurezusatz zur Analysenlösung. Die Zusammensetzung dieser Lösung ist: 50 mg Phenylfluoron in 40 ml konz. HCl lösen und mit Äthanol auf 250 ml verdünnen.

Von den von CLULEY als störend genannten Elementen begleitet *hier nur das As* das Ge. Die weiterhin als störend erkannten Elemente Nb, Ta, Zr und W(VI) werden nicht mitextrahiert. Vor der Messung — bei 510 nm — läßt man die Lösung 1 Std. bei max. 25 °C stehen. 1 μg Ge wird nach der Extraktion mit Werten zwischen 0,9 und 1,0 μg wiedergefunden. Beleganalysen zeigen, daß das gleiche auch in Gegenwart von 80 mg Al^{3+} bzw. 100 mg Fe^{3+}, 40 mg Mg^{2+}, 70 mg Ca^{2+}, 10 mg F^- und 10 mg As(III) der Fall ist.

OKA und KANNO [96] untersuchen die *Reproduzierbarkeit* der Phenylfluoron-Photometrie und stellen fest, daß die Abweichungen in erster Linie auf den unterschiedlichen Koagulationsgrad des Ge-Komplexes zurückgehen. Sie ersetzen deshalb die Gummi-arabicum-Lösung durch eine 0,25%ige Lösung von *Polyvinyl-*

alkohol (5 ml in 50 ml zur Photometrie gelangender Analysenlösung) und erreichen dadurch geradlinige Eichkurven bis zu einer Ge-Konzentration von 60 µg/50 ml und eine Farbkonstanz von bis zu mehr als 3 Std. Die Extinktion ist im Bereich zwischen 505 und 520 nm die gleiche wie bei Verwendung von Gummi-arabicum-Lösung.

GINZBURG, GUIVE und SHIBARENKOVA [97] geben den molaren *Extinktionskoeffizienten* für den Ge-Phenylfluoronkomplex mit 77000 für $\lambda = 490$ nm und mit 30500 für $\lambda = 530$ nm an.

LUKE und CAMPBELL [99] stellen fest, daß eine wesentlich *schnellere* Farbentwicklung erreicht wird, wenn der p_H-Wert der Analysenlösung vor der Reagenszugabe auf 3,1 gebracht wird. Maximale Farbintensität wird unter diesen Bedingungen bereits nach 2 Min. erreicht; nach etwa 10 Min. aber beginnt die Färbung abzublassen. Die Autoren bedienen sich wie SCHNEIDER und CAMPBELL der Ge-Extraktion als $GeCl_4$ mit CCl_4 und bestätigen dafür gut deren Angaben, u. a. diejenige, daß im Mittel nur 95% des vorhandenen Ge wiedergefunden werden.

Die **Arbeitsvorschrift** zur Photometrie lautet: Die CCl_4-Phase wird mit 12 ml Wasser 1 Min. geschüttelt. Von der wäßrigen Phase werden nach Filtrieren 10 ml mit max. 40 µg Ge in einen 50 ml-Meßkolben gegeben. Nach Zusatz von 1,5 ml H_2SO_4 (1 + 1) (etwa 9,3 m) werden 10 ml Pufferlösung $p_H = 5$ (900 g Natriumacetat-3-hydrat in 700 ml Wasser auflösen, gegebenenfalls filtrieren, dazu 480 ml Eisessig geben und auf 2 l verdünnen), 1 ml 1%ige Gummi-arabicum-Lösung und 10 ml Phenylfluoronlösung zugegeben (50 mg mit 50 ml Methanol und 1 ml konz. HCl lösen, mit Methanol auf 500 ml verdünnen; Lösung ist mindestens einen Monat beständig; sie darf nicht in Polyäthylengefäßen aufbewahrt werden). Die Lösung bleibt 5 Min. stehen und wird dann mit HCl (1 + 9) (etwa 1,3 m) zur Marke verdünnt. Photometriert wird in 1 cm-Küvetten bei 510 nm.

Wird die Photometrie *ohne Abtrennung* des Ge ausgeführt, so werden Störungen seitens der bereits vorn genannten Elemente erhalten. Werden der Lösung 2 ml 10%ige Komplexonlösung zugegeben, so stören nur noch Sb, Mo und Nb; der Ge-Komplex wird dabei in seiner Intensität nicht beeinträchtigt. Die Störung durch Mo und Nb kann durch Zugabe von H_2O_2 (2 ml 3%ige Lösung) vor dem Pufferzusatz ausgeschaltet werden, die durch Sb durch Oxydation zu Sb(V). Die genannten Tarnreaktionen befriedigen jedoch nur, wenn nur kleine Mengen an Störelementen anwesend sind.

Auch BURTON und RILEY [100] befassen sich mit der Frage der Ausschaltbarkeit von Störelementen durch Zusatz von *Maskierungsmitteln* zur Analysenlösung. Sie versetzen die germaniumhaltige Analysenlösung in einem 25 ml-Meßkolben mit 5 ml 14,3%iger H_2SO_4, 1 ml 0,5%iger Komplexonlösung, 6 ml Äthanol, 1 ml 0,1%iger filtrierter Gummi-arabicum-Lösung und 1,5 ml Phenylfluoronreagens (50 mg Phenylfluoron in 75 ml Äthanol und 5 ml 14,3%iger H_2SO_4 durch gelindes Erwärmen lösen, nach Abkühlen mit Äthanol auf 100 ml verdünnen), verdünnen zur Marke und photometrieren nach 2 Std. bei 520 nm. Es wird eine geradlinige Eichkurve im Bereich zwischen 0,1 µg Ge/ml und 0,6 µg Ge/ml erhalten. Der Komplexonzusatz vermindert zwar etwas die Farbintensität (Gegensatz zur Aussage von LUKE und CAMPBELL), maskiert aber völlig 10 µg In, Te und Tl sowie 20 µg As, Ga und Sn. Wird der Analysenlösung noch zusätzlich 1 ml 1%ige Citronensäurelösung zugesetzt, so können auch 10 µg Sb getarnt werden. Es wird ein mittlerer *Fehler* von 0,4 bis 1,2% genannt. Bei Anwesenheit von 20 µg Mo sowie 500 oder 1000 µg Fe werden Überwerte von 2% erhalten.

OŠMAN und VOLKOV [101] schalten den Einfluß von Störelementen dadurch aus, daß sie gegen einen Teil der Analysenlösung, aus der durch Erhitzen in starker HCl das Ge ausgetrieben ist, als Vergleichslösung photometrieren. So sind noch 10 µg Ge neben 100 mg Fe^{3+} oder 3 mg Sb bestimmbar. Als *anderen Weg* zeigen sie denjenigen einer Thiosulfatfällung in saurer Lösung auf, der für die Abtrennung von Cu, Fe, Sb und Sn geeignet ist. Sie nehmen die Farbentwicklung in einer HCl/H$_3$PO$_4$-Lösung vor [5 ml HCl (2 + 1) (etwa 8 m) und 2 ml H$_3$PO$_4$ (D = 1,7) je 25 ml Endlösung] und stabilisieren mit 2,5 ml 0,5%iger Gelatinelösung. Als Reagens dienen 5 ml einer 0,03%igen Phenylfluoronlösung, die in 500 ml 6 ml H$_2$SO$_4$ (1 + 5) (etwa 3,1 m) enthält.

Eine *spezielle* Ausführungsform des Verfahrens wird von LIPŠIC und SMIRNOVA [102] angegeben. Sie bedienen sich eines Tüpfeltestes auf Filtrierpapier. Das Papier wird mit 1 Tropfen Reagenslösung (50 mg Phenylfluoron + 0,5 ml 6 n HCl in 100 ml Äthanol) getränkt und auf diesen Fleck je 1 Tropfen Analysenlösung (3 bis 6 n an HCl) und 6 n HNO$_3$ gegeben. Die Farbstärke des entstehenden *rosa*gefärbten Fleckens wird mit der einer Reihe von Flecken mit bekannten Ge-Mengen verglichen.

Trotz der recht zahlreichen Verbesserungsvorschläge scheint sich das Verfahren im wesentlichen in den von CLULEY und von SCHNEIDER und SANDELL angegebenen Ausführungsformen in der Praxis durchgesetzt zu haben [vgl. dazu 103, 104, 105, 106, 107, 108, 109, 110, 111, 112]. In der „Analyse der Metalle" [111] wird die Verwendung von Polyvinylalkohol als *Kolloidstabilisator* und der Zusatz von 1 ml 20%iger Hydroxylammoniumchlorid-Lösung für 100 ml Endlösung empfohlen und bei 546 nm photometriert.

II. in organischer Lösung.

HILLEBRANT und HOSTE [113] greifen die Arbeiten von STIPANITS und HECHT [114], die kein geeignetes Lösungsmittel für den Ge-Phenylfluoronkomplex hatten finden können, wieder auf und kommen zu dem Ergebnis, daß Benzylalkohol ein brauchbares Lösungsmittel ist.

Arbeitsvorschrift. 25 ml germaniumhaltige, 0,5 m salzsaure Analysenlösung mit etwa 0,3 µg Ge/ml werden in einem Schütteltrichter mit 5 ml 0,03%iger Phenylfluoronlösung in 95 ml Äthanol + 5 ml H$_2$SO$_4$ (1 + 6) (etwa 2,7 m) versetzt; man läßt 5 Min. stehen und extrahiert in drei aufeinanderfolgenden Schritten mit 10 ml und zweimal je 5 ml Benzylalkohol, wobei jedesmal 3 Min. geschüttelt wird. Die Extrakte werden in einem 25 ml-Meßkolben mit Äthanol zur Marke verdünnt und bei 505 nm photometriert.

Der molare *Extinktionskoeffizient* beträgt 144700; die Photometrie nach dieser Extraktion ist somit etwa doppelt so empfindlich wie diejenige in wäßriger Lösung. Die benzylalkoholische Lösung ist mindestens 8 Tage farbkonstant. Die maximale Farbintensität ist bei dieser Arbeitsweise bereits nach 5 Min. erreicht. Die Reaktion ist am empfindlichsten in 0,5 n HCl; ist die Acidität der Analysenlösung geringer, werden farbschwächere Extrakte erhalten; ist sie stärker, resultieren noch hellere. Es wird jedoch nicht nur der Ge-Phenylfluoronkomplex extrahiert, sondern auch der Reagensüberschuß, der somit relativ klein gehalten werden muß.

Ti und As(III) *stören* bis zum 100fachen nicht, wohl aber Mo, Bi, Sb und Fe^{3+}. In den letztgenannten Fällen muß der Ge-Bestimmung somit auch hier eine Ge-Abtrennung vorausgehen.

Die *Genauigkeit* wird mit ± 1,7% angegeben.

SENISE und SANT'AGOSTINO [115] extrahieren zunächst Ge als *Germanomolybdänsäure* mit Methylisobutylketon (vgl. [92]) und setzen diese in der organischen Phase mit einer Lösung von Phenylfluoron in einem organischen Lösungsmittel um. Als solche sind besonders gut Methanol und Äthanol geeignet, da sie zu sehr farbstabilen Lösungen führen. Als Reagens wird empfohlen: 20 mg Phenylfluoron + 5 ml H$_2$SO$_4$ (1 + 6) (etwa 2,7 m) mit Äthanol auf 100 ml verdünnen.

Arbeitsvorschrift. Zu etwa 2 ml Ge-Lösung in Methylisobutylketon (vgl. dazu [92]), die 0,8 bis 2,5 µg Ge enthalten soll, werden 3 ml Reagenslösung gegeben. Mit Äthanol wird auf 10 ml verdünnt und bei 504 nm photometriert.

Die organische Lösung enthält den Ge-Phenylfluoronkomplex in *echter* Lösung; sie ist beim Stehen an Tageslicht etwa 24 Std. farbkonstant, beim Stehen im Dunkeln sogar etwa 2 Wochen. Die Empfindlichkeit der Reaktion ist etwa doppelt so groß wie diejenige in wäßriger Lösung. Die *Standardabweichung*, ermittelt aus 20 Analysen, beträgt für die Bestimmung von 0,8 µg Ge 0,0022 µg und für diejenige von 2,0 µg 0,0025 µg.

Zum Verdünnen der mit der Reagenslösung umgesetzten Methylisobutylketonlösung können anstelle von Äthanol noch zahlreiche *weitere* Lösungsmittel verwendet werden (Alkohole, Ketone, Äther, Ester, aber auch Benzol und CCl_4).

Von den bei der Photometrie in wäßriger Lösung *störenden* Elementen stören hier — auch im 200fachen Überschuß — *nicht*: Sn^{2+}, Sb^{3+}, Sb(V), As(III), As(V), Bi^{3+}, Ta(V). Fe^{3+} stört nicht im 5000fachen Überschuß, Mo(VI) nicht im 1000fachen.

Für die Abtrennung der noch *verbleibenden* Störelemente werden die gleichen Verfahren als brauchbar befunden, die sich bereits im Zusammenhang mit der Ge-Bestimmung über Molybdänblau in organischer Lösung (s. S. 39) als geeignet erwiesen hatten.

SUZUKI und SOTOBAYASHI [116] *sammeln* das Germaniumphenylfluoronat aus 2,5 bis 3 n HCl nach einer Standzeit von 15 Min. durch Schütteln mit CCl_4 an der Phasengrenzfläche. Nach Abtrennung der organischen Phase samt dem Niederschlag und Verdampfen des Lösungsmittels wird der Rückstand mit Dimethylformamid aufgenommen und bei 470 nm photometriert. Das Lambert-Beersche Gesetz gilt im Bereich 0,1 bis 10 µg Ge in 10 ml.

SHAROWSKIJ und PILIPENKO [103] teilen mit, daß der Germaniumphenylfluoronkomplex in *Cyclohexan löslich* ist.

2. Bestimmung mit anderen Fluoron-Derivaten.

Die Suche nach Fluoronderivaten für die photometrische Ge-Bestimmung geht nicht zuletzt auf die Tatsache zurück, daß der Germaniumphenylfluoronkomplex in Wasser unlöslich ist und deshalb dazu zwingt, ihn unter Verwendung geeigneter Stabilisatoren in kolloidale Lösung zu bringen; sie hatte zum Ziel, solche Verbindungen zu finden, die wasserlösliche Komplexe mit Ge bilden.

Erste Vorschläge hierzu sind von KIMURA und Mitarbeitern [117, 118, 119] gemacht worden. Sie fanden, daß das Dimethylaminophenylfluoron [= 2,6,7-Trioxi-9-(4'-dimethylaminophenyl)-fluoron] mit Ge in salzsaurer Lösung einen beständigen, ähnlich wie der mit Phenylfluoron gefärbten Ge-Komplex bildet, der auf Grund der basischen Gruppe des Reagenses in saurer Lösung löslich ist. Sie führen die Ge-Bestimmung nach Abtrennung als $GeCl_4$ aus, weil hier praktisch die gleichen Elemente stören wie bei der Photometrie unter Verwendung von Phenylfluoron. Die Farbe des Komplexes ist in äthanolischer, salzsaurer Lösung innerhalb 15 Min. voll entwickelt und ist viele Stunden beständig.

Arbeitsvorschrift. Ein aliquoter Teil des mit 3 n NaOH auf eine Acidität von 0,5 n HCl gebrachten Destillats mit Ge-Mengen zwischen 3 und 60 µg wird auf etwa 30 ml verdünnt, mit 10 ml einer 0,05%igen Reagenslösung in 95 ml Äthanol und 5 ml 6 n HCl versetzt und zur Marke aufgefüllt. Nach 15 Min. wird bei 510 bis 520 nm photometriert.

Von KASARINOWA und VASILIEVA [120], die praktisch wie KIMURA arbeiten, wird angegeben, daß die Färbung der Lösung je nach Acidität ihr *Maximum* innerhalb $^1/_2$ bis $1^1/_2$ Std. erreicht, vorausgesetzt, daß ein großer Reagensüberschuß vorliegt. Sie halten es für zweckmäßig, die Lösung während dieser Zeit im Dunkeln stehen zu lassen. Die Farbintensität ist temperaturabhängig; sie nimmt mit sinkender Temperatur zu. Der Vorgang ist reversibel. Die Extinktion der Lösung hängt weiterhin von der Acidität derart ab, daß sie mit steigender H-Ionenkonzentration stark abnimmt. Das LAMBERT-BEERsche Gesetz wird von Ge-Konzentrationen von bis zu 0,8 µg GeO_2/ml erfüllt. Die Autoren sind der Ansicht, daß der Komplex noch kolloidale Eigenschaften besitzt.

Eine weitere Untersuchung der Eigenschaften des Ge-Dimethylaminophenylfluorons liegt von CAMPE und HOSTE [121] vor. Sie finden, daß der Komplex in *echter* Lösung vorliegt, bestätigen die Beobachtungen von KASARINOWA und VASILIEVA über die Abhängigkeit der Extinktion von der Acidität wie auch von der Temperatur und stellen fest, daß die Farbintensität der Lösung außerdem zeitabhängig ist, derart, daß bei niedriger Acidität eine Intensitätsabnahme und bei hoher eine Zunahme eintritt. Die Beständigkeit der Lösung wird wesentlich erhöht, wenn eine hohe Äthanolkonzentration vorliegt. Dabei verschwindet auch die Aciditätsabhängigkeit weitgehend. Die besten Verhältnisse werden erhalten, wenn in 25 ml Lösung nicht mehr als 2 ml Wasser enthalten sind, wenn die Acidität zwischen 0,1 und 0,5 n HCl liegt und wenn ein etwa 60facher Reagensüberschuß angewendet wird. Derartige Lösungen sind 20 Std. farbkonstant und besitzen eine höhere Intensität als wäßrige. Als wichtig wird ferner die Reihenfolge der Reagenszugabe erkannt.

Arbeitsvorschrift. Zu 2 ml Ge-Lösung, die etwa 6 n an HCl ist, werden 3 ml Reagenslösung (50 mg Dimethylaminophenylfluoron in Äthanol in Gegenwart von 0,82 ml 12,2 n HCl lösen und mit Äthanol auf 100 ml verdünnen) zugegeben. Nach 10 Min. wird mit Äthanol auf 25 ml verdünnt und bei 513 nm photometriert. Lag Ge als Germanation vor, darf die Reagenszugabe erst etwa 20 Min. nach dem Ansäuern erfolgen.

Das Lambert-Beersche Gesetz ist *gültig* für Ge-Mengen zwischen 0,04 µg/ml und 0,24 µg/ml.

Die *Empfindlichkeit* der Bestimmung ist etwa doppelt so groß wie diejenige mit Phenylfluoron nach der Arbeitsweise von CLULEY.

Der molare *Extinktionskoeffizient* wird zu $1,45 \cdot 10^5$ bestimmt. Der Komplex enthält Ge und Reagens im Mol-Verhältnis 1:4.

Die *Standardabweichung* wird für 0,04 µg Ge/ml mit 0,01%, für 0,24 µg/ml mit 0,5% angegeben.

Bis zu einem Verhältnis von 1000:1 *stören nicht*: As(III), Na^+, K^+, Li^+, Mg^{2+}, Ba^{2+}, Ca^{2+}, Ni^{2+}, Mn^{2+}, Zn^{2+}, Cd^{2+}, Br^-, F^-, SO_4^{2-}, NO_3^-, $H_2PO_4^-$.

Bis zu einem Verhältnis von 100:1 sind zulässig: Fe^{3+}, Cu^{2+}, Hg^{2+}, Al^{3+}, Oxalat- und Tartrationen. Bi^{3+}, Ga^{3+} und Cr^{3+} können bis zum 10fachen des Ge, Sb^{3+}, Sn^{2+}, Ti^{4+} bis zur gleichen Menge wie jenes toleriert werden. Abwesend sein müssen Mo(VI) und Zr.

An *weiteren* Phenylfluoronderivaten sind als für Ge-Bestimmungen geeignet befunden worden

von GILLIS, HOSTE und CLAEYS [122]: das Methylfluoron, das orangegefärbte Komplexe bildet; von den gleichen Autoren [94]: das o-Oxiphenylfluoron (= 9-Phenyl-2,2',3,7-tetraoxi-6-fluoron), das genau so wie das Phenylfluoron reagiert.

Von GILLIS, CLAEYS und HOSTE [123]: das p-Oxo-phenylfluoron (= 9-Phenyl-2,3,4',7-tetraoxi-6-fluoron), das Dioxiphenylfluoron (= 9-Phenyl-2,3,3',4',7-pentaoxi-6-fluoron), das m-Oxiphenylfluoron (= 9-Phenyl-2,3,3',7-tetraoxi-6-fluoron), die sich sämtlich gleichfalls ähnlich dem Phenylfluoron verhalten, z. T. aber tiefere Färbungen als jenes liefern.

Von NAZARENKO und LEBEDEVA [124]: das 2-Nitro-, das 4-Nitro- und das 2,4-Dinitrophenylfluoron, die empfindlicher reagieren als das Phenylfluoron selbst, sowie das Disulfophenylfluoron [= 9-(2,4-disulfophenyl)-Trioxifluoron], das noch empfindlicher ist als jene und sich dadurch auszeichnet, daß es bei noch niedrigerer Acidität als die anderen anwendbar ist. Sie alle erfordern aber die Verwendung von Kolloidstabilisatoren. Von GRÜTZNER [125] wird die Überlegenheit des Disulfophenylfluorons gegenüber dem Phenylfluoron bestätigt.

Von SANO [126]: gleichfalls das 4-Nitro- und das 2-Sulfophenylderivat sowie das 3-Nitrophenylfluoron [= 2,3,7-Trioxi-9-(3-nitrophenyl)-fluoron], das als *besonders vorteilhaft* bezeichnet wird, weil es eine geringere Eigenextinktion, aber eine höhere Empfindlichkeit und größere Stabilität im Ge-Komplex besitzt als die anderen Derivate.

Für alle diese Verbindungen konnten in der zugänglich gewesenen Literatur aber keine detaillierten Arbeitsvorschriften gefunden werden, so daß sich hier auf die bloße Aufführung beschränkt werden muß.

3. Bestimmung mit Quercetin und dessen Derivaten.

Nach OKA und MATSUO [127, 128] bildet Quercetin (= 3,5,7,3′,4′-Pentaoxiflavon) einen gelbgrünen Ge-Komplex, der in 40%igem Methanol gut löslich ist. Der Komplex besitzt ein scharfes Absorptionsmaximum bei 410 nm (das Reagens bei 258 und 375 nm), erreicht seine größte Intensität im p_H-Bereich von 6,4 bis 7,1 (am günstigsten p_H = 6,4 bis 6,8, d. h. in einem $1,5 \cdot 10^{-2}$ m Diammoniumphosphatpuffer) und ist etwa 5 Std. farbkonstant. Bis zu einer Konzentration von 0,54 µg Ge/ml wird das Lambert-Beersche Gesetz befolgt; die Reagenskonzentration soll dabei 48 µg/ml betragen. Da die Reaktion nicht spezifisch für Ge ist, wird eine Ge-Abtrennung, am besten durch Destillation als $GeCl_4$, angeraten. Störend wirkt dabei jedoch die hohe HCl-Konzentration, weil das durch deren Neutralisation entstandene Salz beim Methanolzusatz ausfällt. Es wird deshalb Ge aus dem Destillat an Fe(III) als Spurenfänger als Hydroxid gefällt und aus dieser Lösung dann Fe an einem Ionenaustauscher abgetrennt.

Arbeitsvorschrift. Ein maximal 120 µg Ge enthaltender, aliquoter Teil des $GeCl_4$-Destillats wird auf 100 ml verdünnt, mit 20 bis 30 mg Fe^{3+} versetzt und mit Ammoniak unter Vermeidung eines großen Überschusses neutralisiert (kühlen). Der Niederschlag wird in einen Glasfiltertiegel abfiltriert, mit 2%iger NH_4Cl-Lösung gewaschen und mit 3 ml n HCl gelöst. Die Lösung wird durch eine mit einem Kationenaustauscher in der H-Form (Amberlite JR 120) gefüllte Säule gegeben, wobei Ge quantitativ durchläuft. Die von Fe derart befreite Lösung wird mit einem Diammoniumphosphatpuffer auf einen p_H-Wert zwischen 6,4 und 6,8 gebracht, mit Reagens und Methanol versetzt und photometriert.

As und Se, die einzigen Elemente, die nach dieser Trennung Ge noch begleiten können, *stören* bis zu einer Konzentration von 500 µg/ml bzw. 30 µg/ml *nicht*.

KANNO [129] gibt einem wasserlöslichen Quercetinderivat, der *Quercetin-6-sulfonsäure* den Vorzug. Sie bildet mit Ge gleichfalls einen gelbgrünen Komplex mit einem Absorptionsmaximum in neutraler Lösung bei 400 nm, in 2,8 n HCl-Lösung bei 450 nm. Dem Arbeiten in neutraler Lösung wird der Vorzug gegeben (p_H = 5,6 bis 6,2, mit Hilfe eines Phosphatpuffers eingestellt). Die Reagenskonzentration in der Komplexlösung soll $3,8 \cdot 10^{-4}$ Mol/l betragen, die Ge-Konzentration zwischen 0,1 und 1,1 µg/ml liegen. Unter diesen Bedingungen wird eine *geradlinige* Eichkurve erhalten. Die Farbe bleibt etwa 3 Std. konstant. Der molare Extinktionskoeffizient ist 51 700. Im Komplex ist ein Atom Ge an 3 Molen Reagens gebunden.

Zur *Bestimmung* wird zunächst eine Abtrennung von Ge als $GeCl_4$ empfohlen. Das nach Neutralisation des Destillats mit Ammoniak vorliegende NH_4Cl bewirkt eine Intensitätssteigerung. Die Messung muß somit gegen eine Vergleichslösung mit gleicher NH$_4$Cl-Konzentration vorgenommen werden. Die bei p_H-Werten oberhalb 6,9 zu beobachtende Extinktionsverminderung wird mit der Polymerisation der Germaniumsäure, H$_2$GeO$_3$, zur Pentagermaniumsäure, H$_2$Ge$_5$O$_{11}$, in Verbindung gebracht.

Nach KANNO [139] sind als weitere Flavonolderivate auch das *Morin*, das *Flavonol* und das *3-Oxi-4-methoxiflavonol* zur Ge-Bestimmung geeignet. Sie reagieren in stark saurer Lösung. In neutraler Lösung gibt auch *Rutin* mit Ge einen gefärbten Komplex.

4. Bestimmung mit oxydiertem Hämatoxylin.

NEWCOMBE, MCBRYDE, BARTLETT und BEAMISH [130] bedienen sich im Hinblick auf die photometrische Ge-Bestimmung des oxydierten Hämatoxylins (Hämatein), das bei $p_H = 3{,}2$ einen purpurfarbenen, praktisch wasserunlöslichen Ge-Komplex, Ge(C$_{15}$H$_{11}$O$_6$)$_2$, bildet. Durch Zusatz von Gelatine kann er jedoch in eine ausreichend metastabile, kolloidale Lösung gebracht werden.

Arbeitsvorschrift. Reagenslösung: 3 g Hämatoxylin werden in 500 ml H$_2$O und 200 ml 95%igem Äthanol gelöst, mit 20 ml 5%igem H$_2$O$_2$ versetzt und 15 Min. im Sieden gehalten. Nach Abkühlen auf Zimmertemperatur wird auf 1 Liter verdünnt. Die Lösung ist beständig.

Pufferlösung: 250 ml 0,1 n Kaliumhydrogenphthalatlösung mit 73,5 ml 0,1 n HCl versetzen und auf 500 ml verdünnen.

Ausführung: Zu 5 ml Ge-Lösung (mit 2 bis 30 μg Ge) vom p_H-Wert 2 bis 4 werden in einem 25 ml-Meßkolben 1 ml 1%ige Gelatinelösung (mit Thymol konserviert) und 1 ml Reagenslösung gegeben. Nach 45 Min. wird mit Pufferlösung zur Marke verdünnt und bei 550 nm photometriert. Die Ge-Konzentration in der zur Messung kommenden Lösung soll zwischen 0,4 und 1,2 ppm liegen. Die Eichkurve ist bis zu einer Konzentration von 0,6 ppm eine Gerade.

Die Farbe des Komplexes entwickelt sich nur *langsam*, hat aber in der angegebenen Zeit einen konstanten Wert erreicht.

Das Ausgangsvolumen (5 ml) muß auf $\pm$ 1 ml *eingehalten* werden, weil mit steigender Verdünnung zunehmend weniger intensiv gefärbte Lösungen erhalten werden. Die Reaktion wird als etwa 3 mal empfindlicher als das Molybdänblau-Verfahren bezeichnet.

As *stört nicht*, wohl aber Sb, Sn und Pb. Si kann bis zu 80 ppm. toleriert werden. Es wird die Abtrennung von Ge durch Destillation als GeCl$_4$ und nachfolgende Extraktion mit CCl$_4$ empfohlen. 10 μg Ge können auf $\pm$ 10%, 30 μg auf $\pm$ 3% genau bestimmt werden.

Von SENEGAČNIK, KOSTA und KRAŠOVEC [131] wird darauf hingewiesen, daß das Verfahren von dem Gehalt der zur Reaktion gelangenden Lösung an *NH$_4$Cl* beeinflußt wird; sie geben deshalb der Photometrie unter Verwendung von Phenylfluoron den Vorzug.

DRESSEL [132] findet die Methode zur Feldprüfung auf Ge als geeignet. Er verwendet *Hämatein* als Reagens und bezeichnet den Test als selektiver, wenn auch weniger empfindlich als denjenigen mit Phenylfluoron.

5. Bestimmung mit Chinalizarin.

Schon von POLUEKTOFF [133] ist angegeben worden, daß Ge mit Chinalizarin in konz. H$_2$SO$_4$ an der Farbänderung von rosaviolett nach blau erkannt werden kann (Erfassungsgrenze 5 μg). Auch von BÉVILLARD [138] wird über die Brauchbarkeit dieses Reagenses zur Bestimmung von Ge berichtet.

STRICKLAND [134] findet, daß Chinalizarin auch zu photometrischen Bestimmungen geeignet ist, gibt aber dem noch empfindlicheren [1 : (36 · 10^6)] und störungsunanfälligeren, acetylierten Chinalizarin den Vorzug. Das Reagens wird wie folgt *bereitet*: 1 g Chinalizarin wird unter Rückfluß mit 10 ml Essigsäureanhydrid in Gegenwart von 2,5 g frisch geschmolzenem Natriumacetat 2 Std. bei 130 °C gekocht. Die Lösung gießt man dann nach Abkühlen in 20 ml Eiswasser ein und läßt sie 24 Std. stehen. Danach wird filtriert, der Niederschlag mit kaltem Wasser gewaschen, aus Methanol umkristallisiert und unter vermindertem Druck bei 60 °C getrocknet.

Die Ge-Bestimmung mit diesem Reagens wird im Anschluß an eine Extraktion des $GeCl_4$ mit CCl_4 und eine Reextraktion mit einer Lösung von 5 g $(NH_4)_2C_2O_4$ und 5 g $H_2C_2O_4$ in 1 l, die auf $p_H = 5$ (mit einigen Tropfen Ammoniaklösung) eingestellt ist, vorgenommen.

Arbeitsvorschrift. Der Oxalatextrakt wird in einem 250 ml-Becherglas mit 20 ml konz. HNO_3 zur Trockne gebracht, wobei der Rückstand nicht backen darf. Nach Abkühlen wird er wieder mit 5 ml Oxalatreagens aufgenommen, wobei schwach erwärmt wird, bis alles in Lösung gegangen ist. Nach erneutem Abkühlen versetzt man die Flüssigkeit mit 1 ml 0,5%iger Gelatinelösung und 1 ml Reagenslösung (0,1 g Chinalizarinacetat in 100 ml Methanol), läßt 30 Min. stehen, spült mit Oxalatlösung in einen 25 ml-Meßkolben über, verdünnt damit zur Marke und photometriert bei 500 nm. Die Messung wird anhand einer *Eichkurve* ausgewertet, die mit bekannten Ge-Mengen (0 bis 10 μg) nach der gleichen Vorschrift erhalten worden ist.

Die hier beschriebene Reaktion wird als *empfindlicher* als die mit Phenylfluoron oder oxydiertem Hämatoxylin bezeichnet. Ein neu hergestelltes Reagens erfordert jedoch die Aufstellung einer neuen Eichkurve. Chinalizarinacetat reagiert in Oxalatpufferlösung von $p_H = 5$ nicht mit As, Fe, Al, Mo, Mn, Zn, V, U, P_2O_5 und SO_2.

Zur *Genauigkeit* wird mitgeteilt, daß bei der Untersuchung von Zn- und Pb-Erzen nach diesem Verfahren und dem Phenylfluoronverfahren für Ge-Mengen zwischen 2 und 26 ppm Ge bestens übereinstimmende Resultate erhalten wurden.

Eine Stellungnahme zu der Methode von *anderer* Seite steht noch aus.

6. Bestimmung mit Dianthrimid.

SKAAR und LANGMYHR [135] bestimmen Ge photometrisch unter Verwendung von 1,1'-Dianthrimid. Das Reagens bildet mit Ge in konz. H_2SO_4 beim Erwärmen einen blaugrünen Komplex (Ge:Reagens = 1:1).

Arbeitsvorschrift. 1 ml neutrale oder schwach alkalische Ge-Lösung mit bis zu 1 mg Ge wird in einem 50 ml-Meßkolben mit 12 ml konz. H_2SO_4 und 5 ml Reagenslösung (500 mg Dianthrimid/l konz. H_2SO_4) versetzt, 16 Std. auf (70 ± 2) °C erwärmt und nach Abkühlen auf Zimmertemperatur bei 660 nm photometriert.

Die Lösung gehorcht *nicht* dem Lambert-Beerschen Gesetz.

Ein sehr *kritischer* Punkt scheint das Erwärmen, sowohl Dauer als auch Temperatur, zu sein. Wird auf 80 °C oder mehr erwärmt, werden hellere Lösungen erhalten, weil neben dem blaugrünen Ge-Komplex eine rote Farbkomponente entsteht, wahrscheinlich ein Zersetzungsprodukt des Dianthrimids. Auch ein längeres Erhitzen auf 70 °C als 16 Std. hat eine Extinktionsverminderung zur Folge.

Die Extinktion der Lösung hängt weiterhin außerordentlich stark von der H_2SO_4-*Konzentration* ab. Wenn in einer 94,1%igen H_2SO_4 eine Extinktion von 0,640 gemessen wird, so ergibt die gleiche Ge-Menge in 92,7%iger Säure nur noch eine solche von 0,475 oder in einer 89,8%igen gar nur noch eine von 0,250.

Die *Störungsanfälligkeit* des Verfahrens ist — abgesehen von B, das ähnlich wie Ge reagiert — relativ gering. So dürfen, wenn eine bestimmte Ge-Menge mit einer Extinktion von 0,5 auf ± 3% genau bestimmt werden soll, noch 2 mg Ag^+

bzw. 5 mg Al^{3+}, 50 mg Ba^{2+}, 1 mg Bi^{3+}, 100 mg Ca^{2+}, 50 mg Cd^{2+}, 20 mg Co^{2+}, 10 mg Cr^{3+}, 20 mg Cu^{2+}, 20 mg Fe^{2+}, 20 mg K^+, 10 mg Li^+, 20 mg Mg^{2+}, 20 mg Mn^{2+}, 130 mg Na^+, 20 mg Ni^{2+}, 1 mg Pb^{2+}, 1 mg Si, 20 mg Sn^{2+}, 1 mg Ti^{4+}, 10 mg Tl. 50 mg Zn^{2+}, 200 mg Cl^-, 100 mg PO_4^{3-} oder 138 mg SO_4^{2-}, aber nur 0,01 mg $Cr_2O_7^{2-}$ oder F^- anwesend sein. Ergebnisse praktischer Analysen werden nicht mitgeteilt.

Das Verfahren ist von anderer Seite noch nicht überprüft worden. Es dürfte ihm jedoch *nur eine geringe* Bedeutung zukommen.

7. Bestimmung mit Brenzcatechinderivaten.

I. mit Nitrobrenzcatechin.

Nach KONOPIK und WIMMER [136] bilden 3- und 4-Nitrobrenzcatechin — nach BÉVILLARD [138] auch das Dinitro-3,5-Brenzcatechin — mit Ge komplexe Säuren, die zur photometrischen Ge-Bestimmung geeignet sein sollen. Das Lambert-Beersche Gesetz ist bei geringem Überschuß an Komplexbildner für Konzentrationen von $5 \cdot 10^{-6}$ bis $5 \cdot 10^{-3}$ m erfüllt. Die Extinktion kann unmittelbar nach der Reagenszugabe gemessen werden, bleibt einige Tage konstant und ist weder von der Ionenstärke der Lösung noch der Temperatur merklich abhängig.

II. mit Brenzcatechinviolett.

NAZARENKO und BINAROVA [137] haben gefunden, daß Ge mit Brenzcatechinviolett bei p_H-Werten zwischen 3 und 7 einen sehr beständigen, purpurfarbenen Komplex der Zusammensetzung 1 Ge : 2 Mol Reagens bildet. Ein Gelatinezusatz zur Lösung ergibt eine Empfindlichkeitssteigerung. Wird die Gelatinekonzentration auf über 0,04% erhöht, so bildet sich eine grüne Farbe; wird nur wenig hinzugefügt, so entsteht ein Niederschlag.

Der violette Komplex, der in einer Lösung entsteht, die $5 \cdot 10^{-5}$ m an GeO_2, $3 \cdot 10^{-4}$ m an Brenzcatechinviolett und 0,04%ig an Gelatine ist, hat ein Absorptionsmaximum bei 555 nm, der grüne bei 650 nm. Für die Bildung des violetten Komplexes ist ein p_H-Wert von 4,8 optimal, für diejenige des grünen ein solcher von 3,4 bis 3,6. Der Reagensüberschuß soll bei Anwesenheit von Gelatine 3,5fach sein, bei ihrer Abwesenheit etwa 5fach. Das Lambert-Beersche Gesetz ist für Ge-Konzentrationen von 1,5 bis $5 \cdot 10^{-5}$ m für den violetten Komplex, und für solche von 3 bis $5 \cdot 10^{-5}$ m für den grünen erfüllt. Der molare Extinktionskoeffizient ist für den violetten Komplex $5,5 \cdot 10^4$, für den grünen $5 \cdot 10^4$. Der Gelatine-Effekt wird als Bindung des H-Atoms der Sulfonsäuregruppe des Brenzcatechinvioletts gedeutet, wodurch der Komplex unlöslich wird, bei höherer Gelatinekonzentration aber wieder kolloidal in Lösung gehalten wird.

Das Verfahren wird von den Autoren als für praktische Belange dem Phenylfluoron- oder dem Hämatein-Verfahren unterlegen bezeichnet: seine Empfindlichkeit ist zwar höher als diejenige jener, doch ist seine p_H-Abhängigkeit größer und der Gültigkeitsbereich des Lambert-Beerschen Gesetzes kleiner als bei jenen.

8. Bestimmung mit weiteren organischen Reagenzien.

Neben den in den vorstehenden Kapiteln im einzelnen behandelten Reagenzien werden in der Literatur noch zahlreiche weitere als für Ge-Bestimmungen geeignet bezeichnet. Da für sie aber keine Analysenvorschriften aufgefunden werden konnten — teils waren die Arbeiten nur im Referat zugänglich, teils behandeln die Publikationen lediglich systematische Untersuchungen über den Komplexbildungsmechanismus mit Ge — soll hier nur ihre bloße Aufzählung erscheinen. Dieses Vorgehen erscheint vertretbar, da alle diese Substanzen dem o-Diphenoltyp — vgl. u. a. Phenylfluoron — zuzuordnen sind, ähnlich wie jenes reagieren und bislang keine praktische Bedeutung erlangt haben:

3,4-Dioxiazobenzol [138] [31]
3,4-Dioxitriphenylcarbinol [138]
Methyldioxiazobenzol [31]
Phenylhydrazon des 3,4-Dioxibenzaldehyds [138]
Oxim des 3,4-Dioxibenzaldehyds [31]
2,3-Dioxinaphthalinazobenzol [138]
1,2-Dioxinaphthalinazobenzol [31]
Natriumalizarinsulfonat [138]
Purpurogallein [138] [145]
Gallocyanin [138]
3,4-Dioxiazobenzol-4-sulfonsäure [138] [31]
Brasilein [138] [31]
1,2-Dioxinaphthalin-Diphenylcarbinol [31] [146]
2,3,4-Trioxitriphenylcarbinol [31]
3,4-Dioxiphenyl-4′-dioxi-3,4-azobenzol [31]
p-Oxiphenyl-1,4′-dioxi-3,4-azobenzol [31]
3,4,3′,4′-Tetraoxidibenzalbenzidin [31]
3,4-Dioxibenzolaminooxidiphenyl [31]
2,3,4-Trioxiazobenzol [31]
Purpurin [31]
Chinizarin [31]
Dioxicumaranon [31]
Gallorubin [31]
4-Dimethylaminobenzal-dioxi-cumaranon [31]
Brenzcatechinaurin [31]
Pyrogallaurin [31]
Pyrogallolsuccinein [31]
Gallein [31] [143]
3,4-Dioxibenzalanilin [31]
2,3,4-Trioxibenzalanilin [31]
Tetraoxidibenzaldiazin [31]
3,4-Dioxi-4′-nitroazobenzol [31] [146]
2,3-Dioxi-6-sulfonaphthyldiazobenzol [31]

Brenzcatechinphthalein [31]
Saccharein des Oxihydrochinons [31]
3,4-Dioxi-4′,4″-tetramethyldiaminotriphenyl-carbinol [31]
3,4-Dioxiphenylacrylsäure [31]
Alizaringelb A [31]
Modernviolett [31]
Chlorgallacetophenon [31)
6-oxi-2,7-dimethoxi-9-phenylfluoron [117]
2,6,7-Trimethoxi-9-phenylfluoron [117]
Spinazarin [117]
Spinochrom B [117]
Spinochrom F [117]
Spinochrom AKa [117]
Spinochrom M [117]
4-Methylesculetin [117]
Luteolin [140]
3-Oxi-4′-Methoxiflavon [140]
1,2,4,5,6,8-Hexaoxianthrachinon [141]
1,2,4-Trioxianthrachinon [141]
1,5-Dioxianthrachinon [141]
1,4-Dioxianthrachinon [141]
1,2,5,8-Tetraoxianthrachinon [141]
6,7-Dioxi-2,4-dimethylbenzopyryliumchlorid [142]
7,8-Dioxi-2,4-dimethylbenzopyryliumchlorid [142]
6,7-Dioxi-2,4-diphenylbenzopyryliumchlorid [142]
7,8-Dioxi-2,4-diphenylbenzopyryliumchlorid [142]
Cyanidinchlorid [144]
Naringenin [144]
Tiron [144]
Alizarin S [144]
4-Oxi-phenylfluoron [144]

C. Turbidimetrische und fluorimetrische Verfahren.

Nach CLARK [147] bildet der Zn-Komplex von Toluol-3,4-dithiol mit Ge in 3 bis 4 n HCl einen weißen Niederschlag, der als Trübung noch in einer 10^{-4} m Ge-Lösung zu erkennen ist. Sie kann zur halbquantitativen Ge-Bestimmung verwendet werden.

PATZEK [148] teilt mit, daß Ge mit 2,4-Dioxiacetophenon in konz. H_2SO_4 oder 85%iger H_3PO_4 einen Komplex bildet, der mit UV-Licht zu einer gelbgrünen Fluorescenz angeregt werden kann. Die Fluorescenzintensität hängt von der Ge-Konzentration ab und kann zu dessen Bestimmung herangezogen werden.

Es sei ergänzend darauf hingewiesen, daß auch eine ganze Reihe der unter B, 8, aufgeführten Substanzen mit Ge unter Bildung fluorescierender Verbindungen reagieren.

§ 4. Polarographische Bestimmungsverfahren.

Allgemeines. Umfassende Übersichten über dieses Gebiet der quantitativen Analyse, ihre apparativen Hilfsmittel und Arbeitstechniken, geben z. B. HEYROVSKÝ [177], v. STACKELBERG [178], KOLTHOFF und LINGANE [179] oder HEYROVSKÝ und ZUMAN [180], worauf hier verwiesen sei.

A. Polarographie des Germaniums (IV).

1. Analyse nichtkomplexer Ge-Lösungen.

I. Grundlagenuntersuchungen.

Nach ALIMARIN und IVANOV-EMIN [149] läßt sich Ge(IV) weder in alkalischer noch in saurer noch in Komplexbildner, wie HF oder $H_2C_2O_4$, enthaltenden Lösungen polarographisch an einer Hg-Tropfelektrode reduzieren. ÖSTERUD und PRYTZ [149a] hingegen erhalten in verd. $HClO_4$ zwei Reduktionsstufen, die sie mit dem Übergang von Ge(IV) zu Ge(II) und dessen Reduktion zu Ge identifizieren.

VALENTA und ZUMAN [150] teilen mit, daß Ge(IV) sowohl in ammoniakalischer, NH_4Cl enthaltender Lösung als auch in Komplexon III enthaltender Lösung vom p_H-Wert 7,6 bis 8 gut entwickelte Stufen liefert. Die zweite Methode wird als die bessere angesehen, weil die mit ihr erhaltenen Stufen schärfer ausgeprägt und gegen Störungen weniger empfindlich sind. Die Autoren polarographieren in einer 0,1 m Komplexonlösung bei −1,3 V. Die Stufenhöhe ist bei einem mindestens 10fachen Komplexonüberschuß von dessen Konzentration unabhängig und bleibt bei p_H-Werten zwischen 5 und 9 konstant; sie zeigt eine lineare Abhängigkeit von der Ge-Konzentration (im Bereich $5 \cdot 10^{-5}$ bis $5 \cdot 10^{-4}$ m). Zn stört auch im großen Überschuß nicht, As(III) muß vor Aufnahme des Polarogramms zu As(V) oxydiert werden, was am besten mit J_2 erfolgt (p_H 8), dessen Überschuß mit Sulfition beseitigt wird. SO_2 stört bereits in kleinen Mengen; seine Störung kann aber durch Zusatz von Fuchsinlösung (10^{-4} m) eliminiert werden.

DAS GUPTA und NAIR [151] finden, daß bei der Polarographie von $7 \cdot 10^{-6}$ bis $2 \cdot 10^{-5}$ m Ge(IV)-Lösungen in einer von Sauerstoff befreiten Lösung, die 1 m an NH_4Cl, 0,5 m an NH_4OH ist und 0,01% Gelatine enthält, zwei Stufen erhalten werden (−1,45 und −1,7 V), die beide in ihrer Höhe der Ge-Konzentration proportional sind. Sie stellen jedoch fest, daß die Schärfe des Polarogramms von der Gelatinekonzentration sowie dem Verhältnis NH_4Cl zu NH_4OH deutlich abhängig ist. Eine zunehmende NH_4Cl-Konzentration begünstigt die Bildung von zwei Stufen und verschiebt das Halbstufenpotential zu positiveren Werten. Zu dem Mißerfolg von ALIMARIN und IVANOV-EMIN wird ausgeführt, daß bei p_H-Werten kleiner 5 keine polarographischen Stufen auftreten, daß sie aber bei $p_H = 10$ gut ausgeprägt sind.

VALENTA und ZUMAN [152] stellen an der Arbeit von DAS GUPTA und NAIR richtig, daß die im negativeren Bereich (−1,7 V) beobachtete zweite Stufe nicht dem Ge zuzuordnen ist, sondern katalytischer Natur ist. Sie erscheint bevorzugt bei höheren Ge-Konzentrationen, langen Tropfzeiten, hohen p_H-Werten und hoher NH_4Cl/NH_4OH-Konzentration. Nur die erste Stufe bei −1,4 V ist eine Ge-Stufe; sie entspricht einer 4-Elektronen-Reduktion. Optimale Verhältnisse für ihr Auftreten sind: Ge-Konzentration: $< 3 \cdot 10^{-5}$ m, NH_4OH- und NH_4Cl-Konzentration: 0,1 n, Tropfzeit $< 2^1/_2$ Sek. Noch besser ist jedoch das Arbeiten in einer 0,1 m Lösung von Natriumkomplexonat bei $p_H = 6$ bis 8 (siehe [150]).

Auch SAUVENIER und DUYCKAERTS [153] kommen zu dem Ergebnis, daß nur die erste Stufe dem Ge zuzuschreiben ist. Auf Grund ihrer Untersuchungen der verschiedenen Einflußgrößen empfehlen sie für die Ge-Bestimmung die folgenden Bedingungen: KCl 0,5 m, mit Puffer (0,1 m an H_3BO_3 und 0,1 m an NaOH) auf $p_H = 8$ bis 9 bringen, Gelatinekonzentration: 0,01%. Das Halbstufenpotential liegt in einer derartigen Lösung bei −1,5 V. Die Ge-Stufe ist irreversibel. Bei der direkten Bestimmung von Ge in Zn in einer zusätzlich noch Komplexon enthaltenden Lösung, das die Ge-Stufe nicht beeinträchtigt, wohl aber diejenige des Zn auf jenseits −2,0 V verschiebt, wird für 0,1% Ge ein Fehler von +8% und für 1% Ge ein solcher zwischen +1 und +5% ausgewiesen.

DHAR [154] bevorzugt zwischen $p_H = 5$ und 6 das Arbeiten in einem Acetatpuffer; oberhalb $p_H = 6$ verwendet er einen Borat-Puffer wie SAUVENIER und DUYCKAERTS. Als Leitsalz dient KCl. Die Analysenlösung enthält 0,005% Gelatine, ist 0,25 m an Borsäure, 0,1 m an KCl und wird mit KOH auf $p_H = 8,2$ eingestellt. Die Diffusionsstromkonstante beträgt unter diesen Bedingungen für eine Ge-Konzentration von $2 \cdot 10^{-4}$ m 7,35. Er hält es für möglich, daß gegebenenfalls nur Teile des vorhandenen Ge polarographisch erfaßt werden, da Polymerisations- und Depolymerisationsgleichgewichte mit nicht reduzierbaren Ge-Säuren vorliegen können.

IWASE [155] untersucht den Einfluß der Cl^-- bzw. CN^--Konzentration auf die polarographische Ge(IV)-Reduktion. Er findet, daß eine irreversible Einstufenreduktion in Lösungen erfolgt, die 0,05 bis 4 m an KCl sowie 0,05 m an K_2SO_4 und 0,005%ig an Gelatine sind. Das Halbstufenpotential nimmt mit steigender Cl^--Konzentration von $-1,4$ nach $-1,5$ V zu; der Diffusionsstrom steigt merklich mit zunehmendem Cl^--Gehalt der Analysenlösung. Ähnlich verhalten sich KBr-Lösungen und auch KCN-Lösungen.

STASHKOVA und ZELYANSKAYA [156] polarographieren 0,6 mMol Ge/l in verschiedenen Grundlösungen bei $p_H = 8$. Sie finden, daß eine Lösung, die 0,1 m an Natriumacetat und 0,2 m an NaCl ist, denjenigen überlegen ist, die 0,05 m KBr + 0,2 m NaCl bzw. 0,05 m KNO_3 + 0,2 m NaCl oder 0,1 m Glykose + 0,2 m NaCl oder 0,04 m KNa-Tartrat + 0,2 m NaCl oder 0,1 m Natriumsuccinat + 0,2 m NaCl oder 0,1 m Phenylessigsäure + 0,2 m NaCl aufweisen. In allen diesen Lösungen liegt das Ge-Halbstufenpotential zwischen $-1,41$ und $-1,43$ V. Die deutlichsten Polarogramme werden im p_H-Bereich zwischen 7,0 und 8,5 erhalten.

KONOPIK [157] verwendet $NaClO_4$ als Leitsalz. Es wird gefunden, daß die Ge-Stufe bei $-1,4$ liegt und daß die Stufenhöhe vom p_H-Wert der Lösung abhängt. Sie ist konstant zwischen $p_H = 4$ und 9, wird bei $p_H < 4$ von der H-Stufe überdeckt, nimmt bei $p_H > 9$ ab und wird zwischen $p_H = 11$ und 12 gleich Null. Mit steigender Alkalität wird außerdem das Halbstufenpotential nach negativeren Werten hin verschoben. Wird gepuffert, z. B. mit Boratlösung, werden die Stufenhöhen größer als in ungepufferter Lösung; im H_3BO_3-Konzentrationsbereich zwischen 0,025 und 0,125 m bleibt das Halbstufenpotential praktisch konstant. Glykokoll als Puffer ist wesentlich weniger gut geeignet als ein Borat; es führt zu erheblich schlechter ausgebildeten Stufen und läßt im Polarogramm eine zweite, katalytische Welle auftreten. Das Verfahren ist geeignet zur Untersuchung von 10^{-3} bis 10^{-5} m Ge-Lösungen.

NICOLAESCU, BINIG, LUNGUREAN und UDRESCU [158] führen die Ge-Polarographie in sodahaltigen Lösungen aus. Bei einer Konzentration zwischen 0,7 und 2 m Na_2CO_3 ist die Stufenhöhe konstant; das Halbstufenpotential liegt bei $-1,55$ V. Wird dem Grundelektrolyten Komplexon zugesetzt (0,3 bis 0,6 m), so werden die Stufenhöhen deutlich vergrößert; das Halbstufenpotential bleibt jedoch unverändert. Für die praktische Analyse werden als Zusatz zu 50 ml neutraler Analysenlösung empfohlen: 20 ml 2 m Na_2CO_3-Lösung, 10 ml 0,5 m KomplexonIII-Lösung und 1 ml 0,05%ige Gelatinelösung. Die erreichbare Analysengenauigkeit wird mit $\pm 2\%$ genannt.

II. Anwendungen.

Von den verschiedenen, vorgeschlagenen Grundlösungen scheinen in die Praxis nur zwei Eingang gefunden zu haben: die Borat- und die Komplexon-Lösung, beide in Verbindung mit einem Leitsalz.

Der Boratpuffer wird empfohlen von:

PLATONOVA [159]: 12 ml 0,5 n KOH auf 50 ml 0,5 m Borsäure; polarographieren bei $p_H = 8,2$ bis 8,3.

SAUVENIER und DUYCKAERTS [160]: 0,1 m Borsäure + 0,1 m NaOH, polarographieren bei $p_H = 8,9$.

In einer komplexonhaltigen Grundlösung arbeiten:
ŠULCEK und GOTTFRIED [161] sowie IONESCU und DUMITRESCU [164]: 3 ml 2 m Na_2CO_3 + 5 ml 0,1 m Komplexon je 50 ml Lösung.
WECLEWSKA und POPANDA [162] sowie WECLEWSKA [165]: in 50 ml Analysenlösung 2 ml einer Lösung von 58,4 g Komplexon, mit 2 n NaOH neutralisiert, mit Pufferlösung zu 1 l verdünnt, die 50 ml 0,1 m KH_2PO_4-Lösung und 8,6 ml 0,1 n NaOH in 100 ml enthält; polarographieren bei $p_H = 7,8$.
GREGOROWICZ, MAZONSKA und PRAJSNAR [163]: 10 ml 2 m Na_2CO_3-Lösung + 5 ml 0,5 m Komplexonlösung je 50 ml Lösung.

Der Polarographie geht stets eine Ge-Abtrennung durch Destillation oder Extraktion als $GeCl_4$ voraus.

2. Analyse komplexer Ge-Lösungen.

I. Ge-Komplexe mit o-Diphenolen.

KONOPIK [166] polarographiert Brenzcatechin-Germaniumsäure in saurer Lösung, die m an $HClO_4$ ist und mit einem $HClO_4$/Glykokoll-Puffer auf $p_H = 1,5$ eingestellt wird. Die Brenzcatechinkonzentration in der Analysenlösung beträgt 0,9 m. Das Halbstufenpotential liegt unter diesen Bedingungen bei $-0,7$ V. Die Stufenhöhe ist für Ge-Konzentrationen zwischen $2,5 \cdot 10^{-4}$ und $7 \cdot 10^{-3}$ m dieser proportional, hängt aber von der Brenzcatechinkonzentration sowie der Ionenstärke der Lösung ab. Nach KONOPIK [167] können auch die Ge-Komplexe mit Pyrogallol und 2,3-Dioxinaphthalin-6-sulfonsäure unter den oben genannten Bedingungen polarographiert werden (Halbstufenpotentiale bei $-0,73$ bzw. $-0,56$ V).

PAN und SUN [168] arbeiten in einer Lösung, die 40 ml NH_4OH/NH_4Cl-Puffer vom p_H-Wert 9,2, 10 ml 0,01 m Gallein-Lösung in 95%igem Äthanol und 30 ml Äthanol enthält; man erhält eine Stufe bei $-1,1$ V. Sie entspricht einer der beiden Galleinstufen und wird mit steigender Ge-Konzentration kleiner. Es wird auf diese Weise Ge auf indirektem Weg bestimmt, wobei Voraussetzung ist, daß das Gallein stets im Überschuß vorliegt. Das Verfahren soll zur Analyse von Ge-Lösungen im Konzentrationsbereich zwischen $5 \cdot 10^{-5}$ und $1 \cdot 10^{-3}$ m geeignet sein.

II. Ge-Salicylsäure-Komplex.

Nach BORLERA [169] läßt sich Ge(IV) in einer Salicylsäure enthaltenden Lösung in einer irreversiblen Reaktion polarographisch zum Metall reduzieren. Das Halbstufenpotential liegt bei $-1,57$ V bei einer Konzentration an Salicylsäure von 0,05 m und einer KCl-Leitsalzkonzentration von 0,5 m. Bei p_H-Werten zwischen 7,5 und 9,2 besteht Proportionalität zwischen Ge-Konzentration und Stufenhöhe.

Ähnlich wie Salicylsäure verhalten sich auch Oxalsäure und Weinsäure; auch sie sollen als Hilfsreagens für polarographische Ge-Bestimmungen brauchbar sein (BORLERA [170]).

III. Ge-Molybdänsäure.

GRASSHOFF und HAHN [171] untersuchen das polarographische Verhalten der Germanomolybdänsäure. Sie erhalten dabei fünf polarographische Stufen, von denen diejenige bei -40 mV eine Mo-Stufe ist, diejenige bei -250, -450 und -550 mV der Heteropolysäure zuzuordnen sind und diejenige bei -730 mV auf eine Mo-Isopolysäure zurückzuführen ist. Die Schärfe der Stufen hängt sehr weitgehend von der Zusammensetzung des Trägerelektrolyten ab; die

Halbstufenpotentiale werden vom p_H-Wert der Lösung bestimmt. Für die Bestimmung der Germanomolybdänsäure erwies sich als Grundelektrolyt eine Lösung als am geeignetsten, die im Liter 0,5 Mol Essigsäure, 0,1 Mol Natriumacetat, 0,1 Mol NaCl, 100 ml Citratpufferlösung vom p_H-Wert 3,6 sowie 80 ml Methyläthylketon enthält. Für die Bildung der Germanomolybdänsäure wurden die folgenden Bedingungen als am günstigsten erkannt.

Arbeitsvorschrift. Die Analysenlösung mit 100 bis 1000 μg Ge wird mit einer konstanten Menge Molybdatlösung — 5 ml 1%ige Lösung — versetzt, mit 0,2 n HCl auf $p_H = 2 \pm 0{,}1$ gebracht, in einen 100 ml-Meßkolben überführt und mit HCl vom p_H-Wert 2 zur Marke verdünnt ($p_H = 2$ ist nach GULESIAN und MÜLLER [172] der optimale Wert zur Bildung der Germanomolybdänsäure. Sie bildet sich nicht mehr bei $p_H < 0{,}9$ und $p_H > 4{,}7$). Die Lösung wird auf einer Heizplatte 2 Std. erwärmt; man läßt sie am besten über Nacht stehen. 5 ml dieser Lösung werden in einen 25 ml-Meßkolben pipettiert, mit Grundelektrolytlösung (s. oben) zur Marke verdünnt und polarographiert (die Autoren verwenden einen Kathodenstrahlpolarographen). Die Stufe bei −450 mV ist am schärfsten ausgeprägt und etwa doppelt so hoch wie die anderen beiden auf die Heteropolysäure zurückführbaren. Sie wird für die Ge-Bestimmung herangezogen.

Die *Standardabweichung* wird mit 1,6% angegeben.

B. Polarographie des Germaniums (II).

1. Reduktion.

ALIMARIN und IVANOV-EMIN [149] stellen fest, daß Ge(II) in 6 n HCl bei einer Konzentration von 10^{-4} m eine gut ausgeprägte Reduktionsstufe bei −0,45 bis −0,5 V ergibt. Der Wert des Halbstufenpotentials wird bei Verringerung der Ge-Konzentration negativer, bei Verminderung der HCl-Konzentration hingegen positiver. Die Bestimmung von Ge soll bis herab zu 10^{-6} m-Lösungen möglich sein, wird aber durch As, Pb und Sn gestört.

COZZI und VIVARELLI [173] kommen bei der Untersuchung des gleichen Systems in schwach sauren Lösungen zu dem Ergebnis, daß das Reduktionspotential von der Ge- und der H-Ionenkonzentration abhängt, derart, daß das Halbstufenpotential bei Verminderung der Säurekonzentration in negativer Richtung verschoben wird. In Lösungen, die saurer als 0,2 n sind, wird ein praktisch konstantes Potential erhalten, das für p_H-Werte zwischen 0 und 1 bei etwa −60 mV liegt. Die Reduktion verläuft irreversibel und gehorcht der Gleichung:

$$GeCl_3^- + 2\,e \rightarrow Ge + 3\,Cl^-\,.$$

Die chemische Reduktion von Ge(IV) zu Ge(II) wird mit Natriumhypophosphit in stark salzsaurer Lösung vorgenommen.

Nach SAUVENIER und DUYCKAERTS [174] wird Ge(IV) in einer $5 \cdot 10^{-3}$ m Lösung von einer 1,7 n H_3PO_2 bei Wasserbadtemperatur innerhalb $2^1/_2$ Std. quantitativ zu Ge(II) reduziert, wobei für völligen O_2-Ausschluß Sorge getragen werden muß (N_2-Spülung). Die polarographische Reduktion einer solchen Lösung ergibt ein Halbstufenpotential von (-515 ± 2) mV (Gelatine-Konzentration: 0,08%). Es besteht Proportionalität zwischen Diffusionsstrom und Ge-Konzentration für Lösungen mit $5 \cdot 10^{-3}$ bis $1{,}5 \cdot 10^{-4}$ g Ge/l. Die Erhöhung der H_3PO_2-Konzentration führt zur Verringerung der Stufenhöhe und hat eine geringe Verschiebung des Halbstufenpotentials zu negativeren Werten zur Folge. Die Reduktion wird im Gegensatz zu COZZI und VIVARELLI als reversibel (mit einer Elektronenübergangszahl 2) bezeichnet.

Von AREFJEWA [175] wird von der polarographischen Reduktion des Ge(II) für die praktische Analyse Gebrauch gemacht. Ge wird zunächst als GeCl$_4$ abdestilliert und im 6 n salzsauren Destillat mit CaS$_2$O$_3$ zu Ge(II) reduziert. Nach Zusatz von Gelatine wird polarographiert; das Halbstufenpotential liegt zwischen —0,45 und —0,5 V.

2. Oxydation.

Von COZZI und VIVARELLI [176] wird darauf hingewiesen, daß Ge(II) in Lösungen, die 0,4 bis 6 n an HCl sind, auch anodisch polarographiert werden kann. Die Stufe verschiebt sich nur wenig mit der Säurekonzentration, kann aber nur beobachtet werden, wenn die Cl$^-$-Konzentration kleiner als 2 n ist, weil sie sonst durch eine Reaktion der Anode mit dem Cl$^-$ gestört wird. Durch Zusatz von Cd^{2+} kann infolge der Bildung des CdCl$_4^{2-}$-Komplexes die Konzentration an freien Cl-Ionen niedrig gehalten werden, auch wenn die Gesamt-Cl$^-$-Konzentration hoch ist. Unter diesen Bedingungen kann Ge bis herab zu 10^{-6} m Lösungen bestimmt werden. Die Stufenhöhe ist der Ge-Konzentration proportional.

Arbeitsvorschrift. Die Analysenlösung wird mit HCl auf 5 n gebracht. 1,25 ml davon werden in einem Kölbchen mit 0,1 g Natriumhypophosphit versetzt und unter H$_2$-Durchleiten zum Sieden erhitzt. Nach Abkühlen wird die Grundlösung zugegeben und unter Luftausschluß polarographiert. Als Grundlösung ist eine Lösung, die 1,1 m an CdSO$_4$ und 1,15 n an HCl ist, am besten geeignet. In ihr liegt die anodische Stufe bei —0,13 V.

Bi *stört*, da Bi(III) von Ge(II) zu Bi reduziert wird. Cu und Sb fallen in ihren Stufen mit der Ge-Stufe zusammen.

Das Halbstufenpotential hängt nach COZZI und VIVARELLI [173] bei H$^+$-Konzentrationen zwischen 0,5 und 2 n noch deutlich von dieser ab, ist aber bei noch höherer praktisch davon unabhängig. Der Prozeß ist *irreversibel*.

Nach SAUVENIER und DUYCKAERTS [174] liegt das Halbstufenpotential in Lösungen, die 1,7 n an H$_3$PO$_2$ sind, bei (149 ± 3) mV. Die Stufenhöhe nimmt mit steigender H$_3$PO$_2$-Konzentration ab, das Halbstufenpotential verschiebt sich dabei zu etwas positiveren Werten. Auch sie bezeichnen die anodische Stufe als irreversibel [Reduktion von Ge(IV) zu Ge(II) s. S. 51].

§ 5. Spektrochemische Bestimmungsverfahren.

Allgemeines. In diesem Kapitel sollen die flammenspektrometrischen, emissionsspektrochemischen und röntgenfluorimetrischen Verfahren zusammengefaßt werden. Auch hier muß wie im § 4, ,,Polarographische Bestimmungsverfahren", auf die Darstellung des Methodischen verzichtet und sich dafür auf Hinweise auf die Fachliteratur beschränkt werden.

A. Flammenspektrometrie.

Nach HERRMANN und ALKEMADE [181], die eine zusammenfassende Darstellung dieses Gebietes der analytischen Chemie geben, ergibt Ge weder in den gebräuchlichen kohlenstoffhaltigen Flammen noch in den kohlenstoff-freien Linien oder Banden. In den neuerdings empfohlenen (CN)$_2$/O$_2$-Flammen treten schwache Ge-Banden auf, über deren Verwertung für Zwecke der Bestimmung des Ge bislang jedoch keine Publikationen bekannt geworden sind.

B. Emissionsspektralanalyse.

Allgemeines. Hinsichtlich einer Übersicht über Theorie und Praxis dieser Methode sei auf „Analyse der Metalle" [182], Moritz [183], Seith und Ruthardt [184], Scheller [185] oder Ahrens und Taylor [186] verwiesen. Praktisch findet sich die ganze Vielzahl der entwickelten Arbeitstechniken in der Anwendung auf die Ge-Bestimmung wieder. Es folgt deshalb eine mehr referierende Darstellung.

Die ersten Angaben über das Emissionsspektrum des Ge gehen auf Rowland und Tatnall [187] zurück. Sie finden 26 Linien, von denen nur eine — bei 422,67 nm — im Sichtbaren liegt. Papish [188] findet die von Eder und Valenta [189] aufgefundene Linie bei 468,61 nm als für die Identifizierung von Ge besonders geeignet. Er verwendet Kohleelektroden, schaltet die Probe als Anode und arbeitet im Gleichstrombogen mit 7 bis 10 A. Urbain [190] und Bardet [191] verwenden die Emissionsspektralanalyse gleichfalls nur für den Ge-Nachweis.

1. Lösungsspektralanalyse.

Geilmann und Brünger [18 (a), (b)] führen die Bestimmung lösungsspektralanalytisch nach Abtrennung von Ge als $GeCl_4$ und Fällung mit H_2S aus. Das zusammen mit S gefällte GeS_2 wird durch Zentrifugieren abgetrennt, in 50 mm³ n KOH gelöst, auf die Hälfte eingeengt, mit Hilfe einer Kapillarpipette in die untere Elektrode gegeben und angefunkt. Es werden quadratische Kohleelektroden, 40 mm lang mit 5 mm Kantenlänge, verwendet. Die untere hat eine Vertiefung zur Aufnahme der Analysenlösung; die obere ist schneidenförmig angespitzt. Angefunkt wird mit einem kondensierten Funken von etwa 12000 V, Belichtungszeit: 2 Min., während der die Lösung völlig verdampft ist. Für die Auswertung werden die Linien 303,91, 275,46 und 265,16 nm herangezogen; sie sind bei einer Ge-Konzentration von 1 mg/100 ml eben noch erkennbar. Im einzelnen wurden die folgenden Linien beobachtet: 326,95; 312,48; 306,70; 303,91; 282,91; 275,46; 274,04; 270,96; 269,13; 265,13; 259,25; 258,92; 253,32; 249,80 und 241,74 nm. Die Bestimmung von Ge-Mengen zwischen 5 und 50 μg durch Vergleich mit Linien bekannter Ge-Mengen ist auf etwa ± 10% genau möglich. Se, As, Sb *stören* empfindlich, da sie die Intensität der Ge-Emission erheblich herabsetzen, sie müssen deshalb abgetrennt werden.

Gleichfalls lösungsanalytisch arbeitet Harris [193] für die Bestimmung von Ge in Silicaten. Er trennt nach Aufschluß des Analysenmaterials in HF/H_2SO_4 das Ge durch Destillation als $GeCl_4$ ab, versetzt das Destillat mit 0,5 mg Sn als Spurenfänger und fällt daraus Ge und Sn als Sulfide. Der Sulfidniederschlag wird wie nach Geilmann und Brünger gelöst und in die Bohrung einer Elektrodenkohle (Anode, 6,4 mm ⌀ mit Bohrung von 3,2 mm ⌀) gebracht. Als Kathode dient eine angespitzte Kohle gleichen Durchmessers. Zur Anregung wird ein 7 A, 220 V-Gleichstrombogen verwendet; Belichtungszeit 30 Sek. Die Auswertung erfolgt gegen Sn als inneren Standard (Ge 303,91/Sn 303,28). Es wird für 0,1 bis 2 μg Ge eine geradlinige Eichkurve erhalten. Die *Genauigkeit* der Analyse wird mit ± 10% angegeben.

Einer besonderen Elektrode, einer sog. Kapillarelektrode, bedienen sich Rajchbaum und Kostjukova [194]. Die Elektrode ist 15 mm lang, hat einen Durchmesser von 5 bis 6 mm und eine Kapillarbohrung von 1 mm. Sie ist an ein 120 mm langes Glasrohr von 5 mm Innendurchmesser angeschlossen, das die Analysenlösung (2 bis 3 ml) enthält. Das ganze wird als obere Elektrode verwendet; als Gegenelektrode dient eine kegelförmig verjüngte Kohle mit abgeflachter Spitze.

Der Fehler der Einzelbestimmung wird mit 6 bis 8% genannt. Die Anordnung soll eine gegenüber normalen Kapilarelektroden 3- bis 5fach höhere Nachweisempfindlichkeit besitzen.

GOTÔ und YOKOYAMA [208] bestimmen Ge in Erzen nach Abtrennung des Ge als $GeCl_4$. Das Destillat (10 ml) wird mit 20 ml 3,4 n NaOH versetzt, mit HCl gegen Phenolphthalein neutralisiert und nach Zugabe von 10 ml $CuCl_2$-Lösung mit 30 mg Cu/ml auf 100 ml verdünnt (Cu dient als innerer Standard, NaCl als spektroskopischer Puffer zur Unterdrückung der CN-Banden). Zwei Spektralkohlen werden mit je 0,1 ml dieser Lösung getränkt und im intermittierenden Bogen (120 V, 7 A, Unterbrecherperiode 0,7 Sek.) abgefunkt. Auswertung: Ge 265,12/Cu 261,84. Es wird für Ge-Konzentrationen zwischen 0,0005 und 0,008% eine *lineare Eichkurve* erhalten. Der Analysenfehler wird mit 7 bis 12% angegeben.

Schließlich sei noch die Arbeit von SCHLIESSMANN [195] erwähnt, der in eisenreichen Materialien Ge mit einer Funkenbedingung in Lösungen mit Konzentrationen bis herab zu 10^{-4} bis 10^{-5} g Ge/l bestimmt (Abfunkzeit: 3mal 25 Sek.).

2. Analyse fester Proben.

Viel größer als das Schrifttum, in dem die lösungsspektralanalytische Bestimmung von Ge behandelt wird, ist dasjenige, das die direkte Untersuchung fester Proben zum Gegenstand hat. Die darin beschriebenen Verfahren unterscheiden sich jedoch nur graduell voneinander, sei es in der gewählten elektrischen Anregung, sei es in der Art der Auswertung oder sei es in der Art der Vortrennung; sie können somit relativ knapp behandelt werden.

PAPISH [192] bestimmt kleine Ge-Mengen quantitativ mit Hilfe der Emissionsspektralanalyse. Noch 0,1 μg Ge können mit den Linien 303,91 und 265,16 nm erfaßt werden, wenn Kohle-Elektroden verwendet werden. Au und Pt als Elektrodenmaterialien sind weniger gut brauchbar.

Diese Angaben über die bessere Eignung der C-Elektroden werden von GEILMANN und BRÜNGER [18 (a), (b)] bestätigt.

BRECKPOT [196] bestimmt Ge in Cu- und Fe-Legierungen, die er in Form ihrer Oxide im Bogen (1 A) auf Graphitelektroden anregt. Er stellt heraus, daß die Probe mit Vorteil als Anode geschaltet wird, weil dabei als Folge eines ausgeprägten Destillationseffektes die leichtflüchtigen Bestandteile besonders empfindlich nachgewiesen werden können. Ge-Spuren können auf diesem Wege jedoch nicht erfaßt werden; sie sind nur nach einer vorangegangenen Ge-Abtrennung zu erfassen. Dabei stört jedoch, wie schon von GEILMANN und BRÜNGER gefunden, As empfindlich und muß daher vor der Analyse noch vom Ge getrennt werden. Der gleichen Technik bedienen sich BRECKPOT und KÖRBER [197] für die Ge-Bestimmung im Zink. Sie lösen die Analysenprobe in HNO_3, bringen die Lösung zur Trockne und funken den Rückstand auf Graphitelektroden an.

HEGGEN und STROCK [198] fällen zur spektrochemischen Spurenbestimmung nach Aufschluß der Analysenprobe in Säuren nach Zusatz von 6 mg In zunächst mit Oxichinolin, anschließend mit Tannin und Thionalid bei $p_H = 5,2$. Der gemischte Niederschlag wird abgetrennt, bei 450 °C verascht und gewogen. Er wird dann mit so viel In_2O_3 und Graphitpulver vermischt, daß die fertige Mischung 12,1% In_2O_3 und 66,66% C enthält. Das Gemisch wird in die Bohrung einer Anodenkohle (3,5 mm $\varnothing$ mit 1,6 mm weitem und 4 mm tiefem Krater) eingefüllt und im Bogen angeregt (Kathode: Kohle 4,7 mm $\varnothing$). Nach einer Vorfunkzeit von 10 Sek. mit 5,5 A wird bei der Belichtung von 20 Sek. bei 6 A völlige Verdampfung erzielt. Zur Auswertung werden die Linien Ge 265,12 und In 293,26 nm herangezogen. Die *Genauigkeit* der Bestimmung von 10^{-3}% Ge liegt bei etwa 20% (relativ).

RADMACHER und HESSLING [202] führen die Bestimmung von Spurenelementen in *Steinkohle* wie folgt aus.

Arbeitsvorschrift. Die Kohle wird verascht, die Asche mit Borax im Verhältnis 1:2,5 gemischt, mit 30 mg In_2O_3 versetzt und das Gemisch im Pt-Tiegel geschmolzen. Die erkaltete Schmelze wird gemörsert und mit Kohle im Verhältnis 1:1,5 vermischt; 200 bis 250 mg davon werden mit einem Druck von 100 kg/cm² zu Stäbchen, 20 mm lang, 2 · 3 mm² Querschnitt, verpreßt, die mit einer *Pfeilsticker*anregung mit 4 A angefunkt werden. Ausgewertet wird das Linienpaar Ge 326,95/In 325,86 nm. Die Nachweisbarkeitsgrenze liegt bei dieser Arbeitsweise bei etwa 0,01% Ge.

Zur Bestimmung von Ge in *Kohle, Kohlenasche und Flugstaub* verwenden FREDERICK, WHITE und BIBER [199] Bi als inneren Standard, einmal weil dieses Element in den genannten Materialien praktisch nicht vorkommt, zum anderen, weil es spektrochemisch eine gewisse Ähnlichkeit zu Ge besitzt. Die Analysenprobe wird im Falle von Kohle im Verhältnis von 7 zu 1 mit Bi_2O_3 gemischt; im Falle von Kohlenasche wird von dem folgenden Gemisch ausgegangen: 3 Teile Asche + 4 Teile reiner Graphit + 1 Teil Bi_2O_3. Diese Gemische werden zwischen Graphitelektroden (Probe als Anode) im Bogen angeregt. Die Bedingungen sind im einzelnen:

Kapazität (μF)	60;
Selbstinduktion (μH)	400;
Widerstand (Ω)	15;
Spannung (V)	340;
Stromstärke (A)	12;
Belichtungszeit (Sek.)	90.

0,25% Ge werden auf diese Weise auf 0,01%, 0,026% auf 0,001% genau in Asche und 0,003% Ge auf 0,0006% genau in Kohle bestimmt.

Zur Untersuchung *schwefelfreier* Materialien verwendet WITKOWSKA [200] gleichfalls Bi_2O_3 als inneren Standard.

Arbeitsvorschrift. 0,45 g Probe werden mit 0,05 g eines 0,5% Bi enthaltenden Graphits vermischt, zu 6 mm dicken Stäbchen verpreßt und im Wechselstrombogen von 4,5 A als untere Elektrode gegen eine Graphitelektrode von 5 mm $\emptyset$ angefunkt (Linienpaar: Ge 303,91/Bi 292,83 nm bei Abwesenheit von In; bei seiner Anwesenheit Ge 270,96/Bi 293,83 nm).

Eine Untergrundkorrektur ist *nicht* erforderlich.

0,001 bis 0,05% Ge können auf $\pm$ 6,2% *genau* bestimmt werden.

Handelt es sich um die Untersuchungen *schwefelhaltiger* Materialien — Zinkerze oder deren Aufarbeitungsprodukte — werden 30 mg Probe mit einem 2% Bi enthaltenden Graphit im Verhältnis 9:1 vermischt und in einen Graphittiegel ($\emptyset$ 2,5 mm, 4 mm tief, Wandstärke 0,5 mm) eingefüllt, der zugleich als Elektrode dient. Die Probe wird im Wechselstrombogen von 6 A verbrannt. Zur Auswertung kommen die Linien Ge 265,12 und Bi 289,80 nm; sie erfolgt nach der Methode der sog. Gesamtenergie der Spektralstrahlung unter Verwendung von synthetischen Standards (bei dieser Methode wird die Emmissionsenergie des zu bestimmenden Elements als Produkt der Intensität der gemessenen Linie und der Belichtungszeit ausgedrückt und zur Auswertung herangezogen). Für die Bestimmung von 0,001 bis 0,05% Ge wird die *Genauigkeit* mit $\pm$ 15% genannt; eine Untergrundkorrektur ist hierbei erforderlich.

Ähnlich arbeiten TUTUNDŽIC und ŠČEPANOVIČ [201]. Sie vermischen z. B. *Kohleasche* mit 3% Bi_2O_3 und werten die Linien Ge 265,12 und Bi 266,79 nm aus.

FOMINA [351] untersucht *sulfidische und oxidische Erze* nach Zusatz von Bi im Wechselstrombogen.

NAIMARK und YUDELEVICH [350] bedienen sich für die Ge-Bestimmung in *bleireichen Produkten* eines Puffers aus 85% Graphitpulver, 10% NH$_4$Cl, 3% Bi$_2$O$_3$ und 2% SnO$_2$. Die Analysenprobe wird damit im Verhältnis 1:1 gemischt. Angefunkt wird im 10 A-Bogen. NH$_4$Cl wird zur Erleichterung der Verdampfung zugesetzt.

Eine sehr empfindliche Ge-Bestimmung in *Eisenerzen* erreichen KOKA und CHIRKINA [352] dadurch, daß sie die Analysenprobe mit einem Puffer im Verhältnis 1:1 mischen, der aus KJO$_3$ mit 0,5% Bi besteht, und das Gemisch im Wechselstrombogen aus einer Kohleelektrode verdampfen. Innerhalb der ersten Minute ist dabei praktisch das gesamte Germanium nebst Wismut verdampft, hingegen nur erst sehr wenig Fe (Linienpaar Ge 265,11/Bi 262,79 nm; Bestimmbarkeitsgrenze: 0,0001% Ge).

HEGEMANN und KOSTYRA [203] bedienen sich für die Analyse von Zinkblende *des Be* als Bezugselement. Sie arbeiten mit einer Mittelstiftelektrode als Kathode und werten nach der s-p-d-Skala nach ADDINK [204] aus. Die Nachweisgrenze für Ge liegt bei 0,001%. Zu einer ähnlichen Nachweisgrenze kommen HEGEMANN, V. SYBEL und WILK [205] bei der Untersuchung von Pyrit und Kupferkies.

Sn als innerer Standard wird von SZÁDECZKY-KARDOSS und BENKÖ [206] für die Ge-Bestimmung in *Steinkohle* vorgeschlagen. Die Kohle wird in dünner Schicht bei 400 °C verascht, die Asche mit bekannten Mengen an SnO$_2$ versetzt und im Gleichstrombogen (15 A) angeregt. Sn wird deshalb verwendet, weil es gleichzeitig mit Ge verdampft und diesem sehr eng benachbarte Linien aufweist. Zur Auswertung werden die Linien Ge 303,9 und Sn 303,2 nm herangezogen. Fe *stört* aufgrund seiner Linie bei 303,93 nm; sein Einfluß kann aber durch Korrektur anhand der Linie 301,4 nm eliminiert werden; doch ist diese Korrektur nur bei der Bestimmung von Ge-Mengen unter 0,004% erforderlich. Ge-Gehalte größer als 0,001% sollen mit einem relativen *Fehler* von ± 3% bei einem systematischen Fehler von max. 6% bestimmt werden können.

Auch PITT und FLETCHER [226] setzen der Analysenprobe Sn als inneren Standard zu. Sie verwenden zusätzlich noch *Li$_2$CO$_3$* als Puffer (Probe: Puffer = 1:4). Aus diesem Gemisch werden kleine Preßlinge von etwa 10 mg hergestellt, die im Gleichstrombogen von 9 A verdampft werden. In Kohleaschen können mit diesem Verfahren noch 6 ppm Ge nachgewiesen werden; für quantitative Bestimmungen ist es für Ge-Gehalte größer als 24 ppm geeignet; es ist auch für die Analyse von *Flugstäuben* mit mehr als 0,3% Ge brauchbar. Der mittlere *Fehler* beträgt 5%. Gemessen wird das Linienpaar Ge 265,12/Sn 254,66 nm.

Für die Ge-Bestimmung in Kohlen veraschen MANTEA, PETRESCU und TRITA [349] zunächst die Analysenprobe bei 650 °C, schließen die Asche mit K$_2$CO$_3$ und KNO$_3$ (4:1; 5 bis 8 g je 0,5 bis 1 g Asche) auf, lösen die Schmelze in HNO$_3$, destillieren aus der Lösung Ge nach Zugabe von Salzsäure als GeCl$_4$ ab und fällen es im Destillat als GeS$_2$ nach Zusatz von Sn (als SnCl$_2$) als Spurenfänger. Der Niederschlag wird abgetrennt und spektrochemisch untersucht. Die Auswertung des Spektrums erfolgt gegen die Sn-Linien 265,12 und 266,13 nm. Noch 0,005% Ge werden auf diese Weise bestimmt.

Nach LITOMISKÝ [207] wird bei der Ge-Bestimmung in Erzen vorteilhafterweise *ZnS als Puffer* und Zn zugleich als Bezugselement verwendet. Die Analysenprobe wird im Verhältnis 1:1 mit ZnS gemischt und im 7 A-Gleichstrombogen verdampft (30 Sek.). Die Ge-Linie 303,9 nm wird gegen die Zn-Linie 301,84 nm vermessen. Ge-Gehalte zwischen 0,2 und 1000 ppm können auf diese Weise bestimmt werden.

LAPPI und MÄKITIE [209] verwenden zur Ge-Bestimmung im Boden *Ag als Bezugselement*. Die Probe wird mit Graphit gemischt und als Kathode im Gleichstrombogen mit 9 A, 320 V, 40 μF, 25 Ohm verdampft.

GREGOROWICZ [210] verzichtet bei der Ge-Bestimmung in Kohleaschen auf den Zusatz eines Referenzelementes, arbeitet aber mit einer *Cu-Gegenelektrode*, die 0,1% Ni enthält. Auf dessen Linie 305,08 wird die Ge-Linie 303,91 oder 265,12 nm bezogen. Die Analysenprobe wird in eine Kohleelektrode als unterer Elektrode eingefüllt und mit einem durch einen Feussner-Generator gesteuerten Pfeilsticker-Wechselstrombogen angeregt. Nach dem Verfahren werden Ge-Gehalte zwischen 0,0003 und 0,03% bestimmt.

MALINEK [211] puffert bei der Ge-Bestimmung in *Teeraschen* die Bogentemperatur durch einen Zusatz von $CaCO_3$ zur Analysenprobe — in Anlehnung an die Arbeitsweise von MARKS und HALL [212] — und verwendet zusätzlich Fe als inneren Standard. Die Analysenprobe wird mit so viel Fe_2O_3 versetzt, daß das Gemisch 50% davon enthält. Diese Mischung wird dann nochmals mit Graphit und $CaCO_3$ in jeweils gleichen Teilen gemischt und im Bogen von 9 A, 300 V total verdampft. Ausgewertet wird das Linienpaar Ge 265,12/Fe 264,54 nm. Die *Standardabweichung* des Verfahrens wird mit 8,6% angegeben. Die auf diese Weise erhaltenen Resultate stehen in guter Übereinstimmung mit chemisch ermittelten.

Gleichfalls Fe als Bezugselement (Fe 262,83/Ge 265,12 nm) verwenden BUZINCU und PETRESCU [213] bei der Bestimmung von Ge in *Cu-Erzkonzentraten*. Die Probe wird mit Kohle gemischt und im 9 A-Bogen verdampft.

VAN ROOYEN [353] findet, daß $CaCO_3$ ein sehr *wirksamer* Puffer und hinsichtlich dieser Eigenschaft dem Li_2CO_3 überlegen ist.

Mit $CaSO_4$ *als Puffer* und innerem Standard arbeiten HARVEY und MURRAY [214] bei der Bestimmung von seltenen Elementen in Silicaten. Die Probe wird mit 3 Teilen geglühtem $CaSO_4$ und 4 Teilen Graphitpulver gemischt. 50 mg davon werden in die Bohrung (3 mm $\varnothing$, $^1/_4$ mm tief) einer Anodenkohle (5 mm $\varnothing$) eingedrückt. Mit einer abgeflachten Gegenelektrode wird zunächst im Gleichstrombogen 30 Sek. lang mit 3 bis 4 A, dann 15 Sek. mit 6 bis 7 A und schließlich mit 10,5 A so lange gefunkt, bis der Strom plötzlich auf 2 A abfällt (Dauer etwa 4 bis $4^1/_2$ Min.). Ausgewertet wird die Ge-Linie 326,94 nm. Noch 0,005% Ge können auf diese Weise bestimmt werden.

KOŠELEVA und KUZNECOVA [215] vermischen das Analysenmaterial im Verhältnis 2:1 mit CaF_2, weil dadurch die Verdampfungsgeschwindigkeit von Ge im Gleichstrombogen erhöht und diejenige des Fe vermindert wird. Die Bestimmung des Ge soll auf $\pm$ 5% genau sein.

RUSANOV, ALEKSEEVA und ILIASOVA [216] mischen die zu analysierende Probe mit *elementarem S*, wodurch die Verdampfung der chalkophilen Elemente gefördert und somit deren Nachweisempfindlichkeit erhöht wird. Das Verfahren wird auf die Analyse von oxidischen Erzen, Kohleschlacken, Silicaten angewendet und ermöglicht noch die Bestimmung von 0,0002% Ge mit einer *Genauigkeit* von $\pm$ 6%.

PAWLENKO und DAWYDOWA [225] halten ein Mischungsverhältnis der Probe zum Schwefel von 2:1 ein und erreichen damit eine Nachweisempfindlichkeit von $5 \cdot 10^{-5}$% bei einem *Fehler* von etwa $\pm$ 15%.

Nach einem ähnlichen Prinzip arbeiten SERGEEV, MARGOLIN, STEPANOV, BELOBRAGINA und ŽUKOVA [217]. Sie mischen die zu untersuchende Probe mit *CdS* und erhitzen sie in einem widerstandsbeheizten, zylindrischen Kohlerohr, das gleichzeitig als Elektrode für das Abfunken im Bogen dient. Eine noch höhere Empfindlichkeit wird erreicht, wenn zunächst die ganze Probe verdampft und nur das erhaltene Kondensat angefunkt wird. So sollen noch 10^{-5}% Ge bestimmbar sein.

Aus einem Cu-Zylinder spezieller Anordnung verdampft ARNAUTOV [355] mit einem 5 A-Wechselstrombogen u. a. Ge bevorzugt aus der Analysenprobe und erhält dabei ein sehr untergrundarmes Spektrum, das noch die Messung sehr schwacher Linien ermöglicht. In Kohleaschen können noch Ge-Gehalte von 0,0003% bestimmt werden (Cd als innerer Standard; Mischung mit 2 Teilen Graphit; *Genauigkeit*: 10%).

RAJCHBAUM und KOSTJUKOVA [218] verwenden ein Puffergemisch aus Kohlepulver und $NaHCO_3$ im Verhältnis 1:1. Mit diesem Gemisch werden die Analysenprobe, eine Probe mit einer zugesetzten, bekannten Ge-Menge und die Standards wiederum 1:1 gemischt. Die vorbereiteten Proben werden mittels einer rotierenden Elektrode angefunkt. Ausgewertet wird die Linie Ge 26,512 nm; die *Genauigkeit* des Verfahrens wird mit 7% — nach Anbringung einer Korrektur — angegeben. Die Arbeitsweise lehnt sich an das Zugabeverfahren von FUKUSHIMA und Mitarbeitern [219, 220] an.

SZCZEPANOWSKI und WAZNY [221] bedienen sich für die Bestimmung von Spurenelementen in *Bleiglanz* und *Malachit* der Einschüttelmethode nach CZAKOW [222]. Sie erreichen damit eine etwa um eine Zehnerpotenz höhere Nachweisempfindlichkeit als beim Verdampfen der Analysensubstanz aus Kohlekratern. Die Proben werden mit Kohlepulver im Verhältnis 1:1 gemischt und bei 105 °C getrocknet. Das Gemisch wird in einen 220 V, 6 A-Wechselstrombogen, der zwischen Cu-Elektroden brennt, eingeschüttelt. Die obere ist dreiteilig und enthält einen Siebboden mit fünf 0,9 mm-Bohrungen; die untere ist stabförmig. Es werden 300 mg Analysengemisch verwendet, die innerhalb von 52 bis 57 Sek. in die Funkenstrecke eingeschüttelt werden. Noch 10^{-4}% Ge können auf diese Weise mit der Linie 303,91 nm bestimmt werden. Ähnlich arbeitet Ou [354].

CHITROV und RUSANOV [223] arbeiten mit der tape-machine und einem 5 A-Wechselstrombogen, der mit einem *Luftstrom* von 2 ml/Sek. stabilisiert wird. Die Ge-Linie 265,12 nm wird gegen den minimalen Untergrund auf der kurzwelligen Seite der Linie vermessen. 0,0003 bis 0,01% Ge lassen sich auf ± 10% genau bestimmen.

Für die Bestimmung von Ge und anderer Elemente in U_3O_8 wenden KALITEEVSKIJ, LIPOVSKIJ, RAZUMOVSKIJ und JAKIMOVA [224] die Verdampfungsmethode an (2000 °C). Am empfindlichsten ist unter diesen Bedingungen die Linie Ge 265,12 nm. Noch $3 \cdot 10^{-5}$% Ge können auf 15 bis 20% genau erfaßt werden.

C. Röntgenspektralanalyse (Röntgenfluorescenzanalyse).

Zur Information über diese noch relativ junge Arbeitstechnik der analytischen Chemie seien die Bücher von FLÜGGE [227], BLOCHIN [228], BIRKS [229], GLOCKER [230], SAGEL [231] und LIEBHAFSKY und Mitarbeitern [232] genannt. Die für die Ge-Bestimmung interessierenden Linien vgl. Tabelle 9.

Tabelle 9. *Röntgenspektrallinien des Germaniums (1. Ordnung)*.

Linie	λ nm	relative Intensität	Linie	λ nm	relative Intensität
$K_{\alpha 1}$	0,1255	100	L_α	1,0456	100
$K_{\alpha 2}$	0,1258	50	$L_{\beta 1}$	1,0192	58
$K_{\beta 1}$	0,1129	23	L_γ	1,1944	3
$K_{\beta 2}$	0,1117	1			

Für den Nachweis von Ge wurde die Röntgenspektralanalyse bereits von GOLDSCHMIDT [236] mit Erfolg herangezogen. Er bediente sich dabei sowohl der ersten und der zweiten Ordnung des K-Spektrums.

CAMPBELL, CARL und WHITE [233] haben als erste eine ausführliche Arbeit über die quantitative, röntgenspektralanalytische Bestimmung von Ge publiziert. Ihr Untersuchungsmaterial ist Kohle und Kohlenasche. Sie beschreiben vier

Arbeitsvorschriften. 1. Direkter Vergleich der Intensität der Ge $K_{\alpha 1}$-Linie der unbekannten Probe mit der von Standardproben oder anhand von Eichkurven.

2. Verfahren des inneren Standards in Form eines Zusatzelements mit ähnlichem Verhalten gegenüber Röntgenstrahlen wie Ge.

3. Additionsmethode, d. h. Zugabe einer bekannten Menge an Ge zur Analysenprobe und Messung der Ge-Intensität vor und nach diesem Zusatz.

4. Destillation und Fällung von Ge mit anschließender Messung des Niederschlags oder seines Glührückstandes.

Verfahren 1. Es zeigte sich, daß diese Arbeitsweise sehr stark von der Matrix, d. h. der Zusammensetzung der Analysenprobe, abhängig ist und nur dann zu brauchbaren Resultaten führt, wenn Analysenprobe und Standard praktisch gleiche Matrix besitzen. Als besonders stark störend erwies sich dabei das Fe. In einer Probe mit 5% Fe_2O_3 ist die gemessene Ge-Intensität etwa 50% höher als in einer solchen mit 25%, was bedeutet, daß Fe die Ge K_{a1}-Strahlung stark absorbiert. Auf diesem Wege können nur Näherungswerte für den Ge-Gehalt der Analysenprobe erhalten werden (etwa $\pm$ 25%).

Verfahren 2. Als Zusatzelemente kommen Ga und As infrage. Das Verfahren ist aber noch nicht frei von Matrixeinflüssen. Wichtig ist die Herstellung homogener Proben nach Zusatz des inneren Standards. Dies wird am sichersten erreicht durch Mahlen in Aceton. Dies gilt auch für das Zerkleinern der Analysenprobe selbst. Ein Aufmahlen unter 40 μ und Absieben wird nicht als ausreichend angesehen. Die Methode ist anwendbar für Ge-Gehalte größer als 1%; ihre *Genauigkeit* ist mit $\pm$ 10% anzusetzen.

Verfahren 3. Diese Arbeitsweise basiert auf der Annahme, daß ein linearer Zusammenhang zwischen verschiedenen Ge-Gehalten in der gleichen Matrix besteht. Es wurde gefunden, daß manche der für die Verfahren 1. und 2. geltenden Schwierigkeiten auch hier bedeutsam sind. Dies gilt besonders für das Zumischen kleiner Ge-Mengen. Hier hat sich das Schmelzen der Probe mit Soda als brauchbar erwiesen. Als Verhältnis Probe:Schmelzmittel hat sich 1:7 bewährt. Das Verfahren wird für die Bestimmung von Ge-Konzentrationen zwischen 0,05 und 1% als brauchbar bewertet. Auch seine *Genauigkeit* liegt bei $\pm$ 10%.

Verfahren 4. Wird Ge aus salzsaurer Lösung als $GeCl_4$ abdestilliert, so können im Destillat noch etwa 10 μg Ge/ml, d. h. bei einer Destillatmenge von 30 ml noch 250 bis 300 μg direkt bestimmt werden.

Wird Ge aus dem Destillat als Cinchoningermanomolybdat gefällt, so kann der Niederschlag direkt auf dem Papier, auf das er abfiltriert wurde, analysiert werden. Die Nachweisgrenze bei dieser Arbeitsweise liegt bei 2 bis 4 μg Ge. 25 μg können auf 10% genau bestimmt werden.

Für die Untersuchungen wird vorzugsweise eine *W-Röhre* (45 kV) verwendet. Als Analysatorkristalle dienen Quarz oder Topas, als Strahlungsmeßgerät mit Argon gefüllte Zählrohre oder thalliumaktivierte NaJ-Scintillationszähler.

WEDEPOHL [234] erreicht bei der direkten Untersuchung von *Gesteinen* eine Nachweisempfindlichkeit von 10^{-2}% Ge bei Verwendung einer W-Röhre bzw. $5 \cdot 10^{-3}$% beim Arbeiten mit einer Mo-Röhre (beide 50 kV, 20 mA). Er benutzt einen LiF-Analysatorkristall und einen Scintillationszähler; die bestrahlte Probenfläche beträgt 500 mm^2. Der *Analysenfehler* — Methode des inneren Standards — wird mit 3 bis 5% angegeben (Zum Vergleich wird die Nachweisempfindlichkeit der Emissionsspektralanalyse mit etwa 10^{-3}% genannt, wenn 20 mg Analysenprobe, gemischt mit 10 mg Graphit, aus einer vorgeformten Elektrode im 10 A-Gleichstrombogen verdampft werden).

Nach GLOTOVA und LOSEV [235] ist beim Arbeiten mit einer W-Röhre mit 40 kV, 10 mA und Verwendung eines Scintillationszählers je nach Probenmaterial mit einer Nachweisempfindlichkeit zwischen 0,007 und 0,07% Ge zu rechnen.

Ge-Gehalte > 0,03%, der Nachweisbarkeitsgrenze, im Zink bestimmen POTENZA und POTENZA-FIORENTINI [348] direkt anhand der K_a-Linien.

§ 6. Radiochemische Bestimmungsverfahren.

Das natürlich vorkommende Germanium setzt sich aus fünf stabilen Isotopen zusammen [237]: dem ^{70}Ge mit einer Häufigkeit von 20,5% (und einem Einfangquerschnitt für langsame Neutronen von 3,9 barn), dem ^{72}Ge mit 27,4% (1,0), dem ^{73}Ge mit 7,8% (14), dem ^{74}Ge mit 36,5% (0,04) und dem ^{76}Ge mit 7,8% (0,08).

An künstlichen radioaktiven Isotopen sind bis jetzt aufgefunden worden (vgl. Tabelle 10):

Tabelle 10. *Daten künstlich radioaktiver Germanium-Isotope.*

	Halbwertszeit		Art und Energie der Strahlung
^{66}Ge	etwa 2,5	h	β^+ ?; K; γ 0,045; 0,11; 0,19; ...
^{67}Ge	21	m	β^+ 2,9; γ 0,17—1,47
^{68}Ge	275	d	K; kein γ
^{69}Ge	40,4	h	β^+ 1,22; 0,6; ...; K; γ 1,12, 0,58, 0,9, 0,2 bis 2,0
^{71}Ge	11	d	K; L; K 0,22; kein γ
^{75}Ge	82	m	β^- 1,18, 0,72—0,98; γ 0,26, 0,07 bis 0,6
isomer dazu:			
^{75}Ge	49	s	J 0,14; e$^-$
^{77}Ge	12,3	h	β^- 2,20, ...; γ 0,21 bis 2,3
isomer dazu:			
^{77}Ge	53	s	β^- 2,9, ...; J 0,16; γ 0,21
^{78}Ge	86	m	β^- 0,9; γ

außerdem ein Isomeres zum stabilen ^{73}Ge

^{73}Ge	0,53 s	J 0,05; e$^-$; γ 0,01

Zeichenerklärung:
Halbwertszeiten in:

d = Tagen	β, γ = Strahlungsart mit Angabe der Energie in MeV
h = Stunden	β^+ = Positron
m = Minuten	β^- = Negatron
s = Sekunden	e$^-$ = Konversionselektron
	K, L = Elektroneneinfang aus K- bzw. L-Schale
	J = isomerer Übergang

Auf die Einzelheiten der für radiochemische Untersuchungen zur Anwendung kommenden Methoden, Meßtechniken, Geräte und Hilfsmittel kann im Rahmen dieser Abhandlung nicht eingegangen werden; es sei dafür auf die Fachliteratur verwiesen, z. B. Schmeiser [238].

Eine spezielle Anwendung radiochemischer Methoden zur Bestimmung von Ge wird von Bradacs, Ladenbauer und Hecht [239] gegeben. Sie bedienen sich der radiochemischen Verdünnungsanalyse mit Hilfe des ^{71}Ge. Das Analysenmaterial, Zinkblende und -Konzentrate sowie Kohleaschen, wird mit einer bekannten Aktivität an diesem Isotop versetzt und nach chemischen Verfahren aufgearbeitet (Aufschluß mit Na_2O_2, Fällung als GeS_2 aus schwefelsaurer Lösung; dieses lösen in NaOH, Destillation als $GeCl_4$ im Cl_2-Strom, Fällung als GeS_2 im Destillat, Überführen des GeS_2 in GeO_2, Fällung des Ge als 8-Oxichinolingermanomolybdat, Wägen des Niederschlags). Der Niederschlag wird auf seine Aktivität untersucht, was in Anbetracht der sehr weichen Strahlung eine Reihe von Vorsichtsmaßnahmen erfordert. Aus dem Gewicht des Niederschlags und seiner Aktivität läßt sich im Vergleich mit der anfangs eingesetzten Aktivität der Ge-Gehalt der Analysensubstanz errechnen.

GEBAUHR [240] behandelt Störreaktionen, die bei der Aktivierungsanalyse, d. h. der Bestimmung des gesuchten Elements anhand von radioaktiven Nucliden, die durch definierte und reproduzierbar ablaufende Kernreaktionen im Reaktor unter der Einwirkung von thermischen Neutronen gebildet werden, ablaufen können. So können aus gegebenenfalls vorhandenem Uran als Spaltprodukte ^{77}Ge und ^{78}Ge mit Ausbeuten von 0,003 bzw. 0,02% gebildet werden. Andererseits kann aus dem stabilen ^{76}Ge das ^{77}Ge entstehen, das mit einer Halbwertszeit von 12,3 Std. in einer β^--Reaktion in ^{77}As übergeht. Außerdem kann das Nuclid ^{69}Ge in einer (n, 2 n)-Reaktion aus ^{70}Ge gebildet werden oder das ^{69}Zn in einer (n, α)-Umsetzung aus ^{72}Ge.

§ 7. Trennungsverfahren.

A. Chemische Verfahren.

1. Fällungen.

I. Trennung mit nachfolgender direkter Ge-Bestimmung.

Die Fällung von Ge als GeS_2 aus stark saurer Lösung, die bereits im § 1, „Gravimetrische Bestimmungsverfahren", im Zusammenhang mit der Bestimmung des Ge als GeO_2 (s. S. 6) eingehend behandelt worden ist, stellt eine sehr wirksame Trennungsoperation dar. Sie erlaubt es, Ge von allen Elementen der $(NH_4)_2$S-Gruppe, der Erdalkali-Gruppe und der Mg/Alkali-Gruppe zu trennen. Von den Elementen der H_2S-Gruppe wird Ge im wesentlichen nur von As begleitet, im beinahe schon vernachlässigbaren Ausmaß gegebenenfalls noch von Sb. Es wird somit verständlich, daß sich alle Arbeiten, die Verfahren zur Abtrennung von Ge durch Fällung zum Gegenstand haben, auf die Frage der Ge/As-Trennung konzentrieren.

WINKLER [1] arbeitet nach dem klassischen Trennungsgang, bei dem Ge bei der Behandlung des H_2S-Niederschlags mit Ammoniumsulfid als Thiosalz gelöst wird und in dieser Lösung neben As, Sb und Sn vorliegen kann. Er verdünnt diese Lösung stark (etwa auf 1 l), neutralisiert sie mit H_2SO_4 und läßt sie 12 Std. stehen. Die dabei ausfallenden Sulfide von As, Sb und Sn werden abfiltriert. Das Filtrat wird mit H_2SO_4 stark angesäuert und daraus Ge mit H_2S gefällt.

MÜLLER [15] trennt Ge und As durch H_2S-Fällung in H_2F_2-Lösung. Es fällt dabei nur As, nicht aber Ge, das einen sehr starken Fluorokomplex zu bilden vermag. Auf diesem Weg kann noch 1 mg As_2O_3 von 10 g GeO_2 abgetrennt werden.

Arbeitsvorschrift. 10 g GeO_2 werden mit 2 Äquivalenten NaF und 50 ml konz. HF versetzt. Die Lösung wird mit Wasser auf 300 ml verdünnt und mit H_2S gesättigt. Ausgefallene Arsensulfide werden abfiltriert und mit an H_2S gesättigter, verd. H_2F_2 ausgewaschen.

Das Filtrat wird mit H_2SO_4 im Überschuß versetzt und zur Trockne abgeraucht. Der Rückstand wird mit Wasser aufgenommen und mit so viel HCl versetzt, daß die Lösung daran 15 bis 20%ig ist. Ge wird daraus in bekannter Weise mit H_2S gefällt.

Es sei bemerkt, daß Ge an sich ein *flüchtiges Fluorid* bildet (WINKLER [241]). Nach GEILMANN und STEUER [34] werden jedoch die Verluste beim Abrauchen mit HF merklich geringer, wenn es in Gegenwart von reichlich H_2SO_4 vorgenommen wird; ist außerdem noch Alkalisulfat in genügender Menge vorhanden, so unterbleiben sie völlig. Die Autoren zeigen, daß beim Aufschluß von Kalk-Alkaliglas mit Fluß- und Schwefelsäure selbst eine zugesetzte Menge von 5% GeO_2 praktisch quantitativ in der Aufschlußlösung enthalten ist.

ABRAHAMS und MÜLLER [26] lehnen sich an die Arbeitsweise von WINKLER an und versuchen, As von Ge bei einer *bestimmten Acidität* zu trennen. Sie stellen fest, daß Ge erst bei H^+-Ionenkonzentration größer als 0,09 als Sulfid gefällt wird, As aber bereits bei kleineren Werten, dabei aber kolloid gelöst bleibt. Das Kolloid kann durch Zusatz von $(NH_4)_2SO_4$ ausgeflockt werden.

Arbeitsvorschrift. Die neutrale Analysenlösung (60 bis 70 ml) wird mit 3 ml 0,1 n H_2SO_4 angesäuert, mit 1 g $(NH_4)_2SO_4$ versetzt und mit H_2S unter Druck gefällt. Das ausgefällte As_2S_3 wird abfiltriert.

Das Filtrat wird mit H_2SO_4 auf eine Acidität von 6 n gebracht und mit H_2S zur Fällung des Ge behandelt.

Die Beleganalysen zeigen, daß 1 bis 50 mg As_2O_3 auf diese Weise von 240 bis 480 mg GeO_2 *sehr sauber* abgetrennt werden können. Liegen jedoch größere As-Mengen vor, ist der As_2S_3-Niederschlag stets germaniumhaltig; er muß deshalb umgefällt werden. Dazu wird er am zweckmäßigsten in Ammoniak gelöst. Die Lösung wird dann wieder schwach angesäuert und wie ausgeführt mit H_2S behandelt. Auf diesem Weg gelingt den Autoren die sichere Trennung von 1 mg GeO_2 noch von 125 mg As_2O_3.

Auch FOSTER und THOMPSON [246] bedienen sich im Prinzip dieser Arbeitsweise.

II. Trennung durch Mitfällung.

Die hier zu behandelnden Verfahren haben vorwiegend die Abtrennung kleiner Ge-Mengen zum Ziel, der sich normalerweise eine destillative Abtrennung anschließt (die natürlich auch durch eine extraktive ersetzt werden könnte). Daneben werden aber auch solche Arbeiten angeführt, die Störreaktionen aufzeigen, die im Verlauf einer Analyse durch Mitfällungen auftreten können.

Nach NISHIDA [242] werden 20 μg Ge von etwa 100 mg SiO_2 beim Eindampfen einer Lösung mit HNO_3 und Abrauchen mit H_2SO_4 quantitativ ausgefällt. Er wendet dieses Prinzip auf die Bestimmung von Ge-Spuren in sulfidischen Erzen an. Maximal 1 g Einwaage werden mit 2 bis 5 ml Na_2SiO_3-Lösung mit 15 mg SiO_2/ml versetzt, mit 5 ml HNO_3 gelöst und mit 10 bis 15 ml H_2SO_4 (1 + 1) (etwa 9,3 m) abgeraucht. Der Abrauchrückstand wird mit Wasser aufgenommen und das Unlösliche, das das gesamte Ge der Probe enthält, abfiltriert. Durch Verflüchtigen des SiO_2 mit HF wird Ge wieder löslich gemacht (schon LUNDIN [23] hatte darauf aufmerksam gemacht und belegt, daß SiO_2 bei seiner Fällung merkliche Mengen an Ge zu adsorbieren vermag).

SEGURA, GARMENDIA und PELLA [243] trennen Ge in Konzentrationen von 10 bis 30 μg/l aus 2 m $ZnSO_4$-Lösungen durch Mitfällung an $Fe(OH)_3$-Zusatz von etwa 0,5 g $FeCl_3$- ab. Die Trennung Ge/Fe erfolgt anschließend durch Destillation. Nach beiden Trennoperationen liegt die Ge-Ausbeute bei etwa 90%. STRICKLAND [134] weist jedoch darauf hin, daß aus oxalathaltiger Lösung $Fe(OH)_3$ germaniumfrei ausfällt.

Nach KUUS [244] ist diese Mitfällung an $Fe(OH)_3$ gut geeignet. Aus dem Niederschlag kann Ge leicht und quantitativ mit Na_2S-Lösung, nur sehr schwer hingegen mit Ammoniak herausgelöst werden. Mit gleich guten Erfolgen kann Ge auch durch Mitfällung an $Mg(OH)_2$ und an Manganhydroxiden aus Lösungen abgetrennt werden.

Nach SCHWARZ und TRAGESER [245] vermag auch $Al(OH)_3$ merkliche Mengen an Ge aus Lösungen zu adsorbieren.

Auch die im Teil „Gravimetrische Bestimmungsverfahren" im einzelnen bereits abgehandelte Fällung von Ge mit Tannin kann für Trennungsoperationen, vor allem im Bereich kleiner Ge-Mengen, mit gutem Erfolg eingesetzt werden. Eine nachfolgende destillative oder extraktive Trennung, z. B. nach nassem Veraschen des Tannin-Niederschlags, führt auch hier zu reinen Ge-Lösungen.

III. Trennung durch Reduktion.

Für die Trennung des Ge vom As kann auch von einer Reduktionsreaktion Gebrauch gemacht werden. Ivanov-Emin [65] reduziert die Lösung mit Natriumhypophosphit, wobei As in den elementaren Zustand überführt wird und abfiltriert werden kann, Ge hingegen als zweiwertiges Ion in Lösung bleibt.

Auch die Reduktion von Ge zum Germaniumwasserstoff kann für Zwecke der Trennung, nicht jedoch für diejenige von As, herangezogen werden [247, 248, 249]. Ihre praktische Bedeutung ist aber gering geblieben.

2. Destillation.

I. Destillation als $GeCl_4$.

Dieses Verfahren ist bereits von Winkler [1] beschrieben worden und hat für die Abtrennung des Ge von seinen Begleitern die größte Bedeutung erlangt. Die große Flüchtigkeit des $GeCl_4$ (Siedepunkt 86 °C, Dennis und Hauce [251]) erfordert jedoch eine Reihe von Vorsichtsmaßnahmen, um den quantitativen Verlauf dieser Trennung sicherzustellen. Aus dem umfangreichen Schrifttum zu dieser Methode sollen im folgenden nur die wesentlichsten Arbeiten herausgegriffen werden.

Die gebräuchlichste Ausführungsform ist die Destillation im Cl_2-Strom, weil auf diese Weise neben der Trennung von praktisch allen anderen Elementen auch eine zumindest sehr weitgehende von As erzielt werden kann ($AsCl_3$ — Siedepunkt 129 °C — ist ähnlich leicht flüchtig wie $GeCl_4$, nicht aber das nach Oxydation vorliegende $AsCl_5$). Das Verfahren ist von vielen Bearbeitern überprüft und seine Leistungsfähigkeit bestätigt worden. Die von ihnen gegebenen Arbeitsvorschriften unterscheiden sich nur graduell. Interessant ist in diesem Zusammenhang die Bemerkung von Winkler [1], daß durch die Destillation zwar ein völlig reines GeO_2 erhalten werden kann, aber nicht vollkommen.

Buchanan [13, 14] bedient sich dieses Verfahrens erstmals für analytische Zwecke.

Dennis und Papish [8] nennen die folgende

Arbeitsvorschrift zur Abtrennung des Ge aus Zinkoxid. 20 bis 100 g ZnO werden mit so viel NaOH versetzt, daß in der erhaltenen Lösung 1 Teil NaOH, 2 Teile ZnO und 5 Teile H_2O vorliegen. Die Lösung wird unter Eiskühlung mit Cl_2 gesättigt und mit konz. HCl neutralisiert. Dann wird nach und nach das Doppelte der ZnO-Einwaage an konz. HCl zugegeben, wobei die Eiskühlung und das Durchleiten von Cl_2 aufrechterhalten werden. Wenn die gesamte HCl eingetragen ist, wird die Kühlung entfernt und die Destillation begonnen. Es wird die Hälfte der Lösung abdestilliert, die im Destillationskolben verbliebene Lösung nochmals mit dem gleichen Volumen an konz. HCl versetzt und erneut die Hälfte davon abdestilliert, die getrennt aufgefangen wird. Dieses zweite Destillat ist normalerweise germaniumfrei.

Dennis und Johnson [250] verfeinern diese Technik dadurch, daß sie bei der Destillation eine Art *Fraktionieraufsatz* verwenden. Sie finden, daß bei dieser Arbeitsweise auch bei Anwesenheit größerer As-Mengen kein As in das Destillat übergeht, vorausgesetzt, daß während der gesamten Destillation der Cl_2-Strom aufrechterhalten wird. Gegebenenfalls kann das zuerst erhaltene Destillat zur weiteren Reinigung noch einmal destilliert werden, nach dem es auf eine HCl-Konzentration von 1:1 (etwa 6 n) gebracht worden ist.

Browning und Scott [252] ersetzen den Cl_2-Strom durch die Zugabe eines *starken Oxydationsmittels*, wie $KMnO_4$, MnO_2, $KClO_3$ oder $K_2Cr_2O_7$, zur salzsauren Lösung.

Auch ABEL [66] arbeitet mit Erfolg nach diesem Verfahren. Er versetzt 85 bis 90 ml Analysenlösung mit 120 ml 12 n HCl sowie 0,3 g $KMnO_4$ und destilliert 70 bis 75 ml ab.

LUNDIN [23] kommt zu dem Ergebnis, daß die HCl-Konzentration in der zur Destillation kommenden Lösung etwas niedriger sein muß als 1:1 (etwa 6 n) — er nennt als Optimum eine Menge von *200 bis 210 g HCl/l* —, weil sonst die Gefahr von Ge-Verlusten besteht.

GEILMANN und BRÜNGER [18(a)] untersuchen das Verfahren für die Abtrennung von Mikrogramm-Mengen an Ge und arbeiten dabei in einem *CO_2-Strom*. Sie finden, daß aus einer 0,75 n HCl-Lösung kein Ge übergetrieben werden kann, aus einer 1 n Lösung nur eine Spur. Mit steigender HCl-Konzentration nimmt die abdestillierbare Ge-Menge stark zu und erreicht ein Maximum, das bei HCl-Konzentrationen zwischen 3 und 4 n liegt. In noch stärker salzsaurer Lösung geht die Menge des nach der Destillation vorliegenden Ge wieder zurück und wird für Lösungen mit mehr als 7,5 n HCl fast gleich Null. Dies hängt damit zusammen, daß mit der zunächst in diesen Fällen entweichenden HCl–H_2O-Mischung $GeCl_4$ weggeführt wird und nicht kondensiert werden kann.

Aus 50 ml 3,5 n salzsaurer Lösung können noch 10 µg Ge *quantitativ* abgetrennt werden; sie liegen in den ersten 10 ml Destillat vor.

Soll Ge von As, Sb und Se getrennt werden, ist das Arbeiten im Cl_2-Strom *unerläßlich*. Als Vorlage dient ein mit Eis gekühltes Zentrifugenglas mit 1 ml 3 n HCl. Noch 10 bis 50 µg Ge können auf diese Weise sicher von 2 bis 3 mg jener Elemente abgetrennt werden.

Nach GROSSCUP [41] wird der Übergang des $GeCl_4$ durch in der zu destillierenden Lösung enthaltene H_2SO_4 *erleichtert*.

BRADACS, LADENBAUER und HECHT [9] bestätigen die Richtigkeit dieser Arbeitsweise anhand von Untersuchungen mit aktivem ^{71}Ge; die $GeCl_4$-Destillation nach GEILMANN und BRÜNGER erfolgt *quantitativ*.

AITKENHEAD und MIDDLETON [247] stellen fest, daß die Ge-Verluste, die bei der Destillation auch aus optimal salzsauren Lösungen auftreten, in erster Linie dadurch verursacht werden, daß die bei Destillationsbeginn aus dem Kolben durch die Vorlage entweichende *Luft* $GeCl_4$ mit sich führt, das somit verlorengeht (Bei der Destillation von 200 µg GeO_2 erhalten sie Verluste von etwa 50%, wenn aus einem 300 ml-Kolben destilliert wird, sowie von etwa 20%, wenn ein 100 ml-Kolben verwendet wird).

Wird in einer geeigneten Apparatur gearbeitet, bei der diese Störung vermieden wird, können Ge-Mengen zwischen 30 und 2000 µg mit einem *Fehler* von nur —5% abgetrennt werden. Als Vorlage werden 5 ml eisgekühltes Wasser verwendet, weil dadurch dem Durchgang von HCl wirksamer entgegengetreten werden kann als beim Arbeiten mit einer salzsauren Vorlage. Um Ge-Verlusten, die gegebenenfalls im Kühler durch Hydrolyse eintreten können, entgegenzuwirken, wird dieser vor Destillationsbeginn mit konz. HCl gespült.

Für die Abtrennung von As und Sb geben die Autoren einen interessanten neuen Weg an. Sie haben festgestellt, daß diese Elemente in salzsaurer Lösung mit *feinverteiltem Kupfer* in Form von Kupferarseniden bzw. -antimoniden gefällt werden können, die unter den Bedingungen der Destillation stabil sind.

Arbeitsvorschrift. Die Analysenlösung versetzt man mit dem 1,5fachen Volumen konz. HCl und 2 bis 3 g Cu-Reagens und läßt sie 1 Std. stehen. Hat sich das Cu in dieser Zeit stark geschwärzt, so wird es abfiltriert und die Lösung mit neuem Reagens versetzt; man läßt sie nochmals 15 Min. stehen. (Das Cu-Reagens wird wie folgt *hergestellt*: 100 g $CuSO_4$ werden im Liter Wasser gelöst und zur Fällung mit Zn-Granalien im geringen Überschuß versetzt. Ist das Cu auszementiert, wird mit 18 n H_2SO_4 angesäuert, um das überschüssige Zn zu lösen. Die

Lösung wird aufgekocht und noch stärker mit H_2SO_4 angesäuert. Der Cu-Niederschlag soll von leuchtendroter Farbe sein. Er wird abdekantiert, mehrmals mit Wasser gewaschen und unter Wasser aufbewahrt.) Die Lösung wird in den Destillationskolben (300 ml-Rundkolben) eingefüllt und das Kupfer mit HCl der gleichen Konzentration wie in der Lösung eingespült. Als Vorlage werden 5 ml H_2O in einem Eisbad verwendet; es wird so lange destilliert, bis die Vorlage mit HCl gesättigt ist. Ein Spülgas wird nicht verwendet.

Ge kann auf diese Weise noch von 100 mg As_2O_3 bzw. 100 mg Sb_2O_3 abgetrennt werden, *ohne* daß diese Elemente im Destillat nachgewiesen werden können. Die Brauchbarkeit dieses Trennverfahrens wird von WEISSLER [27] bestätigt.

FISCHER und KEIM [21] können den von AITKENHEAD und MIDDLETON beschriebenen Störeinfluß von in der Destillationsvorlage nicht absorbierbaren Gasen nicht bestätigen. Sie kommen vielmehr zu ähnlichen Ergebnissen wie GEILMANN und BRÜNGER: aus einer 3 bis 4 n salzsauren Lösung *von 0 °C* kann mit einem CO_2-Strom von $2^1/_2$ l/Std. kein Ge verflüchtigt werden; aus einer 6 n HCl wird die Verflüchtigung merklich, aus einer 9 n beachtlich. Aus einer 12 bis 14 n HCl-Lösung hingegen werden 95% des vorhandenen Ge (200 bis 800 μg) bereits innerhalb einer halben Stunde ausgetrieben.

Im Gegensatz zu GEILMANN und BRÜNGER nimmt CLULEY [253] die Destillation wieder aus einer HCl (1 + 1) (etwa 6 n) vor. RAYNER [254] weist jedoch darauf hin, daß dabei die Gefahr von Ge-Verlusten recht groß ist, vor allem dann, wenn die zur Destillation gelangende Lösung relativ hohe Salzmengen enthält (z. B. 2,2 g NaCl). Ihr kann jedoch dadurch entgegengewirkt werden, daß ein Kühler mit einem langen Auslauf verwendet wird, der *direkt in die Vorlage* von einigen Millilitern H_2O hineinragt.

Aus den verschiedenen, zitierten Arbeiten können die *optimalen* Bedingungen für die $GeCl_4$-Destillation — sowohl im Makro- wie im Mikromaßstab — wie folgt zusammengefaßt werden:

Acidität der zu destillierenden Lösung: 3 bis 4 n HCl;

Destillationsvorlage: eisgekühltes Wasser, in das der Kühlerablauf eintaucht;

Spülgas: CO_2, im Falle der Ge-Trennung von As, Sb, Se: Cl_2; an seiner Stelle kann der zu destillierenden Lösung auch ein starkes Oxydationsmittel zugesetzt werden.

Für die Trennung des Ge von großen Mengen an As und Sb scheint die Fällung dieser Elemente mit Hilfe von feinverteiltem Kupfer in der salzsauren Lösung vor der Destillation ein sehr wirkungsvoller Weg zu sein, zumal in diesen Fällen auch in Gegenwart von Cl_2 das Mitübergehen von As in kleinen Mengen nicht verhindert werden kann (siehe FISCHER und HARRE [257]).

II. Destillation als $GeBr_4$.

Nach WADA und KATO [255] kann Ge auch als $GeBr_4$ destillativ abgetrennt werden. Dazu wird die salpetersaure Analysenlösung zur Trockne gebracht, mit etwas Wasser und 10 ml HBr aufgenommen und unter Verwendung eines mit Br_2 gesättigten Luftstroms destilliert. Außer Ge gehen As und Se sowie Spuren an Sn und Sb über. Se kann im Destillat mit Hilfe von SO_2 gefällt werden. Zur Trennung von As wird das von Se befreite Destillat noch einmal im Cl_2-Strom destilliert.

Zur Abtrennung des Ge vom Re machen GEILMANN und BODE [256] gleichfalls von der Flüchtigkeit des Ge als Tetrabromid Gebrauch. Sie destillieren aus einer konstant siedenden HBr (126 °C).

3. Extraktion.

I. als $GeCl_4$.

Allgemeines. Die extraktive Abtrennung des Ge als $GeCl_4$ hat heute eine ähnlich große Bedeutung wie die destillative erlangt. Ihre Leistungsfähigkeit ist in vielen Arbeiten unter Beweis gestellt worden; von ihnen sollen im folgenden nur die wichtigsten behandelt werden.

a) mit CCl_4.

Das Verfahren scheint auf VANOSSI [258] zurückzugehen. NEWCOMBE, McBRYDE, BARTLETT und BEAMISH [130] wenden es auf das Destillat einer $GeCl_4$-Abtrennung an. Sie säuern dieses mit HCl auf eine Acidität von 10 n an (Gesamtvolumen 40 ml) und extrahieren 4mal mit je 20 ml CCl_4. Die Ge-Ausbeute in der organischen Phase beträgt 99%. Die Reextraktion mit Wasser wird als langsam bezeichnet. Werden 80 bis 90 ml organische Phase mit 100 ml Wasser geschüttelt oder gerührt, so liegen nach $2^1/_2$ Std. erst 86% Ge im H_2O vor; eine 100%ige Reextraktion ist erst nach 4 Std. erreicht. Der Zusatz von NH_4OH zum Wasser beschleunigt die Reextraktion nicht. Angaben über Trennwirkungen der Extraktion werden nicht gemacht.

Sehr eingehend ist dieses Verfahren von FISCHER und HARRE [257] untersucht worden, vor allem im Hinblick auf erzielbare Trennungen. Sie stellen fest, daß Ge aus Lösungen, die 10,5 n an HCl sind, zu 99,5%, aus solchen mit 8 n HCl zu 98%, von CCl_4 extrahiert wird. Ge wird dabei praktisch nur von As(III) begleitet, das aus 9,5 n HCl zu 73% und aus 12 bis 13 n HCl zu 77% extrahiert wird [Ähnlich verhält sich lediglich noch Os(VIII)]. Die anderen Elemente werden aus einer 9 n HCl-Lösung mit 10 g Metall/l oder auch aus einer solchen, die noch zusätzlich 3 g H_2SO_4 oder H_3PO_4 in 1 l enthalten, zu folgenden %-Beträgen extrahiert:

Se(IV)	$2 \cdot 10^{-2}$,
Sb(III), Te(IV)	$< 5 \cdot 10^{-3}$,
Hg^{2+}	etwa $2 \cdot 10^{-3}$,
B	$< 2 \cdot 10^{-3}$.

Na^+, K^+, Mg^{2+}, Ca^{2+}, Ba^{2+}, Al^{3+}, Ti^{4+}, V(IV), Cr^{3+}, Mo(VI), Mn^{2+}, Fe^{3+}, Co^{2+}, Ni^{2+}, Cu^{2+}, Ag^+, Zn^{2+}, Cd^{2+}, Ga^{3+}, In^{3+}, Tl^{3+}, Pb^{2+}, Bi^{3+} werden nur in nicht mehr wägbaren Mengen extrahiert, desgleichen As(V) (Oxydation von As(III) mit $KClO_3$).

Die Gleichgewichtsverteilung der HCl beträgt 0,047 n bei einer Konzentration der wäßrigen Phase von 12,4 n; sie sinkt stark mit fallender Konzentration.

Die Reextraktion gelingt glatt mit verd. HCl, Wasser oder Alkalilösung, wobei davon nur kleine Mengen erforderlich sind (Von dem langsamen Verlauf, den NEWCOMBE und Mitarbeiter beschrieben haben, wird hier nichts bemerkt). Das Verfahren ist somit nicht nur für Trennungen ausgezeichnet brauchbar, sondern auch zum Konzentrieren von Ge-Lösungen.

Ähnlich wie CCl_4 verhalten sich Benzin, Trichloräthylen und Nitrobenzol. $CHCl_3$ und Benzol ergeben sogar noch eine etwas bessere Verteilung, doch wirken sie nicht mehr so selektiv wie CCl_4 [Sb(III) wird stärker mitextrahiert].

Wird die Extraktion wiederholt und die CCl_4-Phase mit starker HCl gewaschen, so lassen sich Trennungen erzielen, die durch Destillation nicht erreichbar sind. Dies gilt vor allem für die Trennung von As, das bei einer Destillation selbst im Cl_2-Strom als Folge des bei der Destillationstemperatur merklich nach rechts verschobenen Gleichgewichts:

$$As^{5+} + 2\,Cl^- \rightleftharpoons As^{3+} + Cl_2$$

in meßbaren Mengen in das Destillat übergeht.

Unter diesen Bedingungen der Extraktion hingegen, die bei Zimmertemperatur ausführbar ist, reagiert As(V) mit HCl so langsam, daß hier auf Cl_2 verzichtet werden kann, wenn sofort extrahiert wird. Liegt As dreiwertig vor, so kann es glatt mit $KClO_3$ oxidiert werden. Noch bei einem Verhältnis von Ge:As $= 1:10^6$ wird auf diesem Weg ein arsenfreies Ge abgetrennt. Das gleiche gilt für ein Verhältnis von Ge:As $= 10^6:1$, wo nach der Extraktion As quantitativ in der wäßrigen Phase vorliegt. Genau so ist auch das Verhalten von Se.

In Anbetracht der hohen Flüchtigkeit des $GeCl_4$ aus den hier vorliegenden Lösungen mit hohen HCl-Konzentrationen müssen bestimmte Vorsichtsmaßnahmen eingehalten werden. So wird die erforderliche HCl-Menge als letztes Reagens in den Schütteltrichter gegeben, der sofort danach verschlossen wird. Die Phasen sind vorsichtig zu mischen, weil dabei Erwärmung auftritt. Außerdem wird dem Arbeiten in einer 8 n HCl der Vorzug gegeben.

Arbeitsvorschrift. Die germaniumhaltige Lösung, die möglichst frei von HCl sein soll, wird in einen 500 ml-Scheidetrichter überführt, in dem sich bereits das CCl_4 befindet. Je 150 ml wäßrige Phase werden 250 ml CCl_4 verwendet. Es wird so viel gekühlte HCl zugesetzt, daß die wäßrige Phase daran 8 n wird. Der Scheidetrichter wird sofort danach verschlossen. Es wird 3mal je 15 Sek. geschüttelt, wobei jedesmal einige Minuten Wartezeit dazwischen eingehalten werden. Nach dem letzten Schütteln bleibt das Gemisch zur Phasentrennung etwa 30 Min. stehen. Anschließend wird die CCl_4-Phase bis auf einen Rest von etwa 1 ml in einen zweiten Scheidetrichter mit 25 ml H_2O abgelassen. Die wäßrige Phase wird noch einmal mit 250 ml CCl_4 — oder auch zweimal mit je 50 ml — extrahiert. Auch diese Phasen werden bis auf einen kleinen Rest abgelassen, und zwar in den bereits verwendeten Trichter mit 25 ml H_2O. Aus diesem ist inzwischen der erste CCl_4-Extrakt reextrahiert und in einen dritten Scheidetrichter abgelassen worden, in dem die Reextraktion mit 25 ml H_2O noch einmal wiederholt wird. Der zweite CCl_4-Extrakt der Analysenlösung wird analog zweimal reextrahiert. Die erhaltenen wäßrigen Phasen — insgesamt 100 ml — werden vereinigt und auf Ge analysiert.

Im *Mikromaßstab* wird wie folgt verfahren: Die Analysenlösung wird wie beschrieben mit HCl auf 8 n angesäuert, wobei das Gesamtvolumen etwa 25 ml betragen soll. Es wird 2mal mit je 40 ml CCl_4 extrahiert; die organischen Phasen werden je zweimal mit 5 bis 10 ml H_2O reextrahiert.

Beim Arbeiten im Makromaßstab werden 40 bis 80 mg Ge auf *etwa $\pm$ 0,2 mg* wiedergefunden (gravimetrische Bestimmung als GeO_2 nach vorangegangener Fällung als GeS_2), bei demjenigen im Mikromaßstab 1 bzw. 30 μg auf $-0,1$ μg bzw. $+0,5$ μg (Photometrie mit Phenylfluoron).

Die gleichen *Fehler* werden erhalten, wenn die Analysenlösung bis zu 2,4 n an H_2SO_4 ist und Ge:As im Verhältnis von bis zu 1:700 enthält, wobei vor der Extraktion As durch Zusatz von $KClO_3$ oxidiert worden ist.

SCHNEIDER und SANDELL [79] beschreiben praktisch zur gleichen Zeit wie FISCHER und HARRE und unabhängig von diesen gleichfalls die $GeCl_4$-Extraktion mit CCl_4. Auch sie finden, daß für analytische Zwecke das Extrahieren aus *8 bis 9 n salzsauren* Lösungen am zweckmäßigsten ist. Sie verwenden das Verfahren als Vortrennung für die Ge-Bestimmung mit Phenylfluoron und erhalten für 1 μg Ge-Werte zwischen 0,9 und 1,0 μg auch neben großen Mengen von Begleitelementen, wie sie bei der Analyse von Silicaten vorliegen.

b) mit $CHCl_3$.

Nach VANOSSI [259] kann $GeCl_4$ aus starker HCl auch mit $CHCl_3$ extrahiert werden. Die Brauchbarkeit des Verfahrens wird von FISCHER und HARRE [257] bestätigt. Diese Autoren weisen jedoch darauf hin, daß diese Extraktion weniger selektiv ist als diejenige mit CCl_4. HUSEYA [260] nennt als optimale HCl-Konzentration der wäßrigen Phase eine solche von 10,1 n. Die Extraktion gelingt daraus zu 99,94%. Die Reextraktion wird mit 10 ml Eisessig und 20 ml Wasser vorgenommen (2 Min. schütteln).

c) mit Methylisobutylketon.

SENISE und SANT'AGOSTINO [92, 115] finden, daß $GeCl_4$ aus salzsaurer Lösung sehr wirksam mit Methylisobutylketon (MJBK) extrahiert werden kann. 1 bis 50 µg Ge in 1 ml 7,5 n HCl gehen beim Extrahieren mit 1 ml MJBK zu 90 bis 95% in dieses über (Die organische Phase ist hier die obere Schicht). Mit sinkender HCl-Konzentration verschiebt sich das Verteilungsgleichgewicht stark zugunsten der wäßrigen Phase. Wird die HCl-Konzentration auf über 8 n erhöht, so wird wegen der hohen Löslichkeit der HCl im Keton ein Einphasensystem erhalten.

Wird die Extraktion 3mal wiederholt, z. B. 1 bis 5 ml Analysenlösung mit 3mal je 1 ml MJBK, so werden 0,5 bis 10 µg Ge auf ± 0,1 µg aus der wäßrigen Phase entfernt (Wegen der Löslichkeit des Ketons in der wäßrigen Phase liegen insgesamt nur 2 bis 2,5 ml organische Phase nach der Extraktion vor).

Die Extraktion ist erheblich weniger selektiv als diejenige mit CCl_4, u. a. gehen Fe^{3+}, Sb^{3+}, Sn^{2+} und, wenn größere Mengen davon vorliegen, auch V(V), As(V), PO_4^{3-} und Zr^{4+}, in Gegenwart von F^- auch SiO_2, in die organische Phase über. Sie werden durch eine vorangehende Extraktion aus schwefelsaurer Lösung als Cupferronate abgetrennt.

Nach GOTÔ und KAKITA [261] werden aus 6 n HCl-saurer Lösung mit MJBK extrahiert:

Fe^{3+} zu 99,9%, Sb(V) zu 100%, Sb(III) zu 68%, As(V) zu 28%, As(III) zu 91%, Sn^{4+} zu 99%, Se(IV) zu 99%, Te(IV) zu 96%, Cr(VI) zu 95%, V(V) zu 87%, Mo(VI) zu 95% und Ge zu 98%.

Dem Verfahren kommt somit nur in Sonderfällen Bedeutung zu.

d) mit hochmolekularen Aminen.

Nach NAKAGAWA [262] kann Ge aus stärker als 7 n salzsauren Lösungen mit einer Lösung von N-Dodecyltrialkylmethylamin in Xylol extrahiert und daraus mit 0,1 bis 1 n HCl reextrahiert werden.

Das Verfahren scheint gleichfalls nicht selektiv zu sein.

II. als $GeBr_4$.

Allgemeines. LADENBAUER, SLAMA und HECHT [263] erhalten gute Ergebnisse bei der kontinuierlichen Extraktion von $GeBr_4$ mit Äther. Sie arbeiten in einer mit KBr gesättigten 48%igen (= 6 n) HBr und erzielen für Ge-Mengen zwischen 4 und 5250 µg gute Ergebnisse.

Arbeitsvorschrift. Maximal 25 ml einer möglichst neutralen Ge-Lösung werden in einem Ätherextraktor [264] mit 100 ml einer mit Äther und KBr gesättigten 48%igen HBr versetzt und 5 Std. mit 80 ml Äther extrahiert. Die Ätherphase wird dann mehrmals mit einigen Millilitern der HBr gewaschen und schließlich anteilweise mit 10 bis 80 ml H_2O (je nach vorhandener Ge-Menge) reextrahiert.

Über das Verhalten *anderer Elemente* unter den beschriebenen Bedingungen enthält die Arbeit keine Angaben.

III. als GeJ_4.

Nach TANAKA [265] kann Ge als GeJ_4 aus Lösungen, die mindestens 5 n an HJ sind, quantitativ mit Benzol extrahiert werden. Die Extraktion gelingt auch aus HCl/HJ-Gemischen.

IV. als Thiogermanation.

ZIEGLER [266] extrahiert mit Lösungen von Dibutylammoniumpolysulfid in Alkoholen, Äthern oder vorzugsweise Methylenchlorid aus möglichst neutralen Lösungen Metallsalze, u. a. Ge, da die genannten nichtwäßrigen Lösungen die betreffenden Metalle als Sulfidkomplexe aufzunehmen vermögen. Ähnlich verhalten sich organische Lösungen von Butyl-, Tributyl- und Cyclohexylammoniumpolysulfid. Die in der organischen Phase gelösten Metallsulfide können durch Behandeln mit Säuren wieder gefällt werden. Ge wird als $(Ge_2S_7)^{6-}$-Komplex extrahiert.

Herstellung des Reagenses. In ein Gemisch von 130 g Di-n-butylamin und 32 g S-Pulver in 200 ml Methanol wird so lange unter Kühlung H_2S eingeleitet, bis der Schwefel in Lösung gegangen ist.

Auch dieses Verfahren läßt keine Selektivität erwarten. Es dürften außer Ge alle Elemente der As-Gruppe miterfaßt werden.

V. als Germaniummolybdänsäure.

Über das Extraktionsverhalten der Germaniummolybdänsäure — im Vergleich mit P, As und Si — mit einer Reihe von organischen Lösungsmitteln liegt eine Untersuchung von WADELIN und MELLON [93] vor. Auf sie wurde im Kapitel „Photometrie" (s. S. 33) bereits eingegangen, so daß hier darauf verwiesen werden kann. Das Verfahren könnte in Sonderfällen für die Abtrennung des Ge von Interesse sein.

VI. Sonstiges.

Unter diesem Punkt sollen einige Arbeiten zusammengefaßt werden, die sich mit Fragen der Extraktion befassen und bezüglich Ge zu dem Ergebnis gelangen, daß dies unter den genannten Bedingungen *nicht* extrahiert werden kann.

BOCK [267]: Ge ist als Thiocyanat nicht mit Äther extrahierbar.

BODE [268]: Ge reagiert nicht mit Diäthyldithiocarbamidat und läßt sich damit weder fällen noch extrahieren.

BODE und NEUMANN [269]: Ge wird als Diäthyldithiocarbamidat mit $CHCl_3$ aus 5,3 n HCl, nicht aus 1,5 n HCl extrahiert.

LUKE [270]: Ge wird mit Diäthyldithiocarbamidsäure nicht aus 4 n H_2SO_4 extrahiert.

LUKE und CAMPBELL [271]: Ge kann aus Lösungen, die etwa 2,2 n an HCl und 1,4 m an Oxalsäure sind, nicht als Diäthyldithiocarbamidat extrahiert werden.

BEYERMANN [272]: Mit einer 1%igen Lösung von Tetraphenylarsoniumchlorid in $CHCl_3$ können aus einer Lösung vom p_H-Wert 8,5 ± 0,5 von 20 mg Ge nur 16 µg extrahiert werden.

BODE und ARNSWALD [273]: Eine Lösung von Diäthyldithiophosphat in CCl_4 extrahiert aus Lösungen, die 0,1 bis 3 n an HCl oder 0,1 bis 15 n an H_2SO_4 sind, kein Ge.

B. Chromatographische Verfahren.

1. Ionenaustauschverfahren.

I. Anionenaustausch.

EVEREST und SALMON [274] untersuchen den Ionenaustausch von Germanatlösungen an stark basischen Anionenaustauschern (Amberlite IRA 400, sowohl in der OH- als auch in der Cl-Form). Sie finden, daß bei p_H-Werten nahe 9 das Pentagermanation, $Ge_5O_{11}^{2-}$, sehr stark adsorbiert wird, auch in Gegenwart von Cl^- in mMol-Konzentrationen. Bei höheren und niederen p_H-Werten fällt die adsorbierte Menge steil ab, was gleichbedeutend mit der Abnahme der Pentagermanatkonzentration in der Lösung ist. Die Desorption kann möglicherweise eine Folge der Hydrolyse des Pentagermanations sein. Das dabei entstehende Monogermanation wird zwar auch, doch wesentlich schwächer als das Pentagermanation gebunden.

YOSHINO [275] stellt fest, daß aus stark salzsauren Lösungen sowohl Ge als auch As(III), nicht aber As(V), an einem Anionenaustauscher adsorbiert werden (Dowex 1X8 in der Cl-Form). Aus 8 n HCl können auf diese Weise Ge und As(V) glatt getrennt werden: As läuft durch die Säule durch; Ge wird adsorbiert und kann mit m H_2SO_4 eluiert werden.

NELSON und KRAUS [276] treiben $GeCl_4$ aus einer stark salzsauren Lösung mit Hilfe eines N_2-Stromes aus und adsorbieren daraus Ge an einem Anionenaustauscher. Die Desorption wird mit Wasser oder verd. HCl vorgenommen.

SCHINDEWOLF und IRVINE [277] trennen viel Ge von wenig As(III) an einem Anionenaustauscher (Dowex 1X8 in der OH-Form, neutralisiert mit HF) aus 0,25 bis 2,5 m HF-Lösung. Die Analysenlösung wird auf die Säule gegeben und As mit 5 Säulenvolumina verd. HF ausgewaschen. Ge ist in Form seiner Fluorokomplexe sehr stark gebunden.

II. Kationenaustausch.

EVEREST und SALMON [274] stellen fest, daß aus Lösungen von p_H-Werten zwischen 1 und 7 kein Ge von einem Kationenaustauscher adsorbiert wird, d. h. es liegen in derartigen Lösungen keine Ge-Kationen vor.

KLEMENT und SANDMANN [278] nutzen diese Eigenschaft des Ge zur Abtrennung von kationischen Begleitern aus. An einem Kationenaustauscher (Dowex 50) werden auf diese Weise 50 bis 150 mg Cu von 100 bis 200 mg Ge abgetrennt. Ge wird im Säulendurchlauf mit Fehlern zwischen 0 und $-0,8\%$ wiedergefunden (Gravimetrie als Magnesiumgermanat). Der Niederschlag wurde spektralanalytisch auf Cu untersucht und als frei davon befunden.

Auch MURASE und KAKIHANA [279] bedienen sich dieser Technik und adsorbieren kationische Ge-Begleiter an Amberlite JR 120 in der H-Form, selbst wenn sie im 1000fachen Überschuß vorliegen. In der auf diese Weise gereinigten Lösung wird Ge durch Adsorption an einem mit Hämatoxylin beladenen Anionenaustauscher an der dabei in 0,1 n HCl auftretenden Farbänderung nachgewiesen [280].

III. Mischbettaustauscher.

CABBELL, ORR und HAYES [281] arbeiten mit einem Mischbettaustauscher, bestehend aus einem schwach basischen Anionenaustauscher (Amberlite JR 45) und einem stark sauren Kationenaustauscher (Nalcit HCR) im Gewichtsverhältnis 3:7 und trennen daran aus Lösungen vom p_H-Wert 2 praktisch alle Elemente ab, die die Ge-Bestimmung mit Hilfe von Phenylfluoron stören. Die Analysenlösung wird auf die Säule gegeben, die anschließend mit Wasser (1 ml/min) gewaschen wird. In den ersten 100 ml Eluat ist das gesamte Ge enthalten. 300 μg Ge werden auf diese Weise von 5 mg Sb(III), As(III), Mo(VI), Ca^{2+}, Mg^{2+}, Pb^{2+}, Ag^+, Cr^{3+}, Ni^{2+}, Bi^{3+}, Sn^{4+}, Zn^{2+} und Fe^{2+} getrennt und auf $\pm 1\%$ genau bestimmt.

IV. Cellulosesäulen.

Die Trennung des Sb vom Ge (1:10 bis 100) wird von GHE [282] mit Hilfe einer Cellulosesäule ausgeführt. Die Analysenlösung wird auf die Säule aufgegeben und daraus zunächst Ge mit Pyridin eluiert. Das Pyridin wird mit Benzol ausgewaschen und anschließend Sb mit Wasser eluiert.

2. Papierchromatographie.

Für die Abtrennung von μg-Mengen Ge hat sich die Papierchromatographie als gut brauchbar erwiesen.

LEDERER [283] hat gefunden, daß Ge von As(III), As(V), Fe, Ni auf Papier Whatman Nr. 1 abgetrennt werden kann, wenn ein mit n HCl gesättigtes Butanol als Lösungsmittel verwendet wird. Bei absteigender Technik werden die folgenden R_f-Werte erhalten:

    Ge 0,25 bis 0,29;
    Fe 0,15;
    Ni 0,1;
    As(V) 0,84;
    As(III) 0,52 .

Die Ge-Flecken können durch Besprühen mit Ammoniummolybdatlösung und anschließend mit Stannitlösung in 5 n NaOH oder durch Besprühen mit äthanolischer Oxinlösung und Beobachten im UV oder durch Behandeln mit H_2S-Gas und 0,01 n Ag-Lösung sichtbar gemacht werden.

LADENBAUER, BRADACS und HECHT [284] arbeiten mit einem Lösungsmittel, bestehend aus n-Butanol mit 10% HBr, gleichfalls absteigend. Nach Laufzeiten von 4 bis 36 Std. erhalten sie befriedigende Trennungen von etwa gleichen Mengen Hg^{2+}, Pb^{2+}, Cu^{2+}, Bi^{3+}, Cd^{2+}, Sb^{3+}, As(III), Sn^{2+}, Ni^{2+}, Co^{2+}, Fe^{3+}, Cr^{3+}, Mn^{2+}, Al^{3+} und Zn^{2+}. Die Ge-Flecken ($R_f = 0{,}294$ nach 15 Std. auf Whatman Nr. 1 bzw. 0,242 auf Schleicher und Schüll 2043b) werden durch Besprühen mit einer 0,05%igen Lösung von Phenylfluoron in einem Gemisch von 75 Vol.% Äthanol und 25 Vol.% konz. HCl sichtbar gemacht.

Nach LADENBAUER und HECHT [285] ergeben auch n-Butanol, gesättigt mit 10%iger HNO_3 ($R_f = 0{,}235$ nach 4 Std. auf Schleicher und Schüll 2043b), und ein Gemisch aus 90 Vol.% Isopropanol sowie 10 Vol.% 8 n HNO_3 ($R_f = 0{,}522$ nach 4 Std. auf dem gleichen Papier) als Laufmittel gute Trennungen von Ag^+, Pb^{2+}, Cu^{2+}, Cd^{2+}, Co^{2+}, Ni^{2+}, Fe^{3+}, Mn^{2+}, Zn^{2+}, Cr^{3+}, Al^{3+}, As(V), Mo(VI), Cr(VI), V(V) und PO_4^{3-}. Weniger befriedigend sind Gemische aus Amylalkohol und HNO_3 ($R_f = 0{,}112$). Ungeeignet sind Gemische aus Äthanol und HNO_3, Cyclohexanon und HNO_3 sowie Cyclohexanon und Wasser.

DAMON und MELLON [293] trennen nach dieser Arbeitsweise Ge von PO_4^{3-}, AsO_4^{3-} und SiO_3^{2-}. Nach einer Laufzeit von 16 Std. messen sie die folgenden R_f-Werte: Ge 0,235; PO_4^{3-} 0,497; AsO_4^{3-} 0,611; SiO_3^{2-} 0,0. Sie entwickeln das Chromatogramm durch Besprühen mit frischbereiteter, schwachsalpetersaurer, 1,5%iger Ammoniummolybdatlösung vom p_H-Wert 3,5 und photometrieren nach dem Trocknen direkt auf dem Papier. Die gemessene Peak-Fläche ist im Bereich 0 bis 10 μg der Ge-Menge proportional. Die Bestimmung soll eine *Genauigkeit* von etwa 12% erreichen.

LADENBAUER [286] erweitert die papierchromatographische Trennung in mit 10%iger HBr gesättigtem n-Butanol durch Planimetrieren der Flecken, die durch Besprühen mit Phenylfluoronlösung sichtbar gemacht worden sind, zu einem halbquantitativen Bestimmungsverfahren. Neben Hg^{2+}, Cu^{2+}, Bi^{3+}, Cd^{2+}, Pb^{2+}, As^{3+}, Sb^{3+}, Sn^{2+}, Co^{2+}, Ni^{2+}, Fe^{2+}, Mn^{2+}, Cr^{3+}, Al^{3+} und Zn^{2+} im bis zu 15fachen Überschuß kann Ge auf $\pm 5\%$ genau bestimmt werden.

LADENBAUER und SLAMA [287] trennen papierchromatographisch mit n-Butanol mit 10 Gew.% HNO_3 und bestimmen anschließend Ge (4 bis 30 μg) photometrisch mit Phenylfluoron. Das Ge wird dazu mit Wasser aus dem Papier eluiert. Die Lage des Fleckens wird an Hand einer mitgelaufenen zweiten Lösung nach Besprühen mit Phenylfluoron ermittelt. Die Bestimmung gelingt neben den vorstehend genannten Elementen im bis zu etwa 7fachen Überschuß. Das sonst verwendete bromwasserstoffhaltige Laufmittel wird wegen der Flüchtigkeit des GeBr$_4$ hier als nicht brauchbar bezeichnet.

DE CARVALHO und LEDERER [288] erhalten bei der Trennung des Ge von In, Ga und Be in Butanol–HCl-Gemischen recht ähnliche R$_f$-Werte für diese Elemente. Erst beim Arbeiten mit einem Lösungsmittel, das 3 n an HCl ist, wird eine Trennung des Ge von Be und In erreicht, nicht aber von Ga, das sich sehr ähnlich wie Ge verhält. Die folgenden R$_f$-Werte werden gefunden (Tabelle 11):

Tabelle 11. *R$_f$-Werte in Lösungsmitteln, die HCl enthalten*

Lösungsmittel	R$_f$ für			
	Be	In	Ge	Ga
100 ml Butanol + 10 ml konz. HCl + 90 ml H$_2$O	0,15	0,34	0,26	0,27
100 ml Butanol + 30 ml konz. HCl + 70 ml H$_2$O	0,30	0,40	0,54	0,70
100 ml Butanol + 50 ml konz. HCl + 50 ml H$_2$O	0,58	0,55	0,93	1,0
100 ml Butanol + 100 ml konz. HCl + 0 ml H$_2$O	0,44	0,42	1,0	1,0

NAGY und PÓLYIK [289] erzielen gute Trennungen in einem Lösungsmittel, bestehend aus 17 Teilen CHCl$_3$, 7 Teilen Äthanol und 1 Teil konz. HCl. Der R$_f$-Wert auf Macherey-Magel-Papier 214 beträgt 0,60. Ein Gemisch aus 20 ml CHCl$_3$, 4,5 ml C$_2$H$_5$OH und 0,5 ml konz. HCl verhält sich ähnlich [290].

BERTORELLE und FANFANI [291] trennen aufsteigend an Papier Whatman Nr. 3 mit einem Fließmittel, bestehend aus 85 Teilen Aceton, 5 Teilen Methyläthylketon, 5 Teilen HCl und 5 Teilen Wasser (R$_f$ = 0,6). Das Papier wird nach der Trennung durch Besprühen mit einem Glycerin-Äthanol-Gemisch transparent gemacht und entlang der Laufrichtung der aufgegebenen Probe photometriert. Durch Vergleich mit den Meßkurven für bekannte Ge-Mengen kann das Chromatogramm halbquantitativ ausgewertet werden.

GHE [292] verwendet als Fließmittel ein Gemisch, bestehend aus 44 Teilen Acetylaceton, 44 Teilen n-Butanol und 12 Teilen konz. HCl. Gemische aus Collidin/0,4 n HNO$_3$, Äthylacetat/Butanol/HCl, Methyläthylketon/HCl und Butanol/0,4 n HCl werden als weniger gut geeignet befunden.

3. Gaschromatographie.

PHILLIPS, POWELL, SEMLYEN und TIMMS [294] trennen Silicium-Germaniumhydride zur Bestimmung des Verhältnisses Si:Ge gaschromatographisch. Sie leiten das Hydrid über erhitztes AuCl$_3$, wobei es in HCl, SiCl$_4$ und GeCl$_4$ zerfällt. Dieses Gemisch wird — zusammen mit etwas vom thermischen Zerfall des AuCl$_3$ stammenden Cl$_2$ — ausgefroren, an einer kurzen, gaschromatographischen Säule getrennt und mit Hilfe einer nachgeschalteten Gasdichte-Waage analysiert.

Geradkettige Hydride können von verzweigten auch direkt mit Hilfe aktivierter Molekularsiebe, ⌀ 0,5 nm, getrennt werden.

§ 8. Aufschlußverfahren.

Allgemeines. Das Lösen bzw. Aufschließen germaniumhaltigen Materials zum Zwecke der Ge-Bestimmung erfordert lediglich insofern besondere Maßnahmen, als der sehr hohen Flüchtigkeit von GeCl$_4$ und der merklichen von GeO Rechnung getragen werden muß. Bei der Untersuchung von Germaniumwasserstoffen und germaniumorganischen Verbindungen müssen darüber hinaus die Regeln beachtet werden, die allgemein beim Arbeiten mit gasförmigen Hydriden oder Metallorganylen zu beachten sind.

A. Aufschluß anorganischen Materials.

1. Lösen des Metalls.

Nach GEILMANN und BRÜNGER [18 (a)] wird Ge-Metall am besten in völlig chlorfreier HNO_3 gelöst.

Von JIRSA [295] wird gefunden, daß das Metall auch anodisch gelöst werden kann, wobei als Elektrolyt sowohl KOH (1 n) als auch HCl (0,5 n) oder H_2SO_4 (0,6 n) oder auch NH_4OH verwendet werden kann. Das Lösungspotential liegt bei etwa 0,15 V. Die Stromstärke wird zweckmäßigerweise bei Werten zwischen 10 und 50 mA gehalten. Unter diesen Bedingungen geht Ge als vierwertiges Ion in Lösung. Bei länger dauernder Elektrolyse oder beim Arbeiten mit hohen Stromdichten kann infolge Konzentrationspolarisation und Hydrolyse auch die sekundäre Reaktion:

$$Ge^{4+} + Ge \rightarrow 2\, Ge^{2+}$$

ablaufen, wobei auf der Anode eine orange-gefärbte Schicht von GeO entsteht.

2. Lösen von Erzen, Silicaten, Flugstäuben.

Allgemeines. Zum Lösen derartiger Stoffe sind generell sowohl nasse Verfahren oder auch Schmelzaufschlüsse als geeignet anzusehen. Von den zahlreichen dafür im Schrifttum vorgeschlagenen Verfahren sollen hier nur die wesentlichsten genannt werden, und zwar solche, die auch bei anderen als den jeweils genannten Autoren — teils mit geringen Abwandlungen — wiederkehren.

I. Löseverfahren.

AITKENHEAD und MIDDLETON [247] geben für den Aufschluß von *Erzen* die folgende

Arbeitsvorschrift. 1 g feinaufbereitetes Material wird in einer Pt-Schale mit 10 ml konz. HNO_3, 10 ml konz. H_2F_2 und 2 ml H_2SO_4 (1 + 1) (etwa 9,3 m) langsam erwärmt, bis der gesamte HF vertrieben ist, wobei ein Kochen der Lösung zu vermeiden ist und die H_2SO_4 nicht zum Rauchen kommen soll. Der Schaleninhalt wird in ein kleines Becherglas überspült, mit 6 n NaOH alkalisch gemacht, mit etwa 0,5 g $Na_2S \cdot 9\, H_2O$ versetzt und 15 Min. im Sieden gehalten. Nach Abkühlen auf Zimmertemperatur säuert man mit H_2SO_4 (1 + 1) (etwa 9,3 m) schwach an und läßt dann die Lösung über Nacht stehen. Der ausgefallene Niederschlag — vor allem Schwefel — wird abfiltriert und mit wenig Wasser ausgewaschen. Das Filtrat wird mit dem 1,5fachen Volumen an konz. HCl versetzt und der Destillation unterworfen.

Sulfidische Erze werden zunächst mit etwas Wasser angefeuchtet, dann mit HNO_3 versetzt und erst, wenn die NO_2-Entwicklung aufgehört hat, mit den anderen Säuren.

SCHNEIDER und SANDELL [79] schließen *Silicate* auf einem ähnlichen Weg auf.

Arbeitsvorschrift. 0,5 g feinzerkleinertes Analysengut werden in einer Pt-Schale mit 3 ml H_2SO_4 (1 + 1) (etwa 9,3 m), 0,5 ml konz. HNO_3 und 5 ml H_2F_2 bis zum Auftreten von H_2SO_4-Nebeln langsam erhitzt. Die etwas abgekühlte Lösung wird mit 2 bis 3 ml Wasser aufgenommen und nochmals zum Rauchen gebracht. Die erhaltene Lösung wird mit HCl auf eine Molarität von 8 bis 9 gebracht und daraus Ge mit CCl_4 extrahiert.

STRICKLAND [134] schließt *sulfidische Erze* mit H_3PO_4 in Gegenwart von HNO_3 auf.

Arbeitsvorschrift. 250 bis 500 mg Erz werden in einem 150 ml-Becherglas mit 5 ml sirupöser H_3PO_4 und 5 ml konz. HNO_3 versetzt. Es wird schwach erwärmt, bis die gesamte HNO_3 vertrieben ist, und dann weiter erhitzt, bis die Probe völlig zersetzt ist. Ist dies erreicht, wird abgekühlt und die viscose, halbglasige Masse mit 25 ml konz. HCl versetzt. Durch Rühren wird das Aufschlußgut in Lösung gebracht. Die Lösung wird mit kleinen Anteilen konz. HCl in einen 75 ml-Scheidetrichter übergespült und daraus Ge mit CCl_4 extrahiert (Ge-Verluste sollen trotz des Hantierens mit stark salzsaurer Lösung vor der Extraktion nicht auftreten).

Silicatisches Material wird vor der H_3PO_4-Behandlung zuerst mit 4 ml 50%iger H_2SO_4, 5 ml konz. HNO_3 und 5 ml konz. H_2F_2 zersetzt (auch dabei sollen keine Ge-Verluste eintreten).

HCl lösliches Analysenmaterial wird von GEILMANN und BRÜNGER [18 (a)] direkt im Destillationskolben mit HCl zersetzt und aus der Lösung unmittelbar $GeCl_4$ abdestilliert.

Glas schließen GEILMANN und STEUER [34] mit H_2SO_4 [5 ml (1 + 1) (etwa 9,3 m) je 1 g] und H_2F_2 in üblicher Weise auf. Die Lösung wird bis zum Auftreten dicker H_2SO_4-Nebel eingeengt, wobei aber ein Eindampfen bis zur Trockne vermieden wird. Der Rückstand wird nach dem Erkalten mit Wasser aufgenommen, in ein Destillationsgefäß übergespült und nach Zugabe von HCl daraus $GeCl_4$ abdestilliert.

II. *Aufschlußverfahren.*

Universeller als die Löseverfahren dürften die Schmelzaufschlußverfahren sein. In der „Analyse der Metalle" [24] wird dafür die folgende

Arbeitsvorschrift gegeben. Die Einwaage, deren Größe sich nach den zu erwartenden Ge-Gehalten richtet, wird in einem Eisen-, Silber- oder Sinterkorundtiegel mit Na_2O_2 und Na_2CO_3 (im Verhältnis von 3 Teilen Na_2O_2 und 1 Teil Na_2CO_3) gemischt; das ganze wird mit einer Decke der gleichen Mischung abgedeckt, nach anfänglich gelindem Erwärmen geschmolzen und anschließend einige Minuten im Fluß gehalten.

Für chlorhaltiges Material ist ein NaOH-Aufschluß, gegebenenfalls unter Zusatz von Na_2O_2, anzuwenden.

Nach dem Erkalten wird der Schmelzkuchen in möglichst wenig Wasser aufgeweicht und die Flüssigkeit in einen Destillationskolben übergeführt. Der Kolben wird an eine Destillationsapparatur angeschlossen und die Lösung durch Zugabe von konz. HCl, wobei ein zur Apparatur gehörender Tropftrichter verwendet wird, neutralisiert. Die HCl-Konzentration der Lösung wird schließlich auf (1 + 1) (etwa 6 m) gebracht und daraus $GeCl_4$ abdestilliert.

Zu dieser Vorschrift sei bemerkt, daß bei der Untersuchung kieselsäurereichen Materials wegen der Adsorption von GeO_2 aq. an beim Ansäuern ausfallendem Silicium(IV)-oxid mit *Ge-Verlusten* gerechnet werden muß. Vgl. z. B. GEILMANN und STEUER [34] wie auch LUNDIN [23].

SnO_2 wird von GEILMANN und BRÜNGER [18 (a)] mit der *5fachen Menge KOH* im Nickeltiegel aufgeschlossen.

CLULEY [296] gibt für den Aufschluß von *Flugstaub* folgende

Arbeitsvorschrift. 0,01 bis 0,1 g feingemahlene Probe werden mit 0,5 g Na_2CO_3 in einem Pt-Tiegel gut gemischt und mit weiteren 0,5 g abgedeckt. Das ganze wird über einem Brenner langsam erhitzt, so daß nach 5 Min. 1000 °C erreicht sind. Die Schmelze wird unter gelegentlichem Umschwenken 15 Min. gehalten.

Zur abgekühlten Masse werden 10 ml heißes Wasser gegeben. Den Tiegel läßt man auf einer Heizplatte stehen, bis der Schmelzkuchen zerfallen ist. Anschließend wird der Tiegelinhalt in einen Destillationskolben gegeben und daraus nach Zugabe von 4 ml HCl (1 + 1) (etwa 6 n), Verdünnen auf 25 ml mit Wasser, Austreiben von CO_2 durch Umschütteln und Zusatz weiterer 25 ml konz. HCl das $GeCl_4$ abdestilliert.

FREDERICK, WHITE und BIBER [199] *sintern* das Analysengut — Flugstaub bzw. Kohleasche — mit etwa der gleichen Menge an $CaCO_3$ im Porzellantiegel 1 Std. bei 1050 °C, geben den erkalteten Tiegel in einen Destillationskolben und destillieren nach Zugabe von Wasser, 2 ml K_2CrO_4-Lösung (50 g/100 ml H_2O) sowie HCl das $GeCl_4$ ab.

OŠMAN und VOLKOV [101] führen gleichfalls einen Sinteraufschluß aus. Sie mischen 0,1 bis 1 g Analysengut (*Staub, Abbrand, Klinker*) im Porzellantiegel mit 1 bis 5 g einer Mischung aus 3 Teilen NaCl und 2 Teilen MgO, stampfen das ganze etwas fest, decken mit einer dünnen Schicht der genannten Mischung ab und belassen 45 bis 60 Min. bei einer Temperatur von 900 bis 950 °C.

B. Aufschluß von Kohle.

Allgemeines. Kohlen sind eine nicht uninteressante Ge-Quelle. Ihre Untersuchung hat deshalb eine ziemliche Bedeutung erlangt, wobei die Problematik beim Aufschluß des Analysenmaterials liegt, die in der Gefahr der Bildung des bei höheren Temperaturen flüchtigen GeO begründet ist.

1. Trockener Aufschluß.

Bereits GOLDSCHMIDT und PETERS [297] weisen auf die Möglichkeit von Ge-Verlusten beim Veraschen von Kohle bei Temperaturen oberhalb 500 °C hin. Von MORGAN und DAVIES [298] werden diese Verluste auch nachgewiesen und von mehreren anderen Autoren als nicht ausgeschlossen angesehen.

Aus den Untersuchungen von WARING und TUCKER [299] hingegen geht hervor, daß dabei keine Verluste auftreten. Sie untersuchen drei verschiedene Kohlesorten mit Ge-Gehalten zwischen 0,01 und 1,1% in der Asche und erhalten unabhängig von der Veraschungstemperatur — 400 °C bis 1000 °C — übereinstimmende Resultate. Desgleichen wurde kein Einfluß der Art des Veraschens, ob langsames oder schnelles Erhitzen oder ob Arbeiten in breiten Pt-Schalen oder engen Pt-Tiegeln, d. h. mit gutem oder schlechtem Luftzutritt, festgestellt.

Diese Angaben werden von KAMINSKII und LEITES [300] bestätigt, die beim Verbrennen der Kohle bei 700 °C in einer Muffel mit gutem Luftzutritt keine Ge-Verluste konstatieren. Zu dem gleichen Ergebnis kommen BARYSHNIKOV, RUZINOVA u. a. [301], die bei 550 °C veraschen.

CLULEY [296] umgeht diese Problematik des direkten Aufschlusses der Kohle durch Verbrennen dadurch, daß er seinen bereits vorn (s. S. 77) beschriebenen Soda-Aufschluß auch hier anwendet.

Arbeitsvorschrift. 0,5 g feinaufgemahlene Kohle werden in einem Pt-Tiegel mit 1,5 g Soda vermischt. Die Mischung wird mit weiteren 0,5 g Soda abgedeckt. Der Tiegel wird unbedeckt in eine Muffel gestellt und diese unter gutem Luftzutritt langsam auf 600 °C aufgeheizt. Diese Temperatur wird $1^1/_2$ Std. oder so lange gehalten, bis keine Kohlereste mehr zu sehen sind. Der Tiegel wird dann herausgenommen, sein Inhalt gut durchgerührt und das ganze noch einmal 1 Std. in die Muffel gestellt. Schließlich wird der Tiegelinhalt wie beim Aufschluß von Flugstaub geschmolzen und weiterverarbeitet.

Als weiterer Methode bedient sich CLULEY [296] der *Bombenaufschlußmethode*. Dazu wird 1 g Kohle zu einer Tablette gepreßt, zusammen mit 10 ml H_2O in eine Verbrennungsbombe eingeführt und darin, wie von calorimetrischen Bestimmungen her bekannt, mit O_2 von 25 at verbrannt. Nach der Verbrennung bleibt die Bombe noch 30 Min. verschlossen, damit sich die bei der Verbrennung gebildeten sauren Nebel absetzen können. Dann wird der Druck abgelassen und die Lösung mit der Asche in eine Pt-Schale überspült. Nach Zusatz von 0,2 g Soda wird zur Trockne gebracht und nach Zugabe weiterer 1 g Soda der Rückstand aufgeschmolzen. Die Schmelze wird wie beim Aufschluß von Flugstaub weiterbehandelt.

FREDERICK, WHITE und BIBER [199] mischen in Anlehnung an ihr Aufschlußverfahren für Flugstaub und Kohleasche die Analysenprobe mit $CaCO_3$. Die Mischung wird bei 480 °C so lange belassen, bis alle flüchtigen Verbindungen ausgetrieben sind und danach 1 Std. auf 1000 °C erhitzt. Sie teilen mit, daß auf diesem Weg höhere Ge-Resultate als nach dem Na_2CO_3-Aufschluß erhalten werden. Ein Kjeldahl-Aufschluß hingegen führe zu erheblichen Unterwerten.

NAZARENKO, LEBEDEVA und RAVICKAJA [109] mischen 1 g Kohle mit 0,5 g CaO in einer Pt-Schale und setzen 6 ml gesättigte $Ca(NO_3)_2$-Lösung zu. Nach Verdampfen des Wassers wird die Schale auf 400 bis 450 °C erhitzt, um den größten Teil des Kohlenstoffs zu verbrennen. Anschließend wird die Temperatur auf 700 bis 800 °C gesteigert, bis ein weißes bis bräunliches Pulver erhalten ist. Dies wird nach Abkühlen mit 5 ml konz. HNO_3 und anschließend mit 5 ml H_2F_2 abgeraucht. Nach Zugabe von nochmals 5 ml H_2F_2 sowie von 10 ml konz. H_3PO_4 wird HF wiederum abgeraucht und dann so lange erhitzt, bis ein sirupöser Rückstand erhalten ist. Dieser wird schließlich in Wasser gelöst und aus der Lösung Ge nach Zugabe von HCl mit CCl_4 extrahiert.

2. Nasser Aufschluß.

NISHIDA [302] schließt die Kohle, wie vom Aufschluß organischer Substanzen her bekannt, durch Abrauchen mit konz. H_2SO_4 und konz. HNO_3 auf. Der erhaltene Rückstand wird noch mit H_2F_2 behandelt und die nach deren Vertreiben erhaltene Lösung der $GeCl_4$-Destillation unterzogen.

Nach URA [303] wird Kohle (1 g) sehr leicht in einer Lösung von 30 ml konz. H_2SO_4 und 20 ml konz. H_3PO_4 mit 20 g $K_2Cr_2O_7$ durch langsames Erwärmen auf 140 bis 160 °C aufgeschlossen, wobei das gesamte Ge in Lösung geht. Der $K_2Cr_2O_7$-Überschuß wird nach Abkühlen mit $NaHSO_3$-Lösung (2,5 g in 70 ml H_2O) reduziert und aus der Lösung Ge als $GeCl_4$ abdestilliert.

C. Aufschluß organischen Materials.

Allgemeines. Für den Aufschluß nichtflüchtiger germaniumorganischer Verbindungen ist das nasse Veraschen mit Salpetersäure, Schwefelsäure oder beiden Säuren das bevorzugte Aufschlußverfahren. Daneben führen aber auch Schmelzaufschlüsse zum Ziel. Flüchtige Verbindungen erfordern für ihren Aufschluß besondere Maßnahmen. Zusammenfassungen über die angewendeten Arbeitsweisen werden von BELCHER, GIBBONS und SYKES [304], SYKES [305] sowie von KRAUSE und JOHNSON [306], von letzteren in Verbindung mit einer Übersicht über die analytischen Methoden zur Bestimmung des Germaniums, gegeben.

1. Nasser Aufschluß.

DENNIS und HANCE [307] lösen die Substanz in kalter rauchender HNO_3, versetzen mit H_2SO_4 sowie $(NH_4)_2S_2O_8$ und erwärmen vorsichtig, bis die Zersetzungsreaktion beendet ist.

MORGAN und DREW [308] zersetzen lediglich mit konz. H_2SO_4.

TABERN und SHELBERG [309] schließen in einem Kjeldahlkolben 0,1 g Substanz mit konz. H_2SO_4 (7 bis 10 ml) und 30%igem H_2O_2 (1 bis 5 ml) auf. Die Reaktion ist innerhalb 3 bis 5 Min. beendet.

KRAUS und BROWN [310], BAUER und BURSCHKIES [311] sowie GEILMANN und BRÜNGER [18 (b)] zerstören die organische Substanz mit konz. HNO_3 und konz. H_2SO_4 im Überschuß. Der gleichen Arbeitsweise bedienen sich auch ANDERSON [312, 313], SMITH und KRAUS [314] sowie ROSENFELD [315].

2. Trockener Aufschluß.

Einem trockenen Aufschluß geben GILMAN, INGHAM und GORSICH [316] an. Sie schmelzen die Substanz mit einem Gemisch aus Na_2O_2, Na_2CO_3 und K_2CO_3.

KICK und ARENT [317] veraschen ähnlich, wie für den Aufschluß von Kohle bereits genannt, unter Zusatz von CaO.

Für flüchtige germaniumorganische Verbindungen sind die vorstehend beschriebenen Aufschlußverfahren naturgemäß nicht geeignet. Für sie empfehlen BROWN und FOWLES [318] die trockene Verbrennung in einem O_2-Strom bei 800 °C. Die Verbrennung wird in einem mit einem Asbestpfropfen versehenen Quarzrohr vorgenommen. Wenn die gesamte Probe verdampft ist, werden Rohr und Pfropfen zusammen mit dem entstandenen GeO_2 zurückgewogen. $(CH_3)_6Ge_2$ und $(CH_3)_4Ge$ sollen auf diese Weise mit einer *Genauigkeit* von 0,5% auf ihren Ge-Gehalt untersucht werden können.

Halogene und Ge enthaltende, organische Substanzen werden von VITALINA und KLIMOVA [319] in einer Ni-Bombe durch Schmelzen mit KOH aufgeschlossen.

D. Aufschluß von Germaniumwasserstoffen.

Germane können nicht wie die Silane durch einfache Umsetzung mit wäßriger NaOH aufgeschlossen werden, weil sie unter diesen Bedingungen nicht wie jene unter Bildung von GeO_2 und H_2 reagieren. Der Aufschluß gelingt jedoch glatt durch thermische Zersetzung unter Ausschluß von Luft und Feuchtigkeit bei Dunkelrotglut in einem geschlossenen Rohr, wobei metallisches Ge auf den Rohrwandungen abgeschieden wird. Durch Behandeln mit NH_4OH und H_2O_2 kann es leicht in Lösung gebracht werden. Nach diesem Verfahren werden die gasförmigen Hydride von DENNIS, COREY und MOORE [320], das GeH von DENNIS und SKOW [321] sowie das gelbe Polygermen, $(GeH_2)_x$, von ROYEN und SCHWARZ [322] zersetzt.

§ 9. Untersuchung von Ge-Metall, GeO_2 und $GeCl_4$ auf Reinheit.

Allgemeines. Germanium besitzt eine große technische Bedeutung auf Grund seiner Halbleitereigenschaften. Da diese sehr entscheidend von der Reinheit des Materials abhängen, ist eine Kenntnis des Verunreinigungsgrades für die Qualitätsbeurteilung unerläßlich. Eine besondere Rolle spielen dabei Elemente der dritten und fünften Hauptgruppe des Periodensystems, vor allem As.

Die technische Eignungsuntersuchung von metallischem Ge für Halbleiterzwecke wird bevorzugt mit Hilfe physikalischer Messungen vorgenommen. Dazu gehören z. B. die Messung des spezifischen Widerstands bei Zimmertemperatur und tiefen Temperaturen, die Messung des HALLeffektes, gegebenenfalls auch die Bestimmung seiner Temperaturabhängigkeit sowie die Bestimmung der Versetzungsdichte im Kristall. Auf diese Verfahren soll jedoch hier nicht näher eingegangen werden.

Bei der Herstellung von Halbleiter-Germanium hingegen kann auf chemische Reinheitsuntersuchungen nicht verzichtet werden. Diese erstrecken sich natürlich nicht nur auf das Endprodukt, sondern auch auf die Vorstufen, wie z. B. das GeO_2 und auch das $GeCl_4$. Die dabei zur Anwendung kommenden Methoden sind dabei, von einigen speziellen für die Untersuchung des Tetrachlorids abgesehen, für alle diese Materialien, vom chemischen Standpunkt aus gesehen, im wesentlichen die gleichen, so daß sie hier summarisch betrachtet werden können. Es wird dabei nur das Prinzipielle angegeben; wegen der Einzelheiten der Ausführung der jeweiligen Bestimmungen sei auf die Originalarbeiten oder die diesbezüglichen Teile des Handbuchs für analytische Chemie verwiesen.

A. Chemische Verfahren.

1. Bestimmung des Arsens.

PAYNE [323] teilt mit, daß der Gutzeit-Test in der germaniumhaltigen Lösung, sei es diejenige von GeO_2 oder $GeCl_4$, nicht direkt ausgeführt werden kann. Er extrahiert deshalb zunächst As mit einer Lösung von Diäthylammoniumdiäthyldithiocarbamidat in $CHCl_3$ aus der zur Tarnung des Ge mit Oxalsäure versetzten Analysenlösung. Nach Reextraktion des As in eine wäßrige Phase wird die Gutzeit-Reaktion vorgenommen, wobei die Reduktion mit an einer Zn-Kathode elektrolytisch entwickeltem Wasserstoff erfolgt. Noch 0,1 ppm As können auf diese Weise bestimmt werden.

FOWLER [324] bedient sich des gleichen Abtrennungsverfahrens, reduziert das reextrahierte As mit Zn in schwefelsaurer Lösung zu AsH_3, das in einer Pyridin-Lösung von Silberdiäthyldithiocarbamidat absorbiert wird. Der dabei entstehende rote Komplex wird photometrisch bestimmt. Noch 0,1 μg As können auf $\pm 0,05$ μg genau erfaßt werden. Bei einer Einwaage von 5 g GeO_2 können auf diese Weise noch 0,02 ppm As bestimmt werden.

LUKE und CAMPBELL [325] beschreiben einen ähnlichen Weg zur Abtrennung von As und bestimmen es photometrisch als Molybdänblau. *Anwendungsbereich*: 0,1 bis 1 ppm. As bei Einwaagen von 2 g Metall bzw. 3 g Oxid.

GOTÔ und KAKITA [326] bestätigen die Brauchbarkeit dieses Verfahrens.

Lediglich der Vollständigkeit halber sei noch die Arbeit von BRAUER und RENNER [334] erwähnt, die sich für die halbquantitative As-Bestimmung in Gegenwart von Ge bevorzugt der Bettendorf-Reaktion bedienen und dabei eine Nachweisbarkeitsgrenze von etwa 0,005% erreichen.

Schließlich sei hier auch noch auf das hochselektive Verfahren der Ge-Abtrennung durch Extraktion als $GeCl_4$ mit CCl_4 von FISCHER und HARRE [257] und die damit erreichten Nachweisbarkeitsgrenzen für As verwiesen.

2. Bestimmung des Antimons.

LUKE und CAMPBELL [325] rauchen Ge aus der Analysenlösung mit HCl ab, extrahieren Sb als Cupferronat mit $CHCl_3$ und bestimmen es nach erneutem Überführen in eine wäßrige Lösung nach Extraktion als Rhodamin-B-Komplex mit Benzol photometrisch. Das Verfahren ist anwendbar für Bestimmungen von 0,1 bis 1 ppm Sb.

GOTÔ und KAKITA [326] trennen Sb durch Mitfällung an MnO_2 ab und photometrieren es als Methylviolettkomplex in Amylacetat. Noch 0,01 ppm. Sb können auf diese Weise bestimmt werden.

3. Bestimmung des Bors.

Zur Bestimmung des Bors im Germanium löst LUKE [327] 0,1 g Probe in 3 ml 5%iger NaOH unter Zusatz von 5 ml mit einem Mischbettaustauscher gereinigten 30%igen H_2O_2. Das Bor wird aus der Lösung als Methylester abdestilliert und nach dem Curcumin-Verfahren [328] photometrisch bestimmt. 0,1 bis 1 ppm B können auf ± 10% genau erfaßt werden.

4. Bestimmung des Galliums.

LUKE und CAMPBELL [329] destillieren Ge als Tetrachlorid und extrahieren Ga aus dem auf 6 n mit HCl angesäuerten Destillationsrückstand mit Äther. Das Lösungsmittel wird verdampft und schließlich Ga erneut aus Alkalicyanidlösung als Oxinat mit $CHCl_3$ extrahiert. Dieser Extrakt wird photometriert und erlaubt die Bestimmung von 10 bis 50 μg Ga in 2 g Ge bzw. 3 g GeO_2.

5. Bestimmung des Indiums.

Nach Entfernen von Ge durch Destillation als $GeCl_4$ extrahieren LUKE und CAMPBELL [329] nach extraktiver Entfernung vorhandener, störender Elemente als Dithizonate aus schwach saurer Lösung das In aus neutraler Lösung als Dithizonat mit $CHCl_3$. Nach Verdampfen des Lösungsmittels und Überführen des In in eine wäßrige Lösung wird es daraus bei $p_H = 3,5$ als Oxinat mit $CHCl_3$ extrahiert und photometriert. 10 bis 50 μg In werden auf diese Weise neben 2 g Ge-Metall bzw. 3 g GeO_2 auf ± 1 μg genau bestimmt.

NAZARENKO, BIRJUK und RAVICKAJA [330] bestimmen das In nach Abtrennung von Ge durch Destillation photometrisch mit Hilfe von Diphenylcarbazon. Noch 0,4 μg In können bestimmt werden.

6. Bestimmung des Kobalts.

NAZARENKO und ŠITAREVA [331] extrahieren Co aus der germaniumhaltigen Lösung als α-Nitroso-β-Naphtholkomplex und bestimmen es anschließend mit Nitroso-R-Salz photometrisch. Noch 0,1 ppm können erfaßt werden.

7. Bestimmung des Kupfers.

LUKE und CAMPBELL [325] extrahieren Cu aus der durch Abrauchen mit HCl von Ge befreiten und auf $p_H = 4$ gepufferten Lösung von Ge oder GeO_2 als Neocuproinkomplex mit $CHCl_3$ und bestimmen es in der organischen Phase photometrisch. Geeignet für 0,1 bis 1 ppm bei Einwaagen von 2 g Metall bzw. 3 g Oxid.

BABA [332] bedient sich praktisch des gleichen Verfahrens.

8. Bestimmung des Kohlenstoffs.

Für die C-Bestimmung im Ge-Metall setzen DUCRET und CORNET [333] die Probe in einer geschlossenen Quarzampulle bei 1000 bis 1100 °C mit der stöchiometrischen Menge Schwefels um. Die Ampulle wird unter Benzol zerbrochen, wobei das bei der Reaktion gebildete CS_2 gelöst wird. Dieses wird dann mit Diäthylamin zum Diäthyldithiocarbamidat umgesetzt und als Cu-Komplex photometriert. Die Empfindlichkeit des Verfahrens wird mit 1 ppm C angegeben.

9. Bestimmung des Phosphors.

Die P-Bestimmung in Ge-Metall oder GeO_2 wird von LUKE und CAMPBELL [325] nach Abrauchen der germaniumhaltigen Analysenlösung mit HCl und Entfernen störender anderer Verunreinigungen, wie As, durch Abrauchen mit HBr photometrisch als Molybdänblau angeführt. 0,1 bis 1 ppm P können auf diese Weise bestimmt werden.

B. Spektrochemische Verfahren.

VELEKER [335] trennt aus der Lösung der zu analysierenden Probe As und Bi durch Extraktion als Diäthyldithiocarbamidate mit $CHCl_3$ ab. Die Lösung wird nach Zugabe von Graphitpulver verdampft, der Rückstand getrocknet, mit einem spektroskopischen Puffer, bestehend aus Graphit, Sb_2O_3, als Bezugselement, ZnO und WO_3 versetzt und im 12-A-Gleichstrombogen verbrannt. Die Auswertung erfolgt anhand der Linienpaare Bi 306,77/Sb 268,28 nm und As 228,81/Sb 226,25 nm. As kann auf diese Weise im Konzentrationsbereich zwischen 0,06 und 10 ppm, Bi in einem von 0,005 bis 2,5 ppm bestimmt werden. Die *Genauigkeit* der Analyse wird für beide Elemente mit etwa 15% genannt.

VASILEVSKAJA, NOTKINA, SADOFJEVA und KONDRAŠINA [336] bestimmen eine ganze Reihe von Verunreinigungen im Ge und GeO_2 spektrochemisch. Die Analysenprobe (0,5 g) wird mit HCl (GeO_2) bzw. einem Gemisch von HNO_3 und HCl (Metall) gelöst und die Lösung nach Zugabe von Graphitpulver (50 mg) zur Trockne gebracht (Teflonbecher). Der Rückstand wird in einem 10-A-Gleichstrombogen verbrannt. Es werden dabei für die verschiedenen Elemente die folgenden Bestimmbarkeitsgrenzen erreicht (vgl. Tabelle 12).

Tabelle 12. *Spektrochemische Bestimmbarkeitsgrenzen für Verunreinigungen im Ge oder GeO_2.*

	nm	%
Cu	324,75	$3 \cdot 10^{-6}$ ($1 \cdot 10^{-6}$)
Ti	308,80	$1 \cdot 10^{-5}$
Al	308,22	$5 \cdot 10^{-5}$ ($1 \cdot 10^{-5}$)
Ni	305,08	$1 \cdot 10^{-4}$ ($3 \cdot 10^{-5}$)
Pb	283,31	$3 \cdot 10^{-5}$ ($1 \cdot 10^{-5}$)
Cr	283,56	$3 \cdot 10^{-5}$ ($1 \cdot 10^{-5}$)
Mn	257,61	$3 \cdot 10^{-6}$ ($1 \cdot 10^{-6}$ bei 280,11)
Mg	280,27	$1 \cdot 10^{-4}$ ($1 \cdot 10^{-5}$ bei 279,55)
Sb	259,81	$3 \cdot 10^{-5}$
Fe	259,84	$1 \cdot 10^{-4}$ ($1 \cdot 10^{-5}$ bei 248,33)
Ta	268,51	$1 \cdot 10^{-4}$ ($3 \cdot 10^{-5}$)

Wird der Rückstand mit 4% NaCl vermischt, kann die Nachweisempfindlichkeit bei einigen Elementen um bis zum Faktor 10 gesteigert werden [die diesbezüglichen Grenzen und die dabei herangezogenen Linien sind in der Zusammenstellung in ( ) angegeben].

Mit der spektrochemischen Bestimmung von As, P und Se in GeO_2 befaßt sich BABADAG [337]. Sie arbeitet in einer Argonatmosphäre und erreicht wegen der erzielten, höheren Plasmatemperatur und starken Verminderung des Untergrundes Nachweisgrenzen von $7 \cdot 10^{-8}$% für As, $2,5 \cdot 10^{-3}$ für P und $3 \cdot 10^{-4}$% für Se (Gleichstrombogen 10 bis 20 A).

C. Aktivierungsanalyse.

Zur Bestimmung sehr kleiner Verunreinigungsmengen in Ge und GeO_2 kommt z. Z. nur die Aktivierungsanalyse mit nachfolgender chemischer Trennung und radiochemischer Aufarbeitung infrage.

Ein erstes Beispiel dafür geben SMALES und PATE [338] mit der Bestimmung von As. Sie erreichen in GeO_2 eine Nachweisgrenze von 0,01 ppm, [Aktivierung mit etwa 10^{12} n/$cm^2 \cdot$ sec im Reaktor, Lösen der Probe, destillative Abtrennung des Ge als $GeCl_4$ unter oxydierenden Bedingungen, Reduktion des As im Destillationsrückstand nach Zugabe von inaktivem As als Träger zum Metall mit Hilfe von Hypophosphit, Messung der 3,1 MeV-β-Strahlung des bei der Aktivierung entstandenen [76]As (26,8 h).]

MORRISON und COSGROVE [339] verbessern dieses Verfahren dadurch, daß sie die γ-Strahlung des [76]As messen und kommen auf diese Weise zu Nachweisbarkeitsgrenzen zwischen 10^{-4} und 10^{-6}% für As, Cu, Na und Zn.

§ 9. Untersuchung von Ge-Metall, GeO$_2$ und GeCl$_4$ auf Reinheit.

SZEKELY [340] bestimmt unter ähnlichen Bedingungen $10^{-4}\,\mu$g Cu in 0,1 g Ge-Metall durch Messung des ^{64}Cu (12,9 h).

GOTTFRIED und JAKOVLEV [341] kommen zu einer Bestimmbarkeitsgrenze von $9 \cdot 10^{-7}\%$ Cu in 1 g Probe bei Aktivierung mit einem Neutronenfluß zwischen $5 \cdot 10^{11}$ und $2 \cdot 10^{13}$ n/cm$^2 \cdot$ sec (48 Std.). Cu wird dabei nach Lösen der aktivierten Probe und Zugabe von 20 mg inaktiven Cu als Träger als CuCNS gefällt.

JASKÓLSKA und WODKIEWICZ [342] erreichen nach einer Aktivierung mit $2,6 \cdot 10^{11}$ n/cm$^2 \cdot$ sec während 15 Std. mittels der Messung der β-Strahlung des ^{76}As eine Nachweisempfindlichkeit von $4 \cdot 10^{-9}$ g As bei einer *Genauigkeit* von $\pm 10\%$. Ihr Aufarbeitungsverfahren entspricht weitgehend dem von SMALES und PATE. Wichtig bei diesem Meßverfahren ist, daß die weiche β-Strahlung des Übergangs des aus ^{76}Ge bei der Neutronenbestrahlung entstandenen ^{77}Ge in ^{77}As (0,8 MeV) ausgefiltert wird (vgl. dazu auch VELEKER [335]).

Nach HOSTE [343] können bei einer Aktivierung mit etwa 10^{12} n/cm$^2 \cdot$ sec As, Cu, Zn, Sb, Mo, P, Fe, Ga, In und Cd in Ge mit Erfassungsgrenzen zwischen 10^{-2} und 10^{-5} ppm. bestimmt werden.

RYČKOV und GLUCHAREVA [344] geben die unteren Grenzen für die Bestimmung verschiedener Elemente mit zwischen $2 \cdot 10^{-11}\%$ für As und $5 \cdot 10^{-5}\%$ für S an.

D. Massenspektrometrie.

HONIG [345] gibt Ergebnisse massenspektrometrischer Reinheitsuntersuchungen an ,,n-Typ Ge" an. Er führt vorher eine Anreicherung durch Zonenschmelzen derart durch, daß die Spitzen von 34 jeweils einmal zonengereinigten Stäbchen abgetrennt, eingeschmolzen und nochmals zonengeschmolzen werden. Die Spitze des auf diese Weise erhaltenen Stäbchens (5 mg) wird in einen Al$_2$O$_3$-, Quarz- oder Graphittiegel (2 mm $\varnothing$, 4 mm hoch) gegeben, der mit Hilfe einer W-Spirale erhitzt werden kann. Die Probe wird vollständig verdampft, was etwa einen Tag erfordert. Wird die Ge-Konzentration in der Probe gleich 1 gesetzt, so können noch $5 \cdot 10^{-5}$ Teile As, 10^{-4} Teile Pb und 10^{-4} Teile Sn bestimmt werden (Unsicherheitsfaktor = 2).

HANNAY und AHEARN [346] arbeiten mit einer Funkenionenquelle und erreichen für Sb-Gehalte zwischen 10^{-6} und $0,1\%$ einen Unsicherheitsfaktor der Bestimmung von 2 bis 3.

E. IR-Analyse.

Für die Reinheitsuntersuchung von GeCl$_4$ im Hinblick auf gelöste Gase, sonstige flüchtigen Verbindungen sowie organische Verunreinigungen gibt RAND [347] ein IR-spektrometrisches Verfahren an. Besonders aufschlußreich ist dabei der Wellenlängenbereich zwischen 2 und 15 μ. Es werden die Spektren von GeCl$_4$ und GeBr$_4$ angegeben. In den Proben werden nachgewiesen:

OH $(2,75\,\mu)$, Phosgen $(5,51\,\mu)$, H$_2$O $(6,26\,\mu)$, Ge$_2$OCl$_6$? $(6,93, 7,07\,\mu)$, SiCl$_4$ $(8,22\,\mu)$, CBr$_4$ $(7,28\,\mu)$ sowie HCl und CO$_2$;

Das Verfahren soll zur Bestimmung dieser Verunreinigungen im Bereich zwischen 1 und 100 ppm geeignet sein (10 cm-Küvette).

Literatur.

[1] WINKLER, C.: J. pr. Ch. **34**, 177 (1886); durch Fr. **26**, 359 (1887).
[2] MÜLLER, J. H., u. H. R. BLANK: Am. Soc. **46**, 2358 (1924).
[3] LAUBENGAYER, A. W., u. D. S. MORTON: Am. Soc. **54**, 2303 (1932).
[4] TCHAKIRIAN, A.: Ann. Chim. anal. **12**, 415 (1939).
[5] HOLNESS, H.: Anal. chim. Acta **2**, 254 (1948).
[6] SCHWARZ, R., u. E. HASCHKE: Z. anorg. Ch. **252**, 170 (1943).

- [7] Pflugmacher, A., u. I. Kellermann: Angew. Ch. **68**, 374 (1956).
- [8] Dennis, L. M., u. J. Papish: Am. Soc. **43**, 2113 (1921) und Z. anorg. Ch. **120**, 18 (1922).
- [9] Bradacs, L. K., I.-M. Ladenbauer u. F. Hecht: Mikrochim. A. **1953**, 229.
- [10] Schwarz, R., u. E. Huf: Z. anorg. Ch. **203**, 205 (1932).
- [11] Pugh, W.: Soc. **1929**, 1537.
- [12] Allison, E. P., u. J. H. Müller: Am. Soc. **54**, 2833 (1932).
- [13] Buchanan, G. H.: Ind. eng. Chem. **8**, 585 (1916).
- [14] —: Ind. eng. Chem. **9**, 661 (1917).
- [15] Müller, J. H.: Am. Soc. **43**, 1085 (1921).
- [16] Johnson, E. B., u. L. M. Dennis: Am. Soc. **47**, 790 (1925).
- [17] Cocozza, E. P.: Chemist-Analyst **50**, 45 (1961).
- [18] Geilmann, W. u. K. Brünger: (a) Z. anorg. Ch. **196**, 312 (1931); (b) Biochem. Z. **275**, 375 (1935).
- [19] Komarowsky, A. S., u. N. S. Poluektoff: Mikrochemie **18**, 66 (1935).
- [20] Bartelmus, G., u. F. Hecht: Mikrochim. A. **1954**, 148.
- [21] Fischer, W., u. H. Keim: Fr. **128**, 443 (1948).
- [22] Müller, J. H., u. A. Eisner: Ind. eng. Chem. Anal. Edit. **4**, 134 (1932).
- [23] Lundin, H.: Trans. electrochem. Soc. **63**, 149 (1933).
- [24] Analyse der Metalle, Zweiter Band: Betriebsanalysen. 2. Aufl. Berlin-Göttingen-Heidelberg 1961, S. 316.
- [25] Davies, G. R., u. G. Morgan: Analyst **63**, 388 (1938).
- [26] Abrahams, H. J., u. J. H. Müller: Am. Soc. **54**, 86 (1932).
- [27] Weissler, A.: Ind. eng. Chem. Anal. Edit. **16**, 311 (1944).
- [28] Holness, H.: Anal. chim. Acta **2**, 254 (1948).
- [29] Brauer, G., u. H. Renner: Fr. **133**, 401 (1951).
- [30] Tchakirian, A., u. P. Bévillard: C. r. **233**, 1112 (1951).
- [31] Bévillard, P.: Bl. **5**, 307 (1954).
- [32] —: C. r. **234**, 216 (1952).
- [33] —: Mikrochemie **39**, 209 (1952).
- [34] Geilmann, W., u. E. Steuer: Glastechn. Ber. **18**, 89 (1940).
- [35] Willard, H. H., u. C. W. Zuehlke: Ind. eng. Chem. Anal. Edit. **16**, 322 (1944).
- [36] Tchakirian, A.: Ann. Chim. anal. **12**, 415 (1939).
- [37] Dupuis, Th., u. C. Duval: Anal. chim. Acta **4**, 186 (1950).
- [38] Müller, J. H.: Am. Soc. **44**, 2493 (1922).
- [39] Geilmann, W., u. H. Bode: Fr. **133**, 186 (1951).
- [40] Analyse der Metalle, Zweiter Band: Betriebsanalysen. 2. Aufl. Berlin/Heidelberg/Göttingen 1961, S. 318.
- [41] Grosscup, C. G.: Am. Soc. **52**, 5154 (1930).
- [42] Schwarz, R., u. H. Giese: B. **63**, 2428 (1930).
- [43] Illingworth, J. W., u. J. F. Keggin: Soc. **1935**, 575.
- [44] Hecht, F., u. G. Bartelmus: Mikrochemie **36/37**, 466 (1951).
- [45] Schachowa, S. F., u. R. K. Motorkina: Nachr. Moskauer Univ., Math., Mechan., Astronom., Physik, Chem. **12**, 183 (1957); durch C. **131**, 11761 (1960); Chem. Abstr. **52**, 158d—g (1958).
- [46] Frederick, W. J., J. A. White u. H. E. Biber: Anal. Chem. **26**, 1328 (1954).
- [47] Alimarin, J. P., u. O. A. Aleksejewa: J. appl. Chem. (USSR) **12**, 1900 (1939).
- [48] Bartelmus, G., u. F. Hecht: Mikrochim. A. **1954**, 148.
- [49] Filipov, D.: C. r. Acad. Bulgare Sci. **15**, 281 (1962); durch Fr. **196**, 451 (1963); Chem. Abstr. **57**, 14426a, b (1962).
- [50] Labbé, J. P.: Mikrochim. A. **1962**, 283.
- [51] Subbaraman, P. R.: J. Sci. Ind. Res. **14 B**, 640 (1955); durch Chem. Abstr. **50**, 7653b (1956).
- [52] Macdonald, A. M. G.: Ind. Chemist **35**, 143 (1959).
- [53] Schrauzer, G. N.: Mikrochim. A. **1953**, 124.
- [54] Nazarenko, V. A., u. A. M. Adrianov: Betriebslab. (russ.) **29**, 795 (1963); durch Chem. Abstr. **59**, 12163e, f (1963).
- [55] Schwarz, R., F. Heinrich u. E. Hollstein: Z. anorg. Ch. **229**, 146 (1936).
- [56] Hall, J. I., u. A. E. König: Trans. Am. electrochem. Soc. **65**, 79 (1934).
- [57] Tchakirian, A.: C. r. **187**, 229 (1928).
- [58] Poluektoff, N. S.: Fr. **105**, 23 (1936).
- [59] Cluley, H. J.: Analyst **76**, 517 (1951).
- [60] Csapo, F., u. H. Repetschnig: Fr. **173**, 273 (1960).
- [61] Bévillard, P.: C. r. **235**, 880 (1952).
- [62] Wunderlich, E., u. E. Göhring: Fr. **169**, 346 (1959).
- [63] Zeljanskaja, A. I., u. N. V. Staskova: Zhur. Anal. Khim (russ.) **16**, 430 (1961); durch Fr. **191**, 447 (1962); Chem. Abstr. **56**, 1990i (1962).

[64] Analyse der Metalle, Zweiter Band: Betriebsanalysen. 2. Aufl. Berlin/Göttingen/Heidelberg 1961, S. 317.
[65] Ivanov-Emin, B. N.: Betriebslab. (russ.) **13**, 161 (1947).
[66] Abel, G. J.: Anal. Chem. **32**, 1886 (1960).
[67] Bardet, J., u. A. Tchakirian: C. r. **186**, 637 (1928).
[68] Berg, R.: Das o-Oxychinolin, Stuttgart 1935; Die chemische Analyse, Bd. XXXIV; Stuttgart 1938.
[69] Nazarenko, V. A., u. S. Ja. Vinkoveckaja: Zhur. Anal. Khim. (russ.) **11**, 572 (1956); durch Fr. **158**, 38 (1957).
[70] Hahn, H., u. R. Wagenknecht: Fr. **182**, 343 (1961).
[71] Nair, A. P. M., u. S. H. Ibrahim: Current Sci. **25**, 10 (1956); durch Leybolds Pol. Ber. **4**, 88 (1956).
[72] Vinogradowa, E. N., u. V. A. Ivanova: Vestnik Moskov. Univ., Ser. Mat., Mekh., Astron., Fiz. Khim. **3**, 237 (1957); durch Chem. Abstr. **52**, 4390e, f (1958).
[73] Nazarenko, V. A., N. V. Lebedeva u. L. J. Vinarova: Ž. anal. Chim. (russ.), in engl. Übersetzung, **19**, 75 (1964).
[74] Kim, J. H., u. H. K. Rim: Chosun Kwahakwon Tongbo **3**, 13 (1962); durch Chem. Abstr. **58**, 9621c, d (1963).
[75] Spacu, P., u. C. Gheorghiu: Stud. Cercet. Chim. (Bukarest) **11**, 255 (1963); durch Fr. **206**, 217 (1964).
[76] Krumholz, P.: Z. anorg. Ch. **212**, 91 (1933).
[77] Alimarin, I. P., u. B. N. Iwanoff-Emin: Mikrochemie **21**, 1 (1936/37).
[78] Kitson, R. E., u. M. G. Mellon: Ind. eng. Chem. Anal. Edit. **16**, 128 (1944).
[79] Schneider, W. A., u. E. B. Sandell: Mikrochim. A. **1954**, 263.
[80] Schachowa, Z. F., R. K. Motorkina u. N. N. Malzewa: Zhur. Anal. Khim. (russ.) **12**, 95 (1957).
[81] Huseya, M.: Bunseki Kagaku **12**, 555 (1963); durch Chem. Abstr. **59**, 12156f, g (1963).
[82] Schachowa, Z. F., u. R. K. Motorkina: Metody Analyza Redkikh i. Tsvet. Metal. Sbornik **1956**, 47; durch Chem. Abstr. **53**, 1992f—h (1959).
[83] Kiba, T., u. M. Ura: J. chem. Soc. Japan, pure chem. Sect. **76**, 520 (1955); durch Anal. Abstr. **3**, 686 (1956).
[84] Schachowa, Z. F., u. R. K. Motorkina: Zhur. Anal. Khim. (russ.) **11**, 698 (1956); durch Fr. **158**, 129 (1957).
[85] Hybbinette, A.-G., u. E. B. Sandell: Ind. eng. Chem. Anal. Edit. **14**, 715 (1942).
[86] Boltz, D. F., u. M. G. Mellon: Anal. Chem. **19**, 873 (1947).
[87] Shaw, E. R., u. J. F. Corwin: Anal. Chem. **30**, 1314 (1958).
[88] Erdey, L., u. A. Bodor: Fr. **134**, 81 (1951/52).
[89] Rosenfeld, G.: Anal. Biochemistry **1**, 469 (1960); durch Fr. **188**, 222 (1962).
[90] Lucena-Conde, F., u. L. Prat (Perez): Anal. chim. Acta **16**, 473 (1957); Acta Salamanticensia, Ser. de Ciencias **2**, 66 (1956); durch Anal. Abstr. **4**, 2163 (1957).
[91] Řezáč, Z., u. L. Ružičková: Coll. Czechoslov. Chem. Comm. **25**, 2242 (1960); durch Fr. **183**, 369 (1961).
[92] Senise, P., u. L. Sant'Agostino: Mikrochim. A. **1956**, 1445.
[93] Wadelin, C., u. M. G. Mellon: Anal. Chem. **25**, 1668 (1953).
[94] Gillis, J., J. Hoste u. A. Claeys: Anal. chim. Acta **1**, 302 (1947).
[95] Cluley, H. J.: Analyst **76**, 523 (1951).
[96] Oka, Y., u. T. Kanno: J. chem. Soc. Japan, Pure Chem. Sect. **76**, 874 (1955); durch Anal. Abstr. **3**, 1662 (1956); Sci. Rep. Res. Inst. Tôhoku Univ., Ser. A **7**, 396 (1955); durch Fr. **151**, 382 (1956).
[97] Ginzburg, L. B., S. D. Guive u. A. P. Shibarenkova: Sbornik Nauch. Trudov Gosudarst. Nauch. — Issledovatel. Inst. Tsvetnykh Metal **10**, 378 (1955); durch Chem. Abstr. **52**, 965g (1958).
[98] Kunstmann, F. H., u. E. F. E. Müller: Analyst **84**, 324 (1959).
[99] Luke, C. L., u. M. E. Campbell: Anal. Chem. **28**, 1273 (1956).
[100] Burton, J. D., u. J. P. Riley: Mikrochim. A. **1959**, 586.
[101] Ošman, V. A., u. V. M. Volkov: Betriebslab. (russ.) **27**, 1341 (1961); durch Fr. **193**, 142 (1963).
[102] Lipšic, B. M., u. G. K. Smirnova: Betriebslab. (russ.) **26**, 273 (1960); durch Fr. **179**, 372 (1961).
[103] Sharowskij, F. G., u. A. T. Pilipenko: Betriebslab. (russ.) **24**, 1192 (1958); durch Fr. **169**, 435 (1959).
[104] Fernández-Segura, A., A. A. Garmendia u. E. L. Pella: An. Argentina **45**, 126 (1957); durch Fr. **164**, 260 (1958).
[105] Kick, H., u. H. Arent: Z. Pflanzenernähr. Düng. Bodenkunde **81**, 153 (1958).
[106] Gregorowicz, Z.: Chem. analit. (poln.) **4**, 829 (1959); durch Chem. Abstr. **54**, 15081b, d (1960).

[107] Ku, I. T., S. C. Ting, Fu-Tan Hsüeh Pao u. Tzu Jan Ko Hsüeh: **1956**, 115; durch Chem. Abstr. **55**, 16278h (1961).
[108] Menkovskij, M., u. A. Aleksandrova: Betriebslab. (russ.) **25**, 161 (1959); durch Fr. **173**, 188 (1960).
[109] Nazarenko, V. A., N. V. Lebedeva u. R. V. Ravickaja: Betriebslab. (russ.) **24**, 9 (1958); durch Fr. **166**, 205 (1959).
[110] Babina, M. D.: Ž. anal. Chim. (russ.) **17**, 252 (1962); durch Fr. **194**, 370 (1963).
[111] Analyse der Metalle, Zweiter Band: Betriebsanalysen. 2. Aufl. Berlin/Göttingen/Heidelberg 1961, S. 318.
[112] Koch, G., u. G. A. Koch-Dedic: Handbuch der Spurenanalyse. Berlin/Göttingen/Heidelberg/New York 1964, S. 582.
[113] Hillebrant, A., u. J. Hoste: Anal. chim. Acta **18**, 569 (1958).
[114] Stipanits, P., u. F. Hecht: Fr. **152**, 185 (1956).
[115] Senise, P., u. L. Sant'Agostino: Mikrochim. A. **1959**, 572.
[116] Suzuki, T., u. T. Sotobayashi: Bunseki Kagaku **12**, 376 (1963); durch Chem. Abstr. **59**, 6978g, h (1963).
[117] Kimura, K., K. Saito u. M. Asada: Bl. chem. Soc. Japan **29**, 635 (1956); durch Fr. **157**, 361 (1957).
[118] Kimura, K., H. Sano u. M. Asada: Bl. chem. Soc. Japan **29**, 640 (1956); durch Fr. **157**, 361 (1957).
[119] Kimura, K., u. M. Asada: Bl. chem. Soc. Japan **29**, 812 (1956); durch Fr. **157**, 362 (1957).
[120] Kasarinowa, N. F., u. N. L. Vasilieva: Zhur. Anal. Khim (russ.) **13**, 677 (1958); durch C. **131**, 8624 (1960).
[121] Campe, A., u. J. Hoste: Talanta 8, 453 (1961).
[122] Gillis, J., J. Hoste u. A. Claeys: Anal. chim. Acta **1**, 291 (1947).
[123] Gillis, J., A. Claeys u. J. Hoste: Anal. chim. Acta **1**, 421 (1947).
[124] Nazarenko, V. A., u. N. V. Lebedeva: Betriebslab. (russ.) **25**, 899 (1959); durch Chem. Abstr. **53**, 21364h−65b (1959).
[125] Grützner, G.: Freiberger Forschungshefte **B 99, 1964**, 109.
[126] Sano, H.: Bl. chem. Soc. Japan **31**, 974 (1958); durch Fr. **169**, 140 (1959).
[127] Oka, Y., u. S. Matsuo: Sci. Rep. Res. Inst. Tôhoku Univ., Ser. A, **6**, 597 (1954); durch Fr. **151**, 381 (1956).
[128] Oka, Y., u. S. Matsuo: J. chem. Soc. Japan, Pure chem. Sect. **76**, 610 (1955); durch Anal. Abstr. **3**, 671 (1956).
[129] Kanno, T.: Sci. Rep. Res. Inst. Tôhoku Univ., Ser. A, **10**, 251 (1958); durch Fr. **168**, 204 (1959); Nippon Kagaku Zasshi **79**, 306 (1958); durch Chem. Abstr. **52**, 19697f, h (1958).
[130] Newcombe, H., W. A. E. McBryde, J. Bartlett u. F. E. Beamish: Anal. Chem. **23**, 1023 (1951).
[131] Senegačnik, M., L. Kosta u. F. Krašovec: Vestnik Slovensk. Kemijsk. Družt. **2**, 9 (1955); durch Anal. Abstr. **3**, 69 (1956).
[132] Dressel, W. M.: U. S. Bur. Min. Rep. Invest. No. 5907 (1962); durch Chem. Abstr. **57**, 6591b, e (1962).
[133] Poluektoff, N. S.: Mikrochemie **18**, 48 (1935).
[134] Strickland, E. H.: Analyst **80**, 549 (1955).
[135] Skaar, O. B., u. F. J. Langmyhr: Anal. chim. Acta **21**, 370 (1959).
[136] Konopik, N. u. G. Wimmer: M. **93**, 1404 (1962); durch C. **134**, 21663 (1963).
[137] Nazarenko, V. A., u. L. I. Binarova: Ž. anal. Chim. (russ.), in engl. Übersetzung, **18**, 1010 (1963).
[138] Bévillard, P.: Mikrochemie **39**, 209 (1952).
[139] Kanno, T.: Sci. Rep. Res. Inst. Tôhoku Univ., Ser. A, **11**, 145 (1959); durch Chem. Abstr. **53**, 19666c−67b (1959).
[140] −: J. chem. Soc. Japan, pure chem. Sect. **79**, 310 (1958); durch Anal. Abstr. **6**, 95 (1959).
[141] Korenman, I. M., N. V. Kurina u. A. E. Emelin: Trudy po Khim. i. Khim. Tekhnol. **1**, 134 (1958); durch Chem. Abstr. **53**, 19692c, f (1959).
[142] Kononenko, L. I., u. N. S. Poluektoff: Zhur. Anal. Khim. (russ.) **15**, 61 (1960); durch Chem. Abstr. **54**, 13970g, h (1960).
[143] Sun, P. J.: Formosan Sci. **14**, 81 (1960); durch Chem. Abstr. **55**, 235c−g (1961).
[144] Kanno, T.: Sci. Rep. Res. Inst. Tôhoku Univ., Ser. A, **12**, 175 (1960); durch Fr. **182**, 455 (1961).
[145] Shih, H. M., Ch. Ch. Li u. Ch. Ch. Chang: Hua Hsueh Hsueh Pao **27**, 10 (1961); durch Chem. Abstr. **59**, 12163f, g (1963).
[146] Nazarenko, V. A., u. G. V. Flyantikova: Zhur. Anal. Khim. (russ.) **18**, 172 (1963); durch Chem. Abstr. **58**, 13121b−d (1963).

[147] Clark, R. E. D.: Analyst 82, 760 (1957).
[148] Patzek, T.: Chemik 8, 293 (1955); durch C. 129, 9309 (1958).
[149] Alimarin, I. P., u. B. N. Ivanov-Emin: J. appl. Chem. (USSR) 17, 204 (1944); durch Anal. chim. Acta 9, 291 (1953); Chem. Abstr. 39, 2933 (1945).
[149a] Österud, Th., u. M. Prytz: Arch. Math. Naturvidensk. 47, 73 (1943); durch Chem. Abstr. 39, 2022 (1945).
[150] Valenta, P., u. P. Zuman: Chem. Listy 46, 478 (1952); durch Fr. 140, 279 (1953).
[151] Das Gupta, A. K., u. C. K. N. Nair: Anal. chim. Acta 9, 287 (1953).
[152] Valenta, P., u. P. Zuman: Anal. chim. Acta 10, 591 (1954).
[153] Sauvenier, G., u. G. Duyckaerts: Anal. chim. Acta 13, 396 (1955).
[154] Dhar, S. K.: Anal. chim. Acta 15, 91 (1956).
[155] Iwase, A.: J. chem. Soc. Japan, Pure Chem. Sect. 78, 613 (1957); durch Anal. Abstr. 5, 430 (1958).
[156] Stashkova, N. V., u. A. I. Zelyanskaya: Isvest. Sibir. Otdel. Akad. Nauk SSSR 1, 59 (1959); durch Chem. Abstr. 53, 12942h–i (1959).
[157] Konopik, N.: Fr. 186, 127 (1962).
[158] Nicolaescu, V., L. Binig, V. Lungurean u. F. Udrescu: Rev. chim. (rum.) 13, 431 (1962); durch Chem. Abstr. 58, 2836f–h (1963).
[159] Platonova, M. N.: Betriebsslab. (russ.) 26, 795 (1960); durch Fr. 188, 398 (1962).
[160] Sauvenier, G., u. G. Duyckaerts: Anal. chim. Acta 16, 592 (1957).
[161] Šulcek, Z., u. J. Gottfried: Chem. Listy 51, 2010 (1957); durch Anal. Abstr. 5, 2567 (1958).
[162] Weclewska, M., u. G. Popanda: Chem. Anal. (poln.) 3, 889 (1958); durch Chem. Abstr. 53, 5636b–d (1959).
[163] Gregorowicz, Z., D. Mazonska u. D. Prajsnar: Hutnik 26, 407 (1959); durch C. 131, 10338 (1960).
[164] Ionescu, M., u. D. Dumitrescu: Rev. Chim. (rum.) 11, 237 (1960); durch Chem. Abstr. 57, 10522e–f (1962).
[165] Weclewska, M.: Prace Glownego Inst. Gornictwa, Kommun. Ser. B 242, 1 (1960); durch Chem. Abstr. 55, 8813h–i (1961).
[166] Konopik, N.: M. 91, 717 (1960).
[167] —: Acta Chim. Acad. Sci. Hung. 34, 157 (1962); durch Chem. Abstr. 58, 6180c (1963).
[168] Pan, K., u. P. J. Sun: J. Chinese chem. Soc. 8, 320 (1961); durch Chem. Abstr. 58, 7358h bis 7359a (1963).
[169] Borlera, M. L.: Atti Accad. Sci. Torino; Cl. Sci. fisiche, mat. natur. 92, 515 (1957/58); durch C. 132, 8409 (1961).
[170] —: Ric. sci. 29, 100 (1959); durch C. 131, 14130 (1960).
[171] Grasshoff, K., u. H. Hahn: Fr. 180, 18 (1961).
[172] Gulesian, E. C., u. J. H. Müller: Am. Soc. 54, 3142 (1932).
[173] Cozzi, D., u. S. Vivarelli: Mikrochemie 40, 1 (1953).
[174] Sauvenier, G., u. G. Duyckaerts: Anal. chim. Acta 23, 569 (1960).
[175] Arefjewa, T. W.: Nachr. Akad. Wiss. Kasach. (USSR), Ser. Chem. (russ.) 1957, 85; durch C. 129, 7215 (1958).
[176] Cozzi, D., u. S. Vivarelli: Mikrochemie 36/37, 594 (1951).
[177] Heyrovský, J.: Polarographie; Wien 1941.
[178] Stackelberg, M. v.: Polarographische Arbeitsmethoden; Berlin 1950.
[179] Kolthoff, I. M., u. J. J. Lingane: Polarography; New York 1952.
[180] Heyrovský, J., u. P. Zuman: Einführung in die praktische Polarographie; Berlin 1959.
[181] Herrmann, R., u. C. Th. J. Alkemade: Flammenphotometrie; Berlin/Göttingen/Heidelberg 1960.
[182] Analyse der Metalle. Zweiter Band: Betriebsanalysen. 2. Aufl. Teil 2, Kapital 59: Spektrochemische Analyse. Berlin/Göttingen/Heidelberg 1961.
[183] Moritz, H.: Spektrochemische Betriebsanalyse, 2. Aufl. Stuttgart 1956.
[184] Seith, W., u. K. Ruthardt, Chemische Spektralanalyse. 5. Aufl. Berlin/Göttingen/Heidelberg 1958.
[185] Scheller, H.: Einführung in die angewandte spektrochemische Analyse. 2. Aufl. Berlin 1958.
[186] Ahrens, L. H., u. S. R. Taylor: Spectrochemical Analysis. 2. Aufl. London 1961.
[187] Rowland u. Tatnall: Astrophys. J. 1, 149 (1895); durch [188].
[188] Papish, J.: Z. anorg. Ch. 122, 262 (1922).
[189] Eder u. Valenta: Atlas typischer Spektren; Wien 1911, S. 37.
[190] Urbain: C. r. 149, 602; 150, 1758.
[191] Bardet: C. r. 158, 1278.
[192] Papish, J.: Economic Geology 23, 665 (1928).
[193] Harris, P. G.: Anal. Chem. 26, 737 (1954).

[194] RAJCHBAUM, JA. D., u. E. S. KOSTJUKOVA: Betriebslab. (russ.) 27, 306 (1961); durch Fr. 186, 308 (1962).
[195] SCHLIESSMANN, O.: Arch. Eisenhüttenw. 15, 167 (1941/42).
[196] BRECKPOT, R.: Ann. Soc. Sci. (Bruxelles) B 55, 160 (1935).
[197] BRECKPOT, R., u. W. KÖRBER: Ann. Soc. Sci. (Bruxelles) B 56, (1936).
[198] HEGGEN, G. E., u. L. W. STROCK: Anal. Chem. 25, 859 (1953).
[199] FREDERICK, W. J., J. A. WHITE u. H. E. BIBER: Anal. Chem. 26, 1328 (1954).
[200] WITKOWSKA, S.: Chem. analit. (poln.) 4, 471 (1959); durch Fr. 177, 134 (1960).
[201] TUTUNDŽIC, P. S., u. V. SĆEPANOVIČ: Rev. univ. des Mines, Metallurg., Mecan., Trav. publ., Sci. Arts appl. Inst. [9] 15, 309 (1959); durch C. 132, 3759 (1961).
[202] RADMACHER, W., u. H. HESSLING: Fr. 167, 172 (1959).
[203] HEGEMANN, F., u. H. KOSTYRA: Metall 9, 849 (1955).
[204] ADDINK, N. W. H.: Spektrochim. Acta 4, 36 (1950).
[205] HEGEMANN, F., C. v. SYBEL u. G. WILK: Metall 9, 991 (1955).
[206] SZÁDECZKY-KARDOSS, G., u. I. BENKÖ: Magyar Chem. Folyóirat 61, 225 (1955); durch Fr. 151, 131 (1956).
[207] LITOMISKÝ, J.: Chem. analit. (poln.) 7, 409 (1962); durch Fr. 195, 383 (1963).
[208] GOTÔ, H., u. Y. YOKOYAMA: Sci. Rep. Res. Inst. Tôhoku Univ., Ser. A, 8, 166 (1956); durch Fr. 158, 380 (1957).
[209] LAPPI, L., u. O. MÄKITIE: Acta agric. Scand. 5, 69 (1955).
[210] GREGOROWICZ: Chem. analit. (poln.) 3, 777 (1958); durch Fr. 171, 464 (1959/60).
[211] MALINEK, M.: Anal. chim. Acta 19, 502 (1958).
[212] MARKS, G. W., u. H. T. HALL: US Bur. Min. Rep. Invest. Nr. 3965 (1946); durch MALINEK [211].
[213] BUZINCU, J., u. M. PETRESCU: Stud. Cercet. Met. (rum.) 3, 359 (1958); durch C. 132, 8409 (1961).
[214] HARVEY, C. O., u. K. L. H. MURRAY: Analyst 83, 136 (1958).
[215] KOŠELEVA, M. M., u. T. I. KUZNECOVA: Betriebslab. (russ.) 25, 964 (1959); durch Fr. 175, 374 (1960).
[216] RUSANOV, A. K., V. M. ALEKSEEVA u. N. V. ILIASOVA: Zhur. Anal. Khim. (russ.) 16, 284 (1961); durch Fr. 189, 452 (1962).
[217] SERGEEV, E. A., L. S. MARGOLIN, P. A. STEPANOV, M. V. BELOBRAGINA u. N. A. ŽUKOVA: Betriebslab. (russ.) 25, 1455 (1959); durch Fr. 177, 44 (1960).
[218] RAJCHBAUM, JA. D., u. E. S. KOSTJUKOVA: Betriebslab. (russ.) 25, 961 (1959); durch Fr. 176, 207 (1960).
[219] FUKUSHIMA, S., M. SHIGEMOTO, I. KATO u. K. OTOZAI: Mikrochim. A. 1957, 35.
[220] FUKUSHIMA, S., K. TAKAHASHI, S. TERASAKA u. K. OTOZAI: Mikrochim. A. 1957, 183.
[221] SZCZEPANOWSKI, W. J., u. H. WAŻNY: Chem. analit. (poln.) 7, 445 (1962); durch Fr. 197, 449 (1963).
[222] CZAKOW, J.: Chem. analit. (poln.) 5, 35 (1960); durch Fr. 183, 128 (1962).
[223] CHITROV, V. G., u. A. K. RUSANOV: Betriebslab. (russ.) 27, 849 (1961); durch Fr. 189, 455 (1962).
[224] KALITEEVSKIJ, N. I., A. A. LIPOVSKIJ, A. N. RAZUMOVSKIJ u. P. P. JAKIMOVA: Zhur. Anal. Khim. (russ.) 13, 372 (1958); durch Fr. 167, 68 (1959).
[225] PAWLENKO, L. I., u. S. M. DAWYDOWA: Zhur. Anal. Khim (russ.) 17, 199 (1962); durch C. 134, 15918 (1963).
[226] PITT, G. J., u. M. F. FLETCHER: Spectrochim. Acta 7, 214 (1955).
[227] FLÜGGE, S.: Handbuch der Physik, Band XXX: Röntgenstrahlen; 1957.
[228] BLOCHIN, M. A.: Physik der Röntgenstrahlen; Berlin 1957.
[229] BIRKS, L. S.: X-Ray Spectrochemical Analysis; New York/London 1959.
[230] GLOCKER, R.: Materialprüfung mit Röntgenstrahlen. 4. Aufl., 1958.
[231] SAGEL, K.: Tabellen zur Röntgen-Emissions- und Absorptions-Analyse, 1959.
[232] LIEBHAFSKY, H. A., H. G. PFEIFFER, E. H. WINSLOW u. P. D. ZEMANY: Absorption and Emission in Analytical Chemistry; New York 1960.
[233] CAMPBELL, W. J., H. F. CARL u. C. E. WHITE: Anal. Chem. 29, 1009 (1957).
[234] WEDEPOHL, K. H.: Fr. 180, 246 (1961).
[235] GLOTOVA, A. N., u. N. F. LOSEV: Betriebslab. (russ.) 27, 1107 (1961); durch Fr. 190, 347 (1962).
[236] GOLDSCHMIDT, V. M.: Ph. Ch. A 146, 404 (1930).
[237] Nuklidkarte, herausgegeben vom Bundesministerium für Atomkernenergie und Wasserwirtschaft; Stand Oktober 1958.
[238] SCHMEISER, K.: Radionuclide. 2. Aufl. 1963.
[239] BRADACS, L. K., I. M. LADENBAUER u. F. HECHT: Mikrochim. A. 1953, 229.
[240] GEBAUHR, W.: Fr. 185, 348 (1962).
[241] WINKLER, C.: J. pr. 36, 177 (1887).

[242] Nishida, H.: Jap. Analyst **5**, 17 (1956); durch Fr. **154**, 53 (1957); Bunseki Kagaku **5**, 348 (1956); durch Chem. Abstr. **51**, 12741i (1957).
[243] Segura, A. F., A. A. Garmendia u. E. L. Pella: An. Argentina **45**, 126 (1957); durch Chem. Abstr. **52**, 4403b (1958).
[244] Kuus, C. J.: Zhur. Anal. Khim. (russ.) **16**, 166 (1961); durch Fr. **187**, 143 (1962).
[245] Schwarz, R., u. G. Trageser: Z. anorg. Ch. **208**, 70 (1932).
[246] Foster, L. S., u. R. Y. Thompson: Am. Soc. **61**, 236 (1939).
[247] Aitkenhead, W. G., u. A. R. Middleton: Ind. eng. Chem. Anal. Edit. **10**, 633 (1938).
[248] Müller, J. H., u. N. H. Smith: Am. Soc. **44**, 1909 (1922).
[249] Coase, S. A.: Analyst **59**, 462, 747 (1934).
[250] Dennis, L. M., u. E. B. Johnson: Am. Soc. **45**, 1380 (1923).
[251] Dennis, L. M., u. J. H. Hauce: Am. Soc. **44**, 299 (1922).
[252] Browning, P. E., u. S. E. Scott: Am. J. Sci. **44**, 313 (1917); **46**, 663 (1918).
[253] Cluley, H. J.: Analyst **76**, 530 (1951).
[254] Rayner, H. B.: Anal. Chem. **35**, 1097 (1963).
[255] Wada, J., u. S. Kato: Sci. Pap. Inst. Tôkyô **3**, 243 (1925); durch C. **97**, **I**, 3170 (1926).
[256] Geilmann, W., u. H. Bode: Fr. **130**, 329 (1949/50).
[257] Fischer, W., u. W. Harre: Angew. Ch. **66**, 165 (1954).
[258] Vanossi, R.: Anales Soc. cient. Argentina **139**, 29 (1945); durch [79].
[259] —: An. Argentina **32**, 164 (1944); durch [257].
[260] Huseya, M.: Jap. Analyst **12**, 555 (1963); durch Fr. **207**, 236 (1965).
[261] Gotô, H., u. Y. Kakita: Sci. Rep. Res. Inst. Tôhoku Univ., Ser. A, **11**, 1 (1959); durch Fr. **176**, 127 (1960).
[262] Nakagawa, G.: Nippon Kagaku Zasshi **81**, 1255 (1960); durch Chem. Abstr. **55**, 25598c (1961).
[263] Ladenbauer, I.-M., O. Slama u. F. Hecht: Mikrochim. A. **1955**, 118.
[264] Hahofer, E., u. F. Hecht: Mikrochim. A. **1954**, 417.
[265] Tanaka, K.: Jap. Analyst **11**, 332 (1962); durch Fr. **196**, 119 (1963).
[266] Ziegler, M.: Fr. **180**, 348 (1961).
[267] Bock, R.: Fr. **133**, 126 (1951).
[268] Bode, H.: Fr. **144**, 172 (1955).
[269] Bode, H., u. F. Neumann: Fr. **172**, 14 (1960).
[270] Luke, C. L.: Anal. Chem. **28**, 1276 (1956).
[271] Luke, C. L., u. M. E. Campbell: Anal. Chem. **25**, 1588 (1953).
[272] Beyermann, K.: Fr. **183**, 96 (1961).
[273] Bode, H., u. W. Arnswald: Fr. **185**, 193 (1962).
[274] Everest, D. A., u. J. E. Salmon: Soc. **1954**, 2438; **1955**, 1444.
[275] Yoshino, Y.: Bl. chem. Soc. Japan **28**, 382 (1955); durch Fr. **151**, 439 (1956).
[276] Nelson, F., u. K. A. Kraus: J. chromatogr. **3**, 279 (1960).
[277] Schindewolf, U., u. J. W. Irvine: Anal. Chem. **30**, 906 (1958).
[278] Klement, R., u. H. Sandmann: Fr. **145**, 332 (1955).
[279] Murase, T., u. H. Kakihana: J. chem. Soc. Japan, Pure Chem. Sect. **77**, 936 (1956); durch Anal. Abstr. **4**, 439 (1957).
[280] Kakihana, H., u. T. Murase: J. chem. Soc. Japan, Pure Chem. Sect. **75**, 907 (1954); durch Anal. Abstr. **2**, 2069 (1955).
[281] Cabbell, T. R., A. A. Orr u. J. R. Hayes: Anal. Chem. **32**, 1602 (1960).
[282] Ghe, A. M.: Ann. chim. (Roma) **50**, 1321 (1960); durch Fr. **183**, 52 (1961).
[283] Lederer, M.: Anal. chim. Acta **11**, 132 (1954).
[284] Ladenbauer, I.-M., L. K. Bradacs u. F. Hecht: Mikrochim. A. **1954**, 388.
[285] Ladenbauer, I.-M., u. F. Hecht: Mikrochim. A. **1954**, 397.
[286] Ladenbauer, I.-M.: Mikrochim. A. **1955**, 139.
[287] Ladenbauer, I.-M., u. O. Slama: Mikrochim. A. **1955**, 903.
[288] De Carvalho, R. G., u. M. Lederer: Anal. chim. Acta **13**, 437 (1955).
[289] Nagy, Z., u. E. N. Pólyik: Magyar Chem. Folyóirat **61**, 248 (1955); durch Anal. Abstr. **3**, 365 (1956).
[290] — —: Acta Chim. Acad. Sci. Hung. **16**, 9 (1958); durch Anal. Abstr. **6**, 1673 (1959).
[291] Bertorelle, E., u. G. Fanfani: Chim. e Ind. (Milano) **37**, 777 (1955); durch Anal. Abstr. **3**, 672 (1956).
[292] Ghe, A. M.: Ann. chim. (Rome) **47**, 1005 (1957); durch Fr. **163**, 394 (1958).
[293] Damon, J. M. O., u. M. G. Mellon: Anal. Chem. **30**, 1849 (1958).
[294] Phillips, C. S. G., P. Powell, J. A. Semlyen u. P. L. Timms: Fr. **197**, 207 (1963).
[295] Jirsa, F.: Z. anorg. Ch. **268**, 84 (1952).
[296] Cluley, H. J.: Analyst **76**, 530 (1951).
[297] Goldschmidt, V. M., u. C. Peters: Abh. Ges. Wiss. Göttingen, Math.-physik. Kl. **3**, 141 (1933).
[298] Morgan, G., u. G. R. Davies: J. Soc. chem. Ind. **56**, 717 (1937).

[299] WARING, C. L., u. W. P. TUCKER: Anal. Chem. **26**, 1198 (1954).
[300] KAMINSKII, V. S., u. S. Y. LEITES: Betriebslab. (russ.) **26**, 62 (1960); durch Chem. Abstr. **54**, 9249e (1960).
[301] BARYSHNIKOV, F. A., I. L. RUZINOVA u. a.: Isvest. Sibir. Otdel., Akad. Nauk SSSR **1959**, 75; durch Chem. Abstr. **54**, 7426h—27a (1960).
[302] NISHIDA, H.: Jap. Analyst **5**, 389 (1956); durch Anal. Abstr. **4**, 441 (1957).
[303] URA, M.: J. chem. Soc. Japan, Pure Chem. Sect. **78**, 316 (1957); durch Anal. Abstr. **4**, 3893 (1957).
[304] BELCHER, R., D. GIBBONS u. A. SYKES: Mikrochem. **40**, 76 (1953).
[305] SYKES, A.: Mikrochim. A. **1956**, 1155.
[306] KRAUSE, H. H., u. O. H. JOHNSON: Anal. Chem. **25**, 134 (1953).
[307] DENNIS, L. M., u. F. E. HANCE: Am. Soc. **47**, 370 (1925).
[308] MORGAN, G. T., u. H. D. K. DREW: Soc. **127**, 1767 (1925).
[309] TABERN, D. L., u. E. F. SHELBERG: Ind. eng. Chem. Anal. Edit. **4**, 401 (1932).
[310] KRAUS, C. A., u. C. L. BROWN: Am. Soc. **52**, 3693 (1930).
[311] BAUER, H., u. K. BURSCHKIES: B. **65**, 960 (1932).
[312] ANDERSON, H. H.: Am. Soc. **73**, 5800 (1951).
[313] — **74**, 1421 (1952).
[314] SMITH, F. B., u. C. A. KRAUS: Am. Soc. **74**, 1418 (1952).
[315] ROSENFELD, G.: Anal. Biochemistry **1**, 469 (1960).
[316] GILMAN, H., R. K. INGHAM u. R. D. GORSICH: Am. Soc. **76**, 918 (1954).
[317] KICK, H., u. H. ARENT: Z. Pflanzenernähr. Düng. Bodenkunde **81**, 153 (1958).
[318] BROWN, M. P., u. G. W. A. FOWLES: Anal. Chem. **30**, 1689 (1958).
[319] VITALINA, M. D., u. V. A. KLIMOVA: Zhur. Anal. Khim. (russ.) **17**, 1105 (1962); durch Fr. **208**, 373 (1965).
[320] DENNIS, L. M., R. B. COREY u. R. W. MOORE: Am. Soc. **46**, 664 (1924).
[321] DENNIS, L. M., u. N. A. SKOW: Am. Soc. **52**, 2369 (1930).
[322] ROYEN, P., u. R. SCHWARZ: Z. anorg. Ch. **215**, 295 (1933).
[323] PAYNE, S. T.: Analyst **77**, 278 (1952).
[324] FOWLER, E. W.: Analyst **88**, 380 (1963).
[325] LUKE, C. L., u. M. E. CAMPBELL: Anal. Chem. **25**, 1588 (1953).
[326] GOTÔ, H., u. Y. KAKITA: Sci. Rep. Res. Inst. Tôhoku Univ., Ser. A, **8**, 243 (1956); durch Fr. **158**, 373 (1957).
[327] LUKE, C. L.: Anal. Chem. **27**, 1150 (1955).
[328] DIBLE, W. T., E. TRUOG u. K. C. BERGER: Anal. Chem. **26**, 418 (1954).
[329] LUKE, C. L., u. M. E. CAMPBELL: Anal. Chem. **28**, 1340 (1956).
[330] NAZARENKO, V. A., JA. A. BIRJUK u. R. V. RAVICKAJA: Zhur. Anal. Khim. (russ.) **13**, 445 (1958); durch Fr. **168**, 300 (1959).
[331] NAZARENKO, V. A., u. G. G. ŠITAREVA: Betriebslab. (russ.) **24**, 932 (1958); durch Fr. **167**, 210 (1959).
[332] BABA, H.: Jap. Analyst **5**, 631 (1956); durch Fr. **158**, 385 (1957).
[333] DUCRET, L., u. C. CORNET: Anal. chim. Acta **25**, 542 (1961).
[334] BRAUER, G., u. H. RENNER: Fr. **134**, 9 (1951/52).
[335] VELEKER, T. J.: Anal. Chem. **34**, 87 (1962).
[336] VASILEVSKAJA, L. S., M. A. NOTKINA, S. A. SADOFJEVA u. A. I. KONDRAŠINA: Betriebslab. (russ.) **28**, 678 (1962); durch Fr. **196**, 220 (1963).
[337] BABADAG, T.: Fr. **207**, 328 (1965).
[338] SMALES, A. A., u. B. D. PATE: Anal. Chem. **24**, 717 (1952).
[339] MORRISON, G. H., u. J. F. COSGROVE: Anal. Chem. **28**, 320 (1956).
[340] SZEKELY, G.: Anal. Chem. **26**, 1500 (1954).
[341] GOTTFRIED, J., u. J. V. JAKOVLEV: Przemysl Chem. **9**, 179 (1959); durch Fr. **172**, 386 (1960).
[342] JASKÓLSKA, H., u. L. WODKIEWICZ: Chem. analit. (poln.) **6**, 161 (1961); durch Fr. **188**, 387 (1962).
[343] HOSTE, J.: Chem. Weekbl. **58**, 106 (1962); durch Fr. **194**, 61 (1963).
[344] RYČKOV, R. S., u. N. A. GLUCHAREVA: Betriebslab. (russ.) **27**, 1246 (1961); durch Fr. **195**, 63 (1963).
[345] HONIG, R. E.: Anal. Chem. **25**, 1530 (1953).
[346] HANNAY, N. B., u. A. J. AHEARN: Anal. Chem. **26**, 1056 (1954).
[347] RAND, M. J.: Anal. Chem. **35**, 2127 (1963).
[348] POTENZA, F., u. M. POTENZA-FIORENTINI: Metallurg. Ital. **54**, 364 (1962); durch Chem. Abstr. **58**, 10717a (1963).
[349] MANTEA, S., M. PETRESCU u. V. TRITA: Acad. rep. pop. Romine, Stud. cercet. met. **4**, 537 (1959); durch Chem. Abstr. **54**, 18935c, d (1960).

[350] NAIMARK, L. E., u. I. G. YUDELEVICH: Isvest. Akad. Nauk Kazakh SSR, Ser. Met. Obogashchen i Ogneuporow **1958**, 90; durch Chem. Abstr. **53**, 12947c—e (1959).
[351] FOMINA, K. D.: Trudy Vsesoyus, Magadansk Nauch.-Issledovatel. Inst. **1956**, 155; durch Chem. Abstr. **54**, 11839e, d (1960).
[352] KOKA, P. A., u. Z. A. CHIRKINA: Doklady Mezhvuz. Nauch. Konf. po Spektroskopii i. Spektr. Analizu, Tomskii Univ. **1960**, 35; durch Chem. Abstr. **56**, 4090c, d (1962).
[353] VAN ROOYEN, E.: S. African J. Agr. Sci. **3**, 163 (1960); durch Chem. Abstr. **55**, 9147c, d (1961).
[354] OU, S. W.: Chosun Kwahakwon Tongbo **3**, 17 (1962); durch Chem. Abstr. **58**, 6180b (1960).
[355] ARNAUTOV, N. V.: Materialy Tretei Nauch.-Tekh. Konf. Molodykt Uchenykh. Akad. Nauk SSSR, Sibirsk Otdel. Novosibirsk **1957**, 59; durch Chem. Abstr. **56**, 6270e, g (1962).

Blei

Pb; Atomgewicht 207, 21; Ordnungszahl 82.

Inhaltsübersicht.

Einleitung: Lösungsmittel für bleihaltige Substanzen 97
    1. Bleimetall und Bleilegierungen 97
    2. Bleierze, Mineralien und Hüttenerzeugnisse 98
    3. Blei in organischen Substanzen 98

Erster Teil: Gravimetrische Bestimmungsverfahren 99

A. Chemische Verfahren 99
  I. Bestimmung mit anorganischen Reagenzien . . . .
    1. Bestimmung als $PbSO_4$ 99
      Allgemeines 99
      a) Löslichkeit 99
      b) Fällungsvorschriften 100
      c) Genauigkeit 102
    2. Bestimmung als $PbCrO_4$ 103
      Allgemeines 103
      a) Löslichkeit 103
      b) Arbeitsvorschriften 103
      c) Zusammensetzung des Bleichromats 105
    3. Bestimmung als PbS 106
      Allgemeines 106
      a) Löslichkeit 106
      b) Arbeitsvorschriften 106
    4. Bestimmung als $Pb_3(PO_4)_2$ 107
      a) Löslichkeit 107
      b) Arbeitsvorschriften 107
    5. Bestimmung als $PbHPO_4$ 108
    6. Bestimmung als $PbCO_3$ 108
      a) Löslichkeit 108
      b) Arbeitsvorschrift 108
    7. Bestimmung als Pb(OH)CNS 108
      a) Löslichkeit 108
      b) Arbeitsvorschriften 109
    8. Bestimmung als $PbSO_3$ 109
      a) Löslichkeit 109
      b) Arbeitsvorschriften 109
    9. Bestimmung als $Pb(CN)_2$ 109
      a) Löslichkeit 110
      b) Arbeitsvorschriften 110
    10. Bestimmung als $PbWO_4$ 110
    11. Bestimmung als $PbHAsO_4$ 110
      a) Löslichkeit 110
      b) Arbeitsvorschrift 110
    12. Bestimmung als Bleiperjodat 110
      a) Löslichkeit 111
      b) Arbeitsvorschrift 111
    13. Bestimmung als $PbCl_2$ 111
      a) Löslichkeit 111
      b) Arbeitsvorschrift 111
  II. Bestimmung mit organischen Reagenzien 111
    Allgemeines 111

1. Bestimmung mit Oxalsäure und ihren Derivaten 112
   a) als neutrales Oxalat 112
   b) als basisches Oxalat 112
   c) als Oxalhydroxamat 112
2. Bestimmung mit 8-Oxichinolin 112
3. Bestimmung mit Salicylsäure und ihren Derivaten 113
   a) als basisches Salicylat 113
   b) als p-Aminosalicylat 113
   c) mit Salicylaldoxim 113
4. Bestimmung mit Anthranilsäure 114
5. Bestimmung mit Pikrolonsäure 114
6. Bestimmung mit Thionalid 115
7. Bestimmung mit α-Isatinoxim 116
8. Bestimmung mit Mercaptobenzimidazol 117
9. Bestimmung mit Mercaptobenzthiazol 117
10. Bestimmung mit Bismuthiol II 118
11. Bestimmung mit Dithiocarbaminsäure-Derivaten 119
    a) mit Diallyldithiocarbamidohydrazin 119
    b) mit Mono- bzw Diphenyldithiocarbamidohydrazin 119
    Arbeitsvorschriften 119
      α) für Phenyldithiocarbamidohydrazin 119
      β) für Diphenyldithiocarbamidohydrazin 119
    c) mit Phenylhydrazindithiocarbaminat 120
    d) mit Piperidindithiocarbaminat 120
12. Bestimmung mit Resorcin 121
13. Bestimmung mit Acridin 122

B. Elektroanalytische Verfahren 122

Allgemeines 122

I. Anodische Abscheidung als PbO_2 122
   1. Übersicht 122
   2. Arbeitsvorschriften 122
      a) Abscheidung mit Hilfe einer von außen angelegten Spannung 122
      b) Abscheidung durch innere Elektrolyse 137
II. Kathodische Abscheidung als Pb 137
   1. Übersicht 137
   2. Abscheidung an Pt-Kathoden 137
      a) mit Hilfe einer von außen angelegten Spannung 137
      b) durch innere Elektrolyse 139
   3. Abscheidung an einer Hg-Kathode 140
   4. Abscheidung an Woodschem Metall als Kathode 141

Zweiter Teil: Titrimetrische Bestimmungsverfahren . . 142

A. Fällungstitrationen 142

Allgemeines 142

I. Bestimmung mit anorganischen Reagenzien 142
   1. Titration mit Molybdatlösung 142
      a) Ausführung mit chemischer Indikation 142
      b) Ausführung mit elektrischer Indikation 145
   2. Titration mit Chromat- oder Dichromatlösung 145
      Allgemeines 146
      a) Ausführung mit chemischer Indikation 146
         α) direkte Titration 146
         β) indirekte Titration 147
      b) Ausführung mit elektrischer Indikation 149
   3. Titration mit Cyanoferrat II-lösung 150
      Allgemeines 150
      a) Ausführung mit chemischer Indikation 150
      b) Ausführung mit elektrischer Indikation 152
   4. Titration mit Phosphatlösung 153
   5. Titration mit Arsenatlösungen 155
      Allgemeines 155
      a) indirekte Titration 155
      b) direkte Titration 156

Inhaltsübersicht.

        6. Titration mit Arsenitlösung 156
        7. Titration mit Jodatlösung 157
           Allgemeines 157
           a) Ausführung mit chemischer Indikation (indirekte Titration) 157
           b) Ausführung mit elektrischer Indikation (direkte Titration) 157
        8. Titration mit Perjodatlösung 159
        9. Titration mit Sulfatlösung 159
           Allgemeines 159
           a) Ausführung mit chemischer Indikation 159
           b) Ausführung mit elektrischer Indikation 160
       10. Titration mit Carbonatlösung 160
           Allgemeines 160
           a) indirekte Titration 160
           b) direkte Titration 161
       11. Titration mit Sulfitlösung 162
       12. Titration mit Fluoridlösung 162
       13. Titration mit Selenitlösung 163
           a) direkte Titration 163
           b) indirekte Titration (mit elektrischer Indikation) 163
       14. Titration mit Vanadatlösung 164
       15. Titration mit Wolframatlösung 164
       16. Titration mit Sulfidlösung 164
           a) mit chemischer Indikation 164
           b) mit elektrischer Indikation 165
       17. Titration mit Thiosulfatlösung 165
  II. Bestimmung mit organischen Reagenzien 166
        1. Titration mit Ascorbinsäure 166
           Allgemeines 166
           a) Ausführung mit chemischer Indikation 166
           b) Ausführung mit elektrischer Indikation 166
        2. Titration des Bleianthranilats 166
           a) Ausführung mit chemischer Indikation 166
           b) Ausführung mit elektrischer Indikation 167
        3. Titration des Blei-p-aminosalicylats 167
        4. Titration mit Diäthyldithiocarbamidat 167
        5. Titration mit Diäthyldithiophosphat 169
        6. Titration mit Mercaptobenzthiazol 169
        7. Titration mit Mercaptophenylthiothiadiazolon 169
        8. Titration mit Oxalatlösung 170
           Allgemeines 170
           a) chemische Indikation 170
              α) indirekte Titration 170
              β) direkte Titration 170
           b) elektrische Indikation 171
        9. Titration des Blei-8-oxichinolats 172
       10. Titration mit Palmitatlösung 172
       11. Titration des Bleithionalids 173
       12. Titration mit Citratlösung 174
B. Redoxtitrationen 174
   Allgemeines 174
   I. Ausführung mit chemischer Indikation 174
        1. Direkte Titration 174
        2. Indirekte Titration 175
        3. Titration nach vorangegangener, elektrolytischer PbO_2-Abscheidung . . . 178
  II. Ausführung mit elektrischer Indikation 178
        1. Direkte Titration 178
        2. Indirekte Titration 179

C. Neutralisationstitrationen 179
   I. Ausführung mit chemischer Indikation 179
  II. Ausführung mit elektrischer Indikation 181
 III. Nach Abtrennung der Blei-ionen 181

D. Komplexbildungstitrationen 181
   Allgemeines 181
   I. Titration mit Dinatriumäthylendiamintetraacetat 181
      Allgemeines 181

1. Ausführung mit chemischer Indikation 182
   a) direkte Titration in schwachsaurer Lösung 182
   b) direkte Titration in alkalischer Lösung 185
   c) indirekte Titration (Rücktitration) 188
   d) Substitutionstitration (Verdrängungstitration) 190
2. Ausführung mit elektrischer Indikation 191
   Allgemeines 191
   a) amperometrische Indikation 191
   b) potentiometrische Indikation 191
   c) konduktometrische Indikation 192
3. Ausführung mit photometrischer Indikation 192
4. Ausführung mit thermometrischer Indikation 193
5. Coulometrische Titration 193
II. Titration mit Tartrat 193
III. Titration mit Tripolyphosphat 193

Dritter Teil: Photometrische Bestimmungsverfahren 194

Allgemeines 194

A. Direkte photometrische Verfahren 194

Allgemeines 194
I. Messung im UV 194
   1. Bestimmung als $PbCl_2$ 194
   2. Bestimmung als $Pb(ClO_4)_2$ 194
II. Messung im sichtbaren Gebiet 195
   1. Bestimmung als PbS 195
      Allgemeines 195
      a) Bestimmung in saurer Lösung 195
      b) Bestimmung in ammoniakalischer Lösung 195
   2. Bestimmung als Bleidithizonat 196
      Arbeitsvorschriften 197
      a) Colorimetrisches Einfarbenverfahren 197
      b) Photometrisches Einfarbenverfahren 197
      c) Colorimetrisches Mischfarbenverfahren 198
      d) Photometrisches Mischfarbenverfahren 198
      e) Abtrennung als Dithizonat 198
      f) Anwendungsbereich 199
   3. Bestimmung mit diversen, organischen Substanzen 199
      a) mit Resorcin 199
      b) mit 4-(2-Pyridylazo)-resorcin 199
      c) mit Omegachromschwarzblau G 200
      d) mit weiteren organischen Verbindungen 200

B. Indirekte photometrische Verfahren 200

Allgemeines 200
I. Nach Fällung als PbO_2 200
   Allgemeines 200
   1. Bestimmung mit Tetramethyldiamidodiphenylmethan 201
   2. Bestimmung mit o-Tolidin 201
   3. Bestimmung als J_2 202
II. Nach Fällung als $PbCrO_4$ Bestimmung des Chromations mit Diphenylcarbazid . 202
III. Nach Fällung als $PbMoO_4$ Bestimmung des Molybdations als Molybdän (V)-thiocyanat 203
IV. Nach Fällung als Bleithionalid Bestimmung des Thionalids mit Phosphor-Molybdän-Wolframsäure 203

C. Nephelometrische Verfahren 204
   1. Bestimmung als $PbCrO_4$ 204
   2. Bestimmung als PbJ_2 204
   3. Bestimmung als Bleithionalid 205

Vierter Teil: Polarographische Bestimmungsverfahren 205

1. Bestimmung von Pb in cyanidischer Lösung 205
2. Bestimmung von Pb in schwachsaurer Lösung 206

Fünfter Teil: Spektrochemische Bestimmungsverfahren 206
Allgemeines 206
A. Flammenspektrometrie 207
B. Emissionsspektralanalyse 207
C. Röntgenemissionsanalyse (Röntgenfluorescenz) 208

Sechster Teil: Radiochemische Bestimmungsverfahren 208

Siebenter Teil: Trennungen 210
Allgemeines 210
A. Pb neben Alkalimetallen 210
B. Pb neben Erdalkalimetallen 210
C. Pb neben Elementen der $(NH_4)_2S$-Gruppe 210
D. Pb neben anderen Elementen der H_2S- und HCl-Gruppe 211
E. Pb neben beliebigen Begleitelementen 211

Literatur 213

Einleitung.

Lösungsmittel für bleihaltige Substanzen.

1. Bleimetall und Bleilegierungen.

Als Lösungsmittel für Bleimetall und seine Legierungen kommen in erster Linie alle Mineralsäuren in Frage. In manchen Fällen bietet die Verwendung geeigneter Säuregemische wesentliche Vorteile.

Salpetersäure (1 + 1) (etwa 7 m) — 1,3 ml für 1 g Pb — zersetzt in der Wärme (konzentrierte Säure reagiert nicht) alle Bleilegierungen vollständig; Zinn und Antimon bilden Oxidhydrate und bleiben dabei weitgehend als solche ungelöst. Diese Fällungen können durch reichlichen Weinsäurezusatz verhindert werden. NISSENSON und NEUMANN [1] empfehlen für 1 g Bleilegierung 3 ml HNO_3 (1 + 1), 4 g Weinsäure und 5 ml Wasser, eine Mischung, die sich nicht wesentlich hat verbessern lassen.

Den Nachteil weinsäurehaltiger Salpetersäure — Störungen bei der Bestimmung weiterer Bestandteile bzw. Schwierigkeiten bei der Entfernung der Weinsäure — vermeidet die Verwendung einer Mischung von Salpetersäure mit einer geringen Menge Salzsäure. Nach COHEN [2] erfüllt ein Gemisch aus 150 ml HNO_3 (1 + 5) (etwa 2,3 m) und 4 ml HCl (1 + 1) (etwa 6 m) für 1 g Legierung alle Anforderungen, so daß weinsäurehaltige Gemische für die Analyse von Weichblei und Bleilegierungen völlig zu entbehren sind.

Heiße, konzentrierte Schwefelsäure — kalte oder verdünnte Säure reagiert nicht — zersetzt sämtliche Bleisorten schnell. Die sehr langsame Umsetzung reinsten Metalls mit reinster Säure kann durch Spuren Fremdionen, z. B. Zinkionen, wesentlich beschleunigt werden. Bei Verwendung eines sehr großen Säureüberschusses (20 ml je 1 g Bleispäne, was einem etwa 20fachen Überschuß entspricht) können Schwefeldioxid und Schwefel, die beim Lösen entstehen, durch langes, starkes Kochen ausgetrieben werden. Bei diesem Kochen stößt die Säure nicht. Das beim Verdünnen der Lösung mit Wasser ausfallende Bleisulfat ist nicht rein, so daß die Schwefelsäure als Lösungsmittel nur in Ausnahmefällen (z. B. für die Bestimmung von Antimon und Zinn in Bleilegierungen) Bedeutung hat.

Salzsäure löst um so rascher, je konzentrierter und heißer sie ist. Durch Zusatz von Wasserstoffperoxid lassen sich auch sämtliche Legierungskomponenten in der Hitze klar in Lösung bringen. Für 1 g Blei sind theoretisch 1,6 ml HCl (1 + 1) (etwa 6 m) erforderlich; in praxi wird etwa die 20-fache Menge angewendet. Durch Einstellen der Säurekonzentration auf etwa 8% (Minimum für die $PbCl_2$-Löslichkeit) gelingt es, 95 bis 99% des gelösten Bleis beim Abkühlen in Form stark lichtbrechender, sehr reiner Kristalle wieder auszuscheiden.

2. Bleierze, Mineralien und Hüttenerzeugnisse.

Sulfidische und oxidische Erze werden mit konz. Salzsäure (50 ml/g), konz. Salpetersäure (10 ml/g) oder einem Gemisch von halbkonzentrierter Salzsäure (40 ml/g) und konzentrierter Salpetersäure (10 ml/g) in Lösung gebracht [3, 4].

Silicathaltige Produkte werden durch Schmelzen mit Na_2O_2 oder Na_2CO_3/K_2CO_3, Bleischlacken, sofern sie größere Mengen Kieselsäure enthalten, mit Salpetersäure oder Schwefelsäure und Flußsäure aufgeschlossen.

In dem Buch „Analyse der Metalle" [510] werden für den Aufschluß von Bleierzen die drei nachstehend beschriebenen Verfahren angegeben:

a) Von calcium- und bariumhaltigen Erzen werden 2 g in einer Porzellanschale mit etwas Wasser angeschlämmt und 5 Min. mit 25 ml Salzsäure (D 1,19) gekocht. Nach Zugabe von 10 ml Salpetersäure (D 1,4) dampft man auf dem Sandbad zur Trockne ein, kocht den Eindampfrückstand mit 100 bis 200 ml Salzsäure (1 + 5) (etwa 2 m) auf und filtriert die siedendheiße Lösung. Schale und Filter werden so lange abwechselnd mit kochendem Wasser und heißer Salzsäure (1 + 5) ausgewaschen, bis das gesamte Bleichlorid in das Filtrat übergegangen ist. Zur Prüfung auf Vollständigkeit werden Schale und Filter mit Schwefelwasserstoffwasser übergossen, wobei keine Braunfärbung auftreten darf. Gegebenenfalls wird das Bleisulfid durch Bromdämpfe oxydiert und das Auswaschen des gebildeten Bleisulfats mit heißer Salzsäure und heißem Wasser so lange fortgesetzt, bis bei erneuter Nachprüfung keine Braunfärbung mehr entsteht.

Den Filterrückstand schließt man mit Natriumcarbonat auf und untersucht die Schmelze auf Blei.

b) Von Bleierzen mit mehr als 0,5% Antimon oder Zinn (Schutzbrille, bereits beim Mischen!) werden 2,5 g in einem Eisentiegel mit 12 bis 15 g Natriumperoxid geschmolzen. Sollte bei zu hohem Schwefelgehalt die Umsetzung zu stürmisch verlaufen, ist ein neuer Aufschluß durchzuführen und ein Drittel des Peroxids durch Natriumcarbonat zu ersetzen. Die abgekühlte Schmelze versetzt man in einem 800 ml-Becherglas mit 100 ml handwarmem Wasser unter einem aufgelegten Uhrglas. Nach dem Abspritzen des Tiegels wird er mit verdünnter Salzsäure ausgespült und die Lösung der Schmelze mit Salzsäure (D 1,19) vorsichtig angesäuert. Man entfernt dann das freie Chlor durch Kochen, reduziert das Eisen(III) durch allmählich zugesetztes Natriumsulfit und verkocht das Schwefel(IV)-oxid. Von einem etwaigen Löserückstand wird abfiltriert und das Filter mit verd. heißer Salzsäure und heißem Wasser bleifrei ausgewaschen.

c) Aufschluß reiner Bleierze mit Perchlorsäure. 1 g Erz wird in einer Porzellanschale mit 10 ml 60prozentiger Perchlorsäure vorsichtig erhitzt. Nach etwa 5 Min. langem Einrauchen nimmt man mit 50 ml Wasser auf und filtriert vom Rückstand ab.

3. Blei in organischen Substanzen.

Normalerweise wird mit Erfolg eine nasse — vorzugsweise mit Br_2 — oder eine trockene Veraschung zum Ziele führen, wofür bei der letzteren alkalische Zuschläge wie z. B. Calciumoxid, Natriumcarbonat o. ä. zu empfehlen sind.

Auch der Aufschluß mit Schwefelsäure und einem Oxydationsmittel ist in bestimmten Fällen zweckmäßig.

Oft kann auch, wie es z. B. bei der Untersuchung von Bleistearaten der Fall ist, eine Extraktion der organischen Komponente zum gewünschten Ziel führen. Im Falle des genannten Beispieles wird zweckmäßigerweise die Fettsäurekomponente aus der angesäuerten Aufschlämmung des Materials mit z. B. Äther entfernt. Das Blei verbleibt bei dieser Operation quantitativ in der wäßrigen Phase.

Einen Sonderfall stellt die Untersuchung flüchtiger bleiorganischer Verbindungen dar. Hier ist meist eine Destillation der einfachste Weg für eine Trennung.

Ein besonders wichtiges Beispiel ist die Bleibestimmung in flüssigen Treibstoffen. Nach ASTM [517] wird dabei wie folgt verfahren: In eine spezielle Extraktionsapparatur werden 50 ml Treibstoff zusammen mit 50 ml Schwerbenzin und 50 ml HCl konz. eingebracht. Unter Rückfluß wird die Mischung 30 Min. im schwachen Sieden gehalten. Danach wird die wäßrige Phase abgelassen und die in der Apparatur verbleibende organische zweimal mit je 50 ml Wasser nochmals für je 5 Min. zum Sieden erhitzt. Die vereinigten, wäßrigen Phasen werden schließlich entweder titrimetrisch oder polarographisch auf ihren Pb-Gehalt untersucht, wobei je nach dem gewählten Bestimmungsverfahren noch eine Zerstörung gegebenenfalls mitextrahierter organischer Verbindungen, z. B. durch Abrauchen mit konz. HNO_3 oder Behandeln mit einer Mischung aus HNO_3 und $KClO_3$, voranzugehen hat.

Erster Teil:
Gravimetrische Bestimmungsverfahren.

A. Chemische Verfahren.

I. Bestimmung mit anorganischen Reagenzien.

1. Bestimmung als $PbSO_4$.

Allgemeines. Die Fällung des Bleis als Sulfat stellt das gebräuchlichste Verfahren der gravimetrischen Bestimmung dar. Das Bleisulfat ist sowohl als Abscheidungsform wie als Wägungsform geeignet. Die Fällung ist — von den Erdalkalien abgesehen — spezifisch. Das Bleisulfat reißt jedoch eine ganze Reihe von als Lösungsgenossen vorliegenden Kationen in wechselndem Umfang mit, so daß häufig eine Umfällung erforderlich ist, für die von der guten Löslichkeit des $PbSO_4$ in Ammoniumacetatlösung Gebrauch gemacht wird; es wird dabei jedoch vielfach der Wiederausfällung des Bleis als Chromat oder Molybdat der Vorzug gegeben. Bei Gegenwart von Erdalkalien stößt die Umfällung auf Schwierigkeiten, so daß dann von vornherein zweckmäßigerweise andere Fällungsformen gewählt werden.

Tabelle 1. *Löslichkeit von $PbSO_4$ in Schwefelsäure niedriger und mittlerer Konzentration.*

H_2SO_4-Konzentration in %	Löslichkeit mg $PbSO_4$ in 100 g Lösung
1	0,22
5	0,20
10	0,16
20	0,12
30	0,12
40	0,12
50	0,12
60	0,12
70	0,18
80	1,15

Der Vorzug der Sulfatfällung liegt in ihrer Einfachheit, wobei die Schwerlöslichkeit des $PbSO_4$ eine befriedigende Genauigkeit zu erreichen gestattet.

a) Löslichkeit des Bleisulfats.

Die Löslichkeit des Bleisulfats beträgt bei 18 °C 4,1 mg in 100 g Wasser, entsprechend $1{,}35 \cdot 10^{-4}$ Mol/l (5, 6, 7). Bei 30 °C lösen sich 4,4 mg in der gleichen Wassermenge (7, 8, 9).

Für den Einfluß von Schwefelsäure auf die PbSO$_4$-Löslichkeit geben CROCKFORD und BRAWLEY [10] die im folgenden auszugsweise wiedergegebenen Werte (Tab. 1).

Die Messungen der genannten beiden Autoren werden von PURDUM und RUTHERFORD [11] gut bestätigt.

Die mit weiter steigender H$_2$SO$_4$-Konzentration erheblich zunehmende PbSO$_4$-Löslichkeit ist von DITZ und KANHÄUSER [12] wie folgt gemessen worden (Tab. 2).

Andere Mineralsäuren erhöhen die Löslichkeit des Bleisulfats. Genaue Zahlenangaben hierüber liegen ebensowenig vor wie über die Löslichkeitsverminderung durch Zusatz von Alkohol.

Über den löslichkeitsmindernden Einfluß von Pb(NO$_3$)$_2$ und Na$_2$SO$_4$ sind von KOLTHOFF und ROSENBLUM [9] genauere Messungen angestellt worden, auf die hier verwiesen sei.

Der löslichkeitserhöhende Einfluß höherer Alkalisalzkonzentrationen ergibt sich aus den Untersuchungen von KARAOGLANOV und SOGORTSCHEV [13]. Da bei den rein analytischen Arbeiten dieser Autoren ein gewisser Einfluß weiterer Faktoren nicht ausgeschlossen wurde, ist es nicht möglich, ihre Ergebnisse tabellarisch darzustellen. Weitere Angaben darüber siehe bei der Behandlung der Analysenvorschriften dieser Verfasser (S. 102).

Überraschenderweise liegen auch für die Löslichkeit von Bleisulfat in Ammoniumacetat — eine Eigenschaft, die von großer analytischer Bedeutung ist — nur sehr wenige Messungen vor.

Tabelle 2. *Löslichkeit von PbSO$_4$ in konz. H$_2$SO$_4$ und in Oleum.*

H$_2$SO$_4$-Konzentration		Löslichkeit
% H$_2$SO$_4$	% freies SO$_3$	mg PbSO$_4$ in 100 g Lösung
91,3	—	77
96,0	—	260
98,1	—	970
98,6	—	2360
99,5	—	4500
100,0	0,04	7710
100,5	2,2	6630
101,5	6,4	6920
102,5	11,1	10990
105,0	22,4	15050

Tabelle 3. *Löslichkeit von PbSO$_4$ in Ammoniumacetat-Lösung.*

Ammoniumacetat-Konzentration in g/100 g Lösung	Löslichkeit des PbSO$_4$ bei 25 °C je 100 g Ammoniumacetat-Lösung in mg	
0,000	4,1	
0,796	63,6	(16)
1,591	137	
3,17	304	
5,34	560	
10,68	1680	(17)
21,37	3890	

Bei 100 °C lösen sich in 100 g 3 n Ammoniumacetat-Lösung etwa 6,15 g PbSO (17)

Die Untersuchungen von MAJDEL [14] sowie von SCOTT und ALLDREDGE [15] hierüber sind qualitativer Art und behandeln den Einfluß gleichzeitig anwesender Erdalkalisulfate auf die Löslichkeit des Bleisulfats.

Echte Löslichkeiten für PbSO$_4$ in Ammoniumacetatlösungen haben NOYES und WHITCOMB [16] sowie MARDEN [17] bei 25 °C bestimmt. Die Angaben von MARDEN für 100 °C beziehen sich auf die bei 10 minütigem Rühren in Lösung gegangene PbSO$_4$-Menge. Der Verfasser macht keine Angaben darüber, aus welchem Grunde er diese Arbeitsweise gewählt hat und ob sie zum Gleichgewicht führt (Tab. 3).

b) **Fällungsvorschriften.**

Die gebräuchlichste Fällungsvorschrift ist bei den verschiedenen Autoren [18, 19, 20, 21] praktisch dieselbe. Sie ist von KARAOGLANOV [13] kritisch untersucht und in ihrem Anwendungsbereich sowie ihrer Genauigkeit klar umrissen worden. Verbesserungsvorschläge an der Methode selbst sind von KARAOGLANOV nicht gemacht worden. Das gleiche gilt für eine weitere, ebenfalls von KARAOGLANOV untersuchte Modifikation der PbSO$_4$-Methode, die eine Zeitersparnis anstrebt. Von ihr und einer weiteren von KARAOGLANOV erprobten Vereinfachung wird anschließend an die Normalmethode noch die Rede sein.

α) Die zu fällende Lösung (etwa 100 ml) soll 0,1 bis 1 g Pb als Nitrat enthalten. Die Gegenwart von viel Chlorid führt zu einem $PbCl_2$ enthaltenden $PbSO_4$ und damit zu Unterwerten. Größere Mengen HCl sind deshalb vor der Fällung durch Abrauchen mit HNO_3 zu entfernen.

Arbeitsvorschrift. Nach Zugabe von etwa 5 ml H_2SO_4 (1 + 1) (etwa 9 m) wird die Lösung in einer kleinen Porzellanschale oder -kasserole erhitzt (Heizplatte, Sandbad, Luftbad, Oberflächenerhitzer). Nach dem Vertreiben des Wassers entweichen dabei braune Stickstoffoxide, später dichte reinweiße Dämpfe von Schwefelsäure. Wenn die Hauptmenge der H_2SO_4 vertrieben ist — der Rückstand muß noch feucht bleiben — wird abgekühlt und zur Entfernung letzter Anteile stickstoffhaltiger Säuren mit 1 bis 2 ml H_2SO_4 (1 + 1) versetzt. Darauf wird nochmals bis zum Rauchen erhitzt. Durch die Wärmebehandlung und durch langsames Abkühlen wird erreicht, daß das $PbSO_4$ möglichst grobkristallin wird. Der erhaltene Rückstand wird mit 30 ml H_2O versetzt und aufgekocht. Dann überläßt man die Fällung bei Zimmertemperatur mindestens 3 Stunden sich selbst.

Zum Abfiltrieren des Bleisulfats verwendet man einen Porzellanfiltertiegel (Filtrierpapier reduziert beim Verglühen und ist deshalb nicht zu empfehlen), als Waschflüssigkeit eine 2 bis 3%ige Ammoniumsulfatlösung. Auch kalte verd. H_2SO_4 (1 + 19) (etwa 0,9 m) sowie Schwefelsäure gleicher Konzentration, in der etwa 50% Wasser durch 96%iges Äthanol [22] ersetzt sind, werden als Waschlösung genannt. Die ASTM-Vorschrift [23] empfiehlt sogenannte Blei-Säure (lead acid), eine mit $PbSO_4$ gesättigte, verdünnte Schwefelsäure (1 + 7) (etwa 2,3 m). Weiterhin wird von einigen Autoren ein Nachwaschen mit 96%igem Äthanol empfohlen.

Nach dem Trocknen bei etwa 100 °C wird der Tiegel mit dem $PbSO_4$ durch Glühen bei schwacher Rotglut zur Gewichtskonstanz gebracht. Die Angaben für die beste Glühtemperatur schwanken zwischen 400 und 600 °C. Es besteht jedoch allgemein Einigkeit darüber, daß bei Erhitzen über 600 °C Unterwerte infolge Abspaltung von SO_3 auftreten. Nach DUVAL [24] dagegen soll $PbSO_4$ bis 959 °C stabil sein. Der Umrechnungsfaktor von $PbSO_4$ auf Pb beträgt: 0,6832, derjenige auf PbO: 0,7360.

β) Eine Vorschrift, nach der es auch ohne zweimaliges Eindampfen der Analysenlösung bis zum Rauchen der H_2SO_4 möglich ist, zu brauchbaren Ergebnissen zu kommen, stammt von DITTRICH und REISE [25]. Wesentlich ist bei ihr die Fällung einer neutralen Pb^{++}-Lösung mit $(NH_4)_2SO_4$. WINKLER [26] hat ihr nach einer gründlichen Nachprüfung die folgende Form gegeben.

Arbeitsvorschrift. Die 100 ml betragende, 0,6 bis 0,01 g (am besten 0,35 g) Pb enthaltende, neutrale Nitrat- oder Chlorid-Lösung, die sich in einem 250 ml-Becherglas befindet, wird mit 1 ml n HNO_3 versetzt und zum Sieden erhitzt. Zu der kochend heißen, aber von der Wärmequelle entfernten Lösung läßt man unter Umschwenken aus einem Meßzylinder in dünnem Strahl 10 ml $(NH_4)_2SO_4$-Lösung (10 g in H_2O zu 100 ml gelöst) derart zufließen, daß die Becherglaswand nicht getroffen wird. Nach einigen Minuten rührt man den Niederschlag auf, läßt ihn dann über Nacht stehen und sammelt ihn in einem Kelchtrichter auf einem Wattebausch (Vgl. aber letzten Absatz). Er wird mit 50 ml kalter, gesättigter, wäßriger $PbSO_4$-Lösung gewaschen, deren Reste abgesaugt werden. Der Trichterrand wird mit 1 bis 2 ml verdünntem Alkohol rein gewaschen. Den Niederschlag läßt man 2 Stunden bei 130 °C trocknen. — Bei der Fällung kleiner Pb-Mengen (10 mg) sollen vor der $(NH_4)_2SO_4$-Zugabe der zu fällenden Lösung je 100 ml 25 ml 96%iges Äthanol zugesetzt werden. Dadurch wird ein körniges $PbSO_4$ erzielt und seine Löslichkeit soweit zurückgedrängt, daß vollbefriedigende Resultate erhalten werden.

Enthält die Ausgangslösung größere Mengen freier Säure, so wird sie zur Trockne eingedampft; enthält sie nur geringe Mengen, so wird sie zunächst mit $(NH_4)_2CO_3$-Lösung neutralisiert und dann mit 1 ml n HNO_3 angesäuert.

Die wohl im Interesse einer Zeitersparnis gewählte, niedere Trocknungstemperatur und die dabei mögliche Verwendung von Watte als Filtermedium sind umstritten [27] und haben sich nicht eingeführt. Sie sind jedoch kein wesentlicher Bestandteil der Dittrich-Reiseschen Methode. KARAOGLANOV [13] hat bei der Nachprüfung der Winklerschen Arbeitsvorschrift das $PbSO_4$ in einem Porzellan-Filtertiegel geglüht und dabei die Befunde von WINKLER gut bestätigt.

γ) Zu einer weiteren Modifikation der Sulfatmethode, die ebenfalls ohne Abrauchen arbeitet, haben KARAOGLANOVs Untersuchungen der Normalmethode und der Dittrich-Reiseschen geführt.

Arbeitsvorschrift. Man fällt die siedendheiße Analysenlösung mit Schwefelsäure (1 + 30) (etwa 0,6 m), läßt über Nacht stehen und filtriert dann durch einen Gooch-Tiegel. Auch hier werden die besten Ergebnisse (nur geringe Unterwerte) bei der Fällung neutraler Bleinitratlösungen erhalten. Bei Anwesenheit von Salpetersäure, Salzsäure oder Bromwasserstoffsäure treten Unterwerte auf, die umso größer sind, je größer die Menge freie Säure ist.

δ) DICK [28] verzichtet auf das Glühen und Trocknen des $PbSO_4$-Niederschlags bei erhöhter Temperatur. Er empfiehlt, die nach einem der vorstehend genannten Verfahren erhaltene Fällung längere Zeit (einige Stunden) in 50%ig äthanolischer Lösung stehen zu lassen und sie dann über einen Porzellanfiltertiegel abzusaugen. Der Filterrückstand wird zunächst mit schwach schwefelsaurem Wasser, dann mit 96%igem Äthanol und schließlich mit Äther gründlich gewaschen. Die Ätherreste werden an der Wasserstrahlpumpe verflüchtigt.

ε) Die Bestimmung des Bleis als Sulfat durch Fällung aus homogener Lösung wird von ELVING und ZOOK [29] vorgeschlagen. Die erforderlichen SO_4-Ionen werden dabei durch Hydrolyse von Dimethylsulfat in Methanol enthaltender Lösung erzeugt; das Methanol reguliert die Hydrolysegeschwindigkeit und setzt gleichzeitig die $PbSO_4$-Löslichkeit herab. Die Methanolkonzentration muß der Pb-Menge angepaßt sein. Die besten Bedingungen sind für 1 mg Pb 80%ige Methanollösung und 2-stündige Digestion, für 10 mg Pb und mehr 70%ige Methanollösung und 1-stündige Digestion. Das Dimethylsulfat wird in reinen Pb-Lösungen in 100-fachem Überschuß, in Gegenwart großer Mengen an Fremdionen in 200-fachem angewendet. Der $PbSO_4$-Niederschlag ist körnig und gut filtrierbar. Mn und Ni stören nicht, Cu und Zn nur unwesentlich; Fe^{III} und Al hingegen führen zu Unterwerten. Größere NO_3^--Mengen werden vor der Pb-Bestimmung entfernt.

Arbeitsvorschrift. Eine Lösung von 10 bis 100 mg Blei als Nitrat versetzt man in einem 250 ml-Becherglas mit 70 ml Methanol, ergänzt mit Wasser auf 98 ml, fügt 2 ml Dimethylsulfat hinzu, deckt das Glas ab und bringt es auf ein Dampfbad. Bei dem nachfolgenden 1-stündigen Digerieren wird mit 70%igem Methanol stets wieder zum ursprünglichen Volumen aufgefüllt. Dann kühlt man in einem Eisbad ab und läßt die Lösung etwa 30 Minuten darin stehen. Man überführt den Niederschlag mit einem Minimum an 70%igem Methanol in einen Filtertiegel, trocknet 15 Minuten bei 120 °C, erhitzt anschließend 1 Stunde lang auf 550 °C und wägt schließlich als $PbSO_4$.

c) Genauigkeit.

Angaben über die Reproduzierbarkeit der $PbSO_4$-Methode sind nicht veröffentlicht. Über die Richtigkeit ihrer drei verschiedenen Ausführungsformen hat KARAOGLANOV einige Zahlen gegeben.

Bei Anwendung des unter b,α beschriebenen Verfahrens liegt der Unterwert bei der Analyse von Lösungen, die frei sind von störenden Ionen, bei Pb-Mengen von 0,13 bis 0,3 g bei etwa 0,1 bis 0,3%. WDOWISZEWSKI [22] hat für Pb-Mengen zwischen

200 und 1000 mg Pb(NO$_3$)$_2$ Abweichungen von —0,5 mg bis +0,3 mg vom Sollwert erhalten. Durch Salpetersäure und Salzsäure wird der Fehler bis auf —1% erhöht. Bromwasserstoffsäure verursacht Überwerte von 0,1 bis 0,4%.

Bei der Fällung mit Ammoniumsulfat (b, β) werden von WINKLER für reine Bleisalzlösungen je nach Einwaage (70 bis 700 mg Pb) Abweichungen von +0,5% bis —0,1% erhalten, Zahlen, die von KARAOGLANOV bestätigt werden. Salpetersäure und Halogenwasserstoffsäuren führen hier sämtlich zu Unterwerten, die mit der Menge der vorhandenen Säure zunehmen und zwischen 0,5 und 1% liegen. NH$_4$NO$_3$ und NaNO$_3$ sind auch in Gegenwart größerer Mengen (bis zu 5 g) ohne nachteiligen Einfluß auf die Genauigkeit. KNO$_3$ dagegen bewirkt infolge Bildung schwerlöslicher Doppelsulfate Überwerte.

Für die Richtigkeit der vereinfachten H$_2$SO$_4$-Methode (b, γ) brauchen die Zahlenangaben im einzelnen hier nicht aufgeführt zu werden; sie sind etwa dieselben wie die für das vorangegangene Verfahren genannten.

Nach der Arbeitsweise von DICK (b, δ) wurden von dem Autor für Pb-Mengen zwischen 150 und 350 mg auf ± 0,2% genaue Resultate erhalten.

2. Bestimmung als PbCrO$_4$.

Allgemeines. Die Fällung des Bleis als Chromat ist nach der Sulfatfällung das verbreitetste Verfahren für die gravimetrische Pb-Bestimmung. Sie hat besondere Bedeutung für die Ausfällung des Bleis aus den Lösungen von PbSO$_4$ in Ammoniumacetat. Das Bleichromat ist — ebenso wie PbSO$_4$ — Abscheidungs- und Wägungsform. Die Fällung ist bei geeigneter Wahl der Acidität weitgehend spezifisch. Das PbCrO$_4$ reißt jedoch — ähnlich wie PbSO$_4$ — eine Reihe von als Lösungsgenossen vorliegenden Kationen mit, so daß auch hier vielfach Umfällungen erforderlich werden. Die PbCrO$_4$-Fällung hängt jedoch weniger stark von den Versuchsbedingungen ab als die PbSO$_4$-Fällung und ist einfacher durchführbar als jene.

Die Zusammensetzung des Bleichromats kann je nach den Fällungsbedingungen in positiver und negativer Richtung von der stöchiometrischen abweichen.

a) **Löslichkeit des Bleichromats.**

Das Bleichromat ist in Wasser weniger löslich als das Bleisulfat. Die Löslichkeit wird von HUYBRECHTS und DEGARD [30] für H$_2$O (p_H 6,27) mit 0,17 ± 0,02 mg/l bei 20 °C angegeben. Sie bestätigen damit recht gut Werte von v. HEVESY und PANETH [31], die die Löslichkeit für 25 °C mit $1,2 \cdot 10^{-5}$ g/100 g Lösung bestimmt hatten und die Messungen von KOHLRAUSCH [33], der sie für 18 °C zu $1,29 \cdot 10^{-5}$ g/100 g Lösung (= $4 \cdot 10^{-7}$ Mol/l) ermittelt hatte. Weniger gut dagegen ist die Übereinstimmung mit Werten von v. HEVESY und RONA [32], die für 20 °C eine Löslichkeit von $0,64 \cdot 10^{-5}$ g/100 g Lösung erhalten hatten.

b) *Arbeitsvorschriften.*

Das schon sehr lange bekannte Verfahren (FRESENIUS 1875 [34]) wurde bereits von DIEHL [35] als gut brauchbar empfohlen und von BULL [36] als dem PbSO$_4$-Verfahren gleichwertig bezeichnet. Es ist in jüngerer Zeit von KARAOGLANOV und SAGORTSCHEV [13] erneut eingehend untersucht worden und von ihnen in Übereinstimmung mit WDOWISZEWSKI [22] wie folgt formuliert worden:

α) Eine praktisch neutrale Pb(NO$_3$)$_2$-Lösung wird zum Sieden erhitzt und so mit (NH$_4$)$_2$CrO$_4$-Lösung versetzt, daß die Pb-Fällung etwa 10 Minuten dauert. Der Niederschlag wird über Nacht abstehen lassen, über einen Gooch-Tiegel abfiltriert und mit heißem Wasser gewaschen. Nach dem Trocknen bei 130 bis 140 °C wird er gewogen. Der Umrechnungsfaktor für PbCrO$_4$ zu Pb ist 0,6401.

Eine zu rasche Fällung führt nach KARAOGLANOV und SAGORTSCHEV zu Überwerten. Bei Einhaltung der gegebenen Vorschrift werden auf ± 0,1% genaue Resultate erhalten, die weitgehend unabhängig von der Pb-Menge, der Konzentration der zu fällenden Lösung und derjenigen des Fällungsmittels sind. Freie Säuren (HNO_3, HCl und HBr) verursachen verständlicherweise Unterwerte. Von den Alkalisalzen sind die Nitrate ohne Einfluß; die Chloride verursachen Unter-, die Bromide Überwerte [37]. Wichtig ist, daß auch Ammoniumacetat ohne Einfluß auf die Resultate ist.

Die gute Brauchbarkeit dieses Verfahrens wird von BUCHERER und MEIER [38] sowie von GEILMANN und BODE [39] bestätigt.

β) Anstelle von Ammoniumchromat verwendet GUZELJ [40] bei sonst praktisch gleicher Arbeitsweise $K_2Cr_2O_7$ als Fällungsmittel. Seine Fällungsvorschrift lautet: 30 ml 0,033 n $Pb(NO_3)_2$-Lösung werden mit 100 ml H_2O verdünnt und zum Sieden erhitzt. Das Blei wird durch tropfenweisen Zusatz von 20 ml einer 0,025 m $K_2Cr_2O_7$-Lösung unter starkem Rühren gefällt. Die Fällungsdauer soll etwa 5 Minuten betragen. Nach beendeter Fällung hält man die Lösung noch 2 Minuten im Sieden und läßt dann über Nacht bei Zimmertemperatur stehen. Der Niederschlag wird über einen Filtertiegel abfiltriert und nach gutem Auswaschen mit heißem Wasser ½ Std. lang bei 110 °C getrocknet.

Das so vorgetrocknete $PbCrO_4$ wird dann aber in Abweichung von der unter α) gegebenen Vorschrift 10 Minuten lang bei 600 °C geglüht. Dabei werden sehr brauchbare Resultate erhalten, die mit Unterwerten von höchstens 0,06% behaftet sind, während beim Trocknen bei 140 °C stets Überwerte von bis zu 0,5% erhalten werden.

Der Einfluß von CH_3COONH_4 und HNO_3 auf die Analysenergebnisse ist in der gleichen Weise wie nach dem Karaoglanovschen Verfahren vorhanden. Die in Gegenwart von Ammoniumacetat (2 bis 40 g/100 ml Lösung) erhaltenen Ergebnisse sind lediglich mit Fehlern zwischen − 0,18% und + 0,06% behaftet; dagegen werden in 0,2 n salpetersaurer Lösung Unterwerte von 1%, in n salpetersaurer Lösung bereits solche von − 10% erhalten.

Freie Essigsäure wirkt sich praktisch nicht auf die Genauigkeit der Bestimmung aus. 70 ml 10 n CH_3COOH bewirken Fehler von maximal nur − 0,4%. Diese Ergebnisse stehen in einem gewissen Widerspruch zu Angaben von FAIRHALL und AKATSUKA [41] sowie von GOODE [42], die einen löslichkeitserhöhenden Einfluß der Essigsäure festgestellt haben und darauf hinweisen, daß kleine Pb-Mengen in Gegenwart größerer Essigsäuremengen nicht mit CrO_4^{2-} gefällt werden können.

Bei Fällung aus schwach ammoniakalischen Lösungen peptisiert das $PbCrO_4$ z. T. und wird sehr schwer filtrierbar. Aus stärker ammoniakalischen Lösungen gefälltes $PbCrO_4$ ist infolge Bildung von $(PbOH)_2CrO_4$ mit Unterwerten behaftet.

Wird Pb aus stärker konzentrierten Lösungen gefällt, werden infolge Mitreißens an dem hier oft feindispers ausfallenden $PbCrO_4$ Überwerte erhalten. Besonders hohe Überwerte treten bei der Fällung mit großen CrO_4^{2-}-Überschüssen auf, weil dann sehr viel CrO_4^{2-} am Niederschlag adsorbiert ist.

Nach der hier gegebenen Vorschrift ist die Fällung von 1 g in Ammoniumacetat-Lösung gelöstem $PbSO_4$ mit Fehlern von < 0,1% ausführbar.

γ) Von BROWN, MOSS und WILLIAMS [43] wird die Fällung von $PbCrO_4$ aus überchlorsaurer Lösung vorgeschlagen, weil $PbCrO_4$ darin viel weniger löslich ist als in schwach salpetersaurer Lösung.

0,5 g Substanz werden in HNO_3 gelöst, mit 10 bis 15 ml 6%iger $HClO_4$ versetzt und zur Vertreibung der HNO_3 bis zum Rauchen der $HClO_4$ erhitzt. Nach Verdünnen mit Wasser auf 200 ml wird auf 70 °C erwärmt, danach unter Rühren langsam $K_2Cr_2O_7$-Lösung zugegeben, bis die Farbe der Analysenlösung einer solchen gleicht, die im gleichen Volumen 5 bis 20 ml 0,1 n $K_2Cr_2O_7$-Lösung enthält. Nach dem Abkühlen auf Zimmertemperatur wird der Niederschlag über einen Filtertiegel filtriert, mit der geringstmöglichen Menge 0,6%iger $HClO_4$ gewaschen, trocken gesaugt und allmählich bis zur Rotglut erhitzt.

Der Niederschlag ist stöchiometrisch zusammengesetzt. Die Beleganalysen zeigen eine Abweichung vom Sollwert von im Mittel nur ±0,1 mg, was unter günstigen Bedingungen einem Fehler von ± 0,025% entspräche.

δ) Für die Fällung sehr kleiner Pb-Mengen werden von HÖLL [44] die folgenden Angaben gemacht:

20 μg Pb können in 15 ml Lösung gefällt werden, wenn sowohl die Natriumacetat- als auch die Essigsäurekonzentration < 5% und diejenige an $K_2Cr_2O_7$ > 3% ist. Bei der Fällung soll die bleihaltige Lösung zur Chromatlösung gegeben werden. Nach der Fällung soll die Lösung mindestens 2 Stunden stehen bleiben, ehe sie filtriert werden kann. Ein Erwärmen ist ohne positiven Einfluß.

ε) Die Fällung aus homogener Lösung empfehlen HOFFMAN und BRANDT [45]. Das Fällungsmittel wird dabei durch Oxidation von Cr^{III} mit BrO_3^- in neutraler Lösung erzeugt. Da diese Umsetzung nur langsam erfolgt, werden recht große $PbCrO_4$-Kristalle erhalten, die sich durch eine sehr hohe Reinheit auszeichnen sollen. Es wird die folgende *Arbeitsvorschrift.* gegeben:

0,1 bis 0,2 g Pb in etwa 100 ml H_2O werden mit verd. NaOH neutralisiert, bis eine Fällung aufzutreten beginnt, die durch Zugabe von 10 ml einer Acetatpufferlösung, die 6 m an Ameisensäure und 0,6 m an Natriumacetat ist, wieder in Lösung gebracht wird. Nach Zugabe von 10 ml Chrom-III-nitratlösung (24 g/l) sowie 10 ml $KBrO_3$-Lösung (20 g/l) wird auf 90 bis 95 °C erwärmt. Die Fällung des Pb ist nach etwa $1/2$ bis $3/4$ Std. beendet, was sich an der klargewordenen, über dem Bodenkörper stehenden Flüssigkeit erkennen läßt. Nach Abkühlen auf Zimmertemperatur wird der Niederschlag über einen Gooch-Tiegel abfiltriert, mit 0,1%iger HNO_3 gewaschen (nur geringe Menge erforderlich) und bei 120 °C bis zur Gewichtskonstanz getrocknet.

Der mittlere Fehler dieser Arbeitsweise ist anhand der mitgeteilten Beleganalysen mit ± 0,3% abzuschätzen; dies gilt auch in Gegenwart von Al, Fe, Ni, Cu, Zn, Ba, Cd, Bi und Hg. Störungen treten auf, wenn Cr^{III} in Form von Komplexen vorliegt, wenn Ammoniumsalze in der Analysenlösung vorhanden sind (infolge BrO_3-Verbrauchs für die Oxidation von NH_4^+ zu N_2) oder wenn die Lösung zu sauer ist. Acetat stört nur, wenn es in praktisch gesättigter Lösung vorliegt; die Anionen starker Mineralsäuren — ausgenommen SO_4^{--} — sind ohne Einfluß.

c) Zusammensetzung des $PbCrO_4$.

Für die Umrechnung des $PbCrO_4$ in Pb wird in den Logarithmischen Rechentafeln von F. W. KÜSTER und A. THIEL [46] ein empirischer Faktor 0,6401 an Stelle des um etwa 0,15% höheren theoretischen 0,6411 angegeben. Dieser Faktor trägt der allgemeinen Erfahrung Rechnung, nach der das $PbCrO_4$-Verfahren eine Tendenz zu Überwerten für Pb zeigt. Es geht auf Untersuchungen des Chemikerfachausschusses der Gesellschaft „Metall und Erz" [47] zurück. Demnach ist der empirische Faktor weitgehend konstant und weder von dem Volumen der zu fällenden Lösung noch der Geschwindigkeit der Chromatzugabe noch von der Menge sowie der Konzentration der CrO_4^{2-}-Lösung ($K_2Cr_2O_7$) noch von der Temperatur wesentlich abhängig.

Von GROTE [48] wird ein Faktor 0,6378 vorgeschlagen, von VASTAGH [49] ein noch niedrigerer: 0,6341. GROTE begründet die Notwendigkeit der Verwendung eines empirischen Faktors damit, daß $PbCrO_4$ etwa 0,5% seines Gewichtes an freien CrO_4-Ionen adsorbiert. Das Ausmaß der Adsorption soll abhängig sein von der Art des zur Fällung verwendeten Chromatsalzes. Er selbst arbeitete mit $K_2Cr_2O_7$-Lösung, VASTAGH dagegen mit K_2CrO_4.

KOLTHOFF und EGGERTSEN [50], die auf radiochemischem Wege die Adsorptionseigenschaften von $PbCrO_4$-Oberflächen untersucht haben, geben dagegen keinen Hinweis auf eine Adsorption von überschüssigen CrO_4-Ionen.

Zusammenfassend kann gesagt werden, daß auf Grund des publizierten Zahlenmaterials dem Faktor 0,6401 die größte Wahrscheinlichkeit zukommt.

3. Bestimmung als PbS.

Allgemeines. Die gravimetrische Bestimmung des Bleis als PbS ist verschiedentlich Gegenstand eingehender Untersuchungen gewesen. Während älteren Arbeiten zu entnehmen ist, daß sich das gefällte PbS nicht unmittelbar als Wägungsform eignet, trifft dies nach neueren Untersuchungen doch zu. Die Bedeutung dieses Verfahrens ist dennoch gering geblieben.

a) **Löslichkeit des PbS.**

Für gefälltes PbS wird von WEIGEL [51] eine Löslichkeit von $8,6 \cdot 10^{-5}$ g/100 g Lösung bei 18 °C mitgeteilt. Natürlicher oder synthetischer Bleiglanz hat dagegen bei der gleichen Temperatur nur eine Löslichkeit von $2,9 \cdot 10^{-5}$ g/100 g Lösung. Für 25 °C geben v. HEVESY und PANETH [31] die Löslichkeit mit $3 \cdot 10^{-5}$ g/100 g Lösung an. Zu erheblich höheren Löslichkeiten für die gleiche Temperatur kommen KARAOGLANOV und SAGORTSCHEV [52], die sie mit $1,5 \cdot 10^{-4}$ Mol/l (entsprechend etwa 3,6 mal 10^{-3} g/100 g Lösung) für amorphes PbS und mit $1,3 \cdot 10^{-4}$ Mol/l für kristallines angeben. Dagegen rechnet MICKWITZ [53] für frischgefälltes PbS bei 16 bis 17° nur mit einer Löslichkeit von 0,08 mg PbS/l, entsprechend etwa $3 \cdot 10^{-7}$ Mol/l.

b) *Arbeitsvorschriften.*

α) Nach MOSER und NEUSSER [54] sind für die gravimetrische Bleibestimmung als PbS weniger die Bedingungen bei der Fällung als diejenigen beim Trocknen von Bedeutung.

Sie fällen PbS aus schwach salpetersauren $Pb(NO_3)_2$-Lösungen mit H_2S aus und erhalten dabei Niederschläge, die etwa 0,7% freien Schwefel enthalten. Beim Erhitzen des abgetrennten Niederschlags im H_2S-Strom auf 310 bis 520 °C sublimiert der im Überschuß vorhandene Schwefel ab, und es wird ein reines, amorphes PbS erhalten. Bei Temperaturen von über 570 °C ist PbS selbst bereits merklich flüchtig. Es werden dadurch Angaben von SOUCHAY [55] bestätigt, der PbS-Verluste beim Arbeiten nach einer Vorschrift von CLASSEN [56], das gefällte PbS mit Schwefel zu vermischen und hoch zu erhitzen, erhalten hatte.

Völlig analoge Verhältnisse werden von MOSER und NEUSSER auch beim Erhitzen von PbS im H_2-Strom erhalten. Auch dabei wird bei Temperaturen zwischen 300 und 550 °C ein reines, schwefelfreies PbS erhalten.

Das Verfahren soll sich gut für die Reinheitskontrolle von $PbSO_4$ eignen, das bei 1-stündigem Erhitzen im H_2S-Strom auf 370 °C — ebenso wie PbO, $PbCO_3$ und $PbCl_2$ — quantitativ in PbS übergeht.

β) Von BRUNCK [57] werden die Verhältnisse bei der PbS-Fällung näher untersucht. Er stellt fest, daß beim Einleiten von H_2S in kalte oder heiße, schwach salzsaure Pb^{2+}-Lösungen amorphes PbS gefällt wird, das stark zur Bildung von Kolloiden neigt und dann leicht durch Luftsauerstoff oxidierbar ist. Die Zusammensetzung des Niederschlags ist nie stöchiometrisch PbS; er enthält vielmehr stets Cl. Oft bilden sich bei der Fällung braunrote Bleisulfochloride, die gegen H_2S sehr beständig sind.

Wird dagegen in eine $Pb(NO_3)_2$-Lösung, die 3% freie HNO_3 enthält, bei Zimmertemperatur H_2S eingeleitet, so entsteht ein blaugrauer Niederschlag, der sich sehr schnell absetzt und leicht auswaschen läßt. Er ist ein feinkristallines, formelreines PbS. Der Niederschlag kann bei 100 °C bis zur Gewichtskonstanz getrocknet werden und ist auch bei 150 °C noch völlig beständig. Es sollen auf diesem Weg sehr genaue Resultate erzielt werden können. Als Umrechnungsfaktor wird der theoretische von 0,8660 verwendet.

γ) Die Fällung des Bleis als PbS führen FLASCHKA und JAKOBLJEVICH [58] aus homogener Lösung mit Thioacetamid aus. Das Pb wird dabei aus Lösungen, die max. 0,1 n salz- oder 0,3 n salpetersauer sind, beim Aufkochen mit mindestens dem 5-fachen Überschuß an 2%iger Thioacetamidlösung als grobkörniges — aus HNO_3-Lösung als kristallines — PbS gefällt. Der Niederschlag wird nach Abkühlen der Lösung auf

50 °C über einen Porzellanfiltertiegel abfiltriert und mit kaltem H_2O gewaschen. Er wird dann entweder bei 110 °C getrocknet oder bei 350 °C im CO_2-Strom geglüht. Nach dem Trocknen liegen die Resultate bei PbS-Mengen von 12 bis 280 mg um 0,1 bis 0,5 mg zu hoch; nach dem Glühen sind sie sehr genau.

Nicht uninteressant ist die Feststellung von PŘIBIL [59], wonach die PbS-Fällung in schwachsaurer Lösung durch überschüssiges Komplexon verhindert wird.

Die PbS-Fällung mit Thioacetamid ist auch in alkalischer Lösung anwendbar. Der Niederschlag fällt dabei aber nicht rein an und kann deshalb nicht direkt gewogen werden. Er wird zweckmäßigerweise in $PbSO_4$ übergeführt.

δ) Eine weitere Variante der PbS-Fällung wird von TAIMNI und SALARIA [60] angegeben. Sie fällen Pb (100—200 mg) aus 10 bis 25 ml schwachsaurer Lösung mit überschüssiger 1 bis 2 n Na_2S- oder $(NH_4)_2S$-Lösung, säuern nach beendeter Fällung mit 5 bis 20 ml 4 n CH_3COOH an, erhitzen zum Sieden, halten die Lösung etwa 10 Min. bei dieser Temperatur und filtrieren den Niederschlag über einen Glasfiltertiegel ab. Er wird nacheinander mit kaltem Wasser, Äthanol und Äther gewaschen, im Vakuum etwa $^1/_2$ Std. lang getrocknet und gewogen. 100 bis 200 mg Pb können so auf im Mittel $\pm 0,1$ mg genau bestimmt werden.

4. Bestimmung als $Pb_3(PO_4)_2$.

Die Bestimmung des Bleis als tertiäres Orthophosphat ist ohne große praktische Bedeutung und nur auf Sonderfälle beschränkt geblieben.

a) Löslichkeit.

Von BÖTTGER [61] ist die Löslichkeit von $Pb_3(PO_4)_2$ bei 20 °C mit $1,66 \cdot 10^{-7}$ Mol/l = $1,3 \cdot 10^{-5}$ g/100 g Lösung bestimmt worden.

b) **Arbeitsvorschriften.**

α) VORTMANN und BADER [62] geben für die Fällung des Bleis als tertiäres Phosphat die folgende Vorschrift:

0,4 bis 0,7 g $Pb(NO_3)_2$ werden in etwa 50 ml Lösung mit 3 bis 5 g Weinsäure und NH_3 in geringem Überschuß versetzt. Die Lösung wird auf 70 bis 80 °C erwärmt und mit einem großen Überschuß (80 bis 100 ml) 10%iger $(NH_4)_2HPO_4$-Lösung gefällt. Nach 12 bis 16-stündigem Stehen bei 70 bis 80 °C wird die Lösung erkalten lassen und durch ein Papierfilter filtriert. Der Niederschlag wird mit verd. NH_4NO_3-Lösung bis zur PO_4^{---}-Freiheit gewaschen und langsam verascht. Er wird dann zur Zerstörung der letzten Kohlereste mit 1 Tropfen konz. HNO_3 durchfeuchtet und mäßig geglüht. Aus den angegebenen Beleganalysen errechnet sich ein mittlerer Fehler von etwa — 0,1%.

Natrium- oder Kaliumphosphate sind als Fällungsmittel unbrauchbar, weil sie z. T. in den Niederschlag eingebaut werden und Überwerte hervorrufen.

β) Eine wesentlich zeitsparendere Ausführungsform des Verfahrens wird von VANCEA-VOLUŞNIUC [63] angegeben:
Die bleihaltige Analysenlösung wird mit 5 ml Acetatpuffer, enthaltend 6 ml Eisessig und 13,6 g Natriumacetat im Liter, versetzt, auf 50 ml verdünnt, zum Sieden erhitzt und tropfenweise mit 50 ml einer 3%igen siedenden $(NH_4)_2HPO_4$-Lösung versetzt. Nach beendeter Reagenszugabe wird die Lösung noch etwa 3 Min. im Sieden gehalten und danach der Niederschlag abfiltriert. Er wird mit siedendem Wasser gewaschen und entweder durch etwa 5-minütiges Glühen bei 800 °C in $Pb_3(PO_4)_2$ übergeführt oder nur auf 110 bis 180 °C erhitzt oder nach Waschen mit Äthanol und Äther im Vakuum getrocknet und in diesen beiden Fällen als $Pb_3(PO_4)_2 \cdot H_2O$ ausgewogen. Mg, Zn, Co, Mn, Cd, Cu, Ag und die Erdalkalien stören nicht.

γ) Präzisere Angaben werden von LIANG und LU [64] gemacht, die die Fällung aus homogener Lösung ausführen. Danach muß die Fällung in einem p_H-Bereich zwischen 6,5 und 10 erfolgen; es soll der Fällungsmittelüberschuß zwischen $0,85 \cdot 10^{-3}$

und $3{,}3 \cdot 10^{-3}$ m liegen. Der Niederschlag muß zur Entfernung der letzten H_2O-Reste auf 650 bis 900 °C erhitzt werden. Es wird im einzelnen wie folgt vorgegangen: Etwa 0,1 g $Pb(NO_3)_2$ wird in 150 ml Wasser gelöst und mit HNO_3 auf $p_H = 1$ angesäuert. Dann wird die für die Fällung erforderliche Menge $(NH_4)_2HPO_4$-Lösung zugegeben, wobei die Lösung klar bleiben soll. Nach Zugabe von 1 bis 2 g Harnstoff wird so lange gekocht, bis infolge der Harnstoffhydrolyse das gesamte Pb gefällt ist. Der Niederschlag ist kristallin, somit dicht und gut filtrierbar. Er wird über einen Porzellanfiltertiegel abfiltriert, mit 1%iger NH_4NO_3-Lösung, die bis zum Bromkresolpurpur-Umschlag mit NH_3 versetzt worden ist, phosphatfrei gewaschen und verglüht. Pb-Mengen zwischen 5 und 65 mg können befriedigend genau bestimmt werden.

Natrium- und Ammoniumsalze geben zu Unterwerten Anlaß. Die Mitfällung 3-wertiger Kationen kann durch Weinsäure unterbunden werden; doch muß in diesem Fall ein größerer PO_4^{3-}-Überschuß bei der Fällung des Bleis angewendet werden.

5. *Bestimmung als* $PbHPO_4$.

Einer nur im Referat zugänglich gewesenen Arbeit von HUBICKI, FRANK u. a. [65] wurde ein Verfahren entnommen, das für die Bestimmung von Pb in PbSn-Legierungen von der Fällung als $PbHPO_4$ Gebrauch macht und dieses Salz als Bestimmungsform verwendet. Wenn die Angaben auch nur wenig erschöpfend sind, so soll die Methode doch der Vollständigkeit halber erwähnt werden. Es wird wie folgt vorgegangen:
Die in HNO_3 (1 + 1) (etwa 7 m) gelöste Probe der Legierung (25 ml je 0,7 g) wird von der gefällten Zinnsäure befreit und das Filtrat zur Trockene eingedampft. Der Rückstand wird in 100 bis 150 ml H_2O kalt gelöst, mit 0,5 ml konz. HNO_3 angesäuert, mit 4 ml H_3PO_4 versetzt und durch Zugabe von verd. NH_4OH auf $p_H = 4$ gebracht. Der feinkristalline Niederschlag wird abfiltriert, gewaschen und bei 200 °C getrocknet.

6. *Bestimmung als* $PbCO_3$.

Für spezielle Aufgaben kann die Bestimmung des Bleis als Carbonat von Interesse sein. $PbCO_3$ ist gleichzeitig Fällungs- und Wägungsform.
a) **Löslichkeit**.
Die Löslichkeit von $PbCO_3$ wird von BÖTTGER [61] je nach Darstellung mit 1,1 bis $1{,}75 \cdot 10^{-4}$ g/100 g Lösung, entsprechend 4,15 bis $6{,}6 \cdot 10^{-6}$ Mol/l angegeben.
b) **Arbeitsvorschrift**.

α) nach JÍLEK, KOT'Á znd VŘEŠT'ÁL [66]. Die neutrale Pb-Lösung, die außer Alkalinitraten keine anderen Kationen und Anionen enthalten soll, wird durch Zusatz von verd. Pyridin schwach alkalisch gemacht (15 ml Pyridin zugeben und mit 100 ml H_2O verdünnen). Dann wird 5 Minuten lang CO_2 eingeleitet, das mit $AgNO_3$-Lösung gewaschen worden ist. Nach Zugabe von 2 ml konz. Ammoniak wird das CO_2-Einleiten noch weitere 40 Minuten fortgesetzt. Der Niederschlag wird dann über einen Porzellanfiltertiegel abgesaugt und mit einer Lösung gewaschen, die neben 90 ml H_2O 4 ml 96%iges Äthanol, 4 ml Pyridin (1 + 9), 2 ml konz. Ammoniak enthält und mit CO_2 gesättigt ist. Der Niederschlag wird bei 120 °C zur Gewichtskonstanz getrocknet (Umrechnungsfaktor F = 0,7754) oder zum PbO verglüht (F = 0,9283). Das Verfahren soll befriedigende Ergebnisse liefern.

7. *Bestimmung als* $Pb(OH)CNS$.

Das Verfahren ist als Schnellmethode empfohlen worden, dürfte in seiner Anwendung aber auf reine Pb-Lösungen begrenzt sein.
a) Löslichkeit.
Das basische Bleithiocyanat ist nach Angaben von SPACU und DICK [67] in reinem Wasser nur in Spuren löslich, in pyridin- und thiocyanathaltigem dagegen unlöslich.

Das normale Pb(CNS)$_2$ ist zum Unterschied davon in beträchtlichem Ausmaß löslich. Seine Löslichkeit beträgt nach BÖTTGER [61] bei 20 °C 1,35 · 10^{-2} Mol/l, nach MASAKI [68] bei 18 °C 1,37 · 10^{-2} Mol/l und nach KARAOGLANOV und SAGORTSCHEV [69] bei 25 °C 5,35 g/l.

b) *Arbeitsvorschriften.*

α) nach SPACU und DICK. Zu 50 ml neutraler Pb-Lösung, die maximal 0,3 g Pb enthalten darf, werden 2 g NH$_4$CNS und 1 ml Pyridin in wenigen Millilitern Wasser in der Kälte unter gutem Rühren zugegeben. Bei Pb-Mengen von 0,3 bis max. 0,7 g werden 3 g NH$_4$CNS und 1,5 ml Pyridin angewendet. Beim Eingießen der Reagenslösung in die Pb-Lösung scheidet sich sofort ein weißer, milchiger Niederschlag ab, den man, ohne das Absetzen oder Zusammenballen abwarten zu müssen, über ein Porzellanfiltertiegel abfiltrieren kann. Der Rest des Niederschlags wird mit Waschlösung, die je 200 ml 4 g NH$_4$CNS und 2 ml Pyridin enthält, in den Tiegel übergespült. Der Niederschlag wird dann 3 bis 4 mal mit 96%igem Äthanol und 4 bis 5 mal mit Äther gewaschen. Er wird 5 bis 6 Minuten im Vakuumexsikkator vom Äther befreit oder 10 bis 15 Minuten bei 40 °C getrocknet und gewogen. Der Umrechnungsfaktor ist F = 0,7340. Die Dauer einer Einzelbestimmung wird mit 20 Minuten angegeben.

Die optimale Pb-Menge beträgt 0,2 bis 0,4 g; die Analysenlösung soll möglichst frei von NH$_4^+$-Ionen sein, weil diese lösend auf den Niederschlag einwirken. In Ammoniumacetat-Lösung ist der Niederschlag gut löslich.

Unter optimalen Bedingungen soll eine Genauigkeit von ±0,1 bis ±0,2% erreichbar sein; SPACU und JANCU [70] nennen eine solche von 0,1%.

β) Von GEILMANN und BODE [71] wird nach der gleichen Vorschrift gearbeitet; nur werden der Analysenlösung je 0,1 g Pb 1 g NH$_4$CNS und 1 ml Pyridin zugesetzt. Außerdem wird der abgesaugte Niederschlag nicht mit reinem, sondern mit einem 1% Pyridin enthaltenden Äthanol gewaschen. Aus den Belegzahlen (100 mg Pb) errechnen sich Fehler in den Grenzen von — 1% bis + 0,3%.

8. *Bestimmung als PbSO$_3$.*

Für spezielle Trennungen hat sich die Fällung des Bleis als PbSO$_3$ bewährt. PbSO$_3$ kann dabei auch als Wägungsform dienen.

a) Löslichkeit

Die Löslichkeit von PbSO$_3$ wird von HANUŠ und HOVORKA [72] für 100 °C mit 23 mg/l angegeben. Größere Mengen an NH$_4$OOCCH$_3$ (>15 g/0,1 g Pb) wirken lösend. Desgleichen soll PbSO$_3$ in starken NH$_3$-Lösungen etwas löslich sein. In Säuren ist die Verbindung gut löslich.

b) *Arbeitsvorschriften.*

Das Verfahren geht auf Arbeiten von JAMIESON [73] zurück, der Pb aus schwach saurer Lösung durch Zusatz von NaHSO$_3$, NH$_4$HSO$_3$ oder H$_2$SO$_3$ fällt. Größere Mengen freier Säure werden mit NH$_4$OH abgestumpft. Außer H$_2$SO$_4$ dürfen alle Säuren zugegen sein.

Von HANUŠ und HOVORKA [72] wird darauf hingewiesen, daß die Löslichkeit von PbSO$_3$ durch Mitreißen von Lösungsgenossen, besonders Acetaten und Tartraten, kompensiert werden kann. In diesen Fällen darf wegen der reduzierenden Wirkung der Verunreinigungen nur bei 85 bis 90 °C getrocknet werden. Aus Cl$^-$ oder NO$_3^-$-haltigen Lösungen gefällte Niederschläge dagegen können bei 115 °C getrocknet werden. 0,9 bis 750 mg Pb können mit befriedigender Genauigkeit bestimmt werden. Die Methode liefert etwas höhere Resultate als das Chromatverfahren.

9. *Bestimmung als Pb(CN)$_2$.*

Dieses Verfahren ist umstritten, da über die Zusammensetzung des mit CN$^-$-Lösung gefällten Niederschlags noch keine völlige Klarheit besteht.

a) Löslichkeit.

Über die Löslichkeit liegen keine exakten Angaben vor; sie scheint aber beträchtlich zu sein.

b) *Arbeitsvorschriften*.

HERZ und NEUKIRCH [74] geben die folgende Vorschrift:
Eine Pb(NO$_3$)$_2$-Lösung, die in 20 ml etwa 80 mg Pb enthält, wird allmählich und unter gutem Rühren mit einem nicht zu geringen Überschuß einer n NaCN-Lösung versetzt. Nach mehrstündigem Absitzen wird der Niederschlag über einen Gooch-Tiegel abfiltriert und mit dest. Wasser gewaschen. Nach Trocknen bei 95 °C wird er gewogen. Es werden Werte mit einer maximalen Abweichung von − 0,4% erhalten. Wird die Fällung mit nur 0,2 n NaCN-Lösung vorgenommen, treten Unterwerte von bis zu 3% auf.

Eine Nachprüfung dieser Arbeitsweise durch GRUNDT [75] ergab, daß auf ± 1% genaue Resultate erhalten werden, wenn keine zu großen CN$^-$-Überschüsse angewendet werden. Eine Analyse des Niederschlags ergab aber, daß es sich dabei nicht um Pb(CN)$_2$, sondern um Pb(HCO$_3$)$_2$ handelt, das auch nach dem Trocknen noch erhebliche Mengen Wasser enthält. CN$^-$ konnte nur in geringer Menge nachgewiesen werden. Die gute Brauchbarkeit der Resultate ergibt sich nach GRUNDT daraus, daß die Verbindungen Pb(CN)$_2$ und 2 PbCO$_3$ · PbO · H$_2$O den gleichen Pb-Gehalt von 80% aufweisen.

10. Bestimmung als PbWO$_4$.

Versuche von DUPUIS [76], das für die Bestimmung von Wolframat vorgeschlagene Verfahren der Fällung mit Pb-Salzen [77, 78] für die gravimetrische Bestimmung des Bleis anzuwenden, verliefen nicht zufriedenstellend. Das PbWO$_4$, das durch Fällen einer praktisch neutralen Pb(NO$_3$)$_2$-Lösung mit Natriumwolframatlösung erhalten wurde, ist zwar bis zu 945 °C stabil; doch ist es nicht gelungen, es in einer leicht zu handhabenden Form auszufällen. Es wurden entweder sehr fest an den Gefäßwandungen anhaftende Niederschläge erhalten oder solche, die eine starke Neigung zur Kolloidbildung zeigen und nicht klar filtriert werden konnten.

Das Verfahren eignet sich deshalb nicht als gravimetrisches Bestimmungsverfahren.

11. Bestimmung als PbHAsO$_4$.

Das Verfahren ist für Sonderzwecke brauchbar, kann aber nicht für eine allgemeinere Anwendung empfohlen werden, weil die Zusammensetzung des Niederschlags in sehr starkem Maße von dem p_H-Wert der Fällungslösung abhängt.

a) Löslichkeit.

PbHAsO$_4$ ist nur sehr wenig löslich. Genaue Zahlen für die Löslichkeit sind nicht bekannt; sie wird aber als der von Bleichromat und -sulfat entsprechend bezeichnet [79].

b) *Arbeitsvorschrift* nach DUNN und TARTAR [80].

Eine praktisch neutrale Pb(NO$_3$)$_2$-Lösung wird bei Zimmertemperatur durch Zugabe einer Arsenatpufferlösung von $p_H = 4,6$ (Umschlag Methylrot) — bestehend aus Dinatriumhydrogenarsenat und Arsensäure — unter gutem Rühren gefällt. Die bei der Ausfällung von PbHAsO$_4$ eintretende Aciditätserhöhung wird durch allmäliche Zugabe von NaOH ausgeglichen. Der p_H-Wert der Lösung soll dabei ständig möglichst genau 4,6 sein. Der Niederschlag wird über einen Gooch-Tiegel abfiltriert, bei 120 °C getrocknet und gewogen.

12. Bestimmung als Bleiperjodat [Pb$_3$H$_4$(JO$_6$)$_2$].

Die Bestimmung des Bleis als Perjodat ist für einige spezielle Trennungen des Bleis von anderen Elementen der H$_2$S-Gruppe verwendet worden, besitzt aber gegenüber den bekannteren Verfahren keine Vorzüge.

a) Löslichkeit

Das $Pb_3H_4(JO_6)_2$ wird von WILLARD und THOMPSON [81] als für analytische Zwecke ausreichend schwerlöslich bezeichnet.

b) **Arbeitsvorschrift** nach WILLARD und THOMPSON [82].

Pb-Mengen zwischen 100 und 700 mg werden in HNO_3 gelöst. Die Lösung wird zur Trockne eingedampft und der Rückstand mit 200 ml 0,025 n HNO_3 wieder in Lösung gebracht. Das Pb wird bei 100 °C durch langsames Zugeben von 2 g $NaJO_4$, gelöst in 50 ml Wasser, ausgefällt. Nach Zugabe der Gesamtmenge des Fällungsmittels wird die Lösung in Eiswasser gekühlt und zur Beseitigung von Übersättigungen ½ Std. lang gerührt. Der Niederschlag wird danach über einen Porzellanfiltertiegel abfiltriert, 2 Std. lang bei 110 °C getrocknet und gewogen. Er hat die Zusammensetzung: $Pb_3H_4(JO_6)_2$.

Bei Anwesenheit geringer Pb-Mengen beginnt der Niederschlag erst nach Zugabe von etwa 1 ml Fällungslösung auszufallen. In diesen Fällen muß die Acidität der Lösung auf 0,006 n erniedrigt werden; anderenfalls hat der Niederschlag nicht die angegebene Zusammensetzung.

Die Genauigkeit der Bestimmung beträgt ± 0,3 mg für 70 bis 700 mg Pb.

13. Bestimmung als $PbCl_2$.

Ein ebenfalls nur für spezielle Trennungen empfohlenes Verfahren bedient sich der Fällung als $PbCl_2$, das in einer 2%igen Lösung von HCl in Butanol praktisch unlöslich ist. Die meisten Schwermetallhalogenide dagegen sind darin gut löslich. Das so gefällte $PbCl_2$ kann als Wägungsform verwendet werden.

a) Löslichkeit.

Nach Angaben von KALLMANN [83] ist das $PbCl_2$ in dem genannten Lösungsmittel nur in Spuren löslich (0,2 mg/100 ml).

In Wasser dagegen ist $PbCl_2$ erheblich löslich. Seine Löslichkeit darin wird von FLÖTTMANN [84] in guter Übereinstimmung mit anderen Autoren [85—88] mit 876 mg/100 g gesättigter Lösung bei 15 °C, 971 mg bei 20 °C und 1076 mg bei 25 °C angegeben.

b) **Arbeitsvorschrift** nach KALLMANN [83].

Das Analysenmaterial wird in HNO_3 gelöst und zur Zersetzung der Nitrate wiederholt mit HCl abgeraucht. Der Rückstand wird 10 bis 15 Min. auf 120 bis 150 °C erwärmt und nach Abkühlen auf Zimmertemperatur mit 50 ml 2%iger Lösung von HCl in n-Butanol versetzt. Die Lösung wird 5 Min. lang im Sieden gehalten und dabei von Zeit zu Zeit umgerührt. Nach Abkühlen auf Temperaturen unter 20 °C wird der Niederschlag von $PbCl_2$ über einen Porzellanfiltertiegel abfiltriert und 5 bis 6 mal mit kleinen Anteilen der Fällungslösung gewaschen. Es wird dann ½ Stunde lang bei 105 bis 110 °C, danach 10 Minuten bei 250 °C getrocknet und schließlich gewogen (Umrechnungsfaktor F = 0,7450).

Die für diese Pb-Bestimmung angegebene Genauigkeit ist erstaunlich hoch (für Pb-Mengen von etwa 100 mg in Gegenwart unterschiedlich großer Bi-Gehalte: etwa + 0,1%).

II. Bestimmung mit organischen Reagenzien.

Allgemeines. Neben den z. T. bereits seit über 100 Jahren bekannten anorganischen Fällungsreagenzien für Pb haben organische in den letzten drei Decennien zunehmend an Bedeutung gewonnen. Sie sind in der Mehrzahl organische H_2S-Abkömmlinge, zeichnen sich mitunter durch eine hohe Selektivität aus und besitzen oft den Vorzug besonders günstiger Umrechnungsfaktoren. Sie können deshalb mit besonderem Vorteil für die gravimetrische Bestimmung kleinerer Pb-Mengen eingesetzt werden sowie in manchen Fällen dort, wo das Blei neben einer Vielzahl von Begleitmetallen ohne zeitraubende Vortrennungen direkt bestimmt werden soll.

1. Bestimmung mit Oxalsäure und ihren Derivaten.

a) als neutrales Oxalat.

Die gravimetrische Bestimmung des Bleis als neutrales Bleioxalat wird von Ishibashi und Matsumoto [89] vorgeschlagen. Die Autoren empfehlen die Fällung von stärker als 0,05 m Pb-Lösungen mit Lösungen neutraler Alkalioxalate bei p_H-Werten zwischen 3 und 7. Das ausfallende, gut kristallisierte, wasserfreie Bleioxalat wird nach Trocknen bei 105 °C gewogen (F = 0,7019).

b) als basisches Oxalat.

Über die Möglichkeiten der Pb-Bestimmung durch Fällung basischer Bleioxalate berichten Denk und Alt [90]. Nach ihren Untersuchungen besitzt ein $^2/_3$ basisches Salz der Formel: $PbC_2O_4:PbO:H_2O = 1:2,00:0,36$ eine besondere Stabilität. Es wird in weitgehend reiner Form erhalten durch Fällung einer Pb-Lösung mit einer schwach alkalischen Natriumoxalatlösung in der Siedehitze. Wird hingegen erst das neutrale Bleioxalat zur Fällung und dessen Aufschlämmung in Wasser mit Natronlauge umgesetzt, so werden Verbindungen erhalten, die 2 bis 4% Oxalat mehr enthalten, als der oben angegebenen Formel entspricht.

Arbeitsvorschrift. Die neutrale Pb-Salzlösung — vorzugsweise $Pb(NO_3)_2$ — wird nach Zugabe von Kresolphthalein als Indikator zum Sieden erhitzt und mit einer 0,1 n Natronlauge, die NaOH und $Na_2C_2O_4$ im Verhältnis von 2 zu 0,5 bis 1 enthält, bis zum Indikatorumschlag versetzt. Die Lösung wird danach noch eine Stunde auf der Temperatur eines siedenden Wasserbades gehalten. Anschließend wird der Niederschlag abfiltriert, mit heißem Wasser alkalifrei gewaschen und bei 120 °C getrocknet (F = 0,8309.)

Die Beleganalysen zeigen durchweg Überwerte von etwa 1%. Es wird jedoch für möglich gehalten, bei Verwendung eines empirischen Faktors zu analytisch brauchbaren Resultaten zu kommen.

c) als Oxalhydroxamat.

Eines Oxalsäurederivats bedienen sich Ryazanov und Badeeva [91] zur gravimetrischen Pb-Bestimmung. Sie stellen fest, daß Pb mit Oxalhydroxamsäure einen in Wasser und verd. Säuren unlöslichen Niederschlag bildet. Nach 18-stündigem Stehen der Fällungslösung kann die Verbindung abfiltriert und mit kaltem Wasser reagensfrei gewaschen werden. Nach Trocknen bei 155 bis 160 °C besitzt sie die Formel $Pb(CONHO)_2$; der Umrechnungsfaktor auf Pb ist 0,6371. 20 mg Pb wurden auf 0,1 mg genau bestimmt.

2. Bestimmung mit 8-Oxichinolin.

Das von Berg [92] in die analytische Chemie eingeführte 8-Oxichinolin wurde von Marsson und Haase [93] auf seine Eignung als Fällungsreagens für Blei untersucht. Pb wird aus nicht zu verdünnten, schwach alkalischen Lösungen ($p_H = 8,5$ bis 9,5, Optimum zwischen 9,3 und 9,4) in der Kälte als grünlich-gelber, kristalliner Komplex gefällt. Bei 105 °C getrocknet, entspricht der Niederschlag der Formel: $Pb(C_9H_6NO)_2$ und enthält 41,82% Pb. Zum Unterschied von anderen Metall-8-Oxichinolaten ist die Pb-Verbindung in heißem Wasser schon merklich löslich. Als Reagenslösung wird am zweckmäßigsten eine wäßrige verwendet.

Arbeitsvorschrift. Die 5 bis 10 mg Pb enthaltende, möglichst neutrale Bleilösung, deren Volumen etwa 20 ml nicht übersteigen soll — bei höheren Pb-Gehalten kann das Volumen entsprechend größer sein —, wird mit einigen Tropfen 65%iger Essigsäure angesäuert und bis zum beginnenden Sieden erhitzt. Unter ständigem Umrühren wird dann das etwa 1½-fache der zur Fällung des Bleis erforderlichen Menge heißer Reagenslösung in dünnem Strahl hinzugegeben und so viel 0,2 n NH_4OH zugetropft, bis die Lösung schwach danach riecht und eine schwach orange-gelbe Farbe angenommen hat. Nach 10 bis 12-stündigem Stehen — bei größeren Pb-Mengen sind 5 bis 6 Stunden ausreichend — wird über einen Glasfiltertiegel (G 3) abfiltriert und mit möglichst wenig kaltem Wasser gewaschen. Nach dem Trocknen bei 105 °C bis zur Gewichtskonstanz wird gewogen. Der Umrechnungsfaktor beträgt F = 0,4182.

Es lassen sich noch 5 mg Pb in dem vorgeschriebenen Volumen von 20 ml mit einem Fehler von − 0,3% bestimmen. Für noch geringere Mengen ist die Methode nicht mehr geeignet, weil das Bleioxichinolat unter den hier eingehaltenen Bedingungen, d. h. in Gegenwart eines 50%igen Reagensüberschusses, noch mit 4 mg/l löslich ist. Alkali- und Ammoniumsalze sowie geringere Mengen Erdalkalisalze stören nicht.

Von GEILMANN und BODE [39] ist das Verfahren nachgeprüft und in seiner Brauchbarkeit (Genauigkeit − 0,3% für Pb-Mengen von 50 bis 100 mg) voll bestätigt worden.

3. Bestimmung mit Salicylsäure und ihren Derivaten.

a) als basisches Salicylat.

Nach den Arbeiten von MURGULESCU und DOBRESCU [94] wird Blei von Natriumsalicylat in schwach alkalischer Lösung als basisches Salicylat gefällt. Der zunächst voluminöse Niederschlag wird beim Erwärmen kristallin und leicht filtrierbar. Vorwiegend wird das Salz $[Pb(C_6H_4OCOO)_2]Pb$ gebildet. Dieses ist verunreinigt mit anderen basischen Verbindungen der allgemeinen Formel

$$[Pb(PbO)_n] (C_6H_4OHCOO)_2, \text{ wobei } n = 1, 2, \ldots \text{ ist.}$$

Wegen dieser mit den Versuchsbedingungen schwankenden Zusammensetzung ist der Niederschlag wenig gut für direkte Wägungen geeignet; er wird zweckmäßigerweise in $PbSO_4$ übergeführt.

Arbeitsvorschrift. Eine Pb-Lösung, die in 50 bis 200 ml etwa 0,3 g Pb-Salz (-Nitrat oder -Acetat) enthält, wird mit dem 3 bis 6-fachen dieser Menge Natriumsalicylat versetzt und zum beginnenden Sieden erhitzt. Durch tropfenweisen Zusatz von 2n NH_3 wird das Bleisalicylat gefällt. Nach Abkühlen auf Zimmertemperatur wird der Niederschlag über ein Papierfilter abfiltriert und mit 40%igem Äthanol gewaschen.

Der Niederschlag wird getrocknet und vom Filter auf Glanzpapier gebracht. Das Filter wird in einem Porzellantiegel verglüht, die Asche in wenig HNO_3 (1 + 1) (etwa 7 m) gelöst und mit 1 Tropfen H_2SO_4 konz. zur Trockne abgeraucht. Danach wird die Hauptmenge des Niederschlags in den Tiegel gegeben, mit je 4 bis 5 Tropfen HNO_3 (1 + 1) und H_2SO_4 konz. durchfeuchtet und durch vorsichtiges Erwärmen in $PbSO_4$ umgesetzt. Dies wird schwach geglüht und gewogen.

Die Methode soll sich durch eine überraschend hohe Genauigkeit von ± 0,05% auszeichnen.

b) als p-Aminosalicylat.

Über die Brauchbarkeit von p-Aminosalicylsäure für die direkte gravimetrische Pb-Bestimmung berichten PIRTEA und BAIULESCU [95]. Nach ihren Untersuchungen bildet Pb ein neutrales p-Aminosalicylat, wenn es aus neutraler Lösung mit einer 20%igen wäßrigen Natrium-p-aminosalicylat-Lösung gefällt wird. Der feinkristalline Niederschlag hat die Zusammensetzung: $Pb(C_7H_6O_3N)_2$ — Umrechnungsfaktor auf Pb ist 0,4051 — und kann mit Äthanol sowie Äther gewaschen werden. NH_4-Salze stören die Fällung und müssen deshalb entfernt werden. Die Beleganalysen weisen eine Genauigkeit von ± 0,2% aus.

c) mit Salicylaldoxim.

Von ISHIBASHI und KISHI [96] wird die Bestimmung des Bleis mit Salicylaldoxim vorgeschlagen. Die Pb-Verbindung ist relativ schwer löslich; ihre Löslichkeit beträgt in Wasser von 25 °C $1,37 \cdot 10^{-3}$ g/l = $4 \cdot 10^{-6}$ mol/l.

Arbeitsvorschrift. Die *Reagens*lösung wird durch Lösen von 1 g Salicylaldoxim in 5 ml Äthanol und Eingießen in 95 ml Wasser von 80 °C hergestellt. Zur Fällung des Bleis werden 25 ml einer wäßrigen Bleiacetat-Lösung (4 g Pb(CH$_3$COO)$_2$ · 3 H$_2$O/l) auf 50 ml verdünnt und mit Salicylaldoxim in geringem Überschuß versetzt. Dann wird langsam 10%ige Ammoniaklösung hinzugefügt. Als Indikator wird dabei entweder Neutralrot oder Phenolphthalein benutzt; der p_H-Wert der Lösung soll zur Fällung über 6,5 liegen. Der gelbe Niederschlag wird über einen Glasfiltertiegel abfiltriert, mit 20%igem Äthanol gewaschen und bei 105 °C getrocknet. Er hat die Zusammensetzung Pb(C$_7$H$_5$O$_2$N) (F = 0,6053). Die Beleganalysen lassen eine gute Genauigkeit erkennen.

Nach Angaben von LIGETT und BIEFELD [97, 98] fällt das Pb-Salicylaldoxim aus Nitratlösungen bereits bei p_H = 4,8 aus. Die Fällung ist bei p_H = 6,9 quantitativ. Zur Sicherheit kann der p_H-Wert bis 8,9 erhöht werden; doch besteht dabei die Gefahr, daß der dabei erhaltene Niederschlag nicht mehr formelrein ist.

Das Reagens ermöglicht Trennungen des Bleis von Ag, Zn und Cd, nicht aber von Cu, Co und Ni. Ammoniumacetat verhindert die Fällung.

4. Bestimmung mit Anthranilsäure.

Nach FUNK und RÖMER [99] geben Pb-Salze mit Alkalianthranilat eine rasch kristallin werdende Fällung von Bleianthranilat. Die Empfindlichkeit der Reaktion wird mit etwa 1:100000 angegeben, d. h. 0,05 mg Pb geben in 5 ml Lösung mit 1 ml 10%igem Reagens nach etwa 10 Minuten noch eine deutlich wahrnehmbare Trübung. Der Niederschlag enthält 43,22% Pb.

Arbeitsvorschrift. Das Volumen der möglichst neutralen Bleilösung soll für die Bestimmung von 0,1 g Pb etwa 100 ml betragen. Diese Lösung wird in der Kälte mit 30 ml 3%iger Natriumanthranilatlösung versetzt. Die zunächst amorphe Fällung wird alsbald kristallin. Nach mindestens 1-stündigem Sieden wird sie über einen Porzellanfiltertiegel abfiltriert. Der Niederschlag wird mit einer 0,6%igen Reagenslösung und danach mit wenig Äthanol gewaschen. Nach ½-stündigem Trocknen bei 105 bis 110 °C ist die Gewichtskonstanz erreicht. Der Umrechnungsfaktor beträgt 0,4322.

Die bei der Bestimmung von 25 bis 100 mg Pb erreichte Genauigkeit liegt bei etwa ± 0,1%.

Mäßige Mengen Alkalichlorid und -nitrat beeinträchtigen die Bestimmung nicht; NH$_4$-Salze dagegen führen zu Unterwerten. In Gegenwart von Acetaten ist das Verfahren nicht anwendbar.

5. Bestimmung mit Pikrolonsäure.

Die Pikrolonsäure, 1-p-Nitrophenyl-3-methyl-4-nitro-pyrazolon-5, C$_{10}$H$_8$N$_4$O$_5$, bildet nach KISSER [100] ein besonders schwer lösliches Pb-Salz. Nach Arbeiten von HECHT, REICH-ROHRWIG und BRANTNER [101] ergeben noch 0,004 mg Pb in 20 ml 0,005 n-Pikrolonsäurelösung eine gut wahrnehmbare Trübung, die beim Schütteln seidige Schlieren bildet. Mit H$_2$S dagegen geben erst 0,05 mg Pb in 20 ml Lösung eine deutlich erkennbare Bräunung, während 0,025 mg bereits nicht mehr zu erkennen sind.

Das Bleipikrolonat kristallisiert in feinen Nadeln, ist von hellgrün-gelber Farbe, entspricht der Formel: Pb(C$_{10}$H$_7$N$_4$O$_5$)$_2$ + 1,5 H$_2$O und besitzt einen Pb-Gehalt von 27,24%. Bei 130 bis 140 °C verliert die Verbindung ihr Kristallwasser.

Von den letztgenannten Autoren wird die folgende

Arbeitsvorschrift gegeben. Die Bleinitratlösung soll keine überschüssige Salpetersäure und möglichst keine Alkali- und Ammoniumsalze enthalten. Das Fällungsvolumen soll für 0,1 g Pb etwa 50 ml betragen. Die Lösung wird bis zum beginnenden Sieden erhitzt und tropfenweise unter ständigem Rühren mit der für die Fällung erforderlichen Menge 0,01 n Pikrolonsäurelösung versetzt, d. h. für 0,1 g Pb mit 100 ml. Dann wird noch einmal die Hälfte der bereits angewendeten Menge in einem Guß hinzugegeben. Die Lösung läßt man dann bis zum völligen Erkalten im Eisschrank stehen und saugt den Niederschlag über einen Filtertiegel ab. Der Niederschlag wird mit eiskaltem Wasser gewaschen, bis das Filtrat farblos ist (30 bis 50 ml erforderlich). Das Bleipikrolonat wird bei 130 bis 140 °C zur Gewichtskonstanz getrocknet, die bei kleineren Niederschlagsmengen nach 1 Stunde, bei größeren nach etwa 1½ Stunden erreicht ist. Bezogen auf das wasserfreie Salz, beträgt der Umrechnungsfaktor auf Pb: 0,2824.

Die Beleganalysen zeigen für Pb-Mengen zwischen 5 und 200 mg eine Genauigkeit zwischen +0,1 und −0,3 mg Pb.

Das Verfahren kann nach den oben genannten Autoren auch im Mikromaßstab ausgeführt werden. Für Pb-Mengen zwischen 1,6 und 4,5 mg wurden Abweichungen vom Sollwert zwischen −0,005 und +0,01 mg erhalten.

Von IMAI [102] liegen Angaben für die Brauchbarkeit des Verfahrens in Gegenwart weiterer Kationen vor. Danach stören nicht: < 130 mg Cd, < 60 mg Al, < 40 mg Mn, < 20 mg Ag, < 15 mg Cr sowie < 10 mg Hg, wenn Pb mit einem großen Reagensüberschuß im p_H-Bereich zwischen 2 und 6 gefällt wird (für 5 mg Pb 20 ml einer Pikrolonsäurelösung mit 1 g/l). Zn-Mengen bis zu 22 mg können mit Ammoniumnitrat maskiert werden.

6. Bestimmung mit Thionalid

Von BERG und FAHRENKAMP [103] wird das von dem erstgenannten Autor als Fällungsmittel für eine ganze Reihe von Schwermetallionen erkannte Thionalid, Thioglykolsäure-β-aminonaphthalid, auf seine Brauchbarkeit für gravimetrische Pb-Bestimmungen untersucht. Die hellgelbe Pb-Verbindung des Thionalids zeichnet sich durch einen günstigen Umrechnungsfaktor für Pb von 0,3239 — entsprechend einem Pb-Gehalt von 32,39% — aus. Dank der Tatsache, daß sie auch in sodaalkalischer tartrat- und cyanidhaltiger Lösung formelrein gefällt werden kann, stellt sie gleichzeitig auch eine sehr brauchbare Trennungsform von den meisten anderen Metallen — ausgenommen Au, Tl, Sn, Bi und Sb^{3+} — dar. Die Fällungsempfindlichkeit in der genannten Lösung beträgt 1:10^7.

Die im folgenden gegebene ***Arbeitsvorschrift*** berücksichtigt bereits die Verhältnisse, die bei der Trennung von Begleitelementen vorliegen. Die mineralsaure, sulfatfreie Pb-Lösung, die etwa 0,5 g Substanz enthält, wird mit 10 bis 20 ml 20%-iger Natriumtartratlösung versetzt und mit 2 n Na$_2$CO$_3$-Lösung gegen Phenolphthalein neutralisiert. Sodann wird die für die Komplexbildung der mit KCN reagierenden Metall-Ionen notwendige Menge 20%iger KCN-Lösung (10 bis 50 ml) und so viel weitere Na$_2$CO$_3$-Lösung zugesetzt, daß die Lösung daran etwa 1 n ist. Das Gesamtvolumen der Lösung soll zwischen 100 und 300 ml liegen. Dazu wird das Fällungsmittel in 3 bis 4-fachem Überschuß in Form einer alkoholischen Lösung in dünnem Strahl unter kräftigem Umrühren in der Kälte eingetragen (für 0,025 g Pb etwa 0,15 bis 0,2 g Thionalid, gelöst in 8 bis 10 ml Äthanol). Die Lösung wird dann zum Sieden erhitzt, wobei die anfangs vorhandene milchige Trübung verschwindet und nach kurzer Zeit ein kristalliner Niederschlag anfällt. Nach Abkühlen auf Zimmertemperatur wird er über einen Glasfiltertiegel (G 4) abfiltriert und unter ständigem Aufwirbeln mit kaltem Wasser cyanfrei gewaschen. Ein eventuell noch anhaftender Thionalidüberschuß wird mit 50%igem Aceton in kleinen Anteilen herausgelöst. Eine mit Wasser aufs Vierfache verdünnte Probe des abfließenden Waschacetons wird mit 2 n H_2SO_4 angesäuert und mit einigen Tropfen einer etwa 0,1 n J_2-Lösung versetzt. Es darf dabei keine Trübung durch Dithionalid (Oxydationsprodukt des Thionalids) mehr entstehen. Der Niederschlag wird schließlich bei 105 °C zur Gewichtskonstanz getrocknet und gewogen (F = 0,3239).

Die für 3 bis 50 mg Pb mitgeteilten Beleganalysen zeigen Abweichungen von —0,02 bis +0,30 mg vom Sollwert. Die Resultate sind weitgehend unabhängig von dem Tartrat- und Cyanidgehalt der Analysenlösung. Kleine Cl-Gehalte sind ebenfalls ohne Auswirkung; 4% haben jedoch bereits merkliche Unterwerte zur Folge. Einen noch ungünstigeren Einfluß üben SO_4^{2-}-Gehalte aus, die bereits ab etwa 1% stark stören. Nach dieser Vorschrift gelingt die Trennung des Bleis einwandfrei von Ag, Cu, Zn, Co, Ni, Al, Fe^{3+}, As^{3+}, Cd, Cr und Ti.

Die Nachprüfung des Verfahrens durch GEILMANN und BODE [39] bestätigte in vollem Umfang die Angaben von BERG.

7. Bestimmung mit α-Isatinoxim.

Das α-Isatinoxim eignet sich nach HOVORKA und DIVIŠ [104] wegen der geringen Löslichkeit seines Pb-Salzes (etwa $2 \cdot 10^{-4}$) gut als quantitatives Fällungsreagens für Pb. Freie Mineralsäure und Alkalihydroxide zersetzen die Verbindung, Citrate und Tartrate verhindern ihre quantitative Fällung. Größere Mengen NH_4Cl und CH_3COONH_4 wirken löslichkeitserhöhend. Unter bestimmten Bedingungen läßt sich Pb jedoch auch in den ammoniumacetathaltigen Lösungen von $PbSO_4$ bestimmen. Angaben über die Störungen durch andere Schwermetallkationen werden von den Autoren nicht gemacht.

Arbeitsvorschrift. Zu einer Lösung von 5 bis 500 mg $Pb(NO_3)_2$ in 10 bis 50 ml Wasser wird ein guter Überschuß einer 0,1%igen wäßrigen Lösung von 2-Isatinoxim hinzugegeben (je 1 mg Pb etwa 1,5 ml). Die im schwachen Sieden gehaltene Analysenlösung wird unter Umrühren tropfenweise mit NH_4OH (1 + 20) (etwa 0,8 m) versetzt. Sobald eine braune Trübung auftritt, wird die NH_4OH-Zugabe unterbrochen, bis sich die Lösung unter Abscheidung eines blauen Niederschlags geklärt hat. In dieser Weise wird schrittweise weiterverfahren, bis schließlich bei weiterer NH_3-Zugabe eine erneute Trübung ausbleibt. Es werden dann noch einmal 10 ml NH_4OH (1 + 20) im Überschuß hinzugefügt. Die Lösung wird noch weitere 10, bei kleinen Pb-Mengen 15 Minuten im Sieden gehalten. (Bei Anwesenheit von Pb-Mengen unter etwa 5 mg wird zunächst eine rotgefärbte Lösung erhalten; braune Trübungen treten dabei nicht auf.)

Nach Abkühlen und 2-stündigem Stehen in der Kälte wird die Lösung durch einen Filtertiegel filtriert, der Niederschlag zunächst mehrmals mit 50 ml kaltem Wasser dekantiert, dann in den Tiegel gebracht und so lange gewaschen, bis die ablaufende Waschflüssigkeit nur noch hellgelb gefärbt ist. Für 0,1 g Pb werden dafür etwa 50 ml Wasser benötigt. Schließlich wird das Blei-α-isatinoxim mit 10 ml Äthanol und 6 bis 10 ml Äther gewaschen und im Vakuumexsiccator über $CaCl_2$ oder bei 105 bis 110 °C 45 Minuten (für 0,14 g Pb-Salz) bis 90 Minuten (0,3 g Salz) lang getrocknet. Der Umrechnungsfaktor auf Pb beträgt 0,5641.

Zur Pb-Bestimmung in ammoniumacetathaltigen Lösungen von $PbSO_4$ (z. B. 0,1 g $PbSO_4$ in 20 ml 10%iger Ammoniumacetatlösung) gibt man einen Überschuß an Reagens von etwa 10 ml zur Lösung hinzu und scheidet in der Siedehitze Pb durch tropfenweise Zugabe von NH_4OH (1 + 3) (etwa 4 m) ab. Zum Schluß fügt man noch einmal die gleiche Menge NH_4OH (etwa 6 ml) hinzu und hält noch 15 Minuten lang am Sieden. Nach dem Kochen soll die Lösung noch einen deutlich wahrnehmbaren

NH_3-Geruch aufweisen. Nach 4-stündigem Stehen wird wie vorn beschrieben weiterverfahren.

Das Verfahren arbeitet meist mit Unterwerten, die mit abnehmender Pb-Menge wachsen und zwischen 0,2 bis 1%, bei kleinen Pb-Mengen auch noch darüber, liegen.

Zum Unterschied vom Pb-Salz des α-Isatinoxims ist dasjenige des β-Isatinoxims in kaltem Wasser löslich (HOVORKA und SYKORA [105]).

8. Bestimmung mit Mercaptobenzimidazol

Nach Angaben von KURAS [106] bildet das Mercaptobenzimidazol, mit den Metallen der H_2S-Gruppe schwerlösliche Verbindungen. Pb wird als basisches $C_7H_5N_2S$—Pb—OH quantitativ gefällt. Die Verbindung wird aus neutraler oder schwach saurer Lösung nach Zugabe äthanolischer Mercaptobenzimidazol-Lösung mit 2 bis 3 ml NH_3 konz. ausgefällt, abfiltriert und nach vorsichtigem Trocknen gewogen. Alkali- und Erdkalisalze stören die Bestimmung nicht (F = 0,5549).

9. Bestimmung mit Mercaptobenzthiazol.

Die Verwendung von Mercaptobenzthiazol, $C_7H_5S_2N$, als Fällungsreagens für Blei geht auf Arbeiten von SPACU und KURAŠ [107] zurück. Danach bildet eine ammoniakalische Lösung des Reagenses mit Pb-Ionen zwei Arten von Salzen: ein neutralesgelbes der Formel $(C_7H_4NS_2)_2$ Pb und ein basisches weißes der Zusammensetzung $C_7H_4NS_2Pb \cdot OH$. Das letztgenannte fällt aus heißen neutralen Lösungen als nadeliger, kristalliner Niederschlag aus, der beim Trocknen bei 110 °C schwach gelblich wird. Die in der Kälte oder in warmen sauren Lösungen auftretende, neutrale gelbe Fällung, die zwar auch das gesamte vorhandene Blei erfaßt, ist nicht für die quantitative Bestimmung geeignet, da sie stets mit wechselnden Mengen an basischem Salz verunreinigt ist. Sie läßt sich jedoch durch Kochen mit konz. NH_3 quantitativ in die basische überführen.

Arbeitsvorschrift. Die wäßrige, heiße, neutrale Bleisalzlösung wird mit einem Überschuß (das 3-fache der theoretisch erforderlichen Menge) einer frisch bereiteten Lösung versetzt, die 1 g Mercaptobenzthiazol in 100 ml 2,5%iger Ammoniaklösung enthält. Man läßt dabei das Reagens aus einer Bürette tropfenweise unter stetigem Rühren zufließen. Es bildet sich ein weißer, flockiger Niederschlag, der über einen Filtertiegel abfiltriert, mit 2,5%igem Ammoniak gewaschen und bei 110 °C bis zur Gewichtskonstanz getrocknet wird. Der Umrechnungsfaktor auf Pb beträgt 0,5307.

Falls der Niederschlag beim Ausfällen gelblich ist, fügt man einige ml konz. Ammoniaklösung hinzu und erhitzt, bis er völlig weiß geworden ist.

Aus den Beleganalysen errechnen sich für etwa 100 mg Pb Abweichungen vom Sollwert zwischen +0,15% und —0,3%.

KRÁJOVAN-MARJANOVIĆ und PODHORSKY [108] bestätigen die gute Brauchbarkeit dieses Verfahrens — auch in Gegenwart größerer Ba-Mengen. Bis zu Verhältnissen von Pb:Ba = 1:100 wurde keine Beeinträchtigung der Pb-Bestimmung durch Ba beobachtet. Die Autoren empfehlen zur Erzielung guter Abscheidungen die Verwendung von NH_4OH—NH_4NO_3-Pufferlösungen. Sie stellen weiterhin fest, daß die Konzentration der zu analysierenden Lösung innerhalb weiter Grenzen ebenso wenig von Einfluß auf das Analysenergebnis ist wie die Temperatur der Lösung beim Abfiltrieren des Niederschlags.

CIMERMAN und BOGIN [109] geben für das Arbeiten im Mikromaßstab die folgende

Arbeitsvorschrift. 1 bis 3 ml Analysenlösung mit 2 bis 10 mg Pb werden zum Sieden erhitzt und mit einer 1%igen Lösung von Mercaptobenzthiazol in 2,5%iger Ammoniaklösung im Überschuß versetzt. Nach 20-minütigem Stehen saugt man die über dem Niederschlag stehende Flüssigkeit mit Hilfe eines Filterstäbchens ab, versetzt ihn mit 0,4 ml NH_4OH konz., erwärmt 2 bis 3 Minuten im kochenden Wasserbad und saugt erneut ab. Der Niederschlag wird dann zunächst mit warmem Wasser, anschließend portionsweise mit insgesamt 4 bis 8 ml 2,5%iger Ammoniaklösung gewaschen. Nach Trocknen bei 110 °C wird gewogen (Der Umrechnungsfaktor auf Pb in geringer Abweichung von SPACU und KURAŠ beträgt 0,53065).

Die Belegzahlen weisen eine Genauigkeit von ± 0,3% für Pb-Mengen zwischen 2 und 10 mg aus.

10. Bestimmung mit Bismuthiol II.

Nach Untersuchungen von MAJUMDAR und SINGH [110] eignet sich das vorwiegend für die Bi-Bestimmung Verwendung findende Reagens: Bismuthiol II (5-mercapto-3-phenyl-2-thio-1,3,4-thiodiazolon-2)

$$C_6H_5-N-N$$
$$S=CC-SH$$
$$\diagdown S \diagup$$

auch für die gravimetrische Pb-Bestimmung. Sein Pb-Komplex besitzt eine recht hohe Beständigkeit in sauren Lösungen sowie in Gegenwart von Acetat, Tartat und Citrat. Die höchstzulässigen Säurekonzentrationen sind an HCl 0,4 n, an HNO_3 0,1 n. Bei p_H-Werten $>$ 6,5 ist die Pb-Fällung unvollständig. Bei der Fällung in Lösungen von p_H-Werten $<$ 3 stören nicht: Be, Mg, Ca, Sr, Ba, Zn, Mn, Ni, Co, Fe^{II}, Cr, Al, Ce^{III}, Ti, Zr, Th, UO_2^{++}, die seltenen Erden, die Alkalien sowie von den Anionen: Cl^-, SO_4^{2-}, PO_4^{3-}, AsO_4^{3-} und WO_4^{2-}. Bei p_H-Werten zwischen 3 und 6,5 können als Tartrato-Komplexe u. a. in Lösung gehalten werden Fe^{III}, Ce^{IV}, Bi, As, Sb, Sn; die Fällung der Pd- und Cu-Verbindungen wird bei $p_H = 6$ durch Cyanid ausgeschaltet. Störend wirken Ag, Au, Hg, Tl, Cd, die Pt-Metalle — ausgenommen Pd — sowie oxidierend wirkende Substanzen.

Der Pb-Bismuthiol-II-Komplex hat die Zusammensetzung $(C_8H_5N_2S_3)_2Pb$ und ist bis 311 °C beständig. Der Umrechnungsfaktor auf Pb beträgt 0,3150.

Arbeitsvorschrift. Die bleihaltige Lösung, die 25 bis 75 mg Pb enthalten soll, wird mit HNO_3, HCl oder Eisessig angesäuert, mit 1 bis 2 g NH_4NO_3 versetzt, auf 125 ml mit H_2O verdünnt, auf 70 bis 80 °C erwärmt und mit der Reagenslösung (frischbereitete 0,5%ige wäßrige Lösung des K-Salzes des Reagenses) langsam unter ständigem Rühren gefällt. Der hellgelbe Niederschlag flockt aus, wenn die Fällung vollständig ist, wozu ein Reagensüberschuß von 3 bis 4 ml benötigt wird. Der Niederschlag wird über einen Filtertiegel abfiltriert, mit heißem Wasser gewaschen und bei 105 bis 110 °C eine Stunde lang getrocknet.

Ist die Lösung, aus der das Pb gefällt werden soll, stärker sauer als $p_H = 2$, so soll die Fällungstemperatur nicht mehr als 50 °C betragen.

In Gegenwart an sich störender Ionen werden Tartrat und/oder Cyanid als Maskierungsmittel entsprechend der Menge vorhandener störender Substanz der Analysenlösung zugesetzt. In solchen Fällen wird mit einem Reagensüberschuß von 6 bis 7 ml gearbeitet und der Niederschlag erst nach etwa ½ bis 1-stündigem Stehen abfiltriert.

Für die Trennung des Pb von z. B. Bi, As, Cu, Sn und Sb, die in saurer Lösung in ähnlicher Weise mit dem Reagens reagieren, empfiehlt sich das Arbeiten bei $p_H =$

5 bis 6,5 in Gegenwart von Tartrat. Es fällt unter diesen Bedingungen nur die Pb-Verbindung aus, diese aber quantitativ.

30 mg Bi, 50 mg Cu sowie 250 mg Sn wirken sich bei dieser Arbeitsweise noch nicht störend aus (gefällte Pb-Menge 25 mg).

11. Bestimmung mit Dithiocarbaminsäure-Derivaten.

a) mit Diallyldithiocarbamidohydrazin.

Von DUTT und SEN SARMA [111] wurde das Diallyldithiocarbamidohydrazin als für die gravimetrische Pb-Bestimmung brauchbar befunden. Das Reagens bildet mit Pb einen schwerlöslichen, kanariengelb gefärbten, inneren Komplex der Formel:

$$C_3H_5-N=C-NH-NH-C=N-C_3H_5$$
$$\underset{S\text{———}Pb\text{———}S}{|\qquad\qquad\qquad\qquad|}$$

Arbeitsvorschrift. Die bleihaltige Lösung, die frei von SO_4^{2-} und Cl^- sein soll [112], wird gegen Bromkresolpurpur mit verd. Ammoniak neutralisiert. Die NH_4OH-Zugabe wird so weit fortgeführt, bis $Pb(OH)_2$ auszufallen beginnt, das mit verd. Citronensäurelösung, gegebenenfalls unter Erwärmen, wieder in Lösung gebracht wird. Diese Lösung, die etwa 150 ml betragen soll, wird in der Kälte zur Fällung des Bleis unter ständigem Rühren mit einer sodaalkalischen Lösung des Reagenses so lange versetzt, bis die über dem ausgefallenen gelben Niederschlag stehende Flüssigkeit eine purpurrote Farbe angenommen hat. Nach 2-stündigem Absitzenlassen wird der Niederschlag auf einen Filtertiegel abfiltriert, mit kaltem Wasser, anschließend mit Aceton gewaschen und schließlich bei 105 °C getrocknet (Umrechnungsfaktor auf Pb: 0,4757).

Das Reagens ist zwar für Pb nicht spezifisch, sondern reagiert mit einer Reihe weiterer Schwermetalle, wie z. B. Cu, Ni und Zn, in ähnlicher Weise; doch kann durch Variation des p_H-Wertes bei der Fällung eine weitgehende Spezifität erreicht werden. Für die Pb-Fällung soll der p_H-Wert zwischen 5 und 6 liegen. Die Trennung des Pb von den Erdalkalien gelingt stets einwandfrei.

b) mit Mono- bzw. Diphenyldithiocarbamidohydrazin.

Dem vorgenannten weitgehend ähnliche Fällungsreagenzien für die gravimetrische Pb-Bestimmung sind das Mono- bzw. Diphenyldithiocarbamidohydrazin, die von POPPER und Mitarbeitern [113] bzw. [114] zur analytischen Verwendung in Vorschlag gebracht wurden. Sie bilden gelbe, in neutraler bis schwach saurer Lösung sehr schwerlösliche Pb-Innerkomplexe, die schnelle und recht genaue Pb-Bestimmungen ermöglichen.

Arbeitsvorschriften. α) *für Phenyldithiocarbamidohydrazin.* Zu einer neutralen oder schwach-(essig-)sauren Pb-Lösung, die mit 96%igem Äthanol versetzt wurde, gibt man in der Wärme tropfenweise unter ständigem Rühren eine warme äthanolische Lösung des Reagenses. Die Pb-Verbindung:

$$C_6H_5-N=C-NH-NH-C=NH$$
$$\underset{S\text{———}Pb\text{———}S}{|\qquad\qquad\qquad\qquad|}$$

fällt dabei innerhalb von 5 Minuten quantitativ aus. Sie kann sofort über einen Filtertiegel abfiltriert werden, wird zunächst mit warmem 50%igem Äthanol, danach mit 3 bis 5 ml kaltem 96%igem Äthanol und schließlich mit 3 ml Äther gewaschen. Anschließend wird sie im Vakuum getrocknet und gewogen (F = 0,4802).

Alkali- und Erdalkaliionen stören nicht. Die Fällbarkeitsgrenze liegt bei etwa 5 μg Pb/ml.

β) *für Diphenyldithiocarbamidohydrazin.* 5 ml etwa 0,1 n Pb-Salzlösung werden mit etwa 20 ml Äthanol verdünnt und in der Kälte unter gutem Rühren mit einer

0,2%igen äthanolischen Reagenslösung gefällt. Nach 1-stündigem Stehen wird der gelbe kristalline Niederschlag:

$$C_6H_5-N=C-NH-NH-C=N-C_6H_5$$
$$||$$
$$S-\!\!-\!\!-Pb-\!\!-\!\!-S$$

auf einen Filtertiegel abfiltriert, 5 bis 6 mal mit je 5 ml Äthanol, anschließend 2 bis 3 mal mit je 1 ml Äther gewaschen, im Vakuum getrocknet und gewogen (Umrechnungsfaktor auf Pb: 0,4082).

Das Verfahren besitzt eine Genauigkeit von $\pm$ 0,3% rel. und erfordert einen Zeitaufwand von nur etwa 1½ bis 2 Stunden. Es ist anwendbar für Pb-Konzentrationen bis herab zu 200 μg/ml und wird von Erdalkalien und Alkalien nicht gestört.

Ein Kondensationsprodukt des genannten Reagenses, das 5-Anilin-2-mercapto-1,3,4-thiadiazol ist nach Untersuchungen von POPPER und Mitarbeitern [115] in gleich guter Weise wie jenes für Pb-Bestimmungen brauchbar. Infolge des relativ hohen Molekulargewichtes der gefällten Pb-Verbindungen sind mit ihm noch Pb-Bestimmungen in Lösungen bis herab zu 6 μg Pb/ml möglich. Auch dieses Verfahren ist einfach und schnell, besitzt eine gute Genauigkeit und wird von Erdalkalien und Alkalien nicht gestört.

c) mit Phenylhydrazindithiocarbamidat.

MUSIL und HAAS [116] beschreiben ein mikrogravimetrisches Pb-Bestimmungsverfahren unter Verwendung von Phenylhydrazindithiocarbamidsäure. Das *Reagens* wird wie folgt hergestellt: 21,6 g Phenylhydrazin und 18 g Schwefelkohlenstoff werden in äthanolischer Lösung mit einem mittelstarkem Ammoniakstrom behandelt. Nach kurzer Zeit scheidet sich das in Äthanol unlösliche Ammoniumsalz der Säure in Form weißer Stäbchen aus. Es wird nach 15 min abgesaugt und nacheinander mit Äthanol und Äther gewaschen. Es findet als 0,2%ige wäßrige Lösung als Reagens Verwendung. Die Lösung zeigt schwachsaure Reaktion und wird durch Luftsauerstoffeinwirkung allmählich blau und trübe. Mit dem Reagens wird eine Reihe von Schwermetallen, so z. B. Ag, Cu und Pb, in Form schwerlöslicher, gut filtrierbarer Niederschläge gefällt.

Zur Pb-Bestimmung wird die neutrale oder schwachsaure Analysenlösung mit einem 3- bis 4-fachen Reagensüberschuß und zur Klärung der überstehenden Lösung mit etwas festem Ammoniumnitrat versetzt. Der Niederschlag:

$$\begin{array}{c} \text{Ph}-NH-NH-C(=S)-S \\ \!\text{Pb} \\ \text{Ph}-NH-NH-C(=S)-S \end{array}$$

wird über einen Filtertiegel abfiltriert, 2 bis 3 mal mit kaltem Wasser gewaschen, 1½–2 Stunden bei 120 °C getrocknet und gewogen (F = 0,3611). Die Genauigkeit ist sehr gut.

d) mit Piperidindithiocarbamidat.

Die gravimetrische Bestimmung des Bleis mit Hilfe von Piperidindithiocarbamidat wird von BREMANIS, SCHAIBLE und BERGNER [117] beschrieben. Durch Arbeiten in natronalkalischer oder ammoniakalischer, tartrat- und cyanid-haltiger Lösung kann eine sehr hohe Spezifität erreicht werden, weil unter diesen Bedingungen nur noch Pb und Tl fällbar sind. Das Reagens, nach GLEU und SCHWAB [118] als Natrium-p-carbat bezeichnet, ist ein Kondensationsprodukt aus Piperidin und Schwefelkohlenstoff:

$$Na-S-\underset{\underset{S}{\|}}{C}-N\underset{CH_2-CH_2}{\overset{CH_2-CH_2}{<}}>CH_2$$

Das Blei-p-carbat ist als Wägungsform geeignet und zeichnet sich durch einen günstigen Umrechnungsfaktor von 0,3926 aus.

Arbeitsvorschrift. Zu der Lösung eines Pb-Salzes oder einer bleihaltigen Legierung gibt man auf je 0,1 g Metall (sämtliche Schwermetalle inbegriffen) etwa 1,0 g Weinsäure, neutralisiert mit 33%iger NaOH gegen Phenolphthalein und fügt darauf zu je 100 ml Lösung noch weitere 10 ml NaOH zu. Dann werden 1 bis 2 g KCN, in wenig Wasser gelöst, zugesetzt. Unter Umrühren wird schließlich das Fällungsreagens zugegeben, wovon für 0,1 g Pb etwa 10 ml 10%ige wäßrige Lösung (täglich frisch zu bereiten!) benötigt werden.

Bei sehr kleinen Pb-Mengen (1 bis 2 mg) entsteht zunächst eine opalisierende Trübung, die nach etwa 5-minütigem Stehen und häufigem Umrühren deutlich kristallin wird. Bei größeren Pb-Mengen ballt sich der reinweiße Niederschlag sofort zu feinen Kristallnadeln zusammen. Man filtriert nach 10 Minuten langem Stehen durch einen Porzellanfiltertiegel A 2, wäscht 8 bis 10 mal mit kleinen Mengen Waschlösung (1%ige wäßrige Natrium-p-carbatlösung, täglich frisch bereitet), schließlich 3 mal mit wenig Wasser aus und trocknet eine Stunde bei 110 bis 130 °C. Erfaßbar sind noch 2 mg Pb. Acetat-, Nitrat-, Sulfat- und Chlorid-Ionen stören nicht.

In Gegenwart von Cd, Ag und Bi ist ein Umfällen des Niederschlags erforderlich, weil diese Elemente z. T. mit dem Blei-p-Carbat mitgefällt werden. Dazu wird der Niederschlag über ein Papierfilter abfiltriert, wie beschrieben gewaschen und Filter samt Niederschlag mit Salpetersäure bis zum Verschwinden der nitrosen Gase gekocht. Nach Abfiltrieren des Filterbreis und gründlichem Auswaschen mit Wasser wird noch einmal in der angegebenen Weise gefällt, wobei in Gegenwart von Bi ein Fällungsreagens verwendet wird, das 1 n an NaOH ist.

Die Beleganalysen zeigen bei der Bestimmung in reiner Lösung eine Reproduzierbarkeit von −0,1% für 300 mg Pb, 0% für 70 mg, +0,7% für 14 mg, −1,5% für 6,5 mg, 0% für 4 mg und +5% für 2 mg Pb. Bei der Pb-Bestimmung im Weißmetall (etwa 3% Pb) oder neben größeren Mengen Zn, Fe, Mn, Co, Ni und Bi liegt die Reproduzierbarkeit im gleichen Bereich.

Ähnliche gute Resultate haben die Autoren auch mit Natriumdiäthyldithiocarbamidat als Fällungsreagens erzielt.

12. Bestimmung mit Resorcin.

STEFANESCU und STEFANESCU [119] haben für die Pb-Bestimmung die Fällung mit Resorcin beschrieben.

Arbeitsvorschrift. 20 bis 30 ml einer bleihaltigen Lösung werden in der Kälte tropfenweise mit einer frischbereiteten Fällungslösung versetzt, die 10 g Resorcin, gelöst in 10 ml 20%igem Ammoniak, in 100 ml enthält, wobei ein Überschuß von 2 bis 3 ml Verwendung findet. Wenn sich die über dem ausgefällten Niederschlag stehende, blaugefärbte Flüssigkeit geklärt hat, wird die Pb-Verbindung über einen Filtertiegel (G 4) abfiltriert, mehrmals mit H_2O, anschließend 5 bis 6 mal mit Äthanol oder 4 bis 5 mal mit je 2 bis 3 ml Äther gewaschen, danach im Vakuum getrocknet und schließlich gewogen. Der empirische Umrechnungsfaktor auf Pb beträgt 0,6603.

Das Verfahren soll in 30 bis 45 Minuten ausführbar sein, eine Genauigkeit von ± 0,3% besitzen und durch anwesendes Bi, Sb und Zn nicht gestört werden.

13. Bestimmung mit Acridin.

Eine gemischt anorganisch-organische Fällungsform für das Blei haben DRAGULESCU und FLOREA [120] publiziert, die die Fällung mit Acridin in äthanolischer, stärker als 2 n salzsaurer Lösung vornehmen.

Arbeitsvorschrift. Die mindestens 2 n salzsaure Analysenlösung wird mit Äthanol verdünnt und Pb durch Zugabe einer 2%igen äthanolischen Acridinlösung gefällt. Der sich dabei bildende, in gelben Nadeln kristallisierende Niederschlag von $PbCl_2 \cdot C_{13}H_9N \cdot H_2O$ wird über einen Filtertiegel abfiltriert, mit Äthanol, anschließend mit Äther gewaschen und in einem Luftstrom getrocknet (in H_2O ist die Verbindung relativ leicht löslich).

Das Verfahren erfordert einen Zeitaufwand von 30 bis 35 Minuten und soll eine Genauigkeit von ± 0,2% sowie eine Empfindlichkeit von 110 μg Pb/ml besitzen. Bi, Sn und Sb stören.

B. Elektroanalytische Verfahren.

Allgemeines. Die elektrolytischen Verfahren zur Pb-Abscheidung haben — vor allem in Verbindung mit einer gravimetrischen Bestimmung — eine sehr große Bedeutung erlangt, nicht zuletzt deshalb, weil auf diesem Wege Pb neben einer Vielzahl von anderen Metallionen ohne weitere Vortrennung direkt bestimmt werden kann. Das gebräuchlichste Verfahren ist dasjenige der anodischen Abscheidung des Bleis als PbO_2, hinter dem die Methoden der kathodischen Abscheidung als Pb-Metall in der Praxis weit zurückstehen.

I. Anodische Abscheidung als PbO_2.

1. Übersicht.

Die elektrolytische Abscheidung des Bleis als PbO_2 gehört bereits seit dem vorigen Jahrhundert zu den Standardmethoden für die Pb-Bestimmung. Sie ist seitdem Gegenstand vieler Untersuchungen gewesen, bei denen immer wieder die Suche nach den optimalen Arbeitsbedingungen im Vordergrund des Interesses stand, ein Zeichen dafür, daß die Formelreinheit des abgeschiedenen Oxids nicht a priori gesichert erschien. Die zahlreichen Publikationen zu dieser Frage kommen tatsächlich zu mitunter recht unterschiedlichen Resultaten für den Umrechnungsfaktor von PbO_2 zu Pb, vor allem wohl deshalb, weil dabei über eine Vielzahl von Einflußgrößen integriert und ihre Auswirkung summarisch mit dem Umrechnungsfaktor kompensiert worden ist. Erst in jüngster Zeit scheint sich die Ansicht durchgesetzt zu haben, daß zumindest kleine Pb-Mengen als reines PbO_2 abgeschieden werden können, daß aber — je nach den Arbeitsbedingungen und den in der Analysenlösung vorhandenen, selbst nicht abscheidbaren Begleit-Ionen — unterschiedlich große Restmengen von Pb in dem Elektrolysat verbleiben oder sogar kathodisch abgeschieden werden können. Ein vorgegebener Umrechnungsfaktor — so auch der theoretische — kann also nur bei exaktem Einhalten der jeweils vorgeschriebenen Arbeitsweise vorbehaltlos angewendet werden, wobei außer den Bedingungen für die Elektrolyse selbst auch denen beim Trocknen des Niederschlags Bedeutung zukommt.

2. Arbeitsvorschriften

a) Abscheidung mit Hilfe einer von außen angelegten Spannung.

Aus der Vielzahl der in der Fachliteratur beschriebenen Verfahren für die elektrolytische Abscheidung des Bleis als PbO_2 können hier nur die wichtigsten herausgegriffen und eingehender behandelt werden. Auf die anderen kann lediglich hingewiesen werden.

Nach den Angaben von CLASSEN [121], die zu Beginn dieses Jahrhunderts allgemein anerkannt wurden, wird Pb aus stark salpetersaurer Lösung unter Rühren anodisch auf eine Pt-Schale als Elektrode abgeschieden. Auf 100 ml Elektrolyt werden 20 ml HNO_3 (D = 1,4) verwendet. Bei Gegenwart von Cu soll eine etwas geringere HNO_3-Menge ausreichend sein, da dann nicht mehr die Gefahr einer kathodischen Pb-Abscheidung besteht. Das abgeschiedene PbO_2 soll aber noch wasserhaltig sein. Man darf daher nicht den theoretischen Faktor verwenden. HOLLARD und BERTIAUX [122] rechnen für bei 200 °C getrocknetes PbO_2 bei Mengen bis zu 1 g mit dem Faktor 0,853, bei solchen von 1 bis 1,5 g dagegen mit 0,857, d. h. je größer die PbO_2-Menge ist, desto mehr soll sich der empirische Faktor dem theoretischen, 0,866, nähern. Im Gegensatz dazu stellt SMITH [123] für bei 200 bis 230 °C getrocknetes PbO_2 den Faktor 0,8634 für 0,5 g, 0,8643 für 0,3 g und für Mengen bis zu 0,1 g den theoretischen fest. Dieser Befund wurde von FISCHER [124] voll bestätigt, der in dem abgeschiedenen PbO_2 Nitrat nachweisen konnte und dieses neben H_2O für die Abweichungen vom theoretischen Faktor verantwortlich macht. FISCHER rechnet für 0,1 g PbO_2 mit dem theoretischen Faktor, für 0,1 bis 0,3 g PbO_2 mit dem Faktor 0,8652, für etwa 0,5 g mit 0,8629 und für Mengen von etwa 1 g mit 0,8610. Auch von PAMFILOV [125] konnte in dem unter den hier eingehaltenen Bedingungen abgeschiedenen PbO_2 Nitrat nachgewiesen werden.

Um der Unsicherheit zu begegnen, die sich aus der Anwendung empirischer Faktoren ergibt, empfiehlt TREADWELL [126], den PbO_2-Niederschlag durch vorsichtiges Glühen in PbO überzuführen, für das dann stets der theoretische Umrechnungsfaktor gelten soll.

SAND [127] hat gezeigt, daß die Anwesenheit von genügend viel HNO_3 noch keine ausreichende Voraussetzung für das Erzielen gleichmäßig zusammengesetzter PbO_2-Niederschläge ist, sondern daß auch die Bedingungen bei der Elektrolyse selbst einen außerordentlich großen Einfluß auf die Zusammensetzung des PbO_2-Niederschlags haben. Um befriedigende Resultate zu erhalten, muß seiner Ansicht nach bei hoher Temperatur und mit großen Stromdichten gearbeitet werden. Nach SAND soll die Analysenlösung in einem Volumen von 85 ml 10 ml freie HNO_3 (D = 1,4) enthalten. Die Elektrolyse wird mit 5 A in der auf 90 °C erwärmten Analysenlösung bei guter Elektrolytbewegung ausgeführt. Für das dabei abgeschiedene PbO_2 gilt der Umrechnungsfaktor 0,863. Bei Arbeitstemperaturen zwischen 95 und 97 °C ist der Faktor 0,865. Für geringe Pb-Gehalte kann in beiden Fällen mit dem theoretischen Faktor 0,866 gerechnet werden. Die Menge des Niederschlags soll im übrigen — im Gegensatz zu den Ergebnissen der älteren Arbeiten — ohne Einfluß auf die Größe des Faktors sein. Außerdem wird das Trocknen des PbO_2 bei 200 °C hinfällig, wenn der Niederschlag wiederholt mit Alkohol und Äther gewaschen wird. Er kann dann bei erheblich niedrigeren Temperaturen getrocknet werden. FISCHER und SCHEEN [128] bestätigen die Angaben von SAND und stellen im Gegensatz zu TREADWELL [126] fest, daß PbO_2 als Wägungsform geeigneter ist als PbO oder Pb_3O_4. Auch die Ergebnisse von BENNER [129] sowie COLLIN [130] untermauern die Resultate von SAND. Das gleiche gilt für die Arbeiten von WOICIECHOWSKI [131], der die Sandsche Arbeitsweise unter Verwendung von Pt-Netzanoden ebenfalls überprüft hat, aber abweichend von dessen Vorschrift PbO_2 bei 230 °C trocknet. Sein Umrechnungsfaktor ist 0,8643.

Von FAIRCHILD [132] wird darauf hingewiesen, daß man auch ohne Elektrolytbewegung bis zu 0,2 g Pb in 2 Stunden als PbO_2 abscheiden kann, wenn man die 50 bis 60 °C warme, stark salpetersaure Analysenlösung zunächst 1½ Stunden lang mit 0,25 A, dann ½ Stunde lang mit 0,5 A elektrolysiert. Die Umrechnung auf Pb erfolgt mit dem theoretischen Faktor. Für größere Pb-Mengen (> 0,2 g) ist das Verfahren nicht geeignet, da dann PbO_2 nicht mehr auf der Elektrode haftet. Um diesem Übel abzuhelfen, verwendet LIST [133] Anoden mit aufgerauhter Oberfläche. Er kann damit noch 0,85 g Pb in festhaftender Form als PbO_2 abscheiden. GROSSET [134] kommt — ähnlich wie FAIRCHILD — zu dem Ergebnis, daß aus siedender, salpetersaurer Lösung 0,1 g Pb bei einem Elektrolysestrom von 3 A innerhalb von 8 Minuten und 0,5 g Pb innerhalb 20 Minuten quantitativ abgeschieden werden können, auch ohne zusätzliche mechanische Badbewegung.

Auch von TÖPELMANN [135] wird eine angerauhte Anode für die elektrolytische, hier jedoch eine schnellelektrolytische, Pb-Bestimmung verwendet. Er arbeitet dabei zum Unterschied von SAND bei Zimmertemperatur, aber ebenfalls mit höherer Stromstärke. Unter den folgenden Bedingungen wird ein gut haftender Niederschlag erhalten: Die Lösung von 0,3 bis 0,5 g Pb als Nitrat wird mit 8 bis 10 ml HNO_3 (D = 1,4) und 1 bis 2 g $Cu(NO_3)_2$ versetzt und auf 100 ml verdünnt. Als Anode wird eine angerauhte Winklersche Netzelektrode verwendet, als Kathode eine Pt-Elektrode nach PERKIN, die gleichzeitig als Rührer (600 U/min) dient. Zunächst wird etwa 1 bis 2 Minuten lang mit 0,5 A elektrolytisiert; dann wird die Stromstärke im Verlauf von 15 Minuten auf 2 A gesteigert. Nach weiteren 15 Minuten ist die Abscheidung von maximal 0,43 g Pb beendet. Die Elektroden werden dann ohne Stromunterbrechung mit dest. Wasser gründlich gespült; erst dann wird der Strom abgeschaltet. Die Abscheidung der letzten Pb-Reste wird gegen Ende der Elektrolyse durch die dann einsetzende O_2-Entwicklung und die immer stärker werdende NO_2-Bildung verzögert. Der dadurch verursachte Fehler bleibt unter den angegebenen Bedingungen aber kleiner als 0,1 mg. Ferner wurde festgestellt, daß das abgeschiedene PbO_2 für je 0,1 g etwa 0,1 mg NO_3^- enthält. Für die Trocknung der Anode hat sich eine Temperatur von 260 °C als am besten herausgestellt. Die Trocknungsdauer soll etwa 1 Stunde betragen. Die Faktoren für die Berechnung des Pb-Gehaltes sind:

0,8580 nach halbstündigem Trocknen bei 230 °C,
0,8589 nach einstündigem Trocknen bei 230 °C,
0,8628 nach zweistündigem Trocknen bei 260 °C.

NH_4- oder Alkalinitrat (0,3 n) stören die Pb-Bestimmung nach der beschriebenen Arbeitsweise nicht, dagegen müssen selbst geringe Cl-Mengen restlos entfernt werden, da sie durch Veränderung der Elektrodenpotentiale die Pb-Abscheidung nachteilig beeinflussen (Cl_2-Bildung). Das Verfahren gestattet noch die Abscheidung von 0,02 mg Pb aus 100 ml Analysenlösung.

Für die Ausschaltung der störenden NO_2-Bildung wird von COLLIN [136] ein Zusatz von Hydrazinium- oder Hydroxylammoniumchlorid zum Elektrolyten vorgeschlagen. BILTZ [137] und nach ihm BJØRN-ANDERSEN [138], der sich im wesentlichen der Arbeitsweise von SAND anschließt, darüber hinaus aber noch die Bedingungen für die gleichzeitige Abscheidung von Pb und Cu untersucht (Pt-Schale als Anode), empfehlen für den gleichen Zweck einen Zusatz von Harnstoff.

In einer umfassenden Arbeit über die optimalen Arbeitsbedingungen bei der anodischen PbO_2-Elektrolyse kommen SCHRENK und DELANO [139] zu dem Ergebnis, daß die besten Resultate unter den folgenden Bedingungen erhalten werden (vgl. auch DAY, DELANO und SCHRENK [140]): Die Probe soll 1½ bis 2 Stunden mit 3 A — Stromdichte etwa 7 A/dm² — bei einer Anfangstemperatur von 90 °C (Endtemperatur etwa 50 °C) elektrolysiert werden. Die Anode — die Autoren arbeiten mit Pt-Blechen — soll sandgestrahlt oder geschmirgelt sein. Die Analysenlösung soll zwischen 5 und 150 mg Pb enthalten, 20 bis 30%ig an freier Salpetersäure sein und außerdem einen Gehalt von etwa 0,25 ml H_2SO_4 aufweisen. Die Trocknungstemperaturen sollen zwischen 150 und 200 °C liegen. Die Bearbeiter weisen darauf hin, daß der Temperatur der Analysenlösung eine recht zentrale Bedeutung zukommt. Während unter den oben gegebenen Verhältnissen die Abscheidung innerhalb 2 Stunden vollständig ist, werden für die Elektrolyse bei Zimmertemperatur mindestens 8 Stunden benötigt. Wird die optimale Anfangstemperatur von 90 °C während der gesamten Analysendauer aufrecht erhalten, so bleiben dabei merkliche Pb-Mengen in Lösung. Der H_2SO_4-Zusatz wird vorgeschlagen, weil er zu einer besseren Haftung des abgeschiedenen PbO_2 führen soll. Größere H_2SO_4-Mengen (2,5 ml) hingegen bewirken eine unvollständige PbO_2-Abscheidung. In gleicher Weise sind auch lösliche Sulfate wirksam. Als Umrechnungsfaktor hat sich der theoretische bestätigt. Die Bestimmung wird gestört durch anwesende Ag-, Bi-, As-, Sb-, Hg-, Mn-, Sn- sowie CrO_4^{2-} und PO_4^{3-}-Ionen, die entweder gemeinsam mit dem PbO_2 abgeschieden werden oder die Pb-Abscheidung verhindern bzw. ein Abblättern der PbO_2-Niederschläge fördern.

Gleichfalls aus einem H_2SO_4-haltigen Elektrolyten führen RANDALL und SARQUIS [141] die PbO_2-Abscheidung aus. Sie verwenden Pt-Netzanoden, arbeiten aber nur mit einer Stromstärke von 0,05 A. Die nach einer Elektrolysedauer von etwa 18 Stunden noch nicht abgeschiedenen Pb-Reste werden photometrisch bestimmt. Die Umrechnung des PbO_2 in Pb wird mit dem theoretischen Faktor vorgenommen.

Von LINDSAY [142] wird die erstmals von TREADWELL [126] angegebene Arbeitsweise, PbO_2 in PbO zu überführen, nochmals näher untersucht. Er kommt zu dem Schluß, daß dies nur bei Verwendung von Pt-Schalenanoden, nicht bei Netzanoden, durchführbar sei, weil die Haftfestigkeit während der Umwandlung nur gering ist. Das Verfahren wird weiterhin dadurch eingeengt, daß PbO bereits bei 830 °C unter beginnender starker Verflüchtigung schmilzt. Es wurden so z. B. bereits bei 700 °C Verdampfungsverluste von 1% je Stunde und bei 800 °C von etwa 2% erhalten. Das gleiche Verfahren wurde auch von HERTELENDI und JOVANOVICH [143] eingehender untersucht. Sie bestätigen die Angaben von LINDSAY und umgehen die Pb-Verluste dadurch, daß die mit PbO_2 überzogene Netzanode in einem Quarzgefäß geglüht und dieses mitgewogen wird. Verstäubungsverluste werden dadurch ausgeschaltet; desgleichen werden die Sublimationsverluste verringert, da PbO mit dem Quarz unter Bildung von Bleisilicat reagiert. Die günstigste Glühtemperatur liegt bei 600 bis 650 °C; bei 550 °C verläuft die Umwandlung zum PbO noch zu langsam; bei 700 °C treten bereits wieder Pb-Verluste auf. Die Umwandlung des PbO_2 zum Pb_3O_4 ist analytisch nicht verwertbar, weil die Umwandlung bei tieferen Temperaturen zu träge abläuft, bei höheren dagegen bereits zum PbO führt. Die Pt-Anoden werden bei der Glühbehandlung beträchtlich angegriffen. Über eine praktische Verwertung dieser Arbeitsweise konnten in der Literatur keine Hinweise gefunden werden.

In jüngerer Zeit ist eine eingehende Überprüfung der elektrolytischen Bestimmung des Bleis als PbO_2 von NORWITZ [144] vorgenommen worden. Er legte dabei das Hauptgewicht auf die Klärung der Frage nach den Abscheidungsbedingungen kleiner Pb-Mengen (0,5 bis 2 mg). Die besten Verhältnisse wurden erhalten, wenn Pt-Drahtspiralen als Anoden verwendet wurden. (SILVERMAN [145] dagegen hatte dafür große Netzanoden vorgeschlagen.) Ein Zusatz von Cu-Ionen verhindert eine kathodische Abscheidung des Bleis und ist deshalb zu empfehlen. Für die Abscheidung kleiner Pb-Mengen soll die Konzentration an Salpetersäure kleiner sein als für diejenige größerer Mengen; der Elektrolyt soll davon etwa 2% enthalten. Salpetrige Säure darf im Elektrolyten nicht vorhanden sein; sie wird entweder durch Kochen oder Durchleiten von Luft ausgetrieben. Zusätze von Ammoniumnitrat, die nach SILVERMAN [145] die Abscheidung kleiner Pb-Mengen günstig beeinflussen sollen, werden von NORWITZ abgelehnt, da er feststellen mußte, daß z. B. 15 g NH_4NO_3 die Abscheidung von 0,5 mg Pb völlig verhindern konnten. Dagegen wirkt sich der Zusatz einer sehr geringen Menge HCl sehr günstig aus. Dieser Befund steht im Einklang mit Angaben von SCHERRER, BELL und MOGERMAN [146] für die Abscheidung von Cu — überrascht jedoch in seiner Anwendung für Pb. Für die Abscheidung kleiner Pb-Mengen ist die Elektrolyse bei Zimmertemperatur günstiger als die in der Wärme. Ein Rühren der Analysenlösung während der Elektrolyse ist zu empfehlen;

am günstigsten ist die Luftrährung, da sie gleichzeitig gegebenenfalls NO_2 aus der Lösung entfernt. Die Stromstärke soll hoch sein und bei etwa 2 A liegen. 2 mg Pb werden unter diesen Bedingungen innerhalb 10 Minuten abgeschieden; für 0,5 mg ist etwa ½ Stunde erforderlich. Für das Trocknen des Niederschlags ist es unwesentlich, ob dies 10 Minuten bei 110 °C oder 1 Stunde lang bei 250 °C geschieht. Da die Anode während der Elektrolyse merklich angegriffen wird, soll sie erst nach der Elektrolyse tariert werden. Geringe Mengen Schwefelsäure (0,2 ml) oder Flußsäure (0,2 ml) können die Abscheidung von z. B. 0,5 mg Pb völlig verhindern.

Für die Abscheidung größerer Pb-Mengen schlägt NORWITZ [147] die Elektrolyse aus $HClO_4/HNO_3$-saurer Lösung vor. Noch 1 g Pb soll als festhaftendes PbO_2 an einer Pt-Netzanode abgeschieden werden können. Das Analysenmaterial wird in einem Gemisch aus 25 ml $HClO_4$ (konz.), 25 ml HNO_3 (konz.) und 25 ml H_2O gelöst. Nach Vertreiben der nitrosen Gase durch Kochen wird die Analysenlösung auf 190 ml verdünnt und mit 5 mg Cu (als $Cu(NO_3)_2$) versetzt. Unter Rühren wird mit 2 A 1 Stunde lang bei 70 °C elektrolysiert. Nach beendeter Elektrolyse wird die Anode zunächst mit Wasser, dann mit Alkohol gewaschen und 30 Minuten bei 120 °C getrocknet. Es wird mit einem empirischen Faktor 0,8611 gerechnet. Die Verwendung perchlorsaurer Lösungen hat nach NORWITZ und NORWITZ [148] den weiteren Vorteil, daß Störungen, die sonst von Br, Cl, As, Sb und Sn hervorgerufen werden, in einfachster Weise durch Abrauchen mit HBr vor der Elektrolyse ausgeschaltet werden können. Eine Genauigkeit von etwa ± 0,3% wird mitgeteilt.

Gleichfalls mit der anodischen Bestimmung kleiner Pb-Mengen beschäftigten sich SEISER, NECKE und MÜLLER [149]. Als günstigste HNO_3-Konzentration für die Abscheidung von 0,01 bis 0,3 mg Pb wird von ihnen eine 0,7%ige ermittelt. Der Elektrolyt enthält in etwa 50 ml 5 ml einer 1%igen Kupfersulfatlösung. Als Elektroden werden Pt-Netze verwendet, von denen das innere, als Kathode geschaltete, mit etwa 200 U/min rotiert. Die Stromstärke beträgt 2 A, die Elektrolysedauer 45 Minuten. Das abgeschiedene PbO_2 wird photometrisch bestimmt. Fe und Cu in Mengen bis zu 25 mg (bzw. 12,5 mg) sind ohne störenden Einfluß, desgleichen sollen größere Mengen $(NH_4)_2SO_4$ nicht stören. Mn wird dagegen bei Anwesenheit von mehr als 0,5 mg z. T. anodisch als MnO_2 niedergeschlagen. Von NECKE und MÜLLER [150] werden die Versuchsbedingungen wie folgt präzisiert, die auch von ŠICHVARGER [151] weitgehend übernommen werden. Der Elektrolyt enthält in 100 ml 0,02 bis 0,2 mg Pb, 10 bis 12 mg Cu als Sulfat, 1,5 ml HNO_3 (D = 1,2) und ist 3 bis 4%ig an NH_4NO_3. Die Stromdichte an der Anode beträgt 1,5 bis 2 A bei einer geometrischen Netzoberfläche von 85 cm². Die Arbeitstemperatur des Elektrolyten liegt bei 30 bis 35 °C, die Rührgeschwindigkeit — entgegen von anderen Autoren gemachten Angaben — bei 500 bis 700 U/Min. Starkes Rühren ist unerläßlich, da bei der Elektrolyse in ruhendem Elektrolyten stets erhebliche Unterwerte gefunden werden. Die Elektrolyse ist nach 20 Minuten beendet. Gewaschen wird unter Stromdurchgang und Rühren so lange mit aqua dest., bis die Stromstärke auf etwa 3 bis 5 mA zurückgegangen ist. Die Brauchbarkeit dieses elektrolytischen Verfahrens wird von MESSERSCHMIDT und TARTLER [152] mit Hilfe radiochemischer Messungen unter Beweis gestellt. Das dem Pb zugesetzte ThB wurde auf Grund der Messung der γ-Aktivität seiner Toch-

Tabelle 4. *Von verschiedenen Verfassern empfohlene Arten des Trocknens und Faktoren.*

Verfasser	Trocknen	Faktor	Anmerkung
		0,8662	Theoretischer Faktor.
LUCKOW [154]	—	—	
HAMPE [155]	—	—	
RICHE [156]	—	—	
RÜDORFF [157]	120°	0,865	

Fortsetzung Tabelle 4.

Verfasser	Trocken	Faktor		Anmerkung
Bull [158]	180°	Theoretischer Faktor		„Wasserfreies Superoxyd".
Hollard [159]	200°	g PbO_2	Faktor	
		0,0106	0,740	
		0,1	0,833	
		1	0,852	
		10	0,861	
Exner [160]	—	—		
Fischer und Boddaert [161]	—	—		
Hollard [162]	—	0,853		Dieser Faktor ist konstant an blanker Pt-Elektrode
Smith [163]	230	g PbO_2	Faktor	
		0,05—0,1	theoretisch	
		0,2483	0,8643	
		0,5	0,8634	
Sand [164, 165]	—	—		
Fischer [166]	—	—		
Vortmann [167]	—	—		Stellt fest, daß die Werte zu hoch sind.
Sand [127]	230° oder Alkohol und Äther	Abscheidungstemperatur	Faktor	Zwischen 0,3 und 1,0 g konstant.
		90°	0,863	
		95°	0,865	
Fischer und Scheen [128]	Alkohol und Äther	Theoretischer Faktor		Obwohl der Niederschlag nicht ganz wasserfrei ist.
Ipiens [168]				Der Grund der hohen Werte ist okkludiertes Bleinitrat.
Pamfilo u. Blagonravova [169]				Zur Vermeidung der empirischen Faktoren ist es empfehlenswert, durch Glühen in PbO überzuführen (Schale als Anode).
Fischer und Vossen [124]	—	g PbO_2	Faktor	
		0,28	0,8652	
		0,5	0,8629	
Collin [130]	Alkohol und Äther	g PbO_2	Faktor	
		bis 0,1	theoretisch	
		0,1—0,4	0,8635	
		0,4—0,5	0,8605	
Töpelmann [135]	—	Trocknungsdauer	Faktor	Zwischen 0,08 und 0,43 g konstant.
	230°	½ Stde.	0,8580	
	230°	1 Stde.	0,8589	
	260°	2 Stdn.	0,8627	
Holmes und Morgan [170]	Alkohol	Theoretischer Faktor		Für Substanzen mit niedrigem Pb-Gehalt.
Schrenk und Delano [139]	200°	Theoretischer Faktor		Der Versuchsfehler ist stets negativ.
Bjørn-Andersen [138]	200°	Theoretischer Faktor		Die Resultate sind um einige Milligramme höher.
Garcia [171]	100—110°	g PbO_2	Faktor	
		0,01—0,1	0,845	
		0,99—0,2	0,851	
Brantner und Hecht [172]	—	—		Die Methode ist als Mikromethode nicht geeignet.
Day, Delano und Schrenk [140]	150—200°	Theoretischer Faktor		Der Versuchsfehler ist stets negativ.
Lundell [173]	—	Theoretischer Faktor		Für kleinere Niederschlagsmengen.
Neusstrujewa [174]	—	—		Die Zusammensetzung schwankt nach den Umständen der Abscheidung

tersubstanz ThC'' im Mittel mit 99% auf der Anode niedergeschlagen gefunden, wenn Pb-Mengen von mindestens 30 µg elektrolysiert worden waren.

Eine umfassende Überprüfung der gebräuchlichsten Verfahren zur anodischen Pb-Bestimmung wurde von HERTELENDI [153] ausgeführt. Wegen der Bedeutung der Arbeit sollen die Resultate in etwas breiterer Form unter Wiedergabe der Originaltabellen erörtert werden. Die Ergebnisse, die frühere Bearbeiter hinsichtlich der einzuhaltenden Trocknungstemperaturen und der anzuwendenden Umrechnungsfaktoren erhalten hatten, hat HERTELENDI in der folgenden Tabelle 4 zusammengestellt.

HERTELENDI überprüft die Abscheidung des Bleis sehr eingehend; er elektrolysiert Pb-Mengen von 0,05, 0,1, 0,3, 0,5, 0,7 und 1,0 g jeweils bei 3 Temperaturen (20 °C, 60 °C und 95 °C) mit 3 verschiedenen Stromstärken (0,8, 2 und 10 A), wobei bei jeder Stromstärke salpetersaure Lösungen mit niedrigerer und höherer Konzentration verwendet wurden. Er stellt fest, daß die zur Erzielung eines gut haftenden PbO$_2$-Niederschlags erforderliche HNO$_3$-Konzentration mit der abzuscheidenden Pb-Menge wächst. Er arbeitet deshalb für Pb-Mengen bis zu 0,1 g in 5 bzw. 15%iger HNO$_3$ und für Pb-Mengen von 0,3 bis 1,0 g in einer 15 bzw. 25%igen Säure. Es konnten auf diesem Wege noch Pb-Mengen von mehr als 1 g einwandfrei auf einem Pt-Netz niedergeschlagen werden. Das Elektrolytvolumen betrug in allen Fällen 150 ml; die Lösung wurde mittels eines Glasrührers mit 500 bis 550 U/Min. geführt und enthielt etwa 0,3 g Cu. Die abgeschiedenen Niederschläge wurden jeweils auf zwei Arten getrocknet: zuerst nach SAND durch kurzes Trocknen nach Abspülen mit Alkohol und Äther (in den Tabellen 5 bis 10 mit I bezeichnet), danach bei 220 °C im Trockenschrank, und zwar für Pb-Mengen von 0,05 bis 0,3 g 1 Stunde und für solche von 0,5 bis 1,0 g 2 Stunden lang (mit II bezeichnet). Die in den Tabellen 5 bis 10 mit * bezeichneten Resultate wurden bei 20 °C, beginnend mit 10 A Stromstärke, erhalten, wobei sich die Temperatur auf 35 bis 40 °C erhöhte; bei den mit ** bezeichneten, bei 95 °C aus Säurelösungen der höchsten Konzentration mit kleiner Stromstärke erhaltenen, war die Elektrolysedauer um 30 Minuten länger, als sie am Ende der Tabelle 6 angegeben ist.

Tabelle 5. *Abscheidung von 0,05 g Blei(IV)-oxid.*

Temperatur	Stromstärke A	Säurekonzentration Vol.-%	Eingewogen Pb(NO$_3$)$_2$, auf PbO$_2$ berechnet g	Gefunden PbO$_2$, nach dem		Abweichung, nach dem	
				I. Trocknen g	II. Trocknen g	I. Trocknen mg	II. Trocknen mg
20°	0,8	5	0,0501	0,0503	0,0501	0,2	0,0
		15	0,0491	0,0493	0,0492	0,2	0,1
	2	5	0,0503	0,0504	0,0503	0,1	0,0
		15	0,0502	0,0503	0,0500	0,1	−0,2
	10	5*	0,0501	0,0502	0,0501	0,1	0,0
		15*	0,0511	0,0511	0,0510	0,0	−0,1
60°	0,8	5	0,0490	0,0490	0,0490	0,0	0,0
		15	0,0502	0,0503	0,0503	0,1	0,1
	2	5	0,0482	0,0481	0,0480	−0,1	−0,2
		15	0,0503	0,0501	0,0501	−0,2	−0,2
	10	5	0,0510	0,0510	0,0510	0,0	0,0
		15	0,0499	0,0500	0,0500	0,1	0,1
95°	0,8	5	0,0499	0,0498	0,0498	−0,1	−0,1
		15**	0,0502	0,0503	0,0503	0,1	0,1
	2	5	0,0501	0,0500	0,0499	−0,1	−0,2
		15	0,0495	0,0495	0,0495	0,0	0,0
	10	5	0,0504	0,0504	0,0504	0,0	0,0
		15	0,0499	0,0500	0,0500	0,1	0,1

Tabelle 6. *Abscheidung von 0,1 g Blei(IV)-oxid.*

Temperatur	Stromstärke A	Säurekonzentration Vol.-%	Eingewogen Pb(NO₃)₂, auf PbO₂ berechnet g	Gefunden PbO₂, nach dem		Abweichung, nach dem	
				I. Trocknen g	II. Trocknen g	I. Trocknen mg	II. Trocknen mg
20°	0,8	5	0,1003	0,1013	0,1005	1,0	0,2
		15	0,1010	0,1018	0,1010	0,8	0,0
	2	5	0,1007	0,1013	0,1008	0,6	0,1
		15	0,0998	0,1006	0,0999	0,8	0,1
	10	5*	0,1017	0,1022	0,1018	0,5	0,1
		15*	0,1009	0,1016	0,1009	0,7	0,0
60°	0,8	5	0,0990	0,0991	0,0991	0,1	0,1
		15	0,0992	0,0993	0,0994	0,1	0,2
	2	5	0,1007	0,1009	0,1008	0,2	0,1
		15	0,1002	0,1003	0,1002	0,1	0,0
	10	5	0,0988	0,0991	0,0989	0,3	0,1
		15	0,1003	0,1003	0,1002	0,0	−0,1
95°	0,8	5	0,1010	0,1011	0,1011	0,1	0,1
		15**	0,0988	0,0988	0,0988	0,0	0,0
	2	5	0,1023	0,1026	0,1025	0,3	0,2
		15	0,1007	0,1007	0,1007	0,0	0,0
	10	5	0,1008	0,1010	0,1008	0,2	0,0
		15	0,1017	0,1016	0,1016	−0,1	−0,1

Tabelle 7. *Abscheidung von 0,3 g Blei(IV)-oxid.*

Temperatur	Stromstärke A	Säurekonzentration Vol.-%	Eingewogen Pb(NO₃)₂, auf PbO₂ berechnet g	Gefunden PbO₂, nach dem		Abweichung, nach dem	
				I. Trocknen g	II. Trocknen g	I. Trocknen mg	II. Trocknen mg
20°	0,8	15	0,3000	0,3050	0,3012	5,0	1,2
		25	0,3005	0,3044	0,3016	3,9	1,1
	2	15	0,3002	0,3033	0,3012	3,1	1,0
		25	0,3000	0,3030	0,3010	3,0	1,0
	10	15*	0,3001	0,3039	0,3011	3,8	1,0
		25*	0,2994	0,3034	0,3001	4,0	0,7
60°	0,8	15	0,3003	0,3012	0,3009	0,9	0,6
		25	0,3001	0,3007	0,3004	0,6	0,3
	2	15	0,2997	0,3007	0,3002	1,0	0,5
		25	0,2991	0,3004	0,2995	1,3	0,4
	10	15	0,3005	0,3019	0,3010	1,4	0,5
		25	0,3003	0,3011	0,3010	0,8	0,7
95°	0,8	15	0,3003	0,3009	0,3006	0,6	0,3
		25**	0,3002	0,3009	0,3007	0,7	0,5
	2	15	0,2991	0,2996	0,2995	0,5	0,4
		25	0,3006	0,3010	0,3008	0,4	0,2
	10	15	0,3003	0,3006	0,3006	0,3	0,3
		25	0,3002	0,3007	0,3003	0,5	0,1

Tabelle 8. *Abscheidung von 0,5 g Blei(IV)-oxid.*

Tempe-ratur	Strom-stärke A	Säure-konzen-tration Vol.-%	Eingewogen Pb(NO₃)₂, auf PbO₂ berechnet g	Gefunden PbO₂, nach dem		Abweichung, nach dem	
				I. Trocknen g	II. Trocknen g	I. Trocknen mg	II. Trocknen mg
20°	0,8	15	0,5004	0,5104	0,5034	10,0	3,0
		25	0,4991	0,5071	0,5017	8,0	2,6
	2	15	0,5002	0,5078	0,5025	7,6	2,3
		25	0,5001	0,5069	0,5026	6,8	2,5
	10	15*	0,4995	0,5065	0,5018	7,0	2,3
		25*	0,5002	0,5078	0,5027	7,6	2,5
60°	0,8	15	0,5002	0,5034	0,5018	3,2	1,6
		25	0,5000	0,5029	0,5018	2,9	1,8
	2	15	0,5000	0,5027	0,5015	2,7	1,5
		25	0,5001	0,5032	0,5019	3,1	1,8
	10	15	0,5001	0,5023	0,5019	2,2	1,8
		25	0,5004	0,5031	0,5021	2,7	1,7
95°	0,8	15	0,5002	0,5018	0,5011	1,6	0,9
		25**	0,5007	0,5021	0,5016	1,4	0,9
	2	15	0,5008	0,5020	0,5018	1,2	1,0
		25	0,5000	0,5012	0,5011	1,2	1,1
	10	15	0,5002	0,5015	0,5010	1,3	0,8
		25	0,5006	0,5016	0,5013	1,0	0,7

Tabelle 9. *Abscheidung von 0,7 g Blei(IV)-oxid.*

Tempe-ratur	Strom-stärke A	Säure-konzen-tration Vol.-%	Eingewogen Pb(NO₃)₂, auf PbO₂ berechnet g	Gefunden PbO₂, nach dem		Abweichung, nach dem	
				I. Trocknen g	II. Trocknen g	I. Trocknen mg	II. Trocknen mg
20°	0,8	15	0,7009	0,7125	0,7053	11,6	4,4
		25	0,7009	0,7142	0,7053	13,3	4,4
	2	15	0,7013	0,7093	0,7054	8,0	4,1
		25	0,7012	0,7122	0,7056	11,0	4,4
	10	15*	0,7011	0,7131	0,7055	12,0	4,4
		25*	0,7005	0,7122	0,7046	11,7	4,1
60°	0,8	15	0,7001	0,7041	0,7034	4,0	3,3
		25	0,7011	0,7061	0,7043	5,0	3,2
	2	15	0,7012	0,7073	0,7045	6,1	3,3
		25	0,7010	0,7070	0,7040	6,0	3,0
	15	15	0,7002	0,7043	0,7032	4,1	3,0
		25	0,7008	0,7056	0,7037	4,8	2,9
95°	0,8	15	0,7010	0,7040	0,7028	3,0	1,8
		25**	0,7017	0,7049	0,7039	3,2	2,2
	2	15	0,7005	0,7030	0,7026	2,5	2,1
		25	0,7016	0,7044	0,7037	2,8	2,1
	10	15	0,7003	0,7030	0,7024	2,7	2,1
		25	0,7015	0,7043	0,7032	2,8	1,7

Tabelle 10. *Abscheidung von 1,0 g Blei(IV)-oxid.*

Temperatur	Stromstärke A	Säurekonzentration Vol.-%	Eingewogen Pb(NO₃)₂, auf PbO₂ berechnet g	Gefunden PbO₂ nach dem I. Trocknen g	Gefunden PbO₂ nach dem II. Trocknen g	Abweichung, nach dem I. Trocknen mg	Abweichung, nach dem II. Trocknen mg
20°	0,8	15	1,0004	1,0184	1,0100	18,0	9,6
		25	1,0006	1,0166	1,0106	16,0	10,0
	2	15	1,0004	1,0162	1,0099	15,8	9,5
		25	1,0003	1,0184	1,0095	18,1	9,2
	10	15*	1,0004	1,0155	1,0098	15,1	9,4
		25*	1,0015	1,0182	1,0113	16,7	9,8
60°	0,8	15	0,9994	1,0114	1,0057	12,0	6,3
		25	1,0000	1,0118	1,0062	11,8	6,2
	2	15	1,0001	1,0105	1,0062	10,5	6,1
		25	0,9999	1,0101	1,0060	10,2	6,1
	10	15	1,0002	1,0107	1,0062	10,5	6,0
		25	1,0008	1,0118	1,0067	11,0	5,9
95°	0,8	15	0,9997	1,0047	1,0039	5,0	4,2
		25**	1,0008	1,0068	1,0048	6,0	4,0
	2	15	1,0006	1,0058	1,0045	5,2	3,9
		25	0,9998	1,0043	1,0036	4,5	3,8
	10	15	0,9995	1,0040	1,0036	4,5	4,1
		25	1,0010	1,0053	1,0050	4,8	4,0

Elektrolysedauer:
Bis zu 0,1 g   mit 0,8 A 45 Min., mit 2 A 30 Min., mit 10 A 15 Min.
zwischen 0,5—0,7 g   mit 0,8 A 60 Min., mit 2 A 45 Min., mit 10 A 15 Min.
bei 1,0 g   mit 0,8 A 90 Min., mit 2 A 60 Min., mit 10 A 45 Min.

Hinsichtlich der Qualität der Niederschläge stellt HERTELENDI fest, daß zur Erzielung gut haftender PbO₂-Abscheidungen eine mit der Menge des vorhandenen Bleis steigende Salpetersäurekonzentration erforderlich ist. Höhere Temperaturen begünstigen die Bildung dichter, gut haftender Niederschläge. Hohe Stromstärken (10 A) verursachen besonders bei niedriger Säurekonzentration einen lockeren, schlecht haftenden Niederschlag. Eine Stromstärke von 2 A ist am günstigsten. Je höher die Stromstärke ist, umso größere Säurekonzentrationen sind zur Bildung gut haftender Niederschläge erforderlich.

Die Diskussion der einzelnen Meßwerte wird am übersichtlichsten an Hand der Tabellen 11 bis 14 durchgeführt, die separat die Auswirkung der Pb-Menge, der Temperatur, der Stromstärke und der Säurekonzentration wiedergeben. Es sind darin nur die Werte aufgeführt, die nach dem Trocknen bei 220 °C erhalten wurden, weil — wie aus den vorstehenden Tabellen hervorgeht — das Trocknen nach SAND stark abweichende Werte ergeben hatte.

Aus Tabelle 11 geht hervor, daß das Mehrgewicht des Niederschlags mit der Menge des Niederschlags zunimmt, nach Tabelle 12 sinkt es mit steigender Temperatur. Tabelle 13 zeigt, daß die Stromstärke das Mehrgewicht kaum beeinflußt, es ist bei höheren Stromstärken im allgemeinen kleiner als bei niedrigen. Die Auswirkung der HNO₃-Konzentration (Tabelle 14) ist gleichfalls sehr gering; eine strenge Regelmäßigkeit wurde nicht gefunden; doch wurden in den meisten Fällen durch die Steigerung der Säurekonzentration die Überwerte verringert. Es ergibt sich somit, daß die anodische Abscheidung des Bleis als PbO₂ im wesentlichen nur von der Abscheidungstemperatur und der zu fällenden Pb-Menge beeinflußt wird. Da jedoch diese Effekte bei der Bestimmung kleiner Pb-Mengen praktisch nicht mehr meßbar sind, kann für Pb-Mengen bis zu 0,1 g mit dem theoretischen Faktor 0,8662 gerechnet werden. Für größere Mengen dagegen müssen empirische Faktoren Anwendung finden, die mit steigender Pb-Menge kleiner werden und von der Pb-Menge selbst sowie von der Temperatur abhängen. Die aus den Versuchsergebnissen errechneten Mittelwerte gibt die Tabelle 15 wieder.

Zur Ausrechnung des Bleigehaltes einer beliebigen Niederschlagsmenge können die empirischen Faktoren verwendet werden, die in der nebenstehenden Abbildung als Funktion der Abscheidungstemperatur graphisch aufgetragen sind.

Auf den Ergebnissen von HERTELENDI baut COHEN [175] auf, der dessen Ergebnisse im wesentlichen bestätigt. Er stellt jedoch fest, daß die Anwesenheit von Cu allein noch nicht zur Vermeidung einer kathodischen Pb-Abscheidung ausreicht. Dies

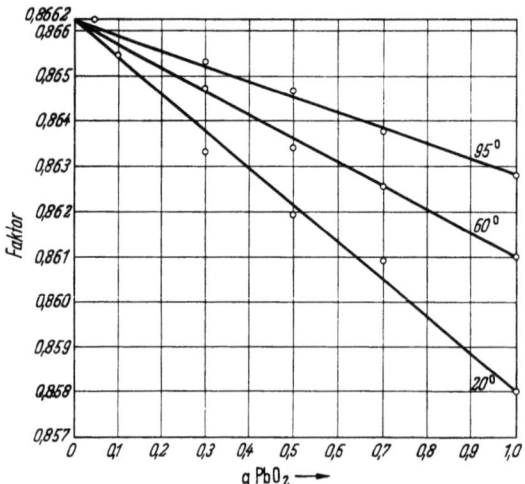

Änderung des Faktors mit der bei 20°, 60°, 95° abgeschiedenen Menge des Niederschlages nach dem Trocknen bei 220° (die Niederschläge unter 0,3 g wurden 1 Std., die Niederschläge über 0,3 g 2 Std. getrocknet).

Tabelle 11. *Änderung des Mehrgewichtes mit der Menge des abgeschiedenen Blei(IV)-oxids.*

Temperatur	Stromstärke A	Säurekonzentration Vol.-%	Bei 0,05 g mg	Bei 0,1 g mg	Bei 0,3 g mg	Bei 0,5 g mg	Bei 0,7 g mg	Bei 1,0 g mg
			abgeschiedenem Blei(IV)-oxyd beträgt das Mehrgewicht nach dem Trocknen II					
20°	0,8	5	0,0	0,2	—	—	—	—
		15	0,1	0,0	1,2	3,0	4,4	9,6
		25	—	—	1,1	2,6	4,4	10,0
	2	5	0,0	0,1	—	—	—	—
		15	−0,2	0,1	1,0	2,3	4,1	9,5
		25	—	—	1,0	2,5	4,4	9,2
	10	5	0,0	0,1	—	—	—	—
		15	−0,1	0,0	1,0	2,3	4,4	9,4
		25	—	—	0,7	2,5	4,1	9,8
60°	0,8	5	0,0	0,1	—	—	—	—
		15	0,1	0,2	0,6	1,6	3,3	6,3
		25	—	—	0,3	1,8	3,2	6,2
	2	5	−0,2	0,1	—	—	—	—
		15	−0,2	0,0	0,5	1,5	3,3	6,1
		25	—	—	0,4	1,8	3,0	6,1
	10	5	0,0	0,1	—	—	—	—
		15	0,1	−0,1	0,5	1,8	3,0	6,0
		25	—	—	0,7	1,7	2,9	5,9
95°	0,8	5	−0,1	0,1	—	—	—	—
		15	0,1	0,0	0,3	0,9	1,8	4,2
		25	—	—	0,5	0,9	2,2	4,0
	2	5	−0,2	0,2	—	—	—	—
		15	0,0	0,0	0,4	1,0	2,1	3,9
		25	—	—	0,2	1,1	2,1	3,8
	10	5	0,0	0,0	—	—	—	—
		15	0,1	−0,1	0,3	0,8	2,1	4,1
		25	—	—	0,1	0,7	1,7	4,0

gelingt vielmehr nur in heißer, stark salpetersaurer Lösung. Cu ist dafür seiner Ansicht nach gar nicht erforderlich. Cl-Ionen bewirken die Abscheidung schlecht haftender PbO_2-Niederschläge und begünstigen die kathodische Pb-Abscheidung

Tabelle 12. *Änderung des Mehrgewichtes mit der Abscheidungstemperatur.*

Abgeschieden PbO_2	Stromstärke	Säurekonzentration	Bei 20°	Bei 60°	Bei 95°
			Abscheidungstemperatur beträgt das Mehrgewicht nach dem Trocknen II		
g	A	Vol.-%	mg	mg	mg
0,05	0,8	5	0,0	0,1	−0,1
		15	0,1	0,1	0,1
	2	5	0,0	−0,2	−0,2
		15	−0,2	−0,2	0,0
	10	5	0,0	0,0	0,0
		15	−0,1	0,1	0,1
0,1	0,8	5	0,2	0,1	0,1
		15	0,0	0,2	0,0
	2	5	0,1	0,1	0,2
		15	0,1	0,0	0,0
	10	5	0,1	0,1	0,0
		15	0,0	−0,1	−0,1
0,3	0,8	15	1,2	0,6	0,3
		25	1,1	0,3	0,5
	2	15	1,0	0,5	0,4
		25	1,0	0,4	0,2
	10	15	1,0	0,5	0,3
		25	0,7	0,7	0,1
0,5	0,8	15	3,0	1,6	0,9
		25	2,6	1,8	0,9
	2	15	2,3	1,5	1,0
		25	2,5	1,8	1,1
	10	15	2,3	1,8	0,8
		25	2,5	1,7	0,7
0,7	0,8	15	4,4	3,3	1,8
		25	4,4	3,2	2,2
	2	15	4,1	3,3	2,1
		25	4,4	3,0	2,1
	10	15	4,4	3,0	2,1
		25	4,1	2,9	1,7
1,0	0,8	15	9,6	6,3	4,2
		25	10,0	6,2	4,0
	2	15	9,5	6,1	3,9
		25	9,2	6,1	3,8
	10	15	9,4	6,0	4,1
		25	9,8	5,9	4,0

ebenso wie SO_4-Ionen. Ihr Einfluß kann durch Erhöhung der HNO_3-Konzentration ausgeschaltet werden. Abweichend von den Beobachtungen aller früheren Bearbeiter kommt COHEN zu der Ansicht, daß PbO_2 eine echte Löslichkeit im Elektrolyten besitzt. So gelang es ihm nicht, aus einem Elektrolytvolumen von 140 ml 0,4 mg Pb abzuscheiden. Für die Bestimmung von Pb-Mengen, die kleiner sind als dieser Wert, setzt COHEN deshalb 0,4 mg Pb zur Analysenlösung zu und elektrolysiert dann. Weiterhin rechnet er nicht mit einem mit der PbO$_2$-Menge variierenden Umrechnungsfaktor wie HERTELENDI, sondern verwendet für PbO$_2$-

Tabelle 13. *Änderung des Mehrgewichtes mit der Stromstärke.*

Abgeschieden PbO$_2$ g	Temperatur	Säurekonzentration Vol-.%	Bei mit 0,8 A	2 A	10 A
			Stromstärke abgeschiedenem Niederschlag beträgt das Mehrgewicht nach dem Trocknen II		
			mg	mg	mg
0,05	20°	5	0,0	0,0	0,0
		15	0,1	−0,2	−0,1
	60°	5	0,0	−0,2	0,0
		15	0,1	−0,2	0,1
	95°	5	−0,1	−0,2	0,0
		15	0,1	0,0	0,1
0,1	20°	5	0,2	0,1	0,1
		15	0,0	0,1	0,0
	60°	5	0,1	0,1	0,1
		15	0,2	0,0	−0,1
	95°	5	0,1	0,2	0,0
		15	0,0	0,0	−0,1
0,3	20°	15	1,2	1,0	1,0
		25	1,1	1,0	0,7
	60°	15	0,6	0,5	0,5
		25	0,3	0,4	0,7
	95°	15	0,3	0,4	0,3
		25	0,5	0,2	0,1
0,5	20°	15	3,0	2,3	2,3
		25	2,6	2,5	2,5
	60°	15	1,6	1,5	1,8
		25	1,8	1,8	1,7
	95°	15	0,9	1,0	0,8
		25	0,9	1,1	0,7
0,7	20°	15	4,4	4,1	4,4
		25	4,4	4,4	4,1
	60°	15	3,3	3,3	3,0
		25	3,2	3,0	2,9
	95°	15	1,8	2,1	2,1
		25	2,2	2,1	1,7
1,0	20°	15	9,6	9,5	9,4
		25	10,0	9,2	9,8
	60°	15	6,3	6,1	6,0
		25	6,2	6,1	5,9
	95°	15	4,2	3,9	4,1
		25	4,0	3,8	4,0

Niederschläge zwischen 0,001 und 1 g den gleichen empirischen Faktor 0,860. Zusätzlich korrigiert er den damit errechneten Pb-Gehalt noch mit +0,4 mg. Die für die Bestimmung von Pb-Mengen bis zu 1 g mitgeteilten Beleganalysen zeichnen sich durch eine hohe Genauigkeit von etwa ± 0,15% aus. Eine Bestätigung der Cohenschen Ergebnisse von anderer Seite liegt bis jetzt nicht vor.

Tabelle 14. *Änderung des Mehrgewichtes mit der Säurekonzentration des Elektrolyten.*

Abgeschieden PbO₂ g	Temperatur	Stromstärke A	Bei dem aus		
			5	15	25 Vol.-%iger
			Salpetersäure abgeschiedenen Niederschlag beträgt das Mehrgewicht nach dem Trocknen II		
			mg	mg	mg
0,05	20°	0,8	0,0	0,1	—
		2	0,0	−0,2	—
		10	0,0	−0,1	—
	60°	0,8	0,0	0,1	—
		2	−0,2	−0,2	—
		10	0,0	0,1	—
	95°	0,8	−0,1	0,1	—
		2	−0,2	0,0	—
		10	0,0	0,1	—
0,1	20°	0,8	0,2	0,0	—
		2	0,1	0,1	—
		10	0,1	0,0	—
	60°	0,8	0,1	0,2	—
		2	0,1	0,0	—
		10	0,1	−0,1	—
	95°	0,8	0,1	0,0	—
		2	0,2	−0,1	—
		10	0,0	0,0	—
0,3	20°	0,8	—	1,2	1,1
		2	—	1,0	1,0
		10	—	1,0	0,7
	60°	0,8	—	0,6	0,3
		2	—	0,5	0,4
		10	—	0,5	0,7
	95°	0,8	—	0,3	0,5
		2	—	0,4	0,2
		10	—	0,3	0,1
0,5	20°	0,8	—	3,0	2,6
		2	—	2,3	2,5
		10	—	2,3	2,5
	60°	0,8	—	1,6	1,8
		2	—	1,5	1,8
		10	—	1,8	1,7
	95°	0,8	—	0,9	0,9
		2	—	1,0	1,1
		10	—	0,8	0,7
0,7	20°	0,8	—	4,4	4,4
		2	—	4,1	4,4
		10	—	4,4	4,1
	60°	0,8	—	3,3	3,2
		2	—	3,3	3,0
		10	—	3,0	2,9
	95°	0,8	—	1,8	2,2
		2	—	2,1	2,1
		10	—	2,1	1,7
1,0	20°	0,8	—	9,6	10,0
		2	—	9,5	9,2
		10	—	9,4	9,8
	60°	0,8	—	6,3	6,2
		2	—	6,1	6,1
		10	—	6,0	5,9
	95°	0,8	—	4,2	4,0
		2	—	3,9	3,8
		10	—	4,1	4,0

Zur Verhinderung der Bildung von NO_2 während der PbO_2-Abscheidung empfehlen CIMERMAN und ARIEL [176] U anstelle von Cu, wovon 30 bis 50 mg angewendet werden. Bei der Arbeitsweise der Autoren, die 2 bis 10 mg Pb im Mikromaßstab in Gegenwart von 2 ml HNO_3 (1 + 1) (etwa 7 m) in einem Gesamtvolumen von 6 bis 7 ml bei 80 bis 90 °C unter Verwendung einer Luftrührung anodisch abscheiden und die Anode nach Waschen mit Alkohol bei 120 °C trocknen, werden Pb-Mengen > 1 mg innerhalb ½ Stunde unter Verwendung des theoretischen Faktors 0,8662 auf ± 0,3% genau bestimmt.

Auf die Verwendung einer schwingenden Anode zur Erzielung kompakter, festhaftender PbO_2-Niederschläge macht FACSKO [177] aufmerksam. Er erreicht bei der Abscheidung aus salpetersaurer Lösung bei 80 °C und Trocknen bei 150 °C unter Verwendung des theoretischen Faktors eine Genauigkeit von ± 0,2%.

Tabelle 15. *Mittelwerte der Mehrgewichte der bei 20°, 60° und 95° bei verschiedenen Stromstärken und Säurekonzentrationen abgeschiedenen einzelnen Mengen der Niederschläge und die aus ihnen berechneten Faktoren.*

Abgeschieden PbO_2 g	Abscheidungstemperatur					
	20°		60°		95°	
	Mittelwerte der Mehrgewichte in Milligrammen (obere Zahl) und die aus diesen berechneten Faktoren (untere Zahl)					
	Nach I. Trocknen	Nach II. Trocknen	Nach I. Trocknen	Nach II. Trocknen	Nach I. Trocknen	Nach II. Trocknen
0,05	0,1 0,8645	0,0 0,8662	0,0 0,8662	0,0 0,8662	0,0 0,8662	0,0 0,8662
0,1	0,7 0,8602	0,1 0,8654	0,1 0,8654	0,1 0,8654	0,1 0,8654	0,0 0,8662
0,3	3,8 0,8554	1,0 0,8633	1,0 0,8633	0,5 0,8647	0,5 0,8647	0,3 0,8653
0,5	7,8 0,8529	2,5 0,8619	2,8 0,8614	1,7 0,8633	1,3 0,8640	0,9 0,8647
0,7	11,1 0,8527	4,3 0,8609	5,0 0,8601	3,1 0,8625	2,8 0,8628	2,0 0,8638
1,0	16,5 0,8521	9,6 0,8580	11,0 0,8568	6,1 0,8610	5,0 0,8619	4,0 0,8628

Aus der Vielzahl der angegebenen Analysenvorschriften für die elektrolytische Bestimmung des Bleis als PbO_2 verdienen zwei besonders hervorgehoben zu werden. Es sind dies die aus umfangreichen Gemeinschaftsarbeiten hervorgegangenen Vorschriften der Gesellschaft Deutscher Metallhütten- und Bergleute (GDMB) sowie der American Society for Testing Materials (ASTM), die beide heute allgemein als gültig akzeptiert sind und deshalb als Schiedsmethoden Anerkennung gefunden haben.

In „Analyse der Metalle", Erster Band, Schiedsverfahren (Berlin 1942) S. 87 wird von der GDMB die folgende

Arbeitsvorschrift gegeben: Die elektrolytische Bleibestimmung liefert gute Werte bei geringen Pb-Gehalten. Die Auswaage soll nicht mehr als 0,15 g PbO_2 betragen. Die auf ein Volumen von 250 ml etwa 20 ml freie Salpetersäure (1 + 1) (etwa 7 m) enthaltende, mit etwas Kupfernitrat versetzte Pb-Lösung, die frei von Mn und Tl sein muß, wird mit einer Stromstärke von 1 bis 3 A elektrolysiert. Als Elektrode kann eine mattierte Netzelektrode, eine mattierte Pt-Blechelektrode oder eine innen mattierte Pt-Schale dienen.

Die Elektrolyse kann unter Rühren oder als ruhende durchgeführt werden. Es ist dafür Sorge zu tragen, daß die Lösung genügend freie Salpetersäure enthält, da ein Teil der HNO_3 kathodisch zu NH_4OH reduziert wird, NH_4NO_3 bildet und dadurch die Säurekonzentration zusätzlich herabsetzt.

Nach Beendigung der Elektrolyse wird der anodisch abgeschiedene Niederschlag mit Wasser gewaschen und bei 180 °C getrocknet. Diese Temperatur ist genau einzuhalten. Infolge der Zersetzung des PbO_2 bei Temperaturen über 200 °C ergibt sich bei zu hohem Erhitzen ein vorgetäuschter Minderwert durch Übergang von PbO_2 in Pb_3O_4, während bei Temperaturen unter 180 °C das Wasser aus dem PbO_2 nicht vollkommen entfernt ist und so höhere Pb-Werte vorgetäuscht werden. Unter den obigen Bedingungen gilt der theoretische Faktor 0,866.

Von ASTM wird in „ASTM Methods for Chemical Analysis of Metals" Philadelphia, 1950, nach der folgenden *Arbeitsvorschrift* verfahren:

Die salpetersaure, bleihaltige Lösung, deren Acidität von der Menge und der Art der begleitenden Ionen abhängt, wird mit 0,2 g Harnstoff und — soweit die Lösung zunächst kupferfrei ist — mit etwa 2 g $Cu(NO_3)_2$ sowie in einigen speziellen Fällen mit 1 Tropfen 0,1 n HCl versetzt. Sie wird 2 Stunden bei 60 bis 70 °C mit einer Stromdichte von 1 bis 1,5 A/dm² elektrolysiert. Die Elektrolysedauer kann durch Rühren der Lösung beträchtlich abgekürzt werden. Wenn die blaue Farbe der Lösung (Cu^{++}) zu verschwinden beginnt, bevor das gesamte Pb abgeschieden ist, wird erneut etwas $Cu(NO_3)_2$ der Lösung zugesetzt.

Wenn die Abscheidung des PbO_2 vollständig ist, was dadurch angezeigt wird, daß an den zunächst blanken Stellen der tiefer in die Lösung eingetauchten Anode sich PbO_2 nicht mehr abscheidet, wird das PbO_2 gewaschen. Dafür wird das Becherglas mit dem Elektrolysat entfernt und sofort durch ein solches mit Wasser ersetzt. Das Waschen wird noch einmal mit frischem Wasser wiederholt. Dann wird der Strom ausgeschaltet, die Anode abgenommen und 30 Minuten bei 110 bis 120 °C getrocknet. PbO_2 blättert leicht ab und muß daher vorsichtig gehandhabt werden. Nach dem Abkühlen wird das PbO_2 gewogen. Als Umrechnungsfaktor wird der theoretische, 0,866, verwendet.

b) PbO_2-Abscheidung durch innere Elektrolyse

Des Verfahrens der inneren Elektrolyse bedienen sich LIPČINSKY und KRSTEWA [178] für die elektrogravimetrische Bestimmung kleiner Pb-Mengen als PbO_2. Als Kathode findet dabei eine Kokselektrode, als Katholyt eine starkkonzentrierte Lösung von $K_2S_2O_8$ Verwendung. Anode ist eine Pt-Netzelektrode, Anolyt eine Plumbitlösung. Beide Elektroden werden kurzgeschlossen, wobei sich das Pb als PbO_2 auf dem Pt-Netz abscheidet. 8,6 mg Pb werden in 30 Minuten bei Zimmertemperatur abgeschieden. Wird bei 50 bis 60 °C gearbeitet, werden in der gleichen Zeit 17 mg gefällt. Der Niederschlag besitzt eine hellbraune Farbe, metallischen Glanz und haftet gut auf der Anode. Sein Gewicht ändert sich beim Stehen an Luft ebenso wenig wie beim Erwärmen auf 220 °C, woraus abgeleitet wird, daß er reines PbO_2 ist. Somit wird dieses Verfahren dem der Abscheidung des PbO_2 auf dem Wege der äußeren Elektrolyse als überlegen bezeichnet.

II. Kathodische Abscheidung als Pb.

1. *Übersicht.*

Die Verfahren der kathodischen Pb-Bestimmung treten an Bedeutung in der analytischen Praxis weit hinter denen der anodischen zurück. Sie sollen hier aber nicht unerwähnt bleiben, zumal einige recht interessante Wege zur Lösung dieser Aufgabe beschritten worden sind.

2. *Abscheidung an Pt-Kathoden.*

a) mit Hilfe einer von außen angelegten Spannung.

Auf die prinzipielle Möglichkeit der Durchführung von Pb-Bestimmungen an Hand von kathodisch abgeschiedenem Pb-Metall weist bereits CLASSEN [179] hin.

Er gibt an, daß das Pb-Metall leicht oxydierbar ist, weshalb SMITH [180] das Trocknen der Kathode in einer H_2-Atmosphäre vornimmt. Von ENGELENBURG [181] konnte diese Beobachtung CLASSENS allerdings nicht bestätigt werden.

Bei dem Verfahren von SAND [182], Pb aus schwach salpetersaurer Lösung in Gegenwart eines Reduktionsmittels, wie z. B. Glucose oder Weinsäure, kathodisch abzuscheiden, kann meistens die anodische PbO_2-Bildung nicht völlig ausgeschaltet werden. Dagegen soll dies nach SAND restlos gelingen, wenn in stark ammoniakalischer Lösung in Gegenwart einer großen Weinsäuremenge (20 g) elektrolysiert wird. Aber auch nach diesem Verfahren konnten von ENGELENBURG keine befriedigenden Resultate erhalten werden.

Besser bewährt hat sich eine Arbeitsweise von SCHOCH und BROWN [183], für die die folgende *Arbeitsvorschrift* angegeben wird:

Etwa 400 mg Pb als $PbCl_2$ werden in 200 ml heißem H_2O, das 10 ml konz. HCl enthält, gelöst. Nach Zugabe von 2 g $NH_2OH \cdot HCl$ wird die Temperatur auf etwa 60 bis 70 °C eingestellt und die Lösung mit einer Stromstärke von 1,5 A bei einer Spannung von 2 V elektrolysiert. Als Kathode wird ein verkupfertes Pt-Drahtnetz verwendet. Nach 40 Minuten ist das Pb quantitativ kathodisch als Metall abgeschieden. ENGELENBURG bestätigt die gute Brauchbarkeit dieses Verfahrens und konnte bei der Bestimmung von 300 mg Pb eine erstaunlich hohe Genauigkeit von $\pm$ 0,01% erreichen.

GARTENMEISTER [184] fand in der Gallussäure eine Substanz, die gleichzeitig als anodischer und kathodischer Depolarisator wirksam ist, d. h. sie verhindert die anodische PbO_2-Abscheidung und die kathodische H_2-Bildung. Er konnte in Gegenwart genügend hoher Gallussäuremengen Pb bis zu 1 g quantitativ auf einer Pt-Drahtnetzkathode abscheiden. Dafür muß der Elektrolyt in 125 ml 5 g Gallussäure, 2 bis 2,5 ml freie HNO_3 (D = 1,4) und 5 bis 6 ml Äthanol enthalten. Pb-Mengen von mehr als 1 g werden aus einem Volumen von 250 ml in Gegenwart der doppelten Reagenszusätze abgeschieden. Mehr als 2,5 g Pb lassen sich auf diesem Wege nur noch schlecht bestimmen. Die Elektrolyse wird mit 1,2 A ohne Bewegung des Elektrolyten bei 65 bis 75 °C ausgeführt; der Elektrolyt färbt sich dabei dunkelbraun. Das abgeschiedene Pb ist rein, dicht und haftet gut. Die Abscheidung von 1 g Pb erfordert eine Elektrolysendauer von etwa 4 Stunden. Die Kathode wird nacheinander mit Wasser, Äthanol und Äther gewaschen und getrocknet. Eine wesentliche Gasentwicklung ist während der Elektrolyse nicht zu beobachten. Die angegebenen Beleganalysen zeigen eine Genauigkeit von besser als $\pm$ 0,05%. Zn, Cd, Fe, Ni, Co und Mn werden nicht mitabgeschieden, Sn, Sb, As und Ag dagegen z. T. und Cu völlig. Bi wird durch die Gallussäure gefällt und stört nicht.

In neuerer Zeit wurde eine der GARTENMEISTERschen weitgehend ähnliche Methode von PODOBED [185] beschrieben. Auch er verwendet Gallussäure als Depolarisator und geht im einzelnen wie folgt vor:

Arbeitsvorschrift. Die Lösung von 5 bis 200 mg Pb wird mit 4 ml HNO_3 (D = = 1,14), 2 bis 6 g Gallussäure sowie 5 bis 10 ml Äthanol versetzt, auf 250 ml mit H_2O verdünnt, auf 75 bis 80 °C erwärmt und das Blei daraus auf einer verkupferten Pt-Folienelektrode während 15 bis 60 Minuten mit einer Stromstärke von 4 bis 4,5 A unter mechanischem Rühren abgeschieden.

Die von GARTENMEISTER beschriebenen Mitfällungen von Fremdmetallen können in einfachster Weise durch Kontrolle des Kathodenpotentials bei der Abscheidung umgangen werden. Nach TANAKA [186] wird Pb bei Potentialen von —0,50 V quantitativ aus einer Lösung abgeschieden, die 0,4 m an Natriumtartrat und 0,1 m an Natriumhydrogentartrat ist. Für die elektrolytische Reduktion des Bleis aus Lösungen, die 0,3 m an HCl und 0,14 m an $NH_2OH \cdot HCl$ sind, empfiehlt er ein Kathodenpotential von — 0,55 $\pm$ 0,03 V. Elemente mit edlerem Charakter, so z. B. Cu mit einem Abscheidungspotential von —0,30 V oder Bi mit einem solchen von —0,35 V, werden vor der Pb-Abscheidung elektrolytisch bei einem niedrigeren Kathodenpotential als demjenigen, bei dem das Pb reduziert wird, aus der Analysenlösung entfernt. Die Mitfällung von unedleren Lösungskomponenten, wie z.B. (Cd-Abscheidungspotential —0,90 V) oder Zn (Abscheidungspotential —1,10 V) wird durch die Kontrolle des Potentials während der Pb-Abscheidung verhindert.

Das Arbeiten mit kontrolliertem Potential an der Arbeitselektrode wird für die kathodische Pb-Bestimmung auch von ALFONSI [187] beschrieben. Er führt die Elektrolyse in einer weinsäure-bernsteinsäurehaltigen Salzsäure nach LINGANE und JONES [188] aus und verwendet Hydrazin-dihydrogenchlorid als Depolarisator. Seine

Arbeitsvorschrift lautet: 1 g Legierung — es handelt sich um Cu, Pb, Sb und Sn enthaltendes Material — wird mit 10 bis 12 ml HCl (1 + 1) (etwa 6 m) unter Zusatz von 2 ml H_2O_2, 30%ig, in der Wärme gelöst. Nach beendetem Lösen wird auf etwa 50 ml mit H_2O verdünnt und mit 5 g in wenig H_2O gelöster Weinsäure versetzt.

Aus dieser Lösung wird nach Zusatz von 3 g Bernsteinsäure und 2 g Hydrazindihydrogenchlorid, Verdünnen auf etwa 200 ml und Neutralisieren mit Ammoniak auf p_H 5 unter gutem Rühren zunächst das Kupfer bei einem Kathodenpotential von —0,35 V (gegenüber einer gesättigten Kalomelelektrode) abgeschieden. Nach beendeter Cu-Abtrennung wird der p_H-Wert der Lösung mit Ammoniak auf 5,4 bis 5,5 gebracht und daraus das Blei auf eine verkupferte Pt-Kathode (zylindrische Netzelektrode von 50 mm Höhe und gleichfalls etwa 50 mm Durchmesser) wiederum unter gutem Rühren bei einem Potential von —0,60 V (gegenüber gesättigter Kalomelelektrode) abgeschieden. Übersteigt der Pb-Gehalt der Analysenlösung 70 bis 80 mg, so soll die Anfangsstromstärke nicht über 0,15 A hinausgehen; nur so wird ein festhaftender Niederschlag sichergestellt. Wenn die Hauptmenge des Pb reduziert ist, wird das Kathodenpotential auf —0,65 V gebracht und die Pb-Abscheidung zu Ende geführt. Nach etwa 30 bis 35 Minuten Analysendauer fällt der Strom auf einen konstant bleibenden Minimalwert ab, mit dem die Elektrolyse noch etwa 15 Minuten weitergeführt wird. Danach werden die Elektroden ohne Stromunterbrechung aus dem Elektrolyten herausgenommen und sofort mit einer Waschlösung, die je Liter dest. Wassers 1 Tropfen Ammoniak enthält, gründlich gewaschen. Erst dann wird die Kathode abgenommen, zunächst mit Äthanol, anschließend mit Äther gewaschen und bei 100 bis 110 °C etwa 2 bis 3 Minuten lang getrocknet.

Der Autor teilt mit, daß die Pb-Abscheidung aus noch ungeklärten Gründen bei Gegenwart von Al erschwert ist und ein negativeres Kathodenpotential erfordert. Größere Mengen Ni werden teilweise mit dem Blei zusammen niedergeschlagen, wenn das Kathodenpotential negativer als —0,65 V ist. (Aus bleifreier Lösung hingegen wird Ni selbst bei einem Kathodenpotential von —1 V noch nicht reduziert.)

Die in den Beleganalysen ausgewiesene Genauigkeit ist gut. 5 bis 100 mg Pb werden in Gegenwart von 800 mg Cu, 100 mg Sn und 50 mg Sb mit Fehlern zwischen —5% (für 5 mg) und —0,2% (für 100 mg) bestimmt. Die Anwesenheit von Ni, Mn, Zn und Fe in der gleichen Größe wie Pb bewirkt keine Verminderung der Genauigkeit.

b) **durch innere Elektrolyse.**

TUTUNDŽIĆ [189] schlägt für die kathodische Pb-Bestimmung das Verfahren der inneren Elektrolyse vor. Er gibt an, daß die zu elektrolysierende Lösung schwach essigsauer sein muß und einen Zusatz von Gelatine enthalten soll, um die Erzielung einer quantitativen und festhaftenden Fällung zu erreichen. Als Kathodenmaterial wird Pb-Blech, als Anodenmaterial Zn-Blech verwendet. Die Analysenlösung enthält je 0,1 g Pb 2 ml einer 0,5%igen Gelatinelösung sowie etwa 18 g Natriumacetat je 100 ml. Die Stromstärke beträgt 40 mA. Die Abscheidung von 0,1 bis 0,2 g Pb ist nach 150 bis 180 Minuten beendet. Die Pb-Elektrode wird mit Wasser und Aceton gewaschen und dann bei 105 °C getrocknet. Die Genauigkeit liegt zwischen —0,3 und +0,1%.

SCHLEICHER [190] bestätigt die Brauchbarkeit dieses Verfahrens völlig und stellt darüber hinaus fest, daß auch die Abscheidung aus schwach salpetersaurer Lösung gelingt. Ein Gelatinezusatz wird von ihm als nicht unbedingt erforderlich angesehen, da der Pb-Niederschlag auch ohne ihn genügend fest haftet. Das aus salpetersaurer Lösung abgeschiedene Pb ist feiner kristallin als das aus essigsaurer gefällte. Für die Elektrolyse gibt SCHLEICHER die folgende

Arbeitsvorschrift.

Die neutrale Analysenlösung, die in 125 ml 0,05 bis 0,1 g Pb enthalten soll, wird mit 0,25 ml konz. HNO_3 oder mit 0,5 ml konz. Essigsäure sowie 10 ml 20%iger Natriumacetatlösung versetzt. Der Elektrolysestrom soll nicht größer als 0,1 A sein; als Anode wird ein Stab aus reinstem Mg in einer gesättigten Lösung von $Mg(NO_3)_2$, als Kathode ein Pt-Netz verwendet. Elektrolysiert wird bei Zimmertemperatur; die Abscheidung von 0,1 g Pb ist nach etwa 25 Minuten beendet. Zn als Anode ist weniger brauchbar, da es zu geringe Stromstärken liefert, was eine starke Verlängerung der Abscheidungszeit zur Folge hat. Dabei können Pb-Ionen in den Anolyten eindiffundieren und werden dann auf der Anode als schwarzer Metallschwamm abgeschieden. Sulfate als Anolyte sind nicht brauchbar, da sie — nach Diffusion — im Katholyten eine Fällung des Bleis als $PbSO_4$ bewirken.

3. Abscheidung an einer Hg-Kathode.

Die Versuche zur Abscheidung des Bleis an einer Hg-Kathode sind fast ebenso alt wie die Pb-Elektrolyse selbst. Sie wurde erstmals von GIBBS [1880] vorgeschlagen und vor allem von SMITH [191] eingehender untersucht. Brauchbare Verfahren jedoch sind erst in den letzten drei Jahrzehnten entwickelt worden.

PAWECK und WALTHER [192] verwenden dafür eine starre Hg-Kathode, ein verquecksilbertes Messingdrahtnetz mit einer geometrischen Oberfläche von etwa 60 m², das 64 Maschen aus Messingdraht von 0,2 mm ⌀ je cm² aufweist. Das Verquecksilbern des Messingnetzes, das zunächst in H_2SO_4 (1 + 10) (etwa 1,7 m) gereinigt wird, wird durch Elektrolyse mit 0,2 bis 0,3 A in 200 ml $HgCl_2$- oder $Hg(NO_3)_2$-Lösung, die mit 2 bis 3 ml HNO_3 konz. angesäuert ist, vorgenommen. Innerhalb 1 bis 1½ Stdn. hat sich eine ausreichende Menge Hg abgeschieden. Etwa gebildete Hg-Tröpfchen müssen abgeschüttelt werden. Das verquecksilberte Netz wird mit H_2O gewaschen und in heiße, verd. HCl getaucht, wodurch der zunächst graue, matte Hg-Niederschlag silberglänzend wird. Die Elektrode wird dann nacheinander mit Wasser, Äthanol und Äther gewaschen und bei mäßiger Temperatur getrocknet. Die Abscheidung des Bleis wird dann bei Zimmertemperatur aus alkalischer Lösung vorgenommen, die in 100 ml 5 g NaOH enthält. Die Stromstärke beträgt 3 A. Als Anode wird eine rotierende Pt-Spirale verwendet. Die von den Autoren mitgeteilten Beleganalysen weisen Unterwerte von −0,1 bis −0,35% auf.

Nach MOLDENHAUER, EWALD und ROTH [193] muß das Pb-Amalgam im Vakuumexsiccator getrocknet werden, da es an der Luft, wie bereits ALDERS und STÄHLER [194], die die Pb-Abscheidung aus einem salpetersauren, Phosphorsäure und etwas KNO_2 enthaltenden Elektrolyten vornehmen, festgestellt haben, bei höherer Temperatur leicht oxidiert. Es erfährt zwar auch bei der Vakuumtrocknung noch eine leichte Trübung, die das Gewicht jedoch nicht merkbar beeinflußt. Die erstgenannten Autoren führen die Elektrolyse an flüssigem Quecksilber als Kathode in salpetersaurer Lösung aus, die 2 ml HNO_3 konz. und entsprechend den Angaben von TREADWELL [195] 0,5 ml konzentrierte salpetersaure Hydrazinlösung enthält, und konnten 0,1 g Pb innerhalb 1 Stunde mit einer Stromstärke von 1 A bis auf etwa 0,2 mg abscheiden.

BÖTTGER [196] prüfte die Arbeit von PAWECK und WALTHER unter Verwendung von verquecksilberten Messingdrahtnetzkathoden kritisch nach und stellt fest, daß die NaOH-Konzentration im Elektrolyten von großer Bedeutung ist. Wenn nicht genügend Alkali vorhanden ist, kommt es — vor allem zu Beginn der Elektrolyse —

zur anodischen Abscheidung von PbO_2, das sich allerdings, jedoch nur langsam, im Elektrolyten wieder löst. Die von PAWECK und WALTHER verwendete NaOH-Menge hält er für zu gering. Er konnte die besten Resultate erhalten, wenn er 0,15 g Pb als Nitrat aus 80 ml Lösung, die 10 bis 15 g NaOH enthält, bei einer Anfangstemperatur von etwa 20 °C, die sich im Verlauf der Elektrolyse dann auf 60 bis 70 °C erhöhte, mit 2 A abschied. Bei Gegenwart noch höherer NaOH-Konzentrationen bildet sich in erheblichem Ausmaß bereits Natriumamalgam, das beim Waschen der Kathode nur langsam in Lösung geht. 0,5 bis 1 A reichten nicht aus, um alles Pb innerhalb 30 Minuten zu reduzieren. Beim Arbeiten mit 4 A entsteht sehr viel H_2 und wird das Amalgam schwammig. BÖTTGER empfiehlt, die Elektrolyse mit 0,75 A zu beginnen und den Elektrolysestrom während der ersten 10 Minuten allmählich auf 2 A zu erhöhen. Das Waschen der Kathode mit Wasser muß längere Zeit fortgesetzt werden, um alles Natriumamalgam zu lösen. Am günstigsten ist ein langsames Auswaschen unter Stromfluß mit etwa 2 bis 3 l Wasser, das 1 bis 2 Tropfen Phenolphthaleinlösung enthält. Es soll so lange gewaschen werden, bis sich das Waschwasser nicht mehr rötet. Somit ist auch ein zu starkes Auswaschen, das zu niedrige Pb-Werte zur Folge haben würde, zu vermeiden. Es wird auf diesem Weg eine glänzend-silberweiße Kathode erhalten. Aus den Beleganalysen BÖTTGERS errechnet sich ohne Berücksichtigung des Vorzeichens eine mittlere Abweichung von 0,49% aus 35 Bestimmungen; unter Berücksichtigung der Vorzeichen ergibt sich −0,10%. 5 Versuche hatten Fehler von mehr als 1%. Unterwerte überwiegen die Überwerte erheblich (26:9). Die mittlere negative Abweichung beträgt 0,40%, die mittlere positive 0,76%. Das Verfahren kann somit nicht als voll befriedigend bezeichnet werden.

Von ALDERS und STÄHLER [194] wird die folgende *Arbeitsweise* für die kathodische Pb-Bestimmung vorgeschlagen. Sie setzen, einem Vorschlag VORTMANNS [197] folgend, der zu elektrolysierenden Pb-Lösung eine bekannte Menge eines Hg-Salzes zu und scheiden dieses gemeinsam mit dem Pb als festes Amalgam ab. H_3PO_4 verhindert dabei die anodische PbO_2-Bildung. Die Analysenlösung, die in 100 ml je etwa 100 mg Pb und Hg enthält, wird mit 1 ml HNO_3 und 1 bis 2 ml H_3PO_4 versetzt und unter Rühren mit 500 U/Min. mit einer Stromstärke von 5 A elektrolysiert. Eine Pt-Schale dient als Kathode. Die Temperatur der Lösung steigt dabei auf 60 bis 70 °C. Das anfangs an der Anode gebildete PbO_2 geht nach etwa 10 Minuten in Lösung. Nach einer Elektrolysezeit von etwa 20 Minuten stumpft man die Säure der Lösung vorsichtig mit 10%iger NaOH ab, um die letzten Pb-Reste zur Abscheidung zu bringen. Nach beendeter Elektrolyse wird die Schale mit Wasser, Äthanol und Äther gewaschen und im Exsiccator getrocknet. Die Beleganalysen zeigen für 100 bis 200 mg Pb eine erstaunlich hohe Genauigkeit. Die Abweichungen vom Sollwert betragen max. −0,4%.

4. Abscheidung an Woodschem Metall als Kathode.

PAWECK und WEINER [198] stellten fest, daß geschmolzenes Woodsches Metall bis zu 15% Pb aufzunehmen vermag, ehe sein Schmelzpunkt so hoch gestiegen ist, daß es unter heißem Wasser nicht mehr flüssig bleibt. Sie empfehlen für die Pb-Abscheidung die folgende

Arbeitsvorschrift. Zu einer heißen, im Elektrolysiergefäß sich befindenden Bleiacetat- oder -nitratlösung, die etwa 300 mg Pb enthält, werden etwa 10 bis 15 g $(NH_4)_2C_2O_4$ und 10 bis 15 ml HCl konz. gegeben. Das Oxalat verhindert eine anodische PbO_2-Bildung und macht anodisch entstehendes Chlor unschädlich. Es entstehen dabei unangenehm riechende Chlorverbindungen, deren Bildung aber durch Zusatz von $NH_2OH \cdot HCl$ zum Elektrolyten vermieden werden kann. Nach Einbringen dieser Substanzen bildet sich bei der Elektrolyse auf der Kathode ein starker weißer Niederschlag, unter dem Pb in kristalliner Form abgeschieden wird, das dann von der Kathode aufgelöst wird. Der salzartige Niederschlag wird durch die einsetzende Gasentwicklung aufgewirbelt und allmählich wieder in Lösung gebracht. Als Anode wird eine Pt-Spirale verwendet. Der Elektrodenabstand soll etwa 1 cm, die Stromstärke anfänglich 1 A betragen. Nach Schmelzen der Kathode wird die Stromstärke auf 5 A erhöht. Die Elektrolyse wird durch Zugabe von kaltem Wasser beendet, wodurch die Kathode erstarrt. Sie wird aus dem Elektrolyten herausgenommen, mit Wasser, danach mit Äthanol und Äther gewaschen im Vakuumexsiccator oder im Trockenschrank getrocknet und gewogen. Die Beleganalysen zeigen für 275 mg Pb Abweichungen von −0,2 bis +0,1 mg.

Zweiter Teil:
Titrimetrische Bestimmungsverfahren

Allgemeines. Die hier zu betrachtenden Verfahren werden je nach ihrem Chemismus unterteilt in Fällungstitrationen, Neutralisationstitrationen und Komplexbildungstitrationen. Die redoxtitrimetrischen Methoden werden weitgehend zusammen mit den fällungstitrimetrischen abgehandelt werden, weil dort oft Fällungsmittel verwendet werden, deren gebundener Anteil oder bei der Fällung zugesetzter Überschuß auf diesem Wege bestimmt werden. Es werden jeweils zuerst die Ausführungsformen mit chemischer, im Anschluß daran die mit elektrischer Indikation besprochen werden.

A. Fällungstitrationen.

I. Bestimmung mit anorganischen Reagenzien.

1. Titration mit Molybdatlösung.

a) **Ausführung mit chemischer Indikation.**

Blei bildet ein stöchiometrisch zusammengesetztes und in neutraler Lösung schwerlösliches Molybdat, das zwar für die gravimetrische Pb-Bestimmung keine Bedeutung erlangt hat, jedoch zur Grundlage eines der gebräuchlichsten titrimetrischen Pb-Bestimmungsverfahren geworden ist.

Das Verfahren wird ausschließlich direkt ausgeführt, ist recht universell anwendbar und wird nur durch wenige Metalle gestört. Durch geeignete Vortrennungen, so besonders durch Fällen des Bleis als Sulfat und Lösen des $PbSO_4$ in Ammoniumacetat-Lösung, kann die Bestimmung weitgehend spezifisch gestaltet werden. Für die Endpunktsbestimmung sind zahlreiche chemische Möglichkeiten und auch eine elektrische aufgezeigt worden.

α) Die Methode ist erstmals von ALEXANDER [199] beschrieben worden. Er fällt Pb, wie für die gravimetrische Pb-Bestimmung als $PbSO_4$ beschrieben, als Sulfat aus, filtriert es ab, wäscht es zur Entfernung von Begleitstoffen gründlich aus und löst durch mindestens 10-minütiges Digerieren in der Siedehitze in einer Ammoniumacetat Lösung. Die Lösung wird dann mit Essigsäure angesäuert, auf 200 ml mit Wasser verdünnt, zum Sieden gebracht und mit einer Ammoniummolybdatlösung (9 g/l) titriert, wobei weißes Bleimolybdat ausfällt. Der Endpunkt wird durch Tüpfeln gegen eine frischbereitete Lösung von 1 g Tannin in 300 ml H_2O ermittelt; er gibt sich an einer Gelbfärbung zu erkennen.

BULL [200] weist darauf hin, daß mit einer Indikatorkorrektur von etwa 0,7 bis 0,8 ml gerechnet werden muß, weil unter den gegebenen Bedingungen diese Menge Molybdatlösung in der zu titrierenden Lösung im Überschuß vorliegen muß, um den

Farbumschlag des Tannins herbeizuführen. Er zeigt weiterhin, daß Sb, Bi und Ca nicht stören, daß hingegen Ba und Sr mit steigender Menge zu Unterwerten führen, die bei Ba ausgeprägter sind als bei Sr. Die Genauigkeit des Verfahrens ist aus BULLS Belegzahlen mit etwa ±0,2% abzuschätzen.

KROUPA [201] bestätigt die gute Brauchbarkeit des Verfahrens und teilt zusätzlich mit, daß As, Zn und P nicht stören.

Eine weitere Überprüfung des Verfahrens von ALEXANDER ist von LINDT [202] vorgenommen worden. Er bestätigt die Feststellungen von SACHER [203], daß der Molybdatverbrauch von der vorhandenen Ammoniumacetatmenge abhängt. Wird dagegen $PbSO_4$ — wie es meist im Analysengang anfällt — nur in wenig mehr als der theoretisch erforderlichen Ammoniumacetatmenge gelöst, werden sehr genaue Resultate erhalten. Aus den Beleganalysen von LINDT errechnet sich ein mittlerer Fehler von nur ± 0,03%. Als Indikator verwendet LINDT die von ALEXANDER bereits angegebene Tannin-Lösung mit 1 g/300 ml H_2O.

JOLSON und TALL [204] titrieren das Blei ebenso wie von ALEXANDER vorgeschlagen gegen Tannin, wenden aber für die Abtrennung des Bleis von seinen Begleitern ein neues Verfahren an. Sie bedienen sich dafür der Reduktion des Bleis mit Hilfe von Al-Folie zum Metall in Anlehnung an ältere Arbeiten von SCHULZ-LOW [205] bzw. ROESSLER [206], die von dieser Arbeitsweise für die Abtrennung des Bleis bereits mit Erfolg Gebrauch gemacht hatten. Die Zementation des Bleis wird hier jedoch direkt aus der salzsauren Untersuchungslösung in Gegenwart der Begleitelemente vorgenommen. Die als optimal erkannten Bedingungen dafür sind: 50 mg Pb in 10 bis 15 ml Lösung, die nicht mehr als 2 ml HCl konz. enthalten soll; Reduktion mit 0,1 g Al-Folie. In schwächer saurer Lösung ist die Reduktion nicht quantitativ, in stärker saurer löst sich das Aluminium zu stürmisch, was gleichfalls eine nicht quantitative Zementation des Bleis zur Folge hat. Die zweckmäßigste Lösungstemperatur ist 50 °C; bei Zimmertemperatur verläuft die Umsetzung zu langsam, bei Temperaturen oberhalb 50 °C zu rasch. Eine Reduktionsdauer von 3 Minuten ist unter diesen Bedingungen ausreichend; sie erlaubt noch die quantitative Fällung von 300 mg Pb. Das auszementierte Pb wird abfiltriert, mit verd. HCl (1 + 14) (etwa 0,8 m) gewaschen (besonders wichtig bei Anwesenheit von Fe, das mit dem Tannin unter Violettfärbung reagiert und somit das Erkennen des Titrationsendpunktes empfindlich stören kann) und schließlich mit 8 ml HNO_3 (1 + 4) (etwa 3 m) gelöst. Die Lösung wird mit Ammoniak bis zur beginnenden Trübung neutralisiert, mit 2 ml Eisessig versetzt und mit MoO_4^{2-}-Lösung gegen Tannin titriert. Es stören bei dieser Arbeitsweise nicht: Alkalien, Erdalkalien, Mg, Zn, Cd, Al, Fe, SO_4^{2-}, Cl^-, Br^-, SiO_2, NH_4Cl NH_4OOCCH_3, Tartrate und Citrate. Von den mit auszementierten Elementen Cu, Bi, Sb, Sn und As stören Sn und As die Titration des Bleis nicht. Bi und Sb werden mittitriert. Cu stört infolge Bildung graugelber Verbindungen mit dem Tannin die Titration erst, wenn mehr als 20 mg je 15 ml anwesend sind. Die Beleganalysen lassen für die Bestimmung von 50 mg Pb einen Fehler von etwa ± 5%, für die von 300 mg Pb einen von ± 0,4% erkennen. Die Analysendauer wird für oxidische Pb-Erze mit 35 Min. je Probe (5 Proben in 85 Min.) und für sulfidische mit 1 Stunde je Probe (2½ Stunden für 5 Proben) angegeben. Die dabei erhaltenen Ergebnisse stimmen innerhalb −1,4 und +0,8% mit den nach anderen Verfahren erhaltenen überein.

β) WILEY [207] trennt Pb zunächst ebenfalls als Sulfat ab, reinigt es aber durch Umsetzen mit Sodalösung (10 g Na_2CO_3) — wohl in Anlehnung an die Arbeitsweise von KOENIG [208], der das in Ammoniumacetat gelöste $PbSO_4$ mit $(NH_4)_2CO_3$-Lösung fällt — zu einem basischen Bleicarbonat. Er umgeht damit die Unsicherheit, die sich beim direkten Lösen des Sulfats in Ammoniumacetatlösung ergeben.

Das abfiltrierte Bleicarbonat wird zunächst mit verd. Sodalösung gewaschen, dann heiß mit verd. HNO_3 vom Filter gelöst und das Filter mit heißem Wasser nachgewaschen. Die Lösung wird nach dem Abkühlen auf Zimmertemperatur mit Ammoniak bis zum Entstehen eines Niederschlags neutralisiert, der dann mit wenig HNO_3 wieder gelöst wird. Bei der Molybdat-Titration wird mit einem Indikatorpapier getüpfelt, das durch Tränken mit einer Lösung von 10 g $SnCl_2 \cdot 2\,H_2O$ und 10 g KCNS in 30 ml H_2O hergestellt wurde. Der Endpunkt ist erreicht, wenn das Papier eine bleibende Rotfärbung aufweist. (Eine vorübergehende Rotfärbung geht auf Fe^{3+} zurück; sie verschwindet jedoch im Gegensatz zu der auf MoO_4^{2-} zurückgehenden schnell wieder.) Während der Titration muß die Analysenlösung, um eine quantitative Fällung des Bleis zu gewährleisten, ständig auf Siedetemperatur gehalten werden. Die *Molybdatlösung* wird durch Lösen von 7,2 g MoO_3 in verd. NaOH, Neutralisieren mit CH_3COOH gegen Phenolphthalein und Verdünnen auf 1 l mit Wasser hergestellt. Größere Mengen Ammoniumacetat stören, weil sie die Verfärbung des Indikatorpapiers am Endpunkt verhindern. Bei der — wohl auch aus diesem Grund — gewählten Abtrennung treten derartige Schwierigkeiten nicht auf.

Von KUTZELNIGG [209] wird für die Indikation — wohl in Anlehnung an die Arbeit von WILEY — je eine gesättigte Lösung von KCNS und $SnCl_2$ vorgeschlagen. Je ein Tropfen dieser beiden Lösungen wird der zu titrierenden Pb-Lösung zugesetzt. Am Endpunkt tritt ein Farbumschlag nach rot — Bildung des Komplexes $[Mo(CNS)_6]^-$ — auf, der besser zu erkennen ist als der Umschlag des Tannins nach gelb-braun.

γ) WILEY, AMBROSE und BOWERS [210] arbeiten in einer weitgehend neutralen Lösung dadurch, daß sie die bleihaltige Lösung zunächst mit Ammoniak bis zur beginnenden Trübung versetzen und den Niederschlag durch Kochen mit NH_4NO_3-Lösung wieder in Lösung bringen. Sie tüpfeln gegen eine Lösung von Pyrogallol in Chloroform. Überschüssiges Molybdat gibt mit dem Reagens eine Braunfärbung. Die Reaktion ist so empfindlich, daß bereits 1 Tropfen einer 0,000005 n MoO_4^{2-}-Lösung deutlich zu erkennen ist. Die für die Tannin-Indikation erforderliche recht große Indikatorkorrektur entfällt somit.

δ) CANDEA und MURGULESCU [211] verwenden für die Indikation Eosin als Adsorptionsindikator. Sie titrieren 0,1 bis 0,2 g Bleiacetat, in H_2O gelöst und mit HNO_3 angesäuert, bis die Lösung daran 0,0005 n ist, mit einer mit HNO_3 gegen Phenolphthalein neutralisierten 0,05 n Lösung von $Na_2MoO_4 \cdot 2\,H_2O$. Als Indikator werden 20 Tropfen einer 0,5%igen Eosin-Lösung verwendet. Am Äquivalenzpunkt nimmt der Bleimolybdatniederschlag eine gelbe Farbe an. Die Abweichung der Titrationsergebnisse wird gegenüber auf anderem Wege erhaltenen Werten mit < 0,3% angegeben. Anstelle von Natriummolybdatlösung ist auch eine Ammoniummolybdatlösung als Titrierlösung brauchbar.

Gleichfalls Adsorptionsindikatoren für die Pb-Titration mit Molybdat werden von RAICHINSTEIN und KOBOROW [212] vorgeschlagen. Im einzelnen genannt sind die folgenden Azofarbstoffe: Benzopurpurin 4 B, Diaminreinblau, Benzaldiaminreinblau, Diaminbraun, Diaminechthellblau, Diaminechtpurpur 4 B, Diaminrubin und Diaminheliotrop. Der Einfluß von Salzen und Säuren auf die Indikation mit diesen Substanzen wird als nur gering angegeben.

HENKEL [213] hat für den gleichen Zweck die folgenden Adsorptionsindikatoren als brauchbar befunden: Erythrosin AGZ, Siriusrosa BB, Siriusviolett BB, Echtrot A, Benzoechtscharlach 4 BA. Er verwendet sie in 0,5%iger Lösung mit 2 Tropfen je 100 ml zu titrierender Lösung. Mit Siriusrosa und Benzoechtscharlach bleibt der Niederschlag dabei zunächst farblos, bis der Endpunkt erreicht ist; erst dann wird er angefärbt, und zwar nimmt er die Gesamtmenge des zugesetzten Farbstoffs auf (mit Benzoechtscharlach hellrot, mit Siriusrosa bläulich-violett). Erythrosin zeigt am Endpunkt einen scharfen Farbumschlag von rötlichgelb nach tiefrot, Echtrot einen von bläulichrot in schmutziges Gelb. Besonders interessant ist das Siriusviolett, weil hier am Endpunkt ein Farbumschlag von hellblau nach grauviolett erfolgt, das Bleimolybdat aber farbstofffrei ausflockt. Die besten Resultate wurden mit Siriusrosa als Indikator erhalten (0,5 ml einer 0,1%igen Lösung je 100 ml Analysenlösung). Bemerkt sei, daß der Autor die Molybdatlösung vorlegt und mit der zu untersuchenden Pb-Lösung titriert.

Fehler bei der Titration des Pb mit Molybdat werden von HOLNESS [214] auf eine nicht korrekte Neutralisation der zu titrierenden Lösung und auf die Verwendung von Ammonmolybdat als Titerlösung zurückgeführt, weil diese zu einer sauren Reaktion führt. Er titriert deshalb mit Magnesiummolybdat-Lösung, nachdem er die Analysenlösung zunächst auf einen p_H-Wert zwischen 2 und 5,5 neutralisiert hat. Eine gewisse Acidität muß vorhanden sein, um der Pb-Hydrolyse vorzubeugen. Als Indikator verwendet er das Solochromrot B (0,2%ige wäßrige Lösung). Die *Magnesiummolybdatlösung* wird wie folgt hergestellt: 14,4 g MoO_3 werden in heißem Wasser suspendiert und so lange mit festem $MgCO_3$ verrührt, bis keine CO_2-Entwicklung mehr auftritt. Die Lösung wird dann noch einmal aufgekocht, filtriert, abgekühlt und auf 1 l verdünnt. Sie wird gegen eine Pb-Lösung bekannten Gehaltes titrimetrisch oder gravimetrisch eingestellt. Die Titration wird wie folgt ausgeführt: 0,1 bis 0,9 g Pb als $Pb(NO_3)_2$ werden in Wasser gelöst, mit 1 bis 2 ml 0,01 m HNO_3 angesäuert und mit 4 bis 5 Tropfen Indikatorlösung versetzt. Die Titration wird mit der genannten Magnesiummolybdatlösung in der Hitze vorgenommen. Der Endpunkt gibt sich an einer Änderung der Farbe der Lösung von farblos nach orangerot und der gleichzeitig auftretenden Farbänderung des Niederschlags von bläulich nach farblos zu erkennen. Die Titration läßt sich auch bei Zimmertemperatur ausführen; der Endpunkt wird dabei durch eine Farbänderung von blauviolett nach organgerot angezeigt. Bei Titration in der Wärme soll der Titrationsfehler kleiner als 0,2% sein.

ε) Eine weitere Indikationsmöglichkeit für die Bleimolybdat-Titration wird von EVANS [215] vorgeschlagen. Er verwendet Diphenylcarbazon, das er wie folgt herstellt: 30 ml Pyridin werden mit 2 ml HNO_3 (D = 1,2) und 120 ml H_2O vermischt und mit 10 ml einer 1,5%igen äthanolischen Diphenylcarbazid-Lösung versetzt. Zur vollständigen Oxydation des Diphenylcarbazids werden noch einige Tropfen Brom-Wasser zugegeben. In genau neutraler Lösung bildet Pb mit diesem Reagens eine kirschrote Farbe, die besonders nach Zugabe von Aceton, das die Eigenfärbung des Reagenses zum Verschwinden bringt, eindeutig wird. In NH_3-Lösungen tritt eine Umfärbung nach orangebraun ein, HNO_3 entfärbt völlig. Das Farbsystem wird als zur Indikation aller Titrationen geeignet bezeichnet, bei denen Pb gefällt oder stark komplex gebunden wird (besonders gut bei Titrationen mit MoO_4^{2-}, WO_4^{2-}, PO_4^{3-}, AsO_4^{3-}, VO_4^{3-}, Citrat, weniger gut bei solchen mit CrO_4^{2-} oder SO_4^{2-}).

Diese Arbeitsweise wird in ihrer Brauchbarkeit von DUBROVSKAJA und FILIPPOVA [216] voll bestätigt. Die Autoren teilen mit, daß noch eine Pb-Menge von 0,003 mg in 10 ml Lösung eine wahrnehmbare blaßrote Färbung hervorruft. Der günstigste p_H-Wert für die Titration liegt zwischen 2,4 und 2,8; ein Zusatz von 2,5 bis 5% Äthanol wird empfohlen.

b) Ausführung mit elektrischer Indikation.

Eine Arbeitsvorschrift mit potentiometrischer Indikation wird von BRINTZINGER und JAHN [217] beschrieben. Sie verwenden als Indikatorelektrode einen Mo-Draht, als Bezugselektrode eine n-Kalomelelektrode. Günstigste Verhältnisse erhalten sie, wenn die Titration bei 95 °C ausgeführt wird; die Potentialeinstellung erfolgt dabei hinreichend rasch. Der Potentialverlauf besitzt eine gute Steilheit, so daß eine hohe Genauigkeit erzielt wird (26,01 mg Pb anstatt 26,00 mg).

2. Titration mit Chromat- oder Dichromatlösung.

Allgemeines. Eine ähnlich große Bedeutung wie die gravimetrische Bestimmung des Bleis als $PbCrO_4$ hat auch seine titrimetrische Bestimmung mit Hilfe von CrO_4^{2-}-Lösungen erlangt. Das Verfahren hat sein Hauptanwendungsgebiet für die Titration des in Ammoniumacetat gelösten Bleisulfats gefunden und ist Gegenstand zahlreicher systematischer Untersuchungen gewesen. Es ist in zwei Formen ausführbar, einmal als direkt indizierte Fällungstitration, zum anderen als Redoxtitration des Fällungsmittelüberschusses oder des am Blei gebundenen Fällungsmittels. Für die Indikation sind eine ganze Reihe von chemischen und elektrischen Wegen vorgeschlagen worden.

a) **Ausführung mit chemischer Indikation.**

α) *Direkte Titration.* αα) Das Verfahren ist erstmals von SCHWARZ [218] klar in der Weise beschrieben worden, daß das Blei mit einer „Lösung von zweifach chromsaurem Kali auszufällen und das Ende der Fällung mit Hilfe salpetersauren Silberoxids, mittels einer Tüpfeloperation, zu erkennen" ist. Er verwendet eine 0,1 n K_2CrO_4-Lösung. Die Titration wird in einer mit Ammoniak bis zur eben noch nicht auftretenden Fällung neutralisierten und mit Natriumacetat versetzten Lösung vorgenommen, bis der Niederschlag anfängt, sich rasch abzusetzen. Danach wird mit der Tüpfelprüfung gegen $AgNO_3$-Lösung auf einer Porzellanplatte begonnen. Das Titrationsende ist erreicht, sobald dabei rotes Silberchromat entsteht. Als Indikatorkorrektur werden vom Titrationsverbrauch 0,1 ml abgezogen. Cu, Cd, Zn, Fe, Co u. a. stören nicht, Fe jedoch, wenn es 3wertig ist. Nach LAURIC [219] stören Chloride, weil sie die Bildung von Ag_2CrO_4 verhindern. Er gibt eine spezielle Arbeitsweise für die Ausführung der Titration in chloridhaltiger Lösung an.

ββ) JELLINEK [220] macht für die Indikation von der Tatsache Gebrauch, daß K_2CrO_4 wegen der geringen Säurestärke der H_2CrO_4 alkalisch reagiert und somit nach Überschreiten des Endpunktes der Fällungstitration, in deren Verlauf sich wegen $Pb(NO_3)_2 + K_2CrO_4 \rightarrow PbCrO_4 + 2 KNO_3$ keine Aciditätsänderung in der Lösung ergibt, eine Alkalitätserhöhung auftritt. Diese p_H-Änderung wird durch geeignete Indikatoren indiziert (hydrolytische Fällungstitration).

Arbeitsvorschrift. Die ungefähr 0,1 n, mit Methylrot versetzte und gerade auf dessen rote Farbe neutralisierte Pb-Lösung wird in einer weißen Porzellankasserolle in der Kälte mit einer 0,1 n K_2CrO_4-Lösung titriert, bis die über dem Niederschlag stehende Lösung nicht mehr rötlich, sondern gelb gefärbt ist. 20 bis 40 ml 0,1 n Pb-Lösung sind auf $\pm 0,3\%$ genau bestimmbar. Aus an anderer Stelle [221] mitgeteilten Belegzahlen errechnet sich eine Genauigkeit von $+0,15\%$.

Diesem Verfahren ging eine noch stärker an die ursprünglich von SCHWARZ mitgeteilte Arbeitsweise angelehnte Methode von JELLINEK [222] voraus, die sich der Ag_2CrO_4-Indikation bediente, sich aber auf einer Rücktitration aufbaute.

Arbeitsvorschrift. Die etwa 0,1 n neutrale Pb-Lösung wird in der Kälte mit K_2CrO_4-Lösung im Überschuß versetzt, der nach Zugabe von 3 Tropfen 1%iger $AgNO_3$-Lösung mit einer Pb-Lösung bis zum Verschwinden der roten Ag_2CrO_4-Farbe gegen eine Vergleichslösung von aufgeschlämmtem $PbCrO_4$ zurücktitriert wird. Diese Art der Titration auf das Verschwinden der Ag_2CrO_4-Farbe wird als schärfer als diejenige auf ihr Auftreten bezeichnet, weil im letzteren Falle ein von $PbCrO_4$ z. T. umhülltes Ag_2CrO_4 vorliegt, das sich langsamer ins Gleichgewicht setzt als das im ersteren Fall vorliegende nichtumhüllte. Der so erzielbare Umschlag wird als sehr scharf bezeichnet, das Verfahren als vorzüglich. Aus den Belegzahlen errechnen sich jedoch Überwerte von im Mittel 0,5%.

Von dem Prinzip der hydrolytischen Fällungstitration macht auch SCHACHKELDJAN [223] für die Pb-Bestimmung Gebrauch. Er legt eine mit Kongorot versetzte 0,1 n $(NH_4)_2CrO_4$-Lösung vor, in die er die zu bestimmende, neutrale Pb-Lösung einlaufen läßt. Im Äquivalenzpunkt koaguliert der Niederschlag, wobei infolge von Adsorptionserscheinungen eine scharfe Farbänderung von orangerot nach dunkelgrün auftritt. Eine erneute CrO_4^{2-}-Zugabe erzeugt wieder eine orangerote Farbe.

γγ) FRICKE und SAMMET [224] untersuchen eine Reihe von Adsorptionsindikatoren auf ihre Eignung für die Endpunktsbestimmung bei der $PbCrO_4$-Titration. Sie befinden das 2,6-Dichlorphenolindophenol für diesen Zweck als gut brauchbar.

Wird die zu titrierende verdünnte Pb-Lösung mit diesem Indikator (20 Tropfen einer 0,02%igen wäßrigen Lösung) versetzt, so geht seine ursprünglich blaue Farbe in violett über. Wird eine verdünnte K_2CrO_4-Lösung unter Schütteln zugegeben, so entsteht zunächst eine graue, kolloidale Trübung, deren Farbe bei weiterer Titriermittelzugabe immer mehr nach orange wechselt. Am Äquivalenzpunkt schlägt sie scharf nach grün um; gleichzeitig flockt das Kolloid aus. (Eine noch weitergehende Reagenszugabe führt schließlich zu einer blauen Farbe der Lösung.)

Die erreichbare Genauigkeit wird mit 0,5% bei Ausführung der Titration im Makromaßstab, mit 1,0% für den Halbmikrobereich angegeben. Ein den Pb-Gehalt mehr als etwa zwanzigfach übersteigender Fremdsalzgehalt führt zu schlecht erkennbaren Farbumschlägen. Besonders stark stören hydrolysierende Salze.

$\delta\delta$) Lumineszenzindikatoren werden von KOCSIS, KALLÓS, ZÁDOR und MOLNÁR [225] vorgeschlagen. Sie erhalten die brauchbarsten Resultate mit Umbelliferon, das in $Pb(NO_3)_2$-Lösung farblos ist und im Äquivalenzpunkt plötzlich in blau übergeht. Die Genauigkeit der Titration mit Hilfe dieses Indikators wird mit $\pm 0,1\%$ für 10 bis 20 ml 0,1 n Pb-Lösung genannt. Ähnlich gute Ergebnisse werden auch mit β-Methylumbelliferon erhalten.

KENNY und KURTZ [226] verwenden für die Indikation das Siloxen als Chemilumineszenzindikator. Bereits ein minimaler $Cr_2O_7^{2-}$-Überschuß gibt in schwachsaurer Lösung ein so hohes Oxydationspotential (1,17 V), daß das Siloxen zur Lichtemission angeregt wird. Der optimale p_H-Bereich liegt zwischen 1,9 und 3,0. Bei Werten $< 1,9$ tritt die Lichtemission bereits vor Erreichen des Endpunktes auf; bei Werten $> 3,0$ wird kein ausreichend hohes Oxydationspotential mehr erreicht. Titriert wurden 30 ml 0,1 n Pb^{2+}-Lösung mit 0,1 m K_2CrO_4-Lösung in Gegenwart von 20 bis 80 mg Indikator. Die Lichtemission wird mit Hilfe eines Multiplier-Photometers registriert. Mn, Ni, Fe^{3+}, Zn, Ca und Mg stören in gleicher Konzentration wie das Pb dessen Bestimmung nicht. Die Genauigkeit wird mit $1,3^0/_{00}$ angegeben. Sn, Sb und As stören; sie werden zweckmäßigerweise als Bromide entfernt [227].

$\varepsilon\varepsilon$) Wieder einen anderen Weg für die Ausführung der $PbCrO_4$-Titration schlagen BUCHERER und MEIER [228] ein, die sich der sog. Filtrationsmethode bedienen, die darin besteht, daß nach jeder Reagenszugabe der ausgefällte Niederschlag abfiltriert wird und das Filtrat mit weiterem Reagens versetzt wird. Der Endpunkt ist erreicht, wenn keine neue Fällung mehr auftritt. Indikatoren erübrigen sich dabei. Beim Arbeiten in schwach essigsaurer, natriumacetathaltiger Lösung bei 70 °C ballt sich der zunächst hellgelbe $PbCrO_4$-Niederschlag rasch zu orangefarbenen Flocken zusammen, die gut filtrierbar sind. Der Titrationsendpunkt ist einwandfrei zu erkennen. Bei der Titration von 2 bis 100 mg Pb werden Unterwerte zwischen 0,15 und 0,45 mg erhalten. Die Empfindlichkeit wird mit 1 : 96 500 angegeben, wenn Absetzzeiten vor der Filtration von jeweils 5 Minuten eingehalten werden.

β) *Indirekte Titration.* $\alpha\alpha$) Als indirekte Ausführungsform der $PbCrO_4$-Titration nennt SCHWARZ [229] die folgende: Das Blei wird mit überschüssigem Kaliumchromat unter den oben bereits genannten Bedingungen gefällt, der Niederschlag abfiltriert und der Reagensüberschuß mit einer bekannten Menge $FeCl_2$-Lösung reduziert, dessen Überschuß dann mit MnO_4^- titriert wird.

$\beta\beta$) DIEHL [230] empfiehlt, die Rücktitration des Reagensüberschusses — er verwendet Kaliumdichromat anstelle von Kaliumchromat und wendet davon etwa 2 ml im Überschuß an — mit Natriumthiosulfat in schwefelsaurer Lösung in der Hitze vorzunehmen. Der Endpunkt wird durch das Farbloswerden der Lösung angezeigt, ein zusätzlicher Indikator wird von ihm nicht verwendet. Bei etwas größeren Chromatmengen wird das Titrationsende durch das Auftreten einer schwachgrünen Farbe angezeigt.

$\gamma\gamma$) Von ALLERTON, CUSHMAN und HAYES-CAMPBELL [231] werden die Schwierigkeiten bei der direkten Schwarzschen und der indirekten DIEHLschen Arbeitsweise aufgezeigt, die in der Unsicherheit des direkten Tüpfelendpunktes bzw. in der nur unscharfen Indizierung des Endpunkts der Thiosulfattitration gesehen werden. Sie schlagen deshalb vor, die Titration indirekt unter Verwendung einer Eisen(II)-ammoniumsulfat-Maßlösung und von Kaliumcyanoferrat(III) als Tüpfelindikator auszuführen. Die Resultate werden als mit einem geringen Unterwert von etwa $-0,4\%$ behaftet angesehen.

$\delta\delta$) POPE [232] unternimmt als erster den Versuch, die Rücktitration des Fällungsmittelüberschusses jodometrisch vorzunehmen. Er versetzt eine Lösung von $PbSO_4$ in Ammoniumacetat in der Kälte mit Kaliumdichromatlösung im Überschuß, filtriert den Niederschlag ab, reduziert im Filtrat das überschüssige Chromat mit As^{3+}-Lösung nach Ansäuern mit Schwefelsäure und titriert den As-Überschuß in hydrogencarbonat-alkalischer Lösung mit Jodlösung gegen Stärke als Indikator zurück. Aus den Belegzahlen errechnet sich für diese recht komplizierte Arbeitsweise eine Genauigkeit, die mit etwa $\pm 0,1\%$ erstaunlich hoch ist.

BULL [233] bezeichnet das Verfahren von POPE als umständlich und gibt deshalb der folgenden

Arbeitsvorschrift den Vorzug. Das mit überschüssiger Kaliumdichromatlösung in der Hitze gefällte Bleichromat wird abfiltriert, mit heißem Wasser gründlich ausgewaschen und der CrO_4^{--}-Gehalt des auf etwa 400 ml verdünnten Filtrats nach Zusatz von 5 ml konz. H_2SO_4 bei 60 °C mit einer Lösung von Mohrschem Salz $[Fe(NH_4)_2(SO_4)_2]$ gegen Kaliumcyanoferrat(III) als Tüpfelindikator titriert.

Als zweiten Titrationsweg nennt er einen jodometrischen, der darin besteht, daß das Filtrat, das hierfür etwa 600 ml betragen und mit 15 ml konz. H_2SO_4 angesäuert sein soll, mit 3 bis 4 g KJ versetzt und das gebildete Jod mit Thiosulfat gegen Stärke titriert wird.

Nach den Beleganalysen sind beide Verfahren einander gleichwertig und auf etwa $0,1\%$ reproduzierbar. In dieser jodometrischen Ausführungsform hat sich die titrimetrische Pb-Bestimmung über seine Fällung als Chromat allgemein eingeführt.

BROWN, MOSS und WILLIAMS [234] bestätigen die hohe Genauigkeit dieser Arbeitsweise. Sie teilen mit, daß ihre Reproduzierbarkeit im Mittel bei $\pm 0,1$ mg Pb liegt. Sie führen die Fällung in einer mit $HClO_4$ zur Vertreibung anderer Säuren abgerauchten Lösung aus, weil sie festgestellt haben wollen, daß $PbCrO_4$ in einer $HClO_4$ enthaltenden Lösung weniger löslich ist als z.B. in einer nitrathaltigen. Die Fällung des Pb wird in einem Volumen von 200 ml bei 70 °C unter gutem Rühren vorgenommen. Der Fällungsmittelüberschuß soll 5 bis 20 ml 0,1 n $K_2Cr_2O_7$-Lösung betragen. Der Niederschlag wird über einen Filtertiegel abfiltriert und mit möglichst wenig 0,6%iger $HClO_4$ chromatfrei gewaschen. Das auf Zimmertemperatur abgekühlte Filtrat wird mit 25 bis 30 ml 6%iger $HClO_4$ angesäuert, mit 3 g KJ versetzt und das ausgeschiedene Jod nach einigen Minuten mit 0,1 n $S_2O_3^{2-}$-Lösung gegen Stärke titriert.

GELLMANN und HÖLTJE [235] untersuchen die Verhältnisse bei der Pb-Bestimmung nach dem titrimetrischen Chromatverfahren im Mikromaßstab und knüpfen damit an ältere Arbeiten an, die ebenfalls die Bestimmung kleiner Pb-Mengen zum Ziel hatten, ohne aber zu überzeugenden Ergebnissen gekommen zu sein (FAIRBALL [236], TOPF [237], BERNHARDT [238]). Die Autoren stellen fest, daß bei der Bestimmung von 5 mg Pb durch jodometrische Titration des gelösten Bleichromats stark schwankende, meist zu niedrige Werte erhalten werden, was auf zwei Ursachen zurückgeführt wird: Unterwerte infolge der bei der Bestimmung derart kleiner Pb-Mengen nicht mehr zu vernachlässigenden $PbCrO_4$-Löslichkeit sowie Titrationsüberwerte infolge Zersetzung von KJ zu J_2 unter dem Einfluß des Luftsauerstoffs und infolge photochemischer Oxydation des PbJ_2 zu J_2.

Zu wesentlich besseren Resultaten gelangen GEILMANN und HÖLTJE, wenn sie den Fällungsmittelüberschuß titrieren. Für die Fällung wird wie folgt vorgegangen: Pb-Mengen zwischen 0,1 und 5 mg werden in Volumina von etwa 10 ml aus neutraler bis schwachsaurer Lösung in der Siedehitze mit einer $K_2Cr_2O_7$-Lösung, die im Liter 0,71 g $K_2Cr_2O_7$, 100 ml n Natriumacetat und 25 ml 2 n Essigsäure enthält, in einem Überschuß gefällt, der etwa 1,5 bis 2 ml 0,01 n $Na_2S_2O_3$-Lösung entspricht. Unter häufigem Schütteln wird weiter erhitzt, bis $PbCrO_4$ grobkristallin geworden ist. Danach läßt man abkühlen und unter häufigem Aufwirbeln des Niederschlags mindestens 2 Stunden bei Zimmertemperatur stehen. Danach wird der Niederschlag abzentrifugiert — angegeben dafür sind 10 min bei 2000 U/Min. —. Mit einer Pipette wird ein Teil der über dem Niederschlag stehenden klaren Lösung in einen Erlenmeyerkolben mit Schliffstopfen überführt und nach Zusatz von 0,2 g KJ mit 2 ml 2 n HCl/100 ml Lösung versetzt. Nach 5 Min. wird das gebildete Jod mit 0,01 n $Na_2S_2O_3$-Lösung gegen Stärke als Indikator titriert. Der Fehler dieser Methode wird mit ±0,015 bis 0,020 mg Pb belegt.

KOLTHOFF [239] gibt im allgemeinen der jodometrischen Bestimmung des gefällten Bleichromats den Vorzug.

Arbeitsvorschrift. Zu 25 bis 75 ml Pb-Lösung (0,1 bis 0,001 n) werden 10 ml 2 n Natriumacetat-Lösung und 10 ml 2 n Essigsäure zugesetzt. Nach Verdünnen auf 100 ml mit Wasser wird Kaliumchromat- oder -dichromatlösung im Überschuß hinzugefügt. Das Blei fällt dabei quantitativ aus; doch ist der Niederschlag noch zu fein, um filtriert werden zu können. Er wird deshalb 2 Stunden auf einem Wasserbad auf Siedetemperatur gehalten und erst dann filtriert. Der Niederschlag wird mit Wasser so lange gewaschen, bis dieses chromatfrei ist. Er wird dann in 25 ml 2 n HCl- oder 25 ml 2 n $HClO_4$-Lösung gelöst. Nach Zugabe von 25 ml H_2O und 0,5 bis 1 g KJ wird das freigesetzte Jod mit Thiosulfatlösung titriert (Äquivalentgewicht des Bleis hier: 69,06).

εε) Lediglich der Vollständigkeit halber sei noch ein anderes Vorgehen genannt, das auf BACHO [240] zurückgeht, aber keine größere praktische Bedeutung erlangt hat. Er versetzt das Filtrat der $PbCrO_4$-Fällung mit 0,1 n As^{3+}-Lösung im Überschuß und mit 20 ml HCl konz. Nach 5 bis 10-minütigem Stehenlassen in einem verschlossenen Kolben wird der As-Überschuß mit 0,1 n $KBrO_3$-Lösung im geringen Überschuß (bis zum Auftreten einer gelben Farbe in der Lösung) oxydiert. Die Lösung wird durch vorsichtige Zugabe von As^{3+} wieder entfärbt und der nunmehr wieder vorliegende As^{3+}-Überschuß mit 0,1 n $KBrO_3$ gegen Methylorange in der Wärme titriert.

b) Ausführung mit elektrischer Indikation.

Nach einer Mitteilung von KOLTHOFF und PAN [239a] kann die titrimetrische Pb-Bestimmung mit Chromat unter Anwendung einer tropfenden Hg-Elektrode als Indikatorelektrode in einer acetatgepufferten Lösung von $p_H \leq 4,2$ ohne Anwendung einer äußeren EMK *amperometrisch* indiziert werden. Pb wird unter diesen Bedingungen nicht elektroreduziert und liefert daher keinen Diffusionsstrom. Solange Pb im Überschuß vorliegt, beträgt somit der das System durchfließende Strom praktisch gleich Null. Sobald ein $Cr_2O_7^{2-}$-Überschuß vorhanden ist, steigt der Strom steil an. Das Verfahren gestattet noch die sehr genaue Bestimmung von 0,001 n Pb-Lösungen. Es ermöglicht auch die Pb-Titration in Gegenwart eines Ba-Überschusses, wenn hierbei in 0,01 n $HClO_4$-Lösung gearbeitet wird.

Unter ähnlichen Bedingungen führen auch KHADEEV und NIKURASHINA [240a] die Titration mit amperometrischer Indikation mit gleich gutem Erfolg aus. Sie stellen fest, daß die meisten anderen Metallionen dabei nicht stören, so daß z. B. die Pb-Bestimmung in Bleibronze ohne Vortrennung möglich ist.

KOLTHOFF [241] indiziert die $PbCrO_4$-Titration *konduktometrisch*. Die Titration kann bis zu Verdünnungen von 0,0005 m erfolgreich ausgeführt werden. Die Leitfähigkeit nimmt stets unmittelbar nach dem Reagenszusatz einen konstanten Wert an. Die Resultate schwanken bei den verschiedenen Verdünnungen nur um 1%. Die beiden Äste der Leitfähigkeits-Volumen-Kurve schneiden sich in einem stumpfen

Winkel bei der Titration von 0,025 m Pb-Lösung mit 1 n Na_2CrO_4-Lösung, unter etwa einem rechten bei der von 0,005 m mit 0,1 n und wiederum unter einem stumpfen Winkel bei der von 0,0005 m Pb-Lösung mit 0,01 n CrO_4-Lösung.

KOLTHOFF macht des weiteren auf eine interessante Variante der konduktometrisch indizierten Bleichromat-Titration aufmerksam: man kann die Titration auch acidimetrisch ausführen dadurch, daß das Blei mit einem Alkalidichromatüberschuß gefällt wird und die dabei gemäß: $Pb(NO_3)_2 + K_2Cr_2O_7 + H_2O \rightarrow PbCrO_4 + 2 KNO_3 +$
$+ H_2CrO_4$ gebildete Chromsäure wie eine starke Säure mit Lauge titriert wird. Bedingung ist lediglich, daß ein Pb-Salz einer starken Säure vorliegt.

Der *Hochfrequenzindikation* bedienen sich SAWYER und FARRINGTON [242], die unter Verwendung einer speziellen Apparatur genaue Ergebnisse bei der Titration von 10 bis 200 mg Pb in Ammoniumacetat enthaltender Lösung erhalten.

MAJUMDAR und MITRA [243] titrieren gleichfalls unter Verwendung einer Hochfrequenzindikation mit 6 MHz. Die auf diesem Wege bei der Titration mit 0,01 m K_2CrO_4-Lösung erreichbare Genauigkeit wird als derjenigen der klassischen, gravimetrischen oder volumetrischen Methoden vergleichbar bezeichnet. Bei dem verwendeten Gerät sinkt die Genauigkeit jedoch ab, wenn mehr als 20 mg Pb in 70 ml titriert werden. Der optimale p_H-Bereich wird mit 5 bis 6,5 angegeben.

Eine *potentiometrische* Indikation wird von GELBACH und COMPTON [244] für die Chromattitration des Bleis verwendet. Sie arbeiten mit einem blanken Pt-Draht, an dem sich das durch einen CrO_4^{2-}-Überschuß in der Anlysenlösung hervorgerufene Oxydationspotential schnell einstellt (Kalomelelektrode als Bezugselektrode). Die Titrationsgeschwindigkeit soll 10 bis 15 Tropfen/Minute nicht übersteigen. Die Genauigkeit ist gut.

HILTNER und GITTEL [245] teilen mit, daß die potentiometrische Indikation der direkten Fällungstitration in essigsaurer Lösung nur einen flachen Sprung ergibt. Sie führen deshalb die Titration indirekt aus und nehmen sie in der durch Behandeln mit Mineralsäure erhaltenden Lösung des abgetrennten $PbCrO_4$ vor.

Arbeitsvorschrift. Das abfiltrierte $PbCrO_4$ wird mit 25 ml 0,2 n $SbCl_3$-Lösung und 30 ml konz. HCl übergossen. Hat sich der Niederschlag gelöst, was in der Wärme unter Reduktion des CrO_4^{2-} zum Cr^{3+} und Oxidation einer äquivalenten Menge Sb^{3+} zu Sb^{5+} rasch der Fall ist, wird der Sb^{3+}-Überschuß mit $KMnO_4$-Lösung titriert. Die Indikation erfolgt mit einer Pt-Elektrode gegen eine AgJ-Bezugselektrode.

3. Titration mit Cyanoferrat(II)-lösung.

Allgemeines. Das Verfahren ist ähnlich alt wie die in den vorangegangenen Kapiteln beschriebenen. Es hat jedoch nicht die Bedeutung erlangt wie jene, was in erster Linie darauf zurückgeführt werden kann, daß es nur innerhalb recht enger Grenzen zu brauchbaren Ergebnissen führt und von Lösungsgenossen in weit stärkerem Maße störend beeinflußt wird als jene. Werden diese Verhältnisse aber beachtet und wird eine elektrische Indikation verwendet, so ist eine vollbefriedigende Genauigkeit zu erreichen. Die übliche Ausführungsform ist die direkte.

a) Ausführung mit chemischer Indikation.

α) Das Verfahren ist zuerst von Low [246] beschrieben worden. Danach wird Pb in essigsaurer Lösung — 5 ml Eisessig in 100 ml — mit Kaliumcyanoferrat(II)-Lösung bei Zimmertemperatur titriert. Der Endpunkt wird durch Tüpfeln gegen eine neutrale, gesättigte Uranylacetat-Lösung ermittelt; er wird dabei durch eine braune Farbe angezeigt. Low empfiehlt, zunächst nur die Hauptmenge der zu untersuchenden Pb-Lösung zu titrieren, ihre Restmenge erst nach Erreichen des Endpunktes zuzusetzen und dann die Titration vorsichtig zu Ende zu führen. Als Indikatorblindwert wird eine Korrektur von —2 Tropfen genannt. Die $K_4[Fe(CN)_6]$-Lösung soll 10g Salz je l enthalten. Für die Abtrennung des Bleis von störenden Begleitern wird von seiner

Fällung als Sulfat Gebrauch gemacht, das mit $(NH_4)_2CO_3$-Lösung in das Carbonat umgewandelt und schließlich mit Essigsäure gelöst wird.

BULL [247] teilt mit, daß er nach jener Arbeitsweise infolge unvollständiger Beschreibung nicht zu brauchbaren Resultaten gelangen konnte. Er führt die folgende Modifizierung ein, die sich jedoch im wesentlichen mit der Vorschrift von Low deckt. Er wandelt gleichfalls das ausgefällte $PbSO_4$ in der Wärme mit 10 ml kaltgesättigter $(NH_4)_2CO_3$-Lösung in $PbCO_3$ um, das er nach Filtrieren und gründlichem Auswaschen mit kaltem Wasser mit einer Lösung von 5 ml Eisessig in 25 ml H_2O löst. Nach Verdünnen auf 150 ml wird bei 60 °C mit einer 1%igen Cyanoferrat(II)-lösung titriert. Der Endpunkt wird dabei gleichfalls durch Tüpfeln mit einer neutralen gesättigten Uranylacetat-Lösung indiziert. Als Indikatorkorrektur wird eine von 0,8 bis 1 ml angegeben. Die Einhaltung der genannten Bedingungen besonders hinsichtlich Acidität und Temperatur wird als sehr wichtig bezeichnet. Die erreichbare Genauigkeit wird als gleich mit der des MoO_4^{2-}- oder CrO_4^{2-}-Verfahrens angegeben. Sb, Ca und Sr stören die Pb-Bestimmung auf diesem Wege nicht; Bi und vor allem Ba führen zu mit steigender Konzentration zunehmenden Unterwerten.

BEEBE [248] arbeitet im Prinzip ähnlich und kommt gleichfalls zu als gut bezeichneten Ergebnissen. Er weist darauf hin, daß freies Ammoniak nicht zugegen sein darf, weil es die Indikation nachteilig beeinflußt.

WEBER [249] bestätigt in seinem Übersichtsreferat, daß nach dieser Arbeitsweise bei Verwendung von Uran-Salz als Tüpfelindikator gute Resultate erhalten werden, daß hingegen das Tüpfeln mit $FeCl_3$-Lösung, wie es von YVON [250] vorgeschlagen wurde, zu prinzipiell falschen Ergebnissen führen muß, weil mit diesem Reagens nicht nur das überschüssige $[Fe(CN)_6]^{4-}$, sondern auch das gefällte Pb-Salz reagiert.

β) Die Verwendung eines Adsorptionsindikators für diese Titration wird von BURSTEIN [251] angeregt, der hierfür das Natriumalizarinsulfonat als brauchbar erkannt hat. In Gegenwart von überschüssigem Pb zeigt der Niederschlag in Gegenwart des Indikators eine gelbe Farbe, im $[Fe(CN)_6]^{4-}$-Überschuß eine rosarote. Er empfiehlt die Titration in der Weise auszuführen, daß eine abgemessene Menge 0,1 n $K_4[Fe(CN)_6]$-Lösung vorgelegt wird und diese nach Zugabe von 5 bis 10 Tropfen Indikatorlösung (1:250) mit der bleihaltigen Lösung titriert wird. Der Endpunkt ist erreicht, wenn die Farbe der Lösung von rosarot nach gelb umschlägt. Sobald sich der Niederschlag abgesetzt hat, ist die Lösung farblos. Für die Bestimmung unbekannter Pb-Mengen empfiehlt BURSTEIN, $K_4[Fe(CN)_6]$-Lösung vorzulegen, sie mit der zu untersuchenden Pb-Lösung zu versetzen, wenn erforderlich, nochmals $[Fe(CN)_6]^{4-}$-Lösung im Überschuß hinzuzugeben und diesen dann mit einer Pb-Lösung bekannten Gehalts zurückzutitrieren. Die Ergebnisse werden als sehr befriedigend bezeichnet,

γ) RIPAN [252] bevorzugt Diphenylcarbazon als Indikator, geht sonst aber ähnlich wie BURSTEIN vor. Auch er legt die $[Fe(CN)_6]^{4-}$-Lösung vor (10 bis 15 ml 0,05 m Lösung, verdünnt mit der gleichen Menge Wasser und mit 1 ml 0,3%iger Diphenylcarbazonlösung in Äthanol versetzt), die er mit so viel gesättigter Natriumacetat-Lösung versetzt, daß eine orangerot gefärbte Lösung erhalten wird. Diese Lösung titriert er mit der zu analysierenden neutralen $Pb(NO_3)_2$-Lösung, die etwa 1 m an Pb sein soll. Der Endpunkt wird durch eine Farbänderung nach rot angezeigt (1 ml 0,05 m $K_4[Fe(CN)_6]$-Lösung = 20,72 mg Pb).

δ) Von KOCSIS und Mitarbeitern [225] werden Lumineszenzindikatoren zur Endpunktbestimmung vorgeschlagen. Als brauchbar befunden wurde das Morin, dessen smaragdgrüne Fluoreszenzfarbe im Äquivalenzpunkt in auffallender Weise verblaßt, und das Umbelliferon, das an diesem Punkt von farblos (Pb-Überschuß) nach blau $[Fe(CN)_6]^{4-}$-Überschuß) umschlägt.

ε) ERDEY und PÓLOS [253] indizieren mit Hilfe eines Redoxindikators. Als geeignet haben sie das Variaminblau B erkannt.

Arbeitsvorschrift. Die 0,1 bis 1,0 g Pb enthaltende Lösung wird mit 10 ml Formiatpuffer — hergestellt durch Mischen einer Lösung mit 27,7 g Natriumformiat/l mit einer solchen mit 18,6 g Ameisensäure/l im Verhältnis 1:1 —, 1 Tropfen 0,1 m Kaliumhexacyanoferrat(III)-Lösung und 0,2 bis 0,5 ml 1%iger wäßriger Indikatorlösung versetzt, auf 60 °C erwärmt und mit 0,1 m Kaliumhexacyanoferrat(II)-lösung bis zum Verschwinden der blauen Indikatorfarbe titriert. Die Standardabweichung dieser Arbeitsweise wird mit 0,18% angegeben.

b) Ausführung mit elektrischer Indikation.

Die Pb-Titration mit $[Fe(CN)_6]^{4-}$-Lösung ist unter Verwendung elektrischer Indikation in neuerer Zeit wiederholt erprobt und als ausgezeichnet brauchbares Verfahren bestätigt worden.

MÜLLER und PRÉE [254] sowie MÜLLER und HENTSCHEL [255] verwenden die *potentiometrische Indikation* mit Hilfe einer Pt-Blechelektrode. Sie titrieren eine etwa 0,1 m $Pb(NO_3)_2$-Lösung mit einer gleichfalls etwa 0,1 m $Na_4[Fe(CN)_6]$- bzw. $K_4[Fe(CN)_6]$-Lösung und stellen fest, daß in beiden Fällen ein Niederschlag der Zusammensetzung $Pb_2[Fe(CN)_6]$ ausfällt. Beim Arbeiten bei Zimmertemperatur wird ein maximaler Potentialsprung von 80 mV, bei Titration bei 75 °C ein solcher von 70 mV erhalten. Die Potentialeinstellung ist bei beiden Arbeitsweisen gut. Die Genauigkeit ist, wie belegt wird, vorzüglich (errechneter Verbrauch 12,46 ml, gefundener 12,45).

Als störende Komponenten werden NO_3^--Ionen erkannt, die leichte Unterbefunde bewirken, sowie Acetationen, die infolge ihrer lösenden Wirkung in größerer Menge die Titration unmöglich machen. Durch Zugabe von Aceton können diese Einflüsse in gewissem Umfang ausgeschaltet werden. So konnten die etwa 3% betragenden Unterbefunde, die von 10% $NaNO_3$ in der Analysenlösung bewirkt werden, durch Zugabe von Aceton derart, daß die Lösung daran 30%ig ist, genau so eliminiert werden, wie die etwa 7% betragenden, die von 2% Natriumacetat hervorgerufen werden. Bei Gegenwart von 4% Natriumacetat hingegen gelingt auch in acetoniger Lösung die Titration nicht mehr.

MÜLLER und GÄBLER [256] titrieren Pb mit Kaliumcyanoferrat(II)-lösung unter Verwendung potentiometrischer Indikation in der Weise, daß der Untersuchungslösung je 100 ml 1 ml 0,1 m Kaliumcyanoferrat(III)-lösung zugesetzt und ein Pt-Netz nach WINKLER als Indikatorelektrode (Kalomelelektrode als Vergleichselektrode) verwendet wird. Titriert wird mit 0,1 m Cyanoferrat(II)-lösung bei 75 °C. Die Maßlösung wird anfangs ml-weise, gegen Titrationsende tropfenweise zugesetzt. Das Umschlagspotential liegt bei +180 mV gegen die Kalomelektrode. Die Steilheit der Potentialkurve im Wendepunkt beträgt etwa 200 mV je Tropfen Titerlösung. Die Titrationsgenauigkeit liegt für Verbrauche zwischen 10 und 40 ml bei etwa ± 0,1%. Die Zusammensetzung des Niederschlags ist $Pb_2[Fe(CN)_6]$. Pb kann auf diesem Wege auch neben Zn titriert werden; es wird eine Potentialkurve mit zwei Wendepunkten erhalten, von denen der erste die Titration des Zinks, der zweite diejenige des Bleis indiziert. Größere Mengen an Nitraten, Acetaten und an Essigsäure lassen die Titration ungenauer werden.

ATANASIU und VELCULESCU [257] verwenden zur Indikation sowohl Pt/Kalomel als auch das Bimetallpaar Pt/Ni (in Drahtform) als potentiometrische Elektroden mit gleich gutem Erfolg. Sie bestätigen voll und ganz die Befunde von MÜLLER und gelangen wie er zu guten Pb-Resultaten.

Die Titration von Pb neben Ba führt AGASYAN [258] in einer 0,1 n HNO_3-Lösung aus, die 30 Vol.-% Äthanol enthält. Die Indikation erfolgt an einer Pt-Elektrode nach Zusatz von 1 ml 1%iger $[Fe(CN)_6]^{3+}$-Lösung. In nicht zu konzentrierter Lösung wird keine Störung durch Mitfällung von $Ba_2[Fe(CN)_6]$ erhalten.

Bei gleicher Arbeitsweise — Zusatz von Cyanoferrat(III), Verwendung von Alkohol — erhält SAXENA [259] dank des steilen Potentialsprungs recht genaue Resultate.

Er arbeitet mit einer 0,2 bis 0,01 n Titerlösung, die 1% gleich konzentrierte Hexacyanoferrat(III)-Lösung enthält. Bei der Titration wird zunächst ein recht steiler Potentialanstieg erhalten, der nach Durchlaufen eines relativ flachen Gebiets am Äquivalenzpunkt wieder steil abfällt. (Bei der umgekehrten Titration $[Fe(CN)_6]^{4-}$ mit Pb^{++} treten die normalen bilogarithmischen Kurven auf.) Äthanolzusätze von 10 und 20% zur Analysenlösung sind praktisch ohne Einfluß auf die Größe des Potentialsprungs. Neutralsalzzusätze, wie KNO_3 und NH_4NO_3, hingegen verflachen die Potentialkurve sehr stark und können beim Arbeiten in verdünnter Lösung den Potentialsprung völlig unterdrücken. Es wird ein systematischer Minusfehler erhalten, der proportional zur Konzentration von etwa 1% — Titration mit 0,2 m Lösung — auf etwa 3% — Titration mit 0,01 m Lösung — ansteigt. Durch Zugabe von Äthanol (20%) kann er auf 0 bzw. 2% gesenkt werden. Als verantwortlich dafür wird die Löslichkeit des $Pb_2[Fe(CN)_6]$ angesehen.

4. Titration mit Phosphatlösung.

Allgemeines. Die sehr geringe Löslichkeit der Bleiphosphate in neutraler Lösung ist auch für eine titrimetrische Pb-Bestimmung auszunutzen versucht worden. Daß diese Verfahren keine größere Bedeutung erlangt haben, dürfte wohl in erster Linie mit der Schwierigkeit zusammenhängen, reproduzierbar zu Niederschlägen eindeutiger und stöchiometrischer Zusammensetzung zu gelangen. Als Titerlösungen sind solche von freier Phosphorsäure sowie von primärem, sekundärem und tertiärem Alkaliphosphat untersucht worden. Die Titration wird normalerweise direkt ausgeführt; es wird dabei die chemische Indikation bevorzugt, Verfahren mit elektrischer Indikation sind in der Literatur nicht beschrieben; sie dürften jedoch möglich sein.

α) BAYRAC [260] weist als erster auf die Möglichkeit einer titrimetrischen Pb-Bestimmung mit Hilfe der Fällung von Bleiphosphat hin. Dazu fällt er Pb aus natriumacetathaltiger Lösung mit Na_2HPO_4-Lösung im Überschuß aus und titriert diesen wieder mit einer Pb-Lösung, diesmal jedoch von bekanntem Gehalt, zurück. Der Endpunkt wird durch Tüpfeln gegen eine KJ-Lösung bestimmt. Es wird durch das Auftreten von gelbem PbJ_2 angezeigt. Über die Zusammensetzung der Fällung werden keine Angaben gemacht; die Phosphatlösung wird unter gleichen Bedingungen gegen eine Pb-Lösung bekannten Gehalts eingestellt.

Nach STOLLENWERK und BÄURLE [261], die versuchen, die Phosphorsäure mit einer Pb-Maßlösung zu titrieren, fällt zwar unabhängig davon, ob ein primäres, sekundäres oder tertiäres Orthophosphat vorliegt, stets das tertiäre Phosphat, $Pb_3(PO_4)_2$, aus — eine Ansicht, die später jedoch nicht bestätigt wurde —; doch ist dies in acetathaltiger Lösung merklich löslich, so daß die Titrationsergebnisse fehlerhaft werden, was auch für die umgekehrte Arbeitsweise, Titration von Pb mit Phosphatlösung, der Fall sein dürfte.

Dies wird experimentell von BUCHERER und MEIER [262] nachgewiesen. Nach den Befunden dieser Autoren beeinflußt sowohl freie Essigsäure als auch Natriumacetat unabhängig von der Temperatur die Bleiphosphatfällung ungünstig.

β) EVANS [263] beschreibt die Titration kleiner Pb-Mengen mit Phosphorsäure in Gegenwart eines Pyridinpuffers und von Aceton. Er indiziert mit einer partiell oxydierten Diphenylcarbazid-Lösung, die er wie folgt bereitet: Zu 120 ml Wasser werden 2 ml etwa 6n HNO_3 und 30 ml reines Pyridin, gegebenenfalls über Bleinitrat destilliert, hinzugegeben. Diese Lösung wird mit 10 ml einer 1,5%igen äthanolischen Diphenylcarbazid-Lösung versetzt und über Nacht stehengelassen. Das Gemisch besitzt keine hohe Stabilität und ist nur wenige Tage brauchbar.

Arbeitsvorschrift. 100 ml neutrale Pb-Lösung, die 1 bis 20 mg Pb enthalten soll, wird mit 10 ml der angegebenen Indikatorlösung und 30 ml Aceton versetzt. Titriert wird mit einer 0,01 m Phosphorsäurelösung bis zum Farbumschlag von erdbeerrot nach blaß-orangebraun. Der Umschlag wird gegen eine bleifreie Vergleichslösung, die wie die Analysenlösung zusammengesetzt ist, beurteilt, nachdem sich der Niederschlag abgesetzt hat. Die Titerlösung wird gegen eine Pb-Lösung bekannten Gehalts eingestellt. Der Pb-Niederschlag wird als $PbO[Pb_3(PO_4)_2]_2$ angegeben. Die Titrationsungenauigkeit wird mit 0,07 mg Pb genannt.

γ) Von KOLTHOFF [264] wird darauf hingewiesen, daß die Evanssche Arbeitsweise beträchtlich vereinfacht werden kann, wenn Diphenylcarbazon (0,3 g in 100 ml 95%igem Äthanol) als Indikator verwendet wird, das in äthanolischer Lösung unbegrenzt haltbar ist. Er führt die Titration mit 0,001 m KH_2PO_4-Lösung aus und behält das von EVANS angegebene Pyridin als Puffer bei; er setzt es jedoch separat und nicht als Bestandteil der Indikatorlösung zu.

Arbeitsvorschrift. Die zu titrierende Pb-Lösung, die 1 bis 5 mg Pb als Nitrat enthalten soll, wird mit HNO_3 oder Alkali auf ungefähr $p_H = 3$ eingestellt und auf 50 ml verdünnt. Dann werden 5 ml Pyridinpufferlösung (30 ml Pyridin + 120 ml H_2O + 2 ml 6n HNO_3), 1 ml Indikatorlösung sowie 15 ml Aceton zugegeben. Mit der Phosphatlösung wird bis zum Umschlag von rotviolett nach blaßgelb titriert. Der Endpunkt ist jedoch nicht sehr scharf, weil der Indikator im Verlauf der Titration verblaßt. Um diese Schwierigkeit zu umgehen, wird empfohlen, zwei aliquote Teile der Pb-Lösung zu titrieren, von denen der erste schnell zum Endpunkt gebracht und mit 0,5 ml Phosphatlösung im Überschuß versetzt und der andere gleichfalls schnell bis zum ersten Auftreten der in der anderen Lösung vorhandenen Farbe titriert wird. Die Zusammensetzung des Niederschlags hängt von der Menge des vorliegenden Bleis ab; beim Vorliegen größerer Mengen fallen basische Salze aus. Störungen werden verursacht durch Ni, Co, Zn und Cd, die mit dem Indikator reagieren, von Bi und Al, die als Phosphate fallen, sowie von SO_4^{2-}, AsO_4^{3-}, CrO_4^{2-} usw., die mit dem Pb reagieren.

RIPAN [265] titriert größere Pb-Mengen gegen Diphenylcarbazon als Indikator, bevorzugt dabei aber die umgekehrte Richtung, d. h. er legt die Phosphatlösung, und zwar 0,1 m Na_2HPO_4-Lösung, vor und titriert mit der zu analysierenden Pb-Lösung. 10 ml 0,1 m Phosphatlösung entsprechen dabei 15,00 bis 15,07 ml 0,1 m Pb-Lösung.

δ) JELLINEK und KÜHN [266] führen die Titration nach dem Verfahren der hydrolytischen Fällungstitration aus. Sie verwenden eine Na_2HPO_4-Lösung als Titerlösung und indizieren den Endpunkt mit Methylrot, das auf die Alkalität der Phosphatlösung anspricht. Die Titration wird mit einer 0,1 n Na_2HPO_4-Lösung ausgeführt. Die zu titrierende Pb-Lösung (20 bis 25 ml) wird mit 20 bis 50 ml H_2O verdünnt und mit 0,1 n NaOH bis zum Methylorangeumschlag neutralisiert. Indiziert wird mit 10 Tropfen Methylrotlösung. Der Umschlag ist gut zu erkennen, reproduzierbar und von der Verdünnung unabhängig. Es wird bei der Titration von 20 ml 0,1 n $Pb(NO_3)_2$-Lösung jedoch ein Überwert von 1,5% erhalten. Für den Niederschlag wird die Zusammensetzung $3 PbHPO_4 \cdot Na_2HPO_4$ als gegeben angesehen. Die Fällung von tertiärem Bleiphosphat wird als unwahrscheinlich ausgeschaltet. Der Überwert von 1,5% wird durch Mitfällung von etwas primärem Bleiphosphat gedeutet. Die Methode wird als gut bezeichnet.

Von JELLINEK und KRESTEFF [267] wird die Titration mit Na_3PO_4-Lösung auf der gleichen Grundlage wie vorstehend angegeben ausgeführt. Sie wird bei 10 ml 0,1 n Pb-Lösung in einem Volumen von 50 ml vorgenommen. Als Indikator werden 3 Tropfen gesättigter Methylrotlösung verwendet. Die Titration kann in der Kälte oder in der Wärme erfolgen. Der erhaltene Niederschlag hat die Zusammensetzung $5 Pb_3(PO_4)_2 \cdot Na_3PO_4$. Mit steigender Verdünnung werden zunehmend Überwerte erhalten (in 200 ml etwa 6%). Unter Verwendung einer Vergleichslösung soll die Titration aber auf etwa 0,5% genau ausführbar sein.

ε) KOCSIS, KALLÓS, ZÁDOR und MOLNÁR [268] beschreiben Fluoreszenzindikatoren für die Titration des Bleis mit Na_3PO_4- sowie Na_2HPO_4-Lösungen, nehmen zur Richtigkeit des Verfahrens aber nicht ausführlich Stellung und machen auch keine näheren

Angaben über ihre Arbeitsweise. Ihre Indikatorbefunde sind: Fluorescein-Natrium zeigt am Äquivalenzpunkt einen Umschlag seiner Fluoreszenzfarbe von dunkelgrün in helles Gelbgrün — er ist nicht sehr scharf, aber doch gut festzustellen; Eosin zeigt in der Pb-Lösung eine grüne Fluoreszenzfarbe, die nach Zugabe der ersten Tropfen Phosphatlösung erlischt, in Nähe des Äquivalenzpunktes aber wieder auftritt und am Äquivalenzpunkt scharf in ein lebhaftes Grün übergeht; Umbelliferon sowie β-Methylumbelliferon sind in der Pb-Lösung farblos und zeigen am Äquivalenzpunkt eine lebhafte blaue Fluoreszenz. Die mitgeteilten Belegzahlen lassen eine gute Genauigkeit erkennen.

ζ) KRAUSE [269] geht ähnlich wie RIPAN vor; auch er legt eine Phosphatlösung bekannten Gehalts vor und titriert diese mit der zu bestimmenden Pb-Lösung. Der Endpunkt wird durch das Ausbleiben einer weiteren Trübung indiziert; ein Indikator wird dabei nicht verwendet. Die erreichbare Genauigkeit soll groß sein.

Arbeitsvorschrift. In einem Reagensglas erhitzt man 5,00 ml Phosphatlösung (0,2 m $(NH_4)_2HPO_4$ mit 9 bis 10 g Phenol im Liter) mit 0,3 ml Essigsäure, konz., im kochenden Wasserbad und läßt die zu titrierende Pb-Lösung allmählich und unter Schütteln zulaufen. Die gute Absitzfähigkeit der Fällung erlaubt ein rasches Arbeiten. Wenn etwa 90% des Phosphats gefällt sind, wird der Niederschlag kristallin. Das weiter hinzugesetzte Pb führt dann stets zu einem sofort kristallin ausfallenden Niederschlag, der sich als Trübungswölkchen zu erkennen gibt. Das Titrationsende wird durch das Ausbleiben einer erneuten Trübung indiziert, was auf einen Tropfen genau möglich sein soll. Der ausfallende Niederschlag hat entgegen der Ansicht von STOLLENWERK und BÄURLE die Zusammensetzung: $PbHPO_4$. Aus den Belegzahlen errechnen sich Unterwerte zwischen 0,5 und 1%. Es wird ergänzend mitgeteilt, daß die Essigsäurekonzentration am Titrationsende etwa 0,2 ml 50%ige Säure je 10 ml Lösung betragen soll. Die Löslichkeit von $PbHPO_4$ wird in kaltem wie heißem Wasser als so gering angegeben, daß das kalte Filtrat mit Na_2S-Lösung keine und das heiße erst in mehreren cm Schichtdicke eine eben noch wahrnehmbare Braunfärbung ergibt.

5. Titration mit Arsenatlösungen.

Allgemeines. Die Titration des Bleis mit Arsenat hat hinsichtlich der Titrationsbedingungen eine gewisse Ähnlichkeit mit der Titration unter Verwendung von Phosphatlösungen. Die Verhältnisse scheinen hier jedoch, was die Zusammensetzung der Niederschläge anbelangt, etwas eindeutiger zu liegen. Als Titrationslösungen sind primäre, sekundäre und tertiäre AsO_4^{3-}-Lösungen untersucht worden, für die stets nur eine chemische Indikation verwendet wurde. Eine elektrische erscheint jedoch prinzipiell möglich.

a) **Indirekte Titration.**

Nach VALENTIN [270] läßt sich eine ganze Reihe von Metallen, darunter Pb, mit gutem Erfolg mit Hilfe von AsO_4^{3-}-Lösung titrieren. Die Titration wird in der Weise durchgeführt, daß die Pb-Lösung in überschüssige AsO_4^{3-}-Lösung eingetragen, der dabei ausfallende Niederschlag abfiltriert und der AsO_4^{3-}-Überschuß im Filtrat jodometrisch titriert wird. Die Titerbeständigkeit der AsO_4^{3-}-Lösung — es wird eine etwa 1%ige Lösung von KH_2AsO_4 verwendet — ist gut, desgleichen die Filtrierbarkeit der Metallarsenate.

Im Falle des Bleis wird die Bestimmung in essigsaurer Lösung ausgeführt, wobei $PbHAsO_4$ gefällt wird, das in verd. CH_3COOH unlöslich ist.

Arbeitsvorschrift. Zu 50 ml 1%iger KH_2AsO_4-Lösung, die sich in einem 100 ml-Meßkolben befindet, wird die auf Pb zu untersuchende Lösung, die bis zu 0,3 g Pb enthalten darf, zugegeben. Enthält die Pb-Lösung freie Mineralsäure, so wird die Fällungslösung schwach ammoniakalisch gemacht und danach mit CH_3COOH wieder deutlich angesäuert. Danach füllt man zur Marke auf, filtriert nach 3 Std. Stehzeit über ein trocknes Filter den Niederschlag ab, versetzt 50 ml Filtrat in einer verschließbaren Flasche mit 40 ml 25%iger HCl sowie 1 g KJ und titriert nach 15 Min. das freigewordene Jod mit 0,1 n Thiosulfatlösung gegen Stärke als Indikator zurück. Aus den mitgeteilten Beleganalysen errechnet sich für die Bestimmung von 100 mg Pb ein Fehler von etwa $\pm$ 0,1%.

b) Direkte Titration.

α) JELLINEK und KÜHN [271] verwenden für die Pb-Titration sowohl Lösungen eines sekundären Arsenats (0,1 n Na_2HAsO_4) als auch eines tertiären (0,1 n Na_3AsO_4) und führen diese direkt aus. Als Indikator wird ein acidimetrischer verwendet — Methylrot—, der den Fällungsmittelüberschuß infolge der sich mit ihm ändernden Älkalität der Lösung anzeigt. Der Umschlag wird als scharf beschrieben; er ist neben dem sich schnell absetzenden Bleiarsenat-Niederschlag ($PbHAsO_4$) bzw. $Pb_3(AsO_4)_2$ gut zu erkennen.

Arbeitsvorschrift. Die bleihaltige Lösung, die möglichst neutral sein soll, wird mit 10 Tropfen Methylrotlösung versetzt und in der Kälte mit 0,1 n Na_2HAsO_4- bzw. 0,1 n Na_3AsO_4-Lösung titriert. In Volumina von bis zu 100 ml lassen sich 20 ml 0,1 n $Pb(NO_3)_2$-Lösung mit sekundärer Arsenatlösung mit Fehlern zwischen +0,05 und −0,3% bestimmen, wobei die negativen Abweichungen dominieren. Die Titration mit tertiärer Arsenatlösung führt in Volumina von 50 ml für die gleichen Pb-Mengen zu einem recht konstanten Unterbefund von −1,2%. Beide Titrationsverfahren werden als gut brauchbar bezeichnet; sie sind jedoch nicht spezifisch.

Von RUPP, WEGNER und MAIHS [272] können diese Angaben von JELLINEK jedoch nicht voll bestätigt werden. Die Autoren weisen nach, daß die Verdünnung der zu titrierenden Lösung von einem nicht zu vernachlässigendem Einfluß ist und daß die Unterwerte bei der Titration mit Na_3AsO_4-Lösung umso größer werden, je verdünnter die Lösung ist (z. B. −3,7% bei der Titration von 10 ml 0,1 n Pb-Lösung in 50 ml, −2,3% für 20 ml in 60 ml und −1,6% für 30 ml in 60 ml). Als Indikator wurden bei diesen Untersuchungen 8 Tropfen 0,1%ige Methylrotlösung angewendet.

β) EVANS [263] indiziert die Arsenattitration des Bleis mit einem partiell oxidierten Diphenylcarbazid in ähnlicher Weise, wie es für die Titration mit Phosphat (s. S. 153) ausführlich beschrieben wurde. Der Endpunkt wird dabei durch einen Farbumschlag von rot (Pb-Überschuß) nach gelbbraun (AsO_4^{3-}-Überschuß) angezeigt.

6. Titration mit Arsenitlösung.

Auf der Basis der bereits für die Titration mit AsO_4^{3-}-Lösungen beschriebenen, hydrolytischen Fällungsmaßanalyse bauen JELLINEK und KREBS [273] auch eine Titration des Bleis mit Arsenitlösung auf. Als brauchbar befunden wurde hier zum Unterschied von den Titrationen mit AsO_4^{3-}, wo sich sowohl das sekundäre als auch das tertiäre Salz als geeignet erwiesen hatten, nur das sekundäre Salz (Na_2HAsO_3). Als Indikator wurde wegen der geringeren Säurestärke der arsenigen Säure gegenüber der Arsensäure hier Phenolphthalein verwendet (das dort mit gutem Erfolg herangezogene Methylrot führt hier zu Unterwerten).

Arbeitsvorschrift. 20 ml saure, etwa 0,1 n Pb-Lösung werden mit 0,1 n NaOH neutralisiert, bis die erste Trübung durch $Pb(OH)_2$ auftritt, die mit einigen Tropfen 0,1 n Säure wieder weggenommen wird. Zu der nun neutralen Lösung wird nach Zugabe von 5 Tropfen Phenolphthaleinlösung ein Überschuß 0,1 n Na_2HAsO_3-Lösung zugesetzt. Die Lösung wird zum Sieden erhitzt und mit 0,1 n Pb-Lösung die entstandene Rotfärbung des Phenolphthaleins wegtitriert. Zum Vergleich ist eine Fällung ohne Zugabe von Indikator heranzuziehen. Der ausfallende Niederschlag wird als Doppelsalz $Pb(HAsO_3) \cdot Na_2HAsO_3$ angesehen. Für die Titration von 20 ml 0,1 n Pb-Lösung in Volumina von 40 ml werden Fehler von im Mittel −0,2% erhalten, für die von 1 ml Pb-Lösung in gleichen Volumen hingegen Überwerte von bis zu 1,1%. (1 ml 0,1 n Na_2HAsO_3-Lösung = 10,36 mg Pb).

7. Titration mit Jodatlösung.

Allgemeines. Die Fällbarkeit des Bleis als schwerlösliches Jodat — die Löslichkeit wird von KOHLRAUSCH [274] für 25 °C mit 23 mg im Liter angegeben —, die für dessen gravimetrische Bestimmung ohne größere Bedeutung geblieben ist, ist Grundlage eines sehr leistungsfähigen, titrimetrischen Verfahrens geworden. Es wird wegen des Fehlens hinreichend brauchbarer chemischer Indikatoren bevorzugt indirekt, speziell jodometrisch, ausgeführt, was mit einem sehr günstigen Umrechnungsfaktor verbunden ist (1 Pb entspricht 12 J). Unter Verwendung elektrischer Indikation ist jedoch auch die direkte Titration mit sehr gutem Erfolg möglich.

a) Ausführungen mit chemischer Indikation (Indirekte Titration).

CAMERON [275] beschreibt das Verfahren in der Weise, daß das Blei mit überschüssigem Jodat gefällt, der Niederschlag abfiltriert, in Salzsäure gelöst und das gebunden gewesene Jodat nach Zusatz von Kaliumjodid mit Thiosulfat titriert wird.

MOSER [276] gibt die folgende

Arbeitsvorschrift. Die schwach essig- oder salpetersaure Pb-Lösung wird mit KJO_3-Lösung im Überschuß versetzt, die Lösung zu einem bestimmten Volumen aufgefüllt; den Niederschlag läßt man absitzen. In einem aliquoten Teil der klaren überstehenden Lösung wird nach Zugabe von KJ und verd. Schwefelsäure das freigewordene Jod mit 0,1 n Thiosulfat titriert. (2 KJO_3 entsprechen 1 Pb). Die an Bleiacetatlösungen erhaltenen Resultate zeigen eine gute Übereinstimmung mit gravimetrischen Ergebnissen.

Von RUPP und KRAUS [277] sowie CUNY [278] wird die gute Brauchbarkeit dieser Arbeitsweise bestätigt.

Von GEILMANN und HÖLTJE [279] wird die Methode auf ihre Anwendbarkeit für Pb-Bestimmungen im Mikromaßstab untersucht. Sie stellen fest, daß das Bleijodat bereits bei einem geringen Fällungsmittelüberschuß (140 mg KJO_3/l) praktisch unlöslich ist ($< 0,5$ mg/l).

Arbeitsvorschrift. Die neutrale Pb-Lösung wird in ein Zentrifugenmaßfläschchen (10 bis 15 ml, bei Pb-Mengen < 1 mg 5 ml) gebracht, mit Essigsäure schwach angesäuert und mit eingestellter KJO_3-Lösung im Überschuß gefällt. Der Überschuß ist so zu bemessen, daß er in 10 ml Analysenlösung 2 mg KJO_3 beträgt. Die Fällung läßt man über Nacht stehen — frischgefälltes $Pb(JO_3)_2$ besitzt eine erheblich größere Löslichkeit als gealtertes —, füllt mit Wasser zur Marke auf und zentrifugiert nach gutem Durchschütteln. Der recht grobkristalline Niederschlag setzt sich schnell ab. Von der überstehenden klaren Flüssigkeit wird ein aliquoter Teil abpipettiert und darin nach Zugabe von 0,1 g KJ, 2 ml 2 n HCl und 1 Tropfen Stärkelösung das ausgeschiedene Jod mit 0,01 n Thiosulfatlösung, für dessen Titerstellung bestimmte Vorsichtsmaßnahmen beschrieben werden, titriert. Der Titer der zur Fällung verwendeten KJO_3-Lösung ist so einzustellen, daß 1 ml etwa 1 mg Pb fällt (etwa 200 mg $KJO_3/100$ ml). Der Fehler bei der Bestimmung von Pb-Mengen zwischen 0,05 und 5 mg wird mit etwa $\pm$ 0,005 mg ausgewiesen.

b) Ausführung mit elektrischer Indikation (Direkte Titration).

KOLTHOFF und PAN [280] haben die *amperometrische Indikation* der Pb-Titration mit Jodat untersucht und dabei festgestellt, daß die Indikation sowohl mit der kathodischen Pb-Stufe als auch mit der etwa dreimal so hohen Jodat-Reduktionsstufe möglich ist. Die Potentiale der Jodatstufe sind p_H-abhängig, wenn $p_H < 7$ ist. Titriert werden Lösungen, die 0,01 m an Bleinitrat und 0,1 m an Kaliumnitrat sind, mit 0,2 m Kaliumjodatlösung in neutraler Lösung und in Gegenwart von Essigsäure bei den verschiedensten Potentialen. In allen Fällen erscheint der Titrationsendpunkt (Schnittpunkt des Fällungs- und des Reagens-Astes der Strom-Volumen-Kurve) etwa 3% vor dem Äquivalenzpunkt. Dieser Unterbefund wird auf die Tendenz des Bleijodats zurückgeführt, übersättigte Lösungen zu bilden. Durch Animpfen der Lösung mit festem $Pb(JO_3)_2$ konnte jedoch keine Abhilfe geschaffen werden, auch nicht durch Zusatz von 30% Äthanol, zur Herabsetzung der Löslichkeit (im letzteren Fall fällt Bleinitrat zusammen mit dem Bleijodat aus). Abschließend kommt KOLTHOFF zu der Auffassung, daß die jodometrische Rücktitration des verwendeten Fällungsmittelüberschusses die zweckmäßigste Form der titrimetrischen Pb-Bestimmung als Jodat ist.

Ein *konduktometrisches Indikationsverfahren* haben DRĂGULESCU und LATIU [281] veröffentlicht. Sie titrieren 1 ml einer 0,3 m $Pb(NO_3)_2$-Lösung in einem Volumen von 20 ml mit einer 0,3 m KJO_3-Lösung bei 24 °C. Die Leitfähigkeits-Volumenkurve besitzt zwei gerade Äste, die sich in einem stumpfen Winkel im Äquivalenzpunkt schneiden. Die Reaktionsgerade steigt wegen der größeren Beweglichkeit der beiden K-Ionen gegenüber dem einen Pb-Ion geringfügig an; die Reagensgerade zeigt einen mehr als doppelt so steilen Anstieg. Der Schnittpunkt liegt genau am berechneten Punkt. Wird die Konzentration der Reagenslösung relativ zur Analysenlösung vergrößert, so wird der Schnittwinkel der beiden Kurvenäste weniger stumpf (z. B. 0,01 m Pb^{2+} titriert mit 0,3 m JO_3^-). Noch in einer Verdünnung von 0,004 m werden recht genaue Pb-Werte erhalten (1,99 ml statt 2,00 ml bzw. 0,98 ml statt 1,00 ml; die JO_3^--Konzentration wurde dabei 10 bis 30 ml größer gewählt als diejenige der Pb-Analysenlösung). Die Titration noch verdünnterer Pb-Lösungen führt zu schlecht auswertbaren Kurven — auch Zusätze von Äthanol führen zu keiner Besserung.

Über die *potentiometrische Indikation* der Bleijodat-Titration liegen mehrere Publikationen vor. RINGBOM [282] hat sich dafür einer Blei-Eisen(III)-cyanid-Eisen(II)-cyanid-Elektrode bedient (Pt-Blech mit frisch gefälltem $Pb_2[Fe(CN)_6]$ bedeckt). Die Titrationsfehler liegen dabei zwischen —0,5 und —1,3%. Die Titrationen wurden zwar in der Weise vorgenommen, daß eine vorgelegte 0,1 m KJO_3-Lösung in Gegenwart einer $Pb_2[Fe(CN)_6]$-Aufschlämmung mit 0,1 m Bleinitratlösung titriert wurde; doch dürften auch für die umgekehrte Arbeitsweise ähnliche Verhältnisse herrschen.

DRĂGULESCU und LATIU [283] machen von der Tatsache Gebrauch, daß auch das Silber ein dem Bleijodat vergleichbar schwerlösliches, wenn auch etwas besser lösliches Jodat bildet. Sie versetzen deshalb die zu titrierende Pb-Lösung mit etwas frisch gefälltem $AgJO_3$ und führen dann die Pb-Titration unter Verwendung eines Silberdrahtes als Indikatorelektrode aus (Vergleichselektrode: Kalomel-Elektrode). Sie weisen nach, daß die Ag-Konzentration in bleihaltiger Lösung während der Jodattitration der Wurzel der Pb-Konzentration porportional ist und daß somit eine richtige Indikation möglich ist, vorausgesetzt, daß dem System nach jedem Reagenszusatz genügend Zeit gelassen wird, um ins Gleichgewicht zu kommen. Bei der Titration von 7 ml 0,1 m Pb-Lösung in einem Volumen von 27 ml mit 0,1 m KJO_3-Lösung werden je 0,1 ml Titerlösung maximale Potentialsprünge von 130 mV erhalten. Der Wendepunkt in der Potentialkurve tritt jedoch um 0,1 bis 0,15 ml (= 2%) zu früh auf.

Viel günstigere Verhältnisse werden erreicht, wenn die Titration umgekehrt ausgeführt wird, d. h. wenn die JO_3-Lösung vorgelegt und mit der zu analysierenden Pb-Lösung titriert wird. Unter den oben genannten Titrationsbedingungen werden dabei Potentialsprünge von höchstens 120 mV/0,1 ml JO_3^--Lösung erhalten. Der Wendepunkt stimmt dabei mit dem Äquivalenzpunkt genau überein. Ein Zusatz von Äthanol, so daß die Analysenlösung daran 35%ig ist, führt wegen der Verringerung der Löslichkeit zu einer Erhöhung der Potentialsprünge auf etwa das dreifache. Auf diesem Wege konnten noch 0,009 m Pb-Lösungen mit Fehlern von kleiner als 0,5% titriert werden.

Die Titration kann auch in der Weise ausgeführt werden, daß zunächst Pb mit einem Jodat-Überschuß gefällt wird, der dann mit einer Ag^+-Titerlösung (Verwendung einer Ag-Indikatorelektrode) titriert wird, wie von ATANASIU und VELCULESCU [284] angegeben wurde. Sie führt zu den gleichen Ergebnissen, die auch nach der Arbeitsweise von DRĂGULESCU und LATIU erhalten werden.

SPACU und SPACU [285] titrieren Pb gleichfalls unter Verwendung potentiometrischer Indikation, bedienen sich dabei aber der bekannten Arbeitsweise des Fällens mit einem Reagensüberschuß, der dann titrimetrisch bestimmt wird. 10 ml etwa 0,01 m $Pb(NO_3)_2$-Lösung werden in einem 100 ml-Meßkolben mit 60 bis 70 ml eingestellter 0,01 m KJO_3-Lösung im Überschuß versetzt. Nach Absitzen des Niederschlags wird die Lösung durch ein trockenes Filter filtriert. 10 ml des Filtrats werden mit 100 ml H_2O verdünnt, mit 1 bis 2 g KJ sowie 5 ml 2 n H_2SO_4 versetzt und das ausgeschiedene Jod mit Thiosulfatlösung titriert.

8. Titration mit Perjodatlösung.

Das von WILLARD und THOMPSON beschriebene, gravimetrische Bestimmungsverfahren des Bleis kann nach Angaben der gleichen Autoren [286] auch titrimetrisch ausgeführt werden.

Arbeitsvorschrift. Die Analysenlösung, die 0,025 n an HNO_3 sein soll und in 200 ml bis zu 0,7 g Pb enthalten kann, wird auf 100 °C erwärmt und langsam mit einer Lösung von 2 g $NaJO_4$ in 50 ml H_2O versetzt, wobei Pb als $Pb_3H_4(JO_6)_2$ gefällt wird. (Bei sehr geringen Pb-Mengen beginnt der Niederschlag sich erst nach Zugabe von etwa 1 ml Reagenslösung abzuscheiden. In diesen Fällen ist es erforderlich, die Acidität der Analysenlösung auf 0,006 n HNO_3 zu verringern, weil sonst Fällungen anderer Zusammensetzung als angegeben erhalten werden.)

Tabelle 16. *Erreichbare Genauigkeit der Bleiperjodat-Titration.*

bei Anwesenheit von		
0,4 g Ni	+0,7 mg Pb
0,05 g Cu	−0,3 mg Pb
0,21 g Al	−0,1 mg Pb
0,22 g Zn	+0,2 mg Pb
0,67 g Cd	+0,5 mg Pb
0,2 g Ca	+0,2 mg Pb
0,3 g Mg	−0,4 mg Pb

Nach Eintragen der gesamten Reagensmenge wird die Lösung in Eiswasser gekühlt und zur Beseitigung von Übersättigungen etwa ½ Stunde lang gut gerührt. Das Bleiperjodat wird über einen Filtertiegel abfiltriert und mit Eiswasser gewaschen. Tiegel samt Niederschlag werden in einen Titrierkolben gegeben, darin mit überschüssiger As^{3+}-Lösung versetzt und mit 30 bis 50 ml konz. HCl angesäuert. Ist der gesamte Niederschlag gelöst, wird mit 0,1 n KJO_3-Lösung der As^{3+}-Überschuß gegen den JCl-Endpunkt titriert. Ist die Lösung nur noch hellbraun gefärbt, werden einige Milliliter $CHCl_3$ zugesetzt. Die Titration wird so lange weitergeführt, bis die Chloroformphase farblos geworden ist.

Die erreichbare Genauigkeit wird als derjenigen gleich bezeichnet, die auch gravimetrisch zu erhalten ist. In Gegenwart von Fremdmetallen wurden bei der Bestimmung von 0,5 g Pb die folgenden Abweichungen vom Sollwert erhalten (Tabelle 16).

Die Resultate können somit durchaus als sehr gut bezeichnet werden.

9. Titration mit Sulfatlösung.

Allgemeines. Die titrimetrische Bestimmung des Bleis als $PbSO_4$ ist, verglichen mit seiner gravimetrischen auf diesem Wege, praktisch ohne Bedeutung geblieben. Nur relativ wenige Arbeiten beschäftigen sich mit dieser Frage.

a) **Ausführung mit chemischer Indikation.**

α) ROY [287] titriert die neutrale Pb-Salzlösung in Gegenwart einer 0,2%igen wäßrigen Lösung von Fluorescein-Natrium als Indikator mit K_2SO_4-Lösung. In konzentrierteren Pb-Lösungen verläuft der Umschlag am Endpunkt von grünlich gelb nach zinnoberrot, in verdünnteren weniger scharf nach gelb. Die Genauigkeit beträgt für 0,05 n Pb-Lösungen 0,5%. Die Bestimmung ist nur in neutraler Lösung möglich. Vorhandene Säure muß auf dem Wasserbad verflüchtigt werden, ein Neutralisieren mit Ammoniak ist nicht zulässig.

β) BOVALINI und CASINI [288] empfehlen Dithizon als Indikator. Die bleihaltige Lösung wird mit Essigsäure auf $p_H = 3{,}5$ bis $4{,}8$ gebracht und mit Salzsäure-Glykokollpuffer auf $p_H = 3{,}7$ eingestellt (Phthalat- und Citrat-Puffer sind nicht zulässig; sie verursachen Fällungen). Die Titration erfolgt mit 0,1 n Na_2SO_4-Lösung. Als Indikator werden 2 ml Dithizonlösung (3 mg in 100 ml Tetrachlorkohlenstoff) zugesetzt. Der Endpunkt wird durch einen Farbumschlag von rot nach grün angezeigt. Der Fehler wird mit 0,2% angegeben.

γ) BUCHERER und MEIER [289] versuchen ihre Filtrationsmethode für die Titration von Pb mit SO_4^{2-}-Lösung einzusetzen. (Der Endpunkt wird dabei durch Ausbleiben einer Fällung bei weiterer Reagenszugabe in der vorher klar filtrierten Lösung angezeigt.) Sie kommen jedoch zu dem Ergebnis, daß auch unter den Bedingungen, wie sie für die gravimetrische $PbSO_4$-Bestimmung vorgeschrieben sind, hier Unterwerte erhalten werden. In Gegenwart von so viel überschüssigem Natriumacetat, daß die Lösung im Verlauf der Titration nicht kongosauer werden kann, werden jedoch etwa brauchbare Resultate erzielt. Ammoniumacetat wirkt stark störend und ruft Überwerte hervor.

b) Ausführung mit elektrischer Induktion.

KOLTHOFF [290] hat versucht, Pb (als Nitrat) mit Lithiumsulfatlösung unter Verwendung *konduktometrischer Indikation* zu titrieren. Er erhält bei der Titration von 0,05 m Pb-Lösung Unterbefunde von etwa 4%, die unabhängig von der Anwesenheit von neutralen Alkalisalzen sowie von Äthanol sind. Essigsäure ist völlig ohne Einfluß. Als Erklärung nimmt KOLTHOFF an, daß zusammen mit dem $PbSO_4$ etwas Pb als Nitrat niedergeschlagen wird. Eine Bestätigung für diese Vorstellung sieht er darin, daß bei der Titration in verdünnter Lösung richtige oder nur geringfügig zu niedrige Ergebnisse erzielt werden. Dabei ist aber ein Äthanolzusatz unerläßlich, weil nur so die Titration schnell ausgeführt werden kann. Die Titration verdünnterer als 0,01 n Pb-Lösungen hat jedoch den Vorteil, daß dabei ein steilerer Schnittwinkel in der Leitfähigkeits-Volumen-Kurve erhalten wird. Sogar 0,002 m Pb-Lösungen sind so noch genau titrierbar (50%ig äthanolische Lösung).

KOLTHOFF und PAN [291] titrieren 0,01 m Pb-Lösungen mit *amperometrischer Indikation* an einer Hg-Tropfelektrode vom Potential $-1{,}2$ V in 20%iger äthanolischer Lösung. Um den Ionenwanderungsstrom des Bleis auszuschalten, wird die Untersuchungslösung 0,1 n an Kalium- oder Natriumnitrat gemacht. Die Ergebnisse liegen 0,5 bis 1% zu tief, wofür eine Mitfällung von Bleinitrat verantwortlich gemacht wird. Da derartige Mitfällungsphänomene bei der Pb-Titration mit Chromat nicht auftreten und zudem die $PbCrO_4$-Löslichkeit geringer ist als diejenige von $PbSO_4$, wird der Chromattitration der Vorzug gegeben (s. S. 149).

10. Titration mit Carbonatlösung.

Allgemeines. Dieses Titrationsverfahren ist, ähnlich wie es bei den meisten der vorstehend beschriebenen der Fall ist, ebenfalls ein nur für spezielle Aufgaben verwendbares. Es ist in mehreren Ausführungsformen bekannt: direkt unter Verwendung geeigneter Indikatoren oder indirekt, wobei entweder der Fällungsmittelüberschuß oder das ausgefällte $PbCO_3$ titrimetrisch bestimmt werden.

a) Indirekte Titration.

α) Nach BULL [292] geht die Methode auf KOENIG zurück. Dieser zieht sie für die Pb-Bestimmung in Erzen heran und verfährt dabei wie folgt:

Arbeitsvorschrift. Zunächst wird das Blei aus der salpetersauren Aufschlußlösung des Erzes (0,3 bis 1 g) als $PbSO_4$ gefällt und abfiltriert. Dieses wird dann mit 50 ml 10%iger $(NH_4)_2CO_3$-Lösung unter öfterem Umschütteln 20 Min. lang behandelt, wobei es in $PbCO_3$ übergeführt wird. Der Niederschlag wird abfiltriert und mit kaltem Wasser bis zum Verschwinden der alkalischen Reaktion gewaschen. Niederschlag samt Filter werden in ein Becherglas gegeben, mit 50 ml 0,1 n HNO_3 versetzt und 10 min lang auf 50 °C erwärmt. Danach wird die Lösung mit Methylorange als Indikator versetzt, bis sie deutlich rot gefärbt ist, und der Säureüberschuß mit 0,1 n NaOH bis zum Indikatorumschlag nach gelb zurücktitriert. Das Verfahren wird als ebenso leistungsfähig wie die titrimetrischen Verfahren mit MoO_4^{2-}, CrO_4^{2-} und $Fe[(CN)_6]^{4-}$ bezeichnet, soll jedoch nicht die gleiche Störungsempfindlichkeit wie jene besitzen. Erdalkalien führen zu mit steigender Menge zunehmenden Überwerten; Sb und Bi hingegen sind auch bei Anwesenheit größerer Mengen ohne Einfluß auf die Genauigkeit der Pb-Bestimmung.

β) BENESCH und ERDHEIM [293] geben gleichfalls der indirekten Titrationsmethode den Vorzug. Sie versetzen die — gegebenenfalls neutralisierte — Pb-Lösung am Siedepunkt mit 0,5 n Na_2CO_3-Lösung im Überschuß, füllen die Lösung nach Abkühlen auf Volumen auf und titrieren in einem aliquoten Teil des Filtrats den Na_2CO_3-Überschuß acidimetrisch zurück.

γ) Des gleichen Verfahrens bedient sich auch TANANAEFF [294]. Er fällt wie BULL Pb aus Lösungen, die noch andere Metalle enthalten, zunächst als $PbSO_4$ in bekannter Weise aus und setzt dieses, nachdem die letzten Säurereste daraus ausgewaschen sind, mit Sodalösung um (für 0,2 bis 0,3 g Pb etwa 50 ml 0,1 m Lösung). Das Gemisch wird etwa 2 Minuten im Sieden gehalten, wobei $PbSO_4$ quantitativ in $PbCO_3$ übergeht. Das $PbCO_3$ wird abfiltriert und mit heißem Wasser ausgewaschen. Im Filtrat wird der Na_2CO_3-Überschuß heiß mit 0,1 n HCl gegen Methylorange zurücktitriert. Die Belegzahlen zeigen Abweichungen vom Sollwert zwischen $-0,7$ und $+0,3\%$. Die Dauer einer Bestimmung wird mit etwa 1½ Stunden angegeben. Sn, Sb und Cu stören nicht.

δ) JELLINEK und CZERWINSKI [295] unternehmen als erste den Versuch, die Titration ohne Abtrennung des $PbCO_3$-Niederschlags auszuführen. Sie indizieren den Endpunkt auf Grund der Alkalitätsänderung durch den Fällungsmittelüberschuß mit Hilfe von Phenolphthalein. Sie fällen zunächst Pb mit Sodalösung im Überschuß aus und titrieren dann mit einer eingestellten Pb-Lösung zurück.

Arbeitsvorschrift. Die saure Pb-Lösung wird zunächst mit 0,1 n NaOH neutralisiert, bis die erste Trübung von $Pb(OH)_2$ auftritt, die mit wenig Säure gerade wieder in Lösung gebracht wird. Nach Zugabe von Phenolphthalein als Indikator wird nun das Blei mit 0,1 n Na_2CO_3-Lösung im Überschuß gefällt und die Lösung 2 bis 3 Minuten lang zum Sieden erhitzt. Zu der jetzt rot gefärbten Lösung wird im Sieden so lange 0,1 n Pb-Lösung zugegeben, bis die Rotfärbung verschwindet. Die Verwendung einer Vergleichslösung, die aufgeschlämmtes $PbCO_3$, aber keinen Indikator enthält, wird zum besseren Erkennen des Indikatorumschlags empfohlen. Die Ergebnisse werden als gut brauchbar bezeichnet (1 ml 0,1 n Na_2CO_3-Lösung = 10,36 mg Pb).

ε) ROY [296] titriert mit Natriumcarbonat unter Verwendung von Fluorescein als Adsorptionsindikator gleichfalls ohne Abtrennung des $PbCO_3$. Die zu titrierende Pb-Lösung muß dafür frei von freier Säure sein; sie wird deshalb zunächst auf dem Wasserbad zur Trockne gebracht. Der Trockenrückstand wird in Wasser gelöst und die Lösung mit eingestellter Natriumcarbonatlösung im Überschuß sowie mit 2 bis 3 Tropfen einer 0,2%igen Natriumfluoresceinlösung versetzt. Dann wird der Sodaüberschuß mit einer Pb-Lösung bekannten Gehalts unter gutem Schütteln titriert. Im Endpunkt schlägt die Indikatorfarbe von grünlich-gelb nach gelblich-rot um. Die besten Werte werden in 0,05 n Lösungen erhalten. Die Titrationsfehler werden mit etwa $\pm 1\%$ abgeschätzt.

b) **Direkte Titration.**

KOMARETZKYJ [297] führt die Titration direkt gegen Phenolphthalein als Indikator aus. Er teilt mit, daß das Erkennen des Indikatorumschlags durch das suspendierte $PbCO_3$ erschwert ist. Er beobachtet den Farbumschlag deshalb erst dann, wenn sich der Niederschlag abgesetzt hat. Theoretisch sind die Titrationsergebnisse mit einem geringen Überwert behaftet, weil etwas freies Na_2CO_3 für den Indikatorumschlag erforderlich ist; praktisch fällt er jedoch nicht ins Gewicht. Die Löslichkeit von $PbCO_3$ wird auch bei 70 °C als so gering befunden, daß sie die Titration nicht beeinträchtigt. Er titriert 100 bis 600 mg Pb in etwa 0,025 n Lösung bei Temperaturen zwischen 20 und 70 °C mit der erstaunlich hohen Genauigkeit von ± 0,01%, bei Temperaturen zwischen 10 und 15 °C erhält er Überwerte von etwa 0,3%. Saure Pb-Lösungen müssen vor der Titration gegen Methylrot neutralisiert werden, wofür gleichfalls Na_2CO_3-Lösung vorgeschlagen wird.

11. Titration mit Sulfitlösung.

Für die Pb-Titration unter Verwendung von Sulfitlösung sind bisher nur indirekte Verfahren beschrieben worden.

α) **Arbeitsvorschrift** nach RICHARDS [298]. Man neutralisiert die salpetersaure Pb-Lösung, die in 150 ml etwa 0,2 g Pb enthält, mit NH_3 und säuert mit wenig Essigsäure schwach an. Zur Fällung des Bleis wird in die Lösung etwa 10 Minuten lang SO_2 eingeleitet. Der $PbSO_3$-Niederschlag wird über Papier abfiltriert, gut ausgewaschen und samt Filter in überschüssige J_2-Lösung eingetragen. Durch langsame Zugabe von konz. HCl wird SO_2 in Freiheit gesetzt, das mit dem Jod reagiert. Der Jod-Überschuß wird schließlich mit $S_2O_3^{2-}$-Lösung zurücktitriert.

β) Im Mikromaßstab wird diese Methode von GAPTSCHENKO [299] angewendet. Er fällt das Blei aus neutraler bis schwachsaurer Lösung mit $NaHSO_3$-Lösung als $PbSO_3$ aus, filtriert es ab, löst es in NaOH, gibt J_2-Lösung zu und titriert dessen Überschuß nach Ansäuern mit $S_2O_3^{2-}$-Lösung zurück. Noch 50 μgPb lassen sich auf diesem Wege mit einer Genauigkeit von besser als 1% bestimmen.

12. Titration mit Fluoridlösung.

Die titrimetrische Pb-Bestimmung mit Fluorid-Maßlösungen macht von der geringen Löslichkeit des PbClF bzw. PbBrF Gebrauch. Sie wird also stets in Gegenwart von Cl^-- oder Br^- ausgeführt. Das Verfahren kann direkt oder indirekt ausgeführt werden; mit Vorteil wird der Endpunkt elektrisch indiziert.

α) TANANAEFF [300] stellt fest, daß die Löslichkeit von PbClF, die in reinem Wasser $1{,}3 \cdot 10^{-3}$ Mol/l beträgt, in einer 0,05 n Cl^-- oder F^--Lösung auf $9{,}2 \cdot 10^{-7}$ Mol/l absinkt und daß sie damit für ein fällungstitrimetrisches Verfahren ausreichend niedrig ist. Er verwendet ein Fällungsreagens, das 0,2 m an NaF und an NaCl ist. Das Blei wird aus neutraler Lösung mit überschüssiger Maßlösung gefällt, das gebildete PbClF abfiltriert und im Filtrat der Reagensüberschuß titrimetrisch bestimmt. Dafür hat sich als zweckmäßigstes Verfahren die argentometrische Cl^--Titration mit potentiometrischer Indikation erwiesen. Die Cl^--Titration nach FAJANS ist jedoch ebenfalls anwendbar; auch die F^--Titration mit $AlCl_3$-Lösung nach KURTENACKER [301] ist möglich. Das erstgenannte Verfahren liefert die genauesten Resultate; die Genauigkeit wird mit 0,2 bis 0,4% für die Bestimmung von Pb-Mengen größer als 0,1 g angegeben. (Die durch die F^--Titration erreichbaren Ergebnisse sind mit Unterwerten von etwa 1,5% behaftet). Das Verfahren wird nur durch solche Elemente gestört, die unlösliche Chloride bilden. In Lagermetallen z. B. kann nach diesem Verfahren Pb ohne Abtrennung schnell und genau bestimmt werden.

β) FARKAS und URI [302] indizieren die Titration direkt potentiometrisch an einer Pt-Elektrode unter Verwendung des Redoxpaares Fe^{3+}/Fe^{2+}. Der Potentialsprung geht dabei auf die Bildung des $[FeF_6]^{3-}$-Komplexes durch überschüssiges F^- zurück, womit das Konzentrationsverhältnis zwischen freien Fe^{3+}- und Fe^{2+}-Ionen geändert wird. Sie verwenden eine etwa 1 m Lösung von KF oder NaF als Titerlösung und arbeiten in Gegenwart von Alkalichlorid oder -bromid. Sowohl das als

Chlorid oder als Bromid gefällte Blei als auch das noch in der Lösung enthaltene werden bei der Titration in Pb(Hal)F überführt. Der Äquivalenzpunkt ist erreicht, wenn der Niederschlag Pb und F im Verhältnis 1:1 enthält. Die Potentialeinstellung ist wegen der Umwandlung des Niederschlags jedoch nicht momentan; sie erfolgt in Gegenwart von Cl$^-$ schneller als in Br$^-$ enthaltenden Lösungen. Das Verhältnis von Cl zu Pb soll etwa 2,5:1 betragen. Größere oder kleinere Cl$^-$-Mengen verschlechtern die Potentialsprünge. Durch Titration in 50%iger äthanolischer Lösung können wegen der darin vorliegenden, geringeren Löslichkeit steilere Potentialsprünge erzielt werden; jedoch verzögert sich dabei die Potentialeinstellung. Der p_H-Wert der Analysenlösung muß größer als 3 sein, weil bei kleineren Werten der [FeF$_6$]$^{3-}$-Komplex zu stark dissoziiert ist; er wird mit Vorteil zwischen 4,0 und 4,2 gewählt. Als Titerlösung wird einer NaF-Lösung gegenüber einer KF-Lösung trotz des mit ihr erhaltenen kleineren Potentialsprungs der Vorzug gegeben, weil sie eine schnellere Gleichgewichtseinstellung ergibt.

Arbeitsvorschrift. Zu der verdünnten, etwa 0,05 bis 0,1 m Pb-Lösung werden je 100 ml 0,75 g NaCl sowie 0,04 g FeCl$_2$, enthaltend etwa 0,8 mg FeCl$_3$, zugegeben. Der p_H-Wert soll zwischen 4,0 und 4,2 liegen. Unter kräftigem Rühren wird mit einer etwa 1 m NaF-Lösung bei Zimmertemperatur titriert. Der Potentialsprung im Äquivalenzpunkt beträgt etwa 10 bis 15 mV je 0,04 ml Titerlösung. Die Titrationsgenauigkeit wird mit etwa ± 0,3% für 0,05 bis 0,1 m Pb-Lösungen und mit ± 1,5% für 0,01 m Lösungen angegeben. Für noch verdünntere Lösungen ist das Verfahren nicht mehr brauchbar.

13. Titration mit Selenitlösung.

a) **Direkte Titration**

Die Fällbarkeit des Bleis als schwerlösliches Bleiselenit, die für die gravimetrische Pb-Bestimmung ohne Bedeutung geblieben ist, wird von BUCHERER und MEIER [303] als Grundlage eines titrimetrischen Bestimmungsverfahrens verwendet. Nach ihren Untersuchungen kann Pb aus schwachessigsaurer, natriumacetathaltiger Lösung quantitativ als weißes PbSeO$_3$ gefällt werden. Bei 80 bis 90 °C fällt die Verbindung, die sich anfangs nur langsam bildet, in sehr gut filtrierbarer Form aus. Durch Zugabe von wenig Äthanol zur Analysenlösung kann eine wesentliche Erhöhung der Fällungsgeschwindigkeit erreicht werden. Als Titerlösung wird eine durch Oxydation von elementarem Se mit HNO$_3$ erhaltene, von der Mineralsäure befreite wäßrige Lösung von SeO$_2$ verwendet, für deren Herstellung eine spezielle Vorschrift gegeben wird. Noch 0,0025 mg Pb können in einer Verdünnung von 1:800 in alkoholhaltiger Lösung an einer binnen 1 Minute auftretenden Trübung erkannt werden.

Die Autoren bestimmen den Titrationsendpunkt nach der von ihnen entwickelten Filtrationsmethode. Sie filtrieren den nach jedem Reagenszusatz ausgefallenen Niederschlag ab und versetzen das Filtrat mit weiterem Reagens. Der Endpunkt ist erreicht, wenn darin keine neue Trübung mehr auftritt. Die Titerlösung ist etwa 0,02 n. Mit ihr wurden Pb-Mengen zwischen 5 und 40 mg auf ± 0,1 mg und solche zwischen 1 und 5 mg auf +0,2 mg genau titriert.

b) **Indirekte Titration (mit elektrischer Indikation).**

DESHMUKH und Mitarbeiter [304] fällen Pb bei p_H-Werten zwischen 5 und 6,8 mit überschüssiger H$_2$SeO$_3$ aus und titrieren deren Überschuß im Filtrat mit einer gegen As^{3+} eingestellten NaOBr-Lösung unter Verwendung amperometrischer Indikation mit Hilfe einer rotierenden Pt-Mikroelektrode vom Potential +0,3 V gegenüber einer gesättigten Kalomelelektrode.

20 bis 100 mg Pb werden mit überschüssiger seleniger Säure gefällt, wobei der p_H-Wert nach der Fällung zwischen 5 und 6,8 liegen soll. Die Lösung wird auf 250 ml verdünnt und nach einigen Minuten Stehens filtriert. Vom Filtrat wird ein aliquoter Teil in 10 ml 0,6 m NaHCO$_3$-Lösung eingetragen und darin Se^{4+} mit Hypobromit zu

Se^{6+} oxidimetrisch titriert. Eine ungefähre Kenntnis der vorliegenden SeO_3^{2-}-Menge ist dabei erwünscht. Die NaOBr-Lösung ist etwa 40 mal verdünnter als die SeO_3^{2-}-Lösung. Die Genauigkeit des Verfahrens ist aus den Belegzahlen mit etwa $\pm 1\%$ zu errechnen.

14. Titration mit Vanadatlösung.

EVANS [305] titriert 1 bis 10 mg Pb^{++} in 100 ml mit Ammoniak neutralisierter Nitrat-Lösung mit einer NH_4VO_3-Lösung (0,0184 g $NH_4VO_3 \cdot 2 H_2O$ in 1000 ml). Als Indikator verwendet er ein Gemisch aus 30 ml Pyridin, 2 ml HNO_3 (D = 1,2) und 10 ml einer 1,5%igen Diphenylcarbazidlösung in Äthanol, das nach Stehen über Nacht gebrauchsfertig ist. Diese Lösung besitzt eine gelbbraune Eigenfarbe und gibt mit Pb-Ionen eine erdbeerrote Färbung. Der Indikatorzusatz bei der Titration beträgt 10 ml/100 ml Analysenlösung. Ein Zusatz von 30 ml Aceton läßt den Farbumschlag schärfer werden. Die mitgeteilten Beleganalysen zeigen eine Genauigkeit von etwa 2% bei der Titration von 10 mg Pb und eine von 10% bei der von 1 mg. Es muß dabei jedoch berücksichtigt werden, daß die Einstellung der Vanadatlösung gegen eine Pb-Lösung erfolgt. Das gefällte Bleivanadat zeigt kein einfaches Verhältnis zwischen Pb und V; es wird als Gemisch von Ortho- und Metavanadaten angesehen.

KOCSIS und Mitarbeiter [306] beschreiben ein Indikationsverfahren für die Pb-Titration mit Vanadatlösung, ohne aber für die Titration selbst nähere Bedingungen anzugeben. Sie titrieren 10 bis 20 ml 0,1 n $Pb(NO_3)_2$-Lösung mit 0,1 n Ammoniumvanadat-Lösung in Gegenwart von 10 bis 15 Tropfen 0,2%iger wäßriger Fluorescein-Natrium-Lösung als Indikator bei Zimmertemperatur im auffallenden UV-Licht. Die in der Pb-Lösung zu beobachtende dunkelgrüne Luminescenz des Fluoresceins erlischt nach Zugabe der ersten Tropfen Vanadatlösung und geht am Äquivalenzpunkt scharf in ein Gelbgrün über. Die mittgeteilten Titrationsergebnisse lassen eine hohe Genauigkeit erkennen ($\pm 0,01$ ml).

15. Titration mit Wolframatlösung.

Von RAICHINSTEIN und KOBOROW [307] wird ein Verfahren für die Titration von WO_4^{2-} mit Bleiacetatlösung unter Verwendung von Diaminechtscharlach 6 B S als Adsorptionsindikator beschrieben, das auch für die umgekehrte Titration, diejenige von Pb^{2+} mit WO_4^{2-}, brauchbar sein soll, ohne daß dafür jedoch Einzelheiten genannt werden. Die Titration des WO_4^{2-} wird in neutraler oder ganz schwachsaurer Lösung ausgeführt; die H^+-Ionenkonzentration soll am Titrationsende nicht größer als 0,005 n HNO_3 oder 0,003 n HCl sein. 0,1 n WO_4^{2-}-Lösungen werden in Gegenwart von 2 Tropfen 0,5%iger wäßriger Indikatorlösung titriert, verdünntere mit 1 Tropfen. Die Farbe der Lösung schlägt dabei von rosa nach farblos um, während der Niederschlag von weiß in rosa übergeht. Die Titration soll auf 0,1 bis 0,2% genau sein.

16. Titration mit Sulfidlösung.

a) mit chemischer Indikation.

CASAMAJOR [308] schlägt in Analogie zu einem Cu-Titrationsverfahren die titrimetrische Bestimmung von Pb mit Hilfe von Na_2S-Lösung vor. Er trennt zunächst Pb von anderen Schwermetallen als $PbSO_4$ ab, löst dieses in alkalischer Tartratlösung und titriert es darin. Der Endpunkt ist erreicht, wenn bei erneutem Reagenszusatz keine Braunfärbung der Lösung mehr auftritt. Der PbS-Niederschlag ballt sich beim Rühren zusammen und setzt sich rasch ab. Der Endpunkt soll somit gut erkennbar sein. Genauigkeitsangaben werden nicht gemacht. Nach Angaben von LONGI und BONAVIA [309] sollen die Resultate jedoch nicht gut sein, weil der Titrationsendpunkt nur schwer zu erkennen sei.

KARABAŠ [310] titriert Pb in neutraler, borsäurehaltiger Lösung bei Zimmertemperatur mit 0,01 bis 0,005 m Na_2S-Lösung und indiziert den Endpunkt mit Hilfe von Dithizon in CCl_4 (0,0001 bis 0,00005 m). Von der Indikatorlösung wird so viel verwendet, daß ihr Volumen etwa $1/10$ bis $1/20$ desjenigen der wäßrigen Analysenlösung beträgt. Der Endpunkt wird durch eine Farbänderung der CCl_4-Schicht von hellrot nach smaragdgrün angezeigt (kräftiges Umschütteln erforderlich).

b) mit elektrischer Indikation.

Nach Arbeiten von MAHESHWARI und IHA [311] soll die Titration mit gepufferter Na_2S-Lösung für Pb-Konzentrationen unter 0,02 m zufriedenstellende Resultate liefern. Der Endpunkt wird potentiometrisch ermittelt (Pt/Kalomel). Die Titerlösung enthält Na_2S in einem 0,2 n Natriumacetat/0,2 n Essigsäure-Puffer (1 + 1) und wird unter H_2 aufbewahrt; ihre Haltbarkeit wird als gut angegeben. Die Titration muß in einem geschlossenen Gefäß vorgenommen werden. Der Potentialsprung beträgt z. B. bei der Titration einer 0,0005 m Bleiacetat-Lösung etwa 100 mV.

Von KREMER, VAĬL', FRIZYUK und SONCHICK [312] wird die Titration von Na_2S-Lösung in alkalischer Lösung vorgenommen. Die Indikation erfolgt potentiometrisch mit Hilfe einer Ag_2S-Elektrode. Die Pb-Lösung wird etwa 2 n an NaOH gemacht, auf 60 °C erwärmt und mit einer 0,05 bis 0,07 m Na_2S-Lösung titriert. Die Titration kann schnell ausgeführt werden. Die erreichbare Genauigkeit wird mit $\pm 2\%$ angegeben. Cu stört und darf nicht vorhanden sein. Zn wird in alkalischer Lösung gleichfalls mittitriert. In seiner Gegenwart wird Pb in schwach schwefelsaurer Lösung titriert. Fe, Ni, Sn und Sb stören nicht.

Nach ANDREASOV, VAĬL', KREMER und ŠELICHOVSKIJ [313] kann Pb in hydrazinhydrathaltiger Lösung auch mit einer wäßrigen Thioacetamidlösung als PbS fällungstitrimetrisch bestimmt werden. Die Indikation erfolgt potentiometrisch. Die Sulfidfällung des Bleis vollzieht sich wegen der nur langsam verlaufenden Hydrolyse des Thioacetamids lediglich bei Einhalten günstiger Bedingungen mit der für die Titration erforderlichen Geschwindigkeit. Durch Zugabe von Hydrazinhydrat kann eine Beschleunigung der Hydrolyse erreicht werden.

Arbeitsvorschrift. 10 ml Pb-Lösung (0,01 bis 0,015 g Pb) werden mit 10 ml 10%iger Natronlauge versetzt, auf 70 bis 80 °C erwärmt und nach Zugabe einiger Tropfen 20%iger Hydrazinhydratlösung titriert. Der Faktor der Thioacetamidlösung wird unter gleichen Bedingungen gegen eine reine Pb-Lösung bekannten Gehalts eingestellt. Als Indikatorelektrode dient eine Ag_2S-Elektrode, als Vergleichselektrode eine Kalomelelektrode. Der Äquivalenzpunkt wird durch einen steilen Potentialsprung angezeigt.

SCHNEIDER und BEISKEN [314] titrieren sehr kleine Mengen Pb mit H_2S-Wasser unter Verwendeng konduktometrischer Indikation. Die Titration erfolgt in schwachsaurer Lösung — bei Anwesenheit von 0,2 mg Pb in einem Volumen von 50 ml, bei 0,005 mg in einem von 20 ml. Die Genauigkeit wird mit $\pm 2\%$ für 0,02 mg, mit $\pm 10\%$ für 0,005 mg Pb angegeben.

17. Titration mit Thiosulfatlösung.

YATSIMIRSKIĬ und ROSLYAKOVA [315] fällen Pb als schwerlösliches Komplexsalz: $[Co(NH_3)_6]_2[Pb(S_2O_3)_5]$ mit überschüssiger Thiosulfatlösung aus und titrieren den Fällungsmittelüberschuß jodometrisch zurück.

Arbeitsvorschrift. Zu 5 ml einer schwach sauren 0,05 bis 0,1 m Pb-Lösung werden 5 ml 20%ige Ammoniumacetatlösung, 25 ml 0,1 n $Na_2S_2O_3$-Lösung hinzugegeben; Pb wird durch Zugabe von 15 bis 20 ml einer gesättigten, wäßrigen Lösung von $[Co(NH_3)_6]Cl_3$ gefällt. Die Lösung wird in einen 100 ml-Meßkolben übergeführt, mit Wasser zur Marke verdünnt und nach gutem Durchmischen durch ein trockenes Faltenfilter filtriert. In 20 ml Filtrat wird das überschüssige $Na_2S_2O_3$ mit 0,02 n bis 0,04 n Jodlösung titriert.

Die Analyse erfordert einen Zeitaufwand von 20 bis 30 Minuten; ihre Genauigkeit wird mit ±0,3% angegeben. Al, Cr, Fe, Ni, Co, Mn, Mg und Ca stören nicht. Cu wird quantitativ mitbestimmt, da es unter den vorliegenden Bedingungen gleichfalls eine schwerlösliche Verbindung $[Co(NH_3)_6]_5 [Cu(S_2O_3)_3]_3 \cdot 12 H_2O$ bildet.

II. Bestimmung mit organischen Reagenzien.

1. Titration mit Ascorbinsäure.

Allgemeines. ERDEY und PÓLOS [316] teilen mit, daß solche Metallionen, die in schwachsaurer Lösung ein schwerlösliches Hexacyanoferrat(II) bilden, in Gegenwart von Hexacyanoferrat(III) mit Ascorbinsäure titriert werden können. Der Ascorbinsäure-Verbrauch ist dabei der Schwermetallionenmenge proportional. Der Ascorbinsäureüberschuß ist an einer sehr starken Potentialänderung des Systems potentiometrisch zu indizieren oder mit Hilfe geeigneter Redoxindikatoren sichtbar zu machen, wofür sich speziell das Variaminblau B bewährt hat.

a) **Ausführung mit chemischer Indikation.**

Die 100 bis 1000 mg Pb enthaltende Analysenlösung wird in einem 200 ml-Kolben mit 10 ml 0,2 m Natriumacetat- oder -formiatpufferlösung und 0,2 bis 0,5 ml Variaminblau-Indikatorlösung (1 g Variaminblau B-Base = 4 Amino-4'-methoxy-diphenylamin-hydrogenchlorid wird mit wenig Wasser verrieben, mit Wasser auf 100 ml verdünnt und filtriert; die bläulich-grüne Lösung ist etwa 1 Woche haltbar) versetzt. Die Lösung wird auf 60 °C erwärmt, sodann aus einer Bürette mit 1 bis 2 ml etwa 0,1 n Kaliumhexacyanoferrat(III)-lösung versetzt und mit 0,1 n Ascorbinsäurelösung bis zum Farbumschlag von violett nach farblos titriert. Diese Operation wird so oft wiederholt, bis auf eine neue Zugabe von Hexacyanoferrat(III) keine erneute Violettfärbung mehr auftritt. Die Titrationsdauer soll zwischen 3 und 30 Minuten betragen. 5 bis 50 ml 0,1 m $Pb(NO_3)_2$-Lösung wurden nach diesem Verfahren mit Abweichungen vom Sollwert zwischen −0,1 und −0,4% titriert.

Das Verfahren wird durch sämtliche Oxydations- und Reduktionsmittel sowie durch alle Metallionen gestört, die schwerlösliche Hexacyanoferrate(II) bilden. Aus diesem Grund darf in der Analysenlösung auch keine zu hohe Hexacyanoferrat(III)-konzentration vorliegen, was zu der oben genannten Arbeitsweise zwingt.

b) **Ausführung mit elektrischer Indikation.**

Die Indikation wird potentiometrisch unter Verwendung einer Pt-Indikator- und einer gesättigten Kalomel-Bezugselektrode vorgenommen. Die Titration erfolgt in Gegenwart eines Hexacyanoferrat(III)-Überschusses mit 0,1 n Ascorbinsäure-Lösung bei $p_H = 3,5$. Die Potentiale stellen sich nur relativ langsam ein. Der Potentialsprung am Äquivalenzpunkt beträgt etwa 200 mV.

2. Titration des Bleianthranilats.

a) **Ausführung mit chemischer Indikation.**

Für die direkte Titration des Bleis mit Anthranilsäure unter Verwendung einer chemischen Indikation ist dem Referenten kein Beispiel bekanntgeworden. Die titrimetrischen Arbeitsweisen beschränken sich stets auf eine Titration des als Anthranilat gefällten und abfiltrierten Bleis oder des Fällungsmittelüberschusses.

Arbeitsvorschrift nach FUNK und RÖMER [317]. Pb wird, wie im Kapitel „Gravimetrische Bestimmungsverfahren" auf S. 114 beschrieben, als Anthranilat gefällt und isoliert. Der ausgewaschene Niederschlag wird in heißer 10%iger Ammoniumacetatlösung gelöst, die Lösung mit HCl angesäuert und nach Abkühlen mit 0,1 n $KBrO_3$-Lösung titriert. 1 Molekül des Pb-Salzes verbraucht dabei 8 Atome Brom. Über die Indikation werden von den Autoren keine Angaben gemacht. Die Titration von 25 mg Pb ist auf ±0,2 mg genau möglich.

HOLMES und CRIMMIN [318] titrieren die Anthranilsäure in der Lösung des Bleianthranilats in 2 n $HClO_4$ mit Hilfe von Ce^{4+}. Dazu werden zur Analysenlösung (höchstens 0,7 mg Anthranilsäure enthaltend) 25 ml einer 0,01 n $Ce(ClO_4)_4$-Lösung in 2 n $HClO_4$ zugesetzt. Das Gemisch wird 60 Min. auf 95 °C erwärmt und das überschüssige Ce^{4+} mit einer 0,01 n Lösung von $Na_2C_2O_4$ in 2 n $HClO_4$ gegen 5-Nitroferroin als Indikator zurücktitriert.

b) Ausführung mit elektrischer Indikation.

Unter Verwendung amperometrischer Indikation wird die direkte Pb-Fällungstitration mit Anthranilsäure von KOSTROMIN [319] beschrieben. Er führt sie bei p_H 3 bis 7 aus und verwendet eine Lösung von Natriumacetat und $NaNO_3$ als Grundlösung.

3. Titration des Blei-p-aminosalicylats.

Von VASYUTINSKII [320] wird eine titrimetrische Ausführung dieser bereits im Kapitel „Gravimetrie" (s. S. 113) beschriebenen Fällungsform angegeben. Die bleihaltige Lösung wird in einem Volumen von 15 bis 20 ml mit 20 bis 25 ml 0,3 m Natrium-p-aminosalicylatlösung gefällt. Der Niederschlag wird abfiltriert, 3 bis 4 mal mit Wasser gewaschen, in einen 100 ml-Meßkolben eingetragen, darin mit 20 bis 30 ml 2 n HCl gelöst und die Lösung mit Wasser zur Marke verdünnt. Davon werden 10 bis 20 ml in einen 250 ml-Erlenmeyerkolben abpipettiert, mit 50 ml 2 n HCl angesäuert und zum Sieden erhitzt. Nach Zugabe von 0,5 bis 1 g KBr und 2 ml 1%iger Indigocarminlösung wird mit 0,1 n $KBrO_3$-Lösung bis zum Farbumschlag nach grüngelb titriert. Ba, Sr und Ca stören nicht.

4. Titration mit Diäthyldithiocarbamidat.

Von WICKBOLD [321] wird die Pb-Titration mit Diäthyldithiocarbamidat (= Carbat) unter Verwendung von Dithizon als Indikator beschrieben. Das Verfahren ist sehr unspezifisch, da Hg, Ag, Cu, Ni und Co mittitriert werden. Ferner stören Bi, Cd, Tl und Zn, da sie mit dem Indikator reagieren. Die Methode wird deshalb in erster Linie für die Pb-Bestimmung in Weichmetallen vorgeschlagen, die außer Pb nur Sn und Sb enthalten, sowie für die Pb-Titration nach vorangegangener elektrolytischer PbO_2-Abscheidung, die in wäßriger Hydroxylammoniumchloridlösung wieder gelöst wird. Es werden für die verschiedenen Pb-Konzentrationen die folgenden Vorschriften gegeben:

für 50 bis 500 mg Pb Titration mit 0,1 n Carbat-Lösung,
für 5 bis 50 mg Pb Titration mit 0,01 n Carbat-Lösung und
für 0,1 bis 5 mg Pb Titration mit 0,001 n Carbat-Lösung.

Titration mit 0,1 n bis 0,01 n Lösung.

Arbeitsvorschrift. Die saure Pb-Lösung wird in einem 500 ml-Weithals-Titrierkolben mit 10 ml 10%iger Weinsäurelösung versetzt und auf ein Volumen von etwa 180 ml verdünnt. Dazu gibt man ein Stückchen Lackmuspapier und stellt mit Ammoniak oder Salzsäure auf dessen Farbumschlag nach rot ein. Nach Zugabe von 10 ml Pufferlösung (136 g Natriumacetat-3-hydrat + 26 g Eisessig zu 1 l mit Wasser gelöst) und 5 ml Indikatorlösung (5 mg Dithizon in 1 l Chloroform gelöst) wird unter kräftigem Umschwenken mit der Carbatmaßlösung titriert (50 bis 500 mg Pb mit 0,1 n Lösung, 5 bis 50 mg mit 0,01 n). Sobald sich die rotgefärbte Lösung umzufärben beginnt, wird die Titrationsgeschwindigkeit verlangsamt und das Reagens nur noch tropfenweise zugegeben. Der Titrationsendpunkt ist erreicht, sobald der Indikator eine reingrüne Farbe angenommen hat. Da der Umsatz zwischen zwei Phasen — Chloroform und Wasser — erfolgt, benötigt er eine starke Durchmischung der Lösung und eine Reaktionszeit von jeweils einigen Sekunden, bis sich das Gleichgewicht eingestellt hat. Auf diese Weise ist der Endpunkt auf 1 Tropfen genau zu ermitteln.

Titration mit 0,001 n Lösung.

Die Arbeitsweise für Pb-Mengen zwischen 0,1 und 5 mg Pb unterscheidet sich von derjenigen mit konzentrierteren Maßlösungen dadurch, daß hier nicht in einem Titrierkolben, sondern in einem 250 ml-Scheidetrichter titriert wird. Die Analysenlösung wird — wie vorn beschrieben — vorbereitet; jedoch werden nur 2 ml Indikatorlösung angewendet, aber noch 5 ml Chloroform zusätzlich zugegeben. Die Titration wird wie bereits angegeben ausgeführt; bei Annäherung an den Äquivalenzpunkt, was sich durch eine vorübergehende Grünfärbung der Mischung bemerkbar macht, wird tropfenweise weitertitriert und nach jedem Tropfen die Lösung im verschlossenen Scheidetrichter kräftig durchgeschüttelt. Es wird die Farbe der Chloroformphase beobachtet, die im Äquivalenzpunkt eine rein-grüne wird.

Der Titer der Maßlösung wird gegen eine Lösung von reinem Blei in der beschriebenen Weise eingestellt.

Die Titrationsgenauigkeit wird mit

$\pm$ 0,3% für 10 bis 500 mg Pb,
etwa 1 % für 1 mg Pb,
$+$ 6 % für 0,1 mg Pb   angegeben.

In einer neueren Arbeit verbessert WICKBOLD [322] seine Arbeitsweise insofern, als er die Störungen solcher Elemente, die schwerer lösliche Verbindungen mit dem Reagens bilden oder mit dem Dithizon reagieren, dadurch ausschaltet, daß er in alkalischer cyanidhaltiger Lösung arbeitet. Eine Indikation mit Dithizon ist unter diesen Bedingungen jedoch nicht mehr möglich. Er indiziert deshalb den Titrationsendpunkt dadurch, daß er Pb zunächst mit einem Reagensüberschuß fällt. Das Bleidiäthyldithiocarbamidat (= -carbat) wird dann mit Chloroform extrahiert, die organische Phase mit wäßriger $CuSO_4$-Lösung geschüttelt, wobei das Bleicarbat zersetzt und gelbbraunes Kupfercarbat gebildet wird.

Die nunmehr gelb bis braun gefärbte, organische Phase wird schließlich mit einer $HgCl_2$-Maßlösung unter ständigem Schütteln titriert, bis die Chloroformphase wieder farblos geworden ist, d. h. bis das Kupfercarbat zu dem stabileren Quecksilbercarbat zersetzt worden ist. Bei dieser Arbeitsweise stören lediglich noch Bi, Tl und Cd, die quantitativ miterfaßt werden. Die Genauigkeit des Verfahrens ist im Bereich von 0,2 bis 65 mg Pb auch neben einem bis zu 50-fachen Überschuß von Cu, Ni, Co, Mn, Zn, Fe^{3+}, Sb mit etwa $\pm 0,5\%$ anzusetzen. 0,2 bis 5 mg Pb werden dabei zweckmäßigerweise mit 0,001 n $HgCl_2$-Maßlösung titriert, Mengen bis 50 mg mit einer 0,01 n.

Arbeitsvorschrift. Die Untersuchungslösung soll möglichst ein Volumen unter 100 ml haben. Sie wird in einen 250 ml-Schütteltrichter gebracht, mit 25 ml 10%iger Weinsäurelösung versetzt und mit 10%iger Natronlauge gegen Phenolphthalein neutralisiert. Es werden weitere 5 ml NaOH zugegeben sowie 10 ml 20%iger KCN-Lösung und 10 ml etwa 0,1 n Carbatlösung. Die Lösung wird gut umgeschwenkt, wobei das Bleicarbat ausflockt. Nach etwa 5 bis 10 Minuten Wartezeit wird das Bleicarbat mit 3 Anteilen von je 25 ml und noch einmal mit 10 ml $CHCl_3$ extrahiert. Die Extrakte werden in einem zweiten Schütteltrichter vereinigt, mit 50 ml H_2O dest. und etwa 10 Tropfen 25%igem Ammoniak überschichtet und kräftig durchgeschüttelt. Die $CHCl_3$-Phase wird in einen dritten Schütteltrichter abgelassen, die wäßrige mit 10 ml $CHCl_3$ nachgeschüttelt und dies der anderen Menge hinzugegeben. Dazu werden dann 50 ml H_2O dest., 10 ml Pufferlösung p_H 5 und 5 ml 0,01 n $CuSO_4$-Lösung zugesetzt. Das ganze wird gut durchgeschüttelt, wobei sich die organische Phase gelb bis braun verfärbt. Man schließt, ohne die beiden Phasen voneinander zu trennen, die Titration an. Hierzu gibt man portionsweise $HgCl_2$-Maßlösung zu und schüttelt jedesmal kräftig durch. Sobald sich die Farbe der $CHCl_3$-Schicht aufhellt, titriert man tropfenweise weiter, bis sie völlig verschwunden ist. Die Titerstellung erfolgt gegen eine Lösung reinsten Bleis.

BOBTELSKY und RAFAILOFF [323] führen die Titration mit 0,001 bis 0,002 m Natriumdiäthyldithiocarbamidat-Lösung heterometrisch aus, wobei die optische Dichte der Lösung elektrisch gemessen wird. Der Endpunkt ist erreicht, wenn diese einen konstanten Wert angenommen hat. Die Auswertung erfolgt am zweckmäßigsten graphisch. Der Fehler wird mit $< 1\%$, die Titrationsdauer mit 8 bis 15 Min. angegeben. Die zu titrierende Pb-Lösung soll 0,02 bis 0,04 mg Pb je ml enthalten. Die Titration kann in mineralsaurer, essigsaurer, Natriumacetat, Ammoniumcitrat oder -tartrat enthaltender Lösung vorgenommen werden (20 ml Lösung mit 0,3 bis 0,7 mg Pb, enthaltend entweder 1 bis 3 ml m HNO_3 oder 0,5 ml konz. NH_4OH + 1 bis 10 ml m Natriumcitrat bzw. m Kaliumtartrat oder 1 bis 10 ml m Natriumacetat). Ca, Sr, Ba, Mg, Zn, Mn, Ni, Al, Sr, Cd, Cu, Sb, Hg und Ag stören auch im 100-fachen Überschuß nicht; lediglich Fe^{3+} und Co beeinträchtigen das Ergebnis.

5. Titration mit Diäthyldithiophosphat.

BUSEV und IVANIUTIN [324] bestimmen Pb fällungstitrimetrisch unter Verwendung von Nickeldiäthyldithiophosphat. Die ausfallende Pb-Verbindung ist unlöslich in verd. HNO_3 sowie in alkalischen und ammoniumacetatgepufferten Lösungen; ihr Löslichkeitsprodukt beträgt $7,6 \cdot 10^{-12}$. Die Erfassungsgrenze der Reaktion liegt bei 2 μg Pb bei einer Grenzverdünnung von 1:500000. Es stören u. a. Hg, Ag, Cu und Cd. Ohne Einfluß sind Ba, Sr, Ca, Mg, Zn, Fe und andere Elemente der „dritten" analytischen Gruppe. Die Titration wird amperometrisch an einer rotierenden Pt-Elektrode bei $+0,8$ V gegen die ges. Kalomelelektrode indiziert. Die Analysenlösung soll 5 bis 30 mg Pb in 0,1 bis 1 n HNO_3 enthalten; die Maßlösung ist 0,1 n. Die visuelle Indikation ist gleichfalls möglich. Der Endpunkt ist erreicht, sobald bei Zugabe eines Tropfens Titerlösung keine Fällung mehr auftritt.

Die mitgeteilten Analysenwerte zeigen Abweichungen von weniger als 1% vom Sollwert.

6. Titration mit Mercaptobenzthiazol.

Das bekannte gravimetrische Bestimmungsverfahren der Fällung des Bleis mit Mercaptobenzthiazol (s. S. 117) kann nach Arbeiten von ČIHALÍK und KUDRNOWSKÁ-PAVLÍKOVÁ [325] auch als direkte Fällungstitration ausgeführt werden, wenn dafür die amperometrische Indikation verwendet wird. Die Titration wird in acetatgepufferter Lösung bei p_H-Werten zwischen 3 und 7 ausgeführt. Kathode ist eine Hg-Tropfelektrode, Anode eine Kalomelelektrode; das Kathodenpotential wird auf $-0,5$V eingestellt. Grundelektrolyt ist eine 0,5 m KNO_3-Lösung. 2 bis 10 mg Pb lassen sich in 20 ml Lösung mit einer 0,05 bis 0,1 m Lösung von Mercaptobenzthiazol in 96%igem Äthanol mit einer Genauigkeit von $\pm 0,5\%$, bestimmen. Ag, Hg, Bi, Cu, Cd, As, Fe, Sb, Al, Cr, Ni, Co, Mn, Ca, Sr, Ba sowie die Alkalien stören nicht.

Die Titration kann auch in alkalischer Lösung — Pb in überschüssigem KOH gelöst — unter Verwendung von 0,5 m KNO_3-Lösung als Leitsalz bei einem Kathodenpotential von $-0,9$ V ausgeführt werden. Die Genauigkeit beträgt dabei etwa $\pm 1\%$. 1 ml 0,05 m Mercaptobenzthiazollösung = 5,1328 mg Pb. Interessant ist, daß bei dieser Arbeitsweise das von SPACU und KURAS bei der gravimetrischen Ausführung der Bestimmung aus alkalischer Lösung erhaltene basische Salz nicht beobachtet wurde.

7. Titration mit Mercaptophenylthiothiadiazolon.

Das Verfahren wird von ČIHALÍK und VORÁČEK [326] beschrieben. Als Maßlösung wird eine 0,05 m Mercaptophenylthiothiadiazolon (= Bismuton)-Lösung verwendet, deren Faktor am besten durch Titration mit 0,05 m $AgNO_3$-Lösung unter Verwendung potentiometrischer Indikation bestimmt wird. Dazu werden 0,5 bis 5 ml Bismutonlösung in einem Volumen von höchstens 20 ml titriert. Indikatorelektrode ist eine Ag-Elektrode, Bezugselektrode eine gesättigte Quecksilber(I)-sulfat-

Elektrode. Die Potentialeinstellung wird durch Äthanolzusatz, so daß die Lösung daran 40 bis 50%ig ist, verbessert. Der mittlere Fehler der Titerstellung beträgt ±0,3%.

Arbeitsvorschrift. Das Blei wird in 15 bis 30 ml Lösung unter Zusatz von KNO_3 (3 ml m Lösung) als Leitsalz und 0,5 bis 1 ml 0,5%iger Gelatinelösung an Luft unter Verwendung amperometrischer Indikation an einer Hg-Tropfelektrode titriert. Das Kathodenpotential wird mit 0,8 V gegen die gesättigte Quecksilber(I)-sulfat-Elektrode gewählt. Während der Titration wird intensiv gerührt; die Ablesung erfolgt jeweils 30 sec nach dem Abschalten des Rührers. Der optimale p_H-Bereich liegt zwischen 5 und 7. 10 mg Pb können mit einem mittleren Fehler von ± 0,5% bestimmt werden. Der Niederschlag enthält auf 1 g-Atom Pb 2 Mole Bismuton. Ag, Hg(I) und Hg(II) werden von dem Reagens gleichfalls gefällt.

8. Titration mit Oxalatlösung

Allgemeines. Die Fällbarkeit des Bleis als schwerlösliches Oxalat ist schon sehr früh zur Grundlage eines titrimetrischen Bestimmungsverfahrens gemacht worden. Zunächst wurde in ähnlicher Weise wie bei der Ca-Bestimmung verfahren, d. h. Pb wurde gefällt und entweder das gebundene $C_2O_4^{2-}$ oder das für die Fällung im Überschuß zugesetzte permanganometrisch bestimmt. In jüngerer Zeit, nachdem dafür geeignete Indikatoren gefunden worden waren, sind jedoch auch einige Vorschläge für eine direkte Ausführung als Fällungstitration gemacht worden.

a) mit chemischer Indikation.

α) *Indirekte Titration.* Das Verfahren geht auf HEMPEL zurück und wird von LOW [327] wie folgt beschrieben: Die das Pb enthaltende, salpetersaure Lösung wird gegen Phenolphthalein mit Natronlauge neutralisiert und mit einem geringen Überschuß davon versetzt. Das Pb wird mit einer kaltgesättigten Oxalsäurelösung gefällt; die Lösung wird erwärmt und der Niederschlag nach Abkühlen auf Zimmertemperatur abfiltriert. Er wird mit kaltem Wasser ausgewaschen, in verd. H_2SO_4 gelöst und das gebundene Oxalat mit etwa 0,1 n $KMnO_4$-Lösung titriert.

Von CUSHMAN und HAYES-CAMPBELL [328] werden nach dieser Arbeitsweise zu niedrige, zudem stark streuende Resultate erhalten; sie bezeichnen deshalb das Verfahren als solches als für die Pb-Titration ungeeignet.

LONGI und BONAVIA [329] hingegen kommen zu brauchbaren Ergebnissen, wenn die Fällung mit einem großen Oxalsäureüberschuß in Gegenwart von Alkohol vorgenommen und der Niederschlag mit verdünntem Alkohol ausgewaschen wird.

LOW [330] unterstreicht in einer späteren Arbeit erneut die gute Brauchbarkeit seines Verfahrens — er nennt eine Genauigkeit von ± 0,1%. Er fällt dabei zunächst das Blei als $PbSO_4$, löst es in Natriumacetatlösung, fällt es daraus wieder als $PbCrO_4$ aus, setzt dieses mit einer 1:3 mit Wasser verdünnten, kaltgesättigten Oxalsäurelösung (25 bis 40 ml) um und reduziert durch Äthanolzugabe das CrO_4^{2-} zum Cr^{3+}. Der PbC_2O_4-Niederschlag wird abfiltriert, in verd. H_2SO_4 (5 ml konz. in 125 ml H_2O) gelöst und mit $KMnO_4$-Lösung titriert.

Zu ähnlichen, guten Resultaten gelangt WARD [331]. Er weist nach, daß quantitative Fällungen nur in essigsaurer Lösung erhalten werden und daß Oxalsäure sich als Reagens wesentlich besser eignet als Ammoniumoxalat. Er erhält bei der Fällung von 50 bis 100 mg Pb mit 2 bis 4 g Oxalsäure in einem Volumen von 50 bis 100 ml Unterwerte von etwa 1 mg, in Gegenwart von 25 bis 50 ml Eisessig jedoch richtige oder minimal zu hohe Ergebnisse. Die zu Unterwerten führenden Einflüsse von Ammoniumacetat und Kaliumacetat können ebenfalls durch Eisessig ausgeschaltet werden; ähnliches gilt für die beim Fällen mit Ammoniumoxalat (4 bis 8 g) vorliegenden Verhältnisse.

β) *Direkte Titration.* αα) v. ZOMBORY und POLLÁK [332] machen einen ersten Vorschlag für die direkte Ausführung der Bleioxalat-Fällungstitration. Nach ihren

Beobachtungen zeigt Chlorphenolrot in neutraler Bleinitratlösung eine gelbe Farbe, in Natriumoxalatlösung hingegen eine rote. Titriert man also Pb in neutraler, etwa 0,1 n Lösung mit einer Lösung von 0,1 n Natriumoxalat in Gegenwart des genannten Indikators (5 bis 10 Tropfen einer 0,5%igen Lösung in 20%igem Äthanol), so wird der Titrationsendpunkt, d. h. der Punkt der quantitativen Pb-Fällung, durch einen Farbumschlag von gelb nach rot indiziert. Das ausfallende Bleioxalat adsorbiert keinen Farbstoff. Aus den Belegzahlen errechnet sich eine mittlere Genauigkit von +0,4% bei der Titration von 10 ml 0,1 n Pb-Lösung.

$\beta\beta$) KOCSIS, KALLÓS, ZÁDOR und MOLNÁR [333] haben die Eignung von Lumineszenz-Indikatoren für die Bleioxalat-Titration untersucht und festgestellt, daß Umbelliferron (2 bis 5 Tropfen 0,2%ige wäßrige Lösung) und β-Methylumbelliferron (2 bis 5 Tropfen 0,2%ige Lösung in 50%igem Methanol), die in Bleinitratlösungen farblos sind, am Äquivalenzpunkt, scharf erkennbar, eine blaue Lumineszenz geben. Weniger gut brauchbar ist das Erythrosin. Die Titration wird im Dunkeln bei Zimmertemperatur unter Verwendung von auffallendem UV-Licht mit 0,2 n Lösungen ausgeführt. Über die auf diesem Weg erreichbare Genauigkeit werden leider keine Angaben gemacht.

Von MAYR und FISCH [334] ist die direkte Pb-Titration mit Oxalat unter Verwendung thermometrischer Indikation versucht worden. Ihre Arbeitsweise beruht auf der Messung der Temperaturänderung der Analysenlösung im Verlauf der Titration mit Hilfe eines empfindlichen BECKMANN-Thermometers. Die Titration wird in einem Dewargefäß unter konstanter Rührung vorgenommen; sie wird in Volumenschritten von 1 ml ausgeführt, wobei jeweils die Temperaturänderung, die nach etwa $^3/_4$ Minuten ihr Maximum erreicht hat, gemessen wird. Beträgt die Temperaturänderung bei dieser Arbeitsweise etwa 0,04 bis 0,06 °C, so werden im Hinblick auf eine höhere Genauigkeit Volumenschritte von 0,5 ml empfohlen. Die Titerlösung soll dabei 0,2 bis 0,5 n sein. Die Titration wird graphisch ausgewertet dadurch, daß die Temperaturwerte als Funktion der Volumenwerte aufgetragen werden. Der Äquivalenzpunkt der Titration wird durch einen Knick in der Temperatur-Volumenkurve indiziert. Für die Titration des Bleis hat sich das Arbeiten mit 0,2 n Oxalsäure als Titerlösung in Gegenwart von Natriumacetat (20 ml 2%ige Lösung) in der Analysenlösung bewährt. Die Analysenfehler werden mit 0,5% angegeben.

b) elektrische Indikation.

USATENKO und VITKINA [335] benutzen die Oxydierbarkeit des Oxalations an einer Pt-Elektrode zur *amperometrischen Indikation* der direkten Pb-Fällungstitration mit Oxalatlösung. In 0,1 n KNO_3-Lösung als Grundlösung ist das Oxalation polarographisch in zwei Stufen oxydierbar. Der Grenzstrom der ersten Stufe wird bei +0,4 bis 0,5 V, derjenige der zweiten bei Potentialen zwischen +0,85 und 1,1 V erhalten. Das zweite Plateau ist das schärfere; es wird deshalb für die Bestimmung herangezogen (Anodenpotential zwischen +0,9 und 1,0 V). Der p_H-Wert der Lösung muß zwischen 3,6 und 7,4 liegen, weil nur in diesem Bereich die Oxydation des Oxalations glatt und eindeutig verläuft. Als Titerlösung wird eine Ammoniumoxalatlösung verwendet. Die Titration führt bei Pb-Mengen zwischen 5 und 50 mg je 50 ml Lösung bei $p_H = 3,6$ zu befriedigenden Ergebnissen. Der relative Fehler wird mit 5% genannt.

KOLTHOFF und PAN [336] titrieren unter O_2-Ausschluß mit amperometrischer Indikation unter Verwertung der kathodischen Pb-Stufe bei Potentialen der Hg-Tropfelektrode zwischen −1,2 und −1,4 V. Als Maximumunterdrücker wird 1 Tropfen einer 0,1%igen Methylrotlösung verwendet. Die Lösungen sind 0,01 m an $Pb(NO_3)_2$ und 0,1 m an KNO_3 bzw. um den Faktor 10 verdünnter. Die Titration der 0,01 m Pb-Lösungen ergibt auf 0,2% genaue Werte, die von 0,001 m Lösungen etwa auf 0,5% genaue.

KOLTHOFF [337] titriert unter Verwendung *konduktometrischer Indikation*. Als Maßlösung bedient er sich einer Lithiumoxalatlösung. Die Leitfähigkeit nimmt bei der Titration zunächst etwas ab, bis etwa die Hälfte des Bleis gefällt ist, ändert sich dann bis zum Äquivalenzpunkt praktisch nicht mehr und nimmt nach dessen Überschreiten steil zu. Sie ist unmittelbar nach jedem Reagenszusatz konstant. Bei der Titration von 25 ml 0,05 m Bleinitratlösung mit einer 0,5 m $Li_2C_2O_4$-Lösung wird ein Verbrauch von 2,50 bzw. 2,49 ml erhalten.

9. Titration des Blei-8-oxychinolats.

Nach BERG [338] kann Pb über seine 8-Oxychinolin-Verbindung auch titrimetrisch bestimmt werden. ***Arbeitsvorschrift:***

Es wird dazu, wie im Kapitel „Gravimetrie" ausführlich beschrieben (s. S. 115), gefällt. Der Niederschlag wird über einen Glasfiltertiegel (G 3 bis G 5) abfiltriert und mit wenig Wasser gewaschen, bis die ablaufende Flüssigkeit völlig farblos ist. Der Filtertiegel wird in das Fällungsgefäß zurückgegeben und der Niederschlag in 10 bis 15 ml heißer 4 n HCl gelöst. Der Tiegel wird entfernt und mit heißem Wasser durchgesaugt. Die Oxinlösung wird auf Zimmertemperatur abgekühlt und mit 0,1 n BrO_3^--Br^--Lösung im Überschuß versetzt (schwacher Brom-Geruch). Das freie Brom wird unmittelbar danach durch Zusatz von festem KJ im Überschuß reduziert und das dabei gebildete Jod mit 0,1 n $S_2O_3^{2-}$-Lösung gegen Stärke als Indikator titriert.

Für die Titration des in Freiheit gesetzten Oxins sind noch eine Reihe weiterer Titrationsvorschriften gegeben worden, die hier jedoch nur der Vollständigkeit wegen angeführt werden sollen.

KOLTHOFF [339] bevorzugt die direkte Titration des Oxins mit Bromatlösung gegen Methylrot als Indikator (1 bis 2 Tropfen 0,2%ige Lösung) bis zum Farbumschlag nach gelb. Die Titration muß langsam erfolgen.

KAMPF [340] erhält bei der Titration gegen Methylrot brauchbare Resultate nur dann, wenn die HCl-Konzentration größer als 15% ist und wenn in der Nähe des Endpunktes, falls sich die Indikatorfarbe nach orange ändert, stets 2 Tropfen frischer Indikator zugesetzt werden und die Titration langsam zu Ende geführt wird. Eine Indikatorkorrektur ist dabei unerläßlich.

FLECK, GREENANE und WARD [341] erhalten bei der KOLTHOFFschen Arbeitsweise inkorrekte Resultate, wenn Dibromoxychinolin ausfällt. Sie versetzen deshalb die Analysenlösung mit Bromat im Überschuß und geben nach etwa 5 Minuten 15 ml CS_2 zu. Danach setzen sie 10 ml 10%ige KJ-Lösung zu und titrieren das Jod wie BERG mit $S_2O_3^{2-}$ gegen Stärke zurück. In der wäßrigen Phase wird am Endpunkt ein scharfer Farbumschlag nach gelbgrün erhalten.

POETHKE [342] gibt der Verwendung von As^{3+}-Lösung für die Rücktitration den Vorzug, wobei p-Äthoxychrysoidin oder Brillantcarmoisin als Indikator verwendet wird. Er löst das Metalloxinat in 12,5%iger HCl und verdünnt nach erfolgtem Lösen mit Wasser auf eine HCl-Konzentration von 5%. Nach Zugabe von 0,5 bis 1 g KBr und 1 bis 2 Tropfen Methylrotlösung wird mit Bromatlösung im Überschuß (1 bis 2 ml) versetzt (Ausbleichen des Indikators). Dann wird ein Überschuß As^{3+}-Lösung zugesetzt, der schließlich mit Bromatlösung gegen einen der oben genannten Indikatoren (1 bis 4 Tropfen 0,1%ige Lösung) zurücktitriert wird. Die Titration liefert auch noch bei Verwendung von 0,01 n Bromatlösung zufriedenstellende Ergebnisse.

10. Titration mit Palmitatlösung.

Einer Anregung von KOLTHOFF [343] folgend, entwickeln MÜLLER und FRICKE [344] in Anlehnung an die bekannte Erdalkalititration ein Verfahren für die Titration des Bleis mit Palmitatlösung. Die Titrationslösung wird wie folgt *bereitet*: 500 ml

0,1 n Lösung von Palmitinsäure in n-Propanol (70%ig) werden mit 50 ml n NaOH in Äthanol (96%ig) vermischt und mit 70%igem n-Propanol zu 1 Liter verdünnt.

Für die Bleititration werden zwei **Arbeitsvorschriften** angegeben. a) Eine Pb-Lösung, entsprechend 5 ml 0,05 n $PbCl_2$ in etwa 50 ml, wird mit 2 Tropfen einer 0,2%igen äthanolischen Lösung von Methylgelb sowie 5 Tropfen einer 0,2%igen wäßrigen α-Naphtholorange-Lösung versetzt. Danach wird mit 0,05 n Natriumpalmitatlösung titriert, bis die Farbe der Lösung von hellorange nach rosarot umschlägt, wobei der Niederschlag eine gelbe Farbe annimmt.

b) Die wie unter a) angegeben zusammengesetzte Pb-Lösung wird mit 1 Tropfen einer 0,2%igen wäßrigen Methylrotnatriumlösung versetzt, mit 0,1 n HCl bis zum Umschlag von orange nach rot angesäuert und titriert, bis die Farbe der Lösung von rot nach orange umschlägt, was am zweckmäßigsten erst nach Absitzen des Niederschlags beurteilt wird.

Die mitgeteilten, nach beiden Verfahren erhaltenen Resultate besitzen eine hohe Genauigkeit. In Gegenwart von Neutralsalzen wird der Umschlag unscharf; es werden dann Überwerte erhalten.

11. Titration des Bleithionalids.

Nach BERG [345] ist die titrimetrische Bestimmung des Bleis über seine Thionalid-Verbindung möglich.

Arbeitsvorschrift. Die Fällung wird im wesentlichen, wie im Kapitel „Gravimetrie" (s. S. 115) beschrieben, ausgeführt, der Niederschlag jedoch über ein mit heißem Wasser befeuchtetes Papierfilter filtriert. Den gewaschenen Niederschlag gibt man samt Filter in das zur Fällung verwendete Gefäß zurück, schlämmt mit 50 ml Eisessig und 4 bis 5 ml 5 n H_2SO_4 auf und gibt 0,1 g KJ sowie 10 ml einer etwa n KCNS-Lösung zu. Man versetzt darauf mit einem Überschuß 0,02 n Jodlösung, verdünnt mit Wasser und titriert den Jodüberschuß mit 0,02 n $S_2O_3^{2-}$-Lösung gegen Stärke als Indikator zurück (1 ml 0,02 n Jodlösung = 2,07 mg Pb).

Grundlage des Verfahrens ist die leichte Oxydierbarkeit des Thionalids zum Dithionalid durch Jod:

$$2\ C_{10}H_7NHCOCH_2SH + J_2 \rightarrow (C_{10}H_7NHCOCH_2S)_2 + 2\ HJ.$$

Statt der 0,02 n Jodlösung kann auch eine 0,02 n KJO_3-Lösung Verwendung finden.

Nach BERG kann die Titration auch direkt nach der Filtrationsmethode von BUCHERER [346] erfolgen. Als Reagens wird dabei eine 1%ige Thionalidlösung in Eisessig verwendet, die empirisch gegen eine Pb-Lösung gestellt wird. Man läßt die Reagenslösung in die auf 80 bis 90 °C erwärmte mineralsaure Pb-Lösung so lange zufließen, bis in einer abfiltrierten Probe auf weiteren Zusatz eines Tropfens Titerlösung keine Trübung mehr wahrnehmbar ist.

Von CIMERMAN und ARIEL [347] wird ein titrimetrisches Verfahren für die Pb-Bestimmung auf der gleichen Basis im Mikromaßstab beschrieben, das hier ausführlicher wiedergegeben werden soll, weil es in einigen Punkten von der Makromethode abweicht.

Arbeitsvorschrift. Zu der schwach sauren Lösung von $Pb(NO_3)_2$ (1 bis 10 mg Pb in 1 bis 5 ml Lösung) in einem 10 bis 20 ml Pyrex-Becherglas werden 50 mg Kaliumnatriumtartrat zugesetzt und nach dessen Lösung 1 Tropfen Phenolphthaleinlösung (1%ige äthanolische Lösung) sowie zur Neutralisation 1 bis 2 Tropfen konz. NH_3. Nach Zugabe von 100 mg KCN wird das Volumen der Flüssigkeit mit 2 n Na_2CO_3-Lösung verdoppelt. Das Blei wird durch tropfenweise Zugabe einer frisch bereiteten Lösung von 40 bis 50 mg Thionalid in 1 bis 2 ml Aceton unter ständigem Rühren gefällt. Die Lösung wird danach zum Sieden gebracht und die Flüssigkeit unmittelbar darauf mit einem Filterstäbchen abgesaugt. Gewaschen wird 2 mal mit 2 ml Aceton-Wasser-Gemisch (1 + 1), 3 mal mit 1 ml und schließlich noch 2 mal mit 2 ml Wasser. Der Niederschlag wird dann mit 4 bis 6 ml Säure-Gemisch (Eisessig + 2 n H_2SO_4 im Verhältnis 3:1) zersetzt und die so erhaltene Thionalidlösung mit Hilfe des gleichen Filterstäbchens in einem 50 ml-Erlenmeyerkolben gesaugt. Nachgewaschen wird 1 mal mit 2 ml und 3 mal mit 1 ml Säure-Gemisch. Durch die Lösung wird nun ein schwacher CO_2-Strom geleitet und nach Zugabe von 20 mg KJ mit einer 0,01 n (für 1 bis 5 mg Pb) oder 0,02 n (für 5 bis 10 mg Pb) KJO_3-KJ-Lösung titriert, bis die Lösung durch freies Jod schwach gelb gefärbt ist. Sie wird dann mit etwa dem Doppelten ihres Volumens an bidestilliertem Wasser verdünnt. Nach Zugabe von 1 ml 1%iger Stärkelösung wird das Jod mit 0,01 n Thiosulfatlösung bis zum Verschwinden der blauen Farbe titriert. (1 ml 0,01 n $JO_3^--J^-$-Lösung = 1,036 mg Pb). Das Verfahren liefert sehr genaue Ergebnisse; die Abweichung von den Sollwerten liegt im Mittel bei −0,3%.

12. Titration mit Citratlösung.

BOBTELSKY und GRAUS [348] beschreiben ein Pb-Mikrotitrationsverfahren mit Citratlösung unter Verwendung heterometrischer Indikation (= photometrische Indikation mit Hilfe von Trübungsmessungen). Es können damit 0,1 bis 1 mg Pb/ml Analysenlösung, die 50%ig an Äthanol ist, mit Fehlern von höchstens 1% bestimmt werden.

Arbeitsvorschrift. Zu 5 ml 0,005 bis 0,02 m neutraler wäßriger Bleinitrat-Lösung werden 5 ml Äthanol zugegeben. Titriert wird mit einer 50%ig äthanolischen 0,01 bis 0,02 m Lösung von Trinatriumcitrat unter ständigem Rühren. Im Verlauf der Titration nimmt die optische Dichte, die in einer Schichtdicke von 1 cm gemessen wird, geradlinig zu, erreicht am Äquivalenzpunkt ein Maximum und nimmt nach dessen Überschreiten wieder geringfügig geradlinig ab. Der Äquivalenzpunkt wird aus dem Schnittpunkt der beiden Geraden ermittelt. Die Titration ist auch in rein wäßriger Lösung möglich; jedoch werden dabei gekrümmte optische Dichte-Volumenkurven mit einem flachen Maximum am Äquivalenzpunkt erhalten, die nur mit stark verminderter Genauigkeit ausgewertet werden können (1 bis 13,5%).

B. Redoxtitrationen.

Allgemeines. Die Oxydierbarkeit des Bleis zu höheren Oxiden in neutraler oder alkalischer Lösung ist schon früh zur Grundlage von titrimetrischen Pb-Bestimmungsverfahren auszubauen versucht worden. Es hat sich jedoch gezeigt, daß es sehr schwierig ist, zu formelreinem PbO_2 zu gelangen, weshalb meist empirische Faktoren Anwendung finden. Die zweite mit diesem Verfahren verbundene Schwierigkeit ist diejenige der Indikation. Die rein chemische Indikation hat sich deshalb vorwiegend auf die indirekte Ausführung der Titration beschränkt, wofür allerdings eine ganze Reihe von Varianten in Vorschlag gebracht wurden, die direkte hat durch die Anwendung elektrischer Verfahren neue Impulse erfahren.

I. Ausführung mit chemischer Indikation.

1. Direkte Titration.

HASWELL [349] gibt für die Titration die folgende
Arbeitsvorschrift. Die bleihaltige Lösung wird mit in Wasser aufgeschlämmtem ZnO versetzt und in der Kälte mit Permanganatlösung bekannten Gehalts titriert, bis die über dem Niederschlag stehende Lösung schwachrosa angefärbt ist. Die

Lösung wird erwärmt, wobei die Farbe infolge Fällung von noch vorhandenen Pb-Resten wieder verschwindet, und die Titration bis zum Bestehenbleiben der MnO_4^--Farbe weitergeführt.

Kleine Pb-Mengen sollen in Gegenwart von ZnO nur unvollständig fällbar sein, vollständig hingegen in KOH-Lösung. Nach Ansicht des Autors soll die Genauigkeit des Verfahrens gut sein; es werde nicht gestört durch Alkalien, Erdalkalien, Al, Cr, Zn, Fe^{3+}. Mn, Co, Ni, Fe^{2+}, Bi und Cu hingegen müssen abwesend sein.

LONGI und BONAVIA [350] prüfen das Verfahren nach, erhalten dabei jedoch völlig unbefriedigende Resultate.

BOLLENBACH [351] greift auf die Arbeitsweise von HASWELL, die sich nicht hatte einführen können, zurück und stellt fest, daß es zweckmäßiger ist, in alkalischer Lösung zu arbeiten. Die Resultate hängen aber dabei stark von der NaOH-Konzentration ab. Wird nur so viel NaOH angewendet, daß sich Pb darin gerade löst, führt die Titration mit MnO_4^- zu reproduzierbaren und am Auftreten der violetten MnO_4^--Farbe scharf erkennbaren Resultaten. Wird die NaOH-Konzentration zu hoch gewählt, so wird eine grüne Farbe am Endpunkt erhalten (MnO_4^{2-}); die Titrationsergebnisse schwanken aber sehr. Jedoch hat sich auch die erstgenannte Arbeitsweise als unbefriedigend erwiesen, weil die Titration einer doppelt so großen Pb-Menge nicht zu einem doppelt so hohen MnO_4^--Verbrauch führt.

Bessere Ergebnisse werden erhalten, wenn man in umgekehrter Weise verfährt und die zu untersuchende Pb-Lösung in eine heiße alkalische MnO_4^--Lösung einlaufen läßt. Die dabei erhaltenen MnO_4^--Verbrauche liegen etwa um 10% höher als die auf dem anderen Wege erzielbaren (als Grund für diese Unterwerte wird die Fällung eines Teils des Bleis als Manganit angesehen). Das ausgefällte PbO_2 setzt sich rasch ab, vor allem, wenn einige Gramm $BaSO_4$ in die Lösung eingeführt werden.

Arbeitsvorschrift. Die zu analysierende Pb-Lösung wird in einem 250 ml-Meßkolben mit so viel NaOH versetzt, daß sich das zunächst ausgefallene $Pb(OH)_2$ darin löst. Die Lösung wird zur Marke aufgefüllt. Einen aliquoten Teil davon läßt man in 300 bis 400 ml heiße MnO_4^--Lösung in 2 n NaOH unter kräftigem Schütteln einlaufen. (Die MnO_4^--Lösung muß im Überschuß vorliegen.) Das ausgefallene PbO_2 wird abfiltriert und der MnO_4^--Überschuß mit 0,1 n $Pb(NO_3)_2$-Lösung bis zum Verschwinden der MnO_4^--Farbe titriert. (Es kann auch so verfahren werden, daß das ausgefällte PbO_2 über Asbest abfiltriert und der MnO_4^--Überschuß im Filtrat jodometrisch zurücktitriert wird.) Der Wirkungsfaktor der MnO_4^--Lösung wird gegen eine Pb-Lösung bekannten Gehalts eingestellt. 1 Mol $KMnO_4$ entspricht — in guter Übereinstimmung mit der angegebenen Reaktionsgleichung:

$$2\ MnO_4^- + 6\ Pb^{2+} + 10\ OH^- \rightarrow 2\ MnO_2 + 3\ Pb_2O_3 + 5\ H_2O$$

2,999 Molen $Pb(NO_3)_2$. Die Genauigkeit der ausgewiesenen Beleganalysen liegt zwischen —0,5 und +0,8%. Cl^-, Br^-, SO_4^{2-} stören nicht, wohl aber J^-, da es von MnO_4^- unter den vorliegenden Bedingungen zum JO_3^- oxydiert wird.

2. Indirekte Titration.

SCHLOSSBERG [352] bestimmt das Blei nach Ausfällung mit KOH und Brom als PbO_2 in saurer Lösung durch Umsetzung mit überschüssigem verd. H_2O_2, das mit MnO_4^--Lösung zurücktitriert wird. Seine

Arbeitsvorschrift. Die Pb-Lösung wird mit KOH alkalisch gemacht, mit der erforderlichen Menge Bromwasser versetzt und ½ Stunde im Sieden gehalten. Der Niederschlag wird, nachdem er sich abgesetzt hat, abfiltriert und so lange mit heißem Wasser gewaschen, bis das Waschwasser mit Silbernitratlösung keine Trübung mehr ergibt. Das PbO_2 wird vom Filter in ein Becherglas gespült, mit verd. HNO_3 sauer gemacht und mit überschüssigem verd. H_2O_2 reduziert. Der H_2O_2-Überschuß wird mit $KMnO_4$-Lösung titriert. Bei der Bestimmung von etwa 300 mg

Pb werden im Mittel Überwerte von 0,2% erhalten. Cu stört nicht. In Gegenwart anderer Elemente, wie Fe und Mn, wird die Abtrennung des Bleis als $PbSO_4$ empfohlen, das in HCl gelöst und dann wie beschrieben weiterbehandelt wird.

RUPP [353] kommt bei seinen Untersuchungen über die Fällbarkeit von höheren Pb-Oxiden zu dem Ergebnis, daß nur bei der Fällung mit Brom aus essigsaurer Lösung Niederschläge konstanter Zusammensetzung erhalten werden, die nach jodometrischer Titration aber auch nur zu 90 bis 91% aus PbO_2 bestehen und denen deshalb eine Formel $9\ PbO_2 \cdot PbO$ zugeordnet wird. Der praktische Wert dieses Verfahrens wird aber als nur gering angesehen, weil das Blei nur aus völlig chloridfreien Lösungen auf diesem Wege quantitativ fällbar sein soll.

LINDEMANN und MOTTEU [354] führen das Blei durch Oxydation mit Chlorkalklösung bei 60 bis 70 °C in sein höheres Oxid über, das dann in Gegenwart von KJ mit Salzsäure zersetzt wird. Das dabei freigewordene Jod wird mit Thiosulfatlösung titriert.

WALTERS und AFFELDER [355] bedienen sich für die Fällung der Oxydation mit $(NH_4)_2S_2O_8$ in stark ammoniakalischer Lösung und titrieren das abgetrennte PbO_2 nach Umsetzung mit KJ mit 0,05 n Thiosulfat. Ihre Vorschrift bezieht sich auf die Analyse von Cu-Legierungen.

Arbeitsvorschrift. 1 g Legierung wird mit 10 ml HNO_3 konz. in der Wärme zersetzt. Nach Verdünnen mit 40 ml heißem Wasser und 5-minütigem Kochen wird ausgeschiedenes SnO_2 abfiltriert, das Filtrat mit 25 ml konz. Ammoniak versetzt und zum Sieden erhitzt. Nach Zugabe von 5 g $(NH_4)_2S_2O_8$ wird Pb im Verlauf von 5 bis 10 Minuten gefällt; nach Ansäuern mit H_2SO_4 wird das PbO_2 abfiltriert; Filter samt Niederschlag werden in das Fällungsgefäß zurückgegeben. Nach Zugabe von 600 bis 700 ml H_2O und 3 g KJ sowie Stärkelösung wird mit 10 ml HCl (1 + 1) (etwa 6 m) angesäuert und unter gutem Rühren mit 0,05 n $S_2O_3^{2-}$-Lösung bis zum Farbumschlag von schmutzig-dunkelgelb nach citronengelb titriert. Es kann dabei auch so verfahren werden, daß zunächst $S_2O_3^{2-}$ im Überschuß zugesetzt wird, der sofort mit 0,05 n Jodlösung bis zum Farbumschlag von hellgelb (PbJ_2-Aufschlämmung) nach schmutziggelb (J_2-Stärke-Farbe + PbJ_2) titriert wird. Das Verfahren wird als Schnellverfahren bezeichnet; als Störkomponente wird Mn genannt. Die Beleganalysen zeigen im Bereich von 2 bis 90% Pb eine ausgezeichnete Übereinstimmung der nach diesen Verfahren titrimetrisch ermittelten Resultate mit den über $PbSO_4$ gravimetrisch erhaltenen.

ERICSON [356] konstatiert bei der Nachprüfung eine Unsicherheit in der Erkennbarkeit des Endpunktes und eine Tendenz zu Unterwerten. Er unterstreicht jedoch die grundsätzliche Brauchbarkeit des Verfahrens, hält es aber für zweckmäßiger, PbO_2 mit H_2O_2 (eine Lösung von 15 ml H_2O_2, 30%ig, und 50 ml HNO_3, konz., im Liter) zu zersetzen und dessen Überschuß mit MnO_4^- zu titrieren. Diese Lösung enthält 1,132 g $KMnO_4/l$; 1 ml entspricht 2,00 mg Fe bzw. empirisch 3,48 mg Pb.

Wieder bezogen auf Cu-Legierungen — lautet seine

Arbeitsvorschrift. 1 g Material wird mit 15 ml HNO_3 (2 + 1) (etwa 9 m) gelöst und die Lösung auf etwa 6 ml eingedampft. Danach wird mit 100 ml Wasser verdünnt, nochmals aufgekocht und ausgeschiedenes SnO_2 sich absetzen lassen. SnO_2 wird dann abfiltriert, das Filtrat mit 25 ml konz. Ammoniak sowie mit 3 bis 4 g festem $(NH_4)_2S_2O_8$ in kleinen Anteilen versetzt und 5 Minuten im Sieden gehalten. Nach Absitzen des PbO_2 wird es über ein mit Filterschleim gedichtetes Filterpapier abfiltriert. Gewaschen wird zunächst mit Ammoniak (1 + 5) (etwa 3 m) und nach Verschwinden der Cu-Farbe 4 bis 5 mal mit heißem Wasser. Filter samt Niederschlag werden in das Fällungsgefäß zurückgegeben und mit 25 ml H_2O_2-Lösung versetzt. Wenn praktisch alles PbO_2 gelöst ist (Filter mit Hilfe eines Glasstabes zerfasern), werden 20 ml HNO_3 (2 + 1) (etwa 9 m) und 150 ml H_2O zugesetzt. Wenn alle dunklen

Partikel gelöst sind, wird mit der MnO_4^--Lösung der vorn angegebenen Stärke bis zum Bestehenbleiben einer schwachvioletten Farbe titriert. In den Belegzahlen wird eine Richtigkeit des Verfahrens von 99,8% ausgewiesen.

EKWALL [357] greift die älteren Untersuchungen von RUPP auf, der u. a. festgestellt hatte, daß die Oxydation des Bleis in alkalischer Lösung mit $(NH_4)_2S_2O_8$ nur zu 59 bis 91% zu PbO_2 führt und daß auch die Oxydation mit NaOCl nur eine höchstens 85%ige PbO_2-Ausbeute erbringt. Abweichend von diesen Befunden erhält er bei der Oxydation von 150 mg Pb in siedender NH_3-Lösung mit 1 g $(NH_4)_2S_2O_8$ im Mittel 97% des Pb als PbO_2. Die Streuung der Resultate beträgt etwa 2%. Ähnlich sind die Ergebnisse, die bei der Oxydation mit $K_2S_2O_8$ in NaOH-Lösung erzielt werden. Als Hauptursache für die Unterbefunde stellt er fest, daß hierfür in erster Linie die Mitfällung von niederen Pb-Oxiden — eingeschlossen im PbO_2 — verantwortlich zu machen ist.

Für die Titration des über einen Gooch-Tiegel abfiltrierten PbO_2 gibt er als am geeignetsten die folgende von RUPP und SIEBLER [358] stammende

Arbeitsvorschrift. PbO_2 wird in 20 bis 25%iger HCl in Gegenwart von etwa 0,1 g KBr mit überschüssigem As^{3+} umgesetzt; das nichtverbrauchte As^{3+} wird bei 90 °C nach Verdünnen mit Wasser auf etwa das Doppelte durch Titration mit $KBrO_3$-Lösung gegen Methylorange bestimmt. Die Genauigkeit dieser Arbeitsweise wird mit $\pm$ 0,3% ausgewiesen.

LANG und ZWEŘINA [359] stellen fest, daß die Behandlung einer Pb-Lösung mit höheren Ni-Oxiden bei Zimmertemperatur zu PbO_2 führt. Es fällt in feinverteilter, sehr reaktionsfähiger Form an und läßt sich — ohne vorangegangene Filtration — sehr einfach mit As^{3+} titrieren. Entweder wird dieses im Überschuß angewendet, der mit MnO_4^- nach dem jod-katalytischen Verfahren titriert wird, oder es wird direkt mit As^{3+} in Gegenwart von Mn^{2+} und einer Spur Jod als Katalysator titriert, wofür die potentiometrische Indikation herangezogen wird. Beide Reaktionen verlaufen bei Zimmertemperatur glatt. Die Methode wird zwar als nicht ganz genau beurteilt, doch als brauchbares Schnellverfahren bezeichnet.

Arbeitsvorschrift. 50 ml neutraler Pb-Lösung, bis zu 0,45 g Pb enthaltend — oder eine wäßrige Aufschlämmung von $PbSO_4$ — werden mit 20 bis 25 ml chloridfreier 2,5 n NaOH versetzt, sodann mit 20 ml kobaltfreier $Ni(NO_3)_2$-Lösung (135 g krist. Salz/l) sowie mit 2 g in Wasser gelöstem ammoniumfreiem $K_2S_2O_8$. Die Mischung läßt man 1 bis 2 Minuten unter öfterem Umschwenken stehen und versetzt danach mit 60 bis 80 ml stickoxidfreier HNO_3 (1 + 1) (etwa 7 m), wobei so verfahren wird, daß die erste Hälfte langsam, am zweckmäßigsten aus einer Bürette mit einer Zuflußgeschwindigkeit von 5 Tropfen/Sekunde, und die zweite rasch zugesetzt wird. Nach 2 Minuten, die für den sicheren Zerfall der höheren Ni-Oxide ausreichend sind, läßt man 0,1 n As^{3+}-Lösung bis zur völligen Reduktion des PbO_2 einfließen, fügt 10 ml HCl (1+1) (etwa 6 m) sowie 1 Tropfen 0,005 m KJO_3-Lösung zu und titriert das überschüssige As^{3+} mit 0,1 n $KMnO_4$-Lösung zurück. Die Reproduzierbarkeit der Titration wird mit $\pm$ 0,1 ml As^{3+}-Lösung ausgewiesen. Die Pb-Resultate liegen gegenüber der elektrolytischen Bestimmung um im Mittel 1% niedriger, woraus geschlossen wird, daß die Oxydation des Bleis nicht restlos zum PbO_2 verläuft. Es wird deshalb ein empirischer Umrechnungsfaktor von 1 ml 0,1 n As^{3+} Lösung = 10,46 mg Pb (statt theoretisch 10,36 mg) verwendet.

Für die direkte Titration mit potentiometrischer Indikation wird wie folgt verfahren: Zunächst wird das PbO_2 wie beschrieben gefällt und der Ni-Oxid-Überschuß mit HNO_3 zersetzt. Zur Lösung werden dann 2 ml konz. H_3PO_4 zugegeben sowie $Mn(NO_3)_2$-Lösung (entsprechend etwa 0,2 mg Mn). Hat sich das PbO_2 gelöst, versetzt man mit 10 ml HCl (1+1) (etwa 6 m) sowie 1 Tropfen 0,005 m KJO_3-Lösung. Titriert wird mit 0,1 n As^{3+}-Lösung (Pt-Elektrode als Indikatorelektrode, Kalomelelektrode als Bezugselektrode). Der Potentialsprung im Äquivalenzpunkt beträgt etwa 300 bis 400 mV. Der systematische Unterwert beträgt auch hier rund 1%.

Cu, Fe und Zn stören die Pb-Bestimmung nach diesen Verfahren nicht, wohl aber Co, Bi, Sn und Sb. Co und Bi bilden höhere Oxide, die sich in HNO_3-Lösung nur sehr langsam zersetzen, Sn und Sb schließen höhere Ni-Oxide ein. Mn wird völlig mittitriert. Acetat und Sulfat stören nicht, Halogene hingegen müssen abwesend sein. H_3PO_4 hindert die Oxydation des Bleis zum PbO_2 stark.

3. Titration nach vorangegangener elektrolytischer PbO_2-Abscheidung.

McINNES und TOWNSEND [360] scheiden Pb elektrolytisch als PbO_2 ab, bestimmen dieses jedoch nicht gravimetrisch, sondern titrimetrisch. Bei der Elektrolyse wird eine Pt-Schale mit 9 cm ⌀ und gerauhter Innenseite als Anode verwendet, als Kathode eine Pt-Scheibe, die mit 600 U/min rotiert. Elektrolysiert wird mit einer Stromstärke von 12 A etwa 30 min lang; die Einwaage beträgt 0,1 bis 0,2 g Pb-Metall, die in 10 ml HNO_3 konz. gelöst und nach erfolgter Lösung mit 15 ml H_2O versetzt werden.

Der PbO_2-Niederschlag wird mit H_2O gewaschen und mit 25 ml 0,1 n Oxalsäurelösung sowie 5 ml HNO_3 konz. versetzt. Die Lösung wird auf 80 °C erwärmt, bis sich das PbO_2 zersetzt hat (Dauer etwa 5 Minuten). Die Lösung wird — möglichst ohne viel zu verdünnen — in ein Becherglas überführt und zur Ausfällung des Pb mit einer kleinen Menge H_2SO_4 konz. versetzt. Der Oxalsäureüberschuß wird dann mit $KMnO_4$-Lösung in der üblichen Weise titriert. Aus den Belegzahlen errechnet sich eine Genauigkeit zwischen −0,2 und +0,1%. Ein bemerkenswerter Unterschied in der Genauigkeit der Bestimmung kleinerer oder größerer Pb-Mengen besteht nicht. Die Autoren leiten daraus ab, daß die bei der elektrogravimetrischen Arbeitsweise auftretenden Differenzen auf den H_2O-Gehalt des PbO_2 zurückgehen. Sie bezeichnen deshalb ihre Arbeitsweise nicht nur als schneller als die elektrogravimetrische, sondern auch als genauer. Die von ihnen gleichfalls untersuchte jodometrische Arbeitsweise für die Bestimmung des PbO_2 — Lösen des PbO_2 mit einer Lösung von 0,6 KJ g sowie kleiner Mengen Essigsäure und Natriumacetat in 25 ml H_2O — ist weniger gut brauchbar, weil sich PbO_2 dabei nur langsam zersetzt.

DAY, DELANO und SCHRENK [361] bedienen sich gleichfalls einer elektrolytisch-titrimetrischen Arbeitsweise für die Pb-Bestimmung. Sie scheiden 5 bis 150 mg Pb aus einer 20 bis 30%igen Salpetersäure, die eine geringe Menge H_2SO_4 enthält, auf einer aufgerauhten Anode bei einer Anfangstemperatur von 85 bis 95 °C (Endtemperatur 50 °C) mit Stromstärken zwischen 5,5 und 7 A im Verlauf von 1½—2 Stunden ab. Das PbO_2 wird in überschüssiger $Fe(ClO_4)_2$-Lösung gelöst, deren Überschuß mit 0,01 n MnO_4^--Lösung zurücktitriert wird.

Bei der Bestimmung von 5 bis 150 mg werden Unterwerte zwischen 0,2 und 0,4 mg erhalten, bei noch größeren Mengen solche von etwa 1 mg. Ag, Bi, Mn, Sn, As, Hg, CrO_4^{2-} und PO_4^{3-} stören und müssen deshalb abgetrennt werden.

Für die Bestimmung von Pb-Mengen zwischen 0,5 und 5 mg wird mit kleinen Anoden in kleineren Volumina gearbeitet. Ihre Bestimmung erfolgt photometrisch über das beim Lösen des PbO_2 mit KJ in essigsaurer Lösung gebildete Jod, das mit CCl_4 extrahiert wird.

II. Ausführung mit elektrischer Indikation.

1. Direkte Titration.

Die direkte Titration des Bleis in alkalischer Lösung mit Hilfe von Permanganat ist von ISSA, ISSA und ABDUL AZIM [362] unter Verwendung potentiometrischer Indikation (Pt-Draht-Indikatorelektrode) eingehend untersucht worden. Sie stellen fest, daß bei der Umsetzung Pb_3O_4 (und MnO_2) gebildet werden und daß das Reaktionsende an diesem Punkt gut indizierbar ist.

Arbeitsvorschrift. Zur Titration werden etwa 10 ml 0,1 n Pb-Lösung mit so viel 5 n NaOH versetzt, bis das $Pb(OH)_2$ eben gelöst wird. Dann wird mit weiterer NaOH unter Auffüllen auf 50 ml auf eine Alkalität von 0,1 n eingestellt und mit 0,03 bis 0,06 n MnO_4^--Lösung titriert. Die Einstellung des Reaktionsgleichgewichtes erfordert zu Titrationsbeginn etwa 15 Minuten, am Titrationsende etwa 30 Minuten. Durch Zugabe von NaCl, bis die Lösung daran 5%ig ist, kann jedoch eine wesentliche Beschleunigung erzielt werden, so daß die Wartezeiten nur noch 3 Minuten bzw. 10 Minuten betragen müssen. Durch Zugabe von ZnO oder HgO kann eine noch höhere Reaktionsgeschwindigkeit erreicht werden; doch treten dabei leicht Vergiftungen der Indikatorelektrode auf, die zu einer trägen Anzeige führen. Die größte Potentialänderung am Endpunkt beträgt etwa 50 mV je 0,1 ml MnO_4^--Lösung. Die Titrationsgenauigkeit wird mit etwa $\pm 0{,}7\%$ ausgewiesen (50 bis 200 mg Pb).

Bemerkenswert ist, daß nach Überschreiten des indizierbaren Pb_3O_4-Punktes auch noch weiter zugesetztes MnO_4^- reduziert wird, daß also Pb_3O_4 noch weiter oxydiert wird, doch treten im weiteren Verlauf keine Potentialsprünge mehr auf. Wird die Alkalität der Analysenlösung auf 1 n oder mehr erhöht, wird MnO_4^- teilweise nur noch zu MnO_4^{2-} reduziert, was zur Folge hat, daß am Pb_3O_4-Punkt kein Potentialsprung mehr zu verzeichnen ist.

KHADEEV und NIKURASHINA [363] titrieren Pb mit $KMnO_4$ in Gegenwart eines Gemisches von ZnO und HgO als Katalysatoren in schwach saurer Lösung unter Verwendung amperometrischer Indikation an einer Pt-Mikroelektrode. Die Ergebnisse werden als gut bezeichnet — Zn und Cu bewirken jedoch eine verringerte Genauigkeit. Die sonstigen in Pb-Erzen und -Legierungen vorkommenden Elemente sind ohne Einfluß.

2. Indirekte Titration.

ISSA und ISSA [364] fällen Pb mit $KMnO_4$-Lösung in alkalischer Lösung im Überschuß und titrieren den Reagensüberschuß mit Tl^{+1}-Lösung unter Verwendung potentiometrischer Indikation zurück. In konzentrierten Lösungen (0,13 n MnO_4^- und 0,09 n Tl^{+1}) führt die Rücktitration zur Manganatstufe, wenn die Lösung 1 bis 1,5 n an NaOH ist und genügend Ba-Ionen zur Fällung des Manganats vorhanden sind. Die Tl-Lösung ist langsam zuzufügen; in der Nähe des Äquivalenzpunktes ist vor einer erneuten Reagenszugabe 5 Minuten zu warten.

In Abwesenheit von Ba-Ionen wird das überschüssige MnO_4^- bis zum Mn^{4+} reduziert. Mit verdünnten Tl-Lösungen (0,009 n) wird dabei in 2 bis 3 n NaOH eine Genauigkeit von 1% erhalten. Gegen Ende der Titration muß dabei aber vor jedem erneuten Reagenszusatz 15 Minuten gewartet werden.

In Gegenwart von Tellursäure sind die Resultate in gewissen Grenzen unabhängig von der Alkalikonzentration; zudem kann die Titration rascher vorgenommen werden.

C. Neutralisationstitrationen.

Neutralisationstitrationsverfahren für die Pb-Bestimmung sind zwar ohne größere praktische Bedeutung geblieben, zeigen jedoch einige interessante theoretische Aspekte. Sie sollen deshalb hier nicht unerwähnt bleiben.

I. Ausführung mit chemischer Indikation.

Die direkte Titration von Pb-Salzen mit Alkali ist unter Verwendung eines p_H-Indikators praktisch nicht möglich, weil eine wäßrige Suspension von Bleihydroxid sowohl alkalisch gegen Phenolphthalein als auch gegen Thymolphthalein reagiert (KOLTHOFF und STENGER [365]).

VIEBÖCK und BRECHER [366] haben jedoch gefunden, daß das basische Bleibromid-PbOHBr, neutral gegen Phenolphthalein reagiert und somit zur Grundlage eines direkten Neutralisationstitrationsverfahrens gemacht werden kann.

Arbeitsvorschrift. Die Analysenlösung, die ungefähr zwei Millimole Pb-Salz in 50 ml enthält, wird auf 50 °C erwärmt, mit 1 bis 2 g neutralem KBr versetzt und mit carbonatfreiem Alkali unter ständigem Schütteln gegen Phenolphthalein als Indikator titriert. Am Titrationsende wird die Lösung zur Verbesserung des Indikatorumschlags etwas stärker erwärmt.

WELLINGS [367] unternimmt den Versuch der direkten Ausführung der Neutralisationstitration unter Verwendung von Fluorescein oder seiner Dichloro- bzw. Dibromoderivate als Adsorptionsindikatoren. Er legt NaOH in bekannter Menge vor, versetzt sie mit wenigen Tropfen 0,1%iger äthanolischer Fluoresceinlösung und titriert mit neutraler Bleinitrat- oder acetatlösung. Am Titrationsendpunkt nimmt der Bleihydroxid-Niederschlag eine violette Färbung an.

RUOSS [368] führt die alkalimetrische Titration nach vorangegangener Fällung des Bleis als Sulfat aus und nutzt dabei die Erscheinung aus, daß eine mit Phenolphthalein versetzte $PbSO_4$-Aufschlämmung in der Siedehitze erst dann eine Rotfärbung annimmt, wenn die Hälfte des $PbSO_4$ in PbO überführt worden ist.

Arbeitsvorschrift. Zunächst wird Pb mit einem Überschuß an Na_2SO_4 in der Hitze gefällt. Die Lösung wird abgekühlt und mit carbonatfreiem Alkali gegen Phenolphthalein neutralisiert, dessen Rotfärbung anschließend mit verdünnter Säure eben wieder weggenommen wird. Dann wird die Lösung zum Sieden erhitzt und mit so viel 0,2 n $Ba(OH)_2$-Lösung versetzt, bis keine Verstärkung der dabei auftretenden Rotfärbung mehr erfolgt. Danach wird erneut zum Sieden gebracht, wobei die rote Farbe bestehen bleiben muß. Es wird dann auf Zimmertemperatur abgekühlt und der Alkaliüberschuß mit 0,2 n HCl oder H_2SO_4 bis zum Indikatorumschlag nach farblos zurücktitriert. Die in einer Beleganalyse ausgewiesene Genauigkeit des Verfahrens ist hoch.

In gleicher Weise kann auch verfahren werden, wenn Pb zunächst als $Pb_2[Fe(CN)_6]$ gefällt wird. Auch dieses läßt sich in ein definiertes basisches Salz überführen. Bleioxalat hingegen läßt sich nicht auf dem angegebenen Weg alkalimetrisch titrieren. Es muß zunächst erst mit einer Na_2SO_4-$CaCl_2$-Lösung zersetzt werden.

Fußend auf Arbeiten von HAYEK [369], der gezeigt hat, daß bei der alkalimetrischen Titration von Blei mit Natronlauge unter Verwendung potentiometrischer Indikation nur bei Anwesenheit von Rhodanid ein ausreichend großer und scharfer Potentialsprung — $Pb(CNS)_2 \cdot Pb(OH)_2$ — erhalten wird, geben DENK und ALT [370] für eine chemische Indikation die folgende

Arbeitsvorschrift. Die Analysenlösung, die 0,2 bis 0,8 g Pb enthalten soll, wird so stark verdünnt, daß ihr Volumen nach der Titration nicht wesentlich mehr als 70 ml beträgt. Je nach der Menge Blei gibt man 0,5 bis 1 g KCNS und 6 Tropfen einer 0,04%igen o-Kresolphthaleinlösung als Indikator zu, erhitzt zum Sieden, fällt die Hauptmenge des Bleis mit 0,1 bis 0,3 n NaOH aus, kühlt auf Zimmertemperatur ab und titriert weiter bis zum Indikatorumschlag.

Liegen saure Lösungen vor, so wird in einem Teil die Summe ($H^+ + Pb^{++}$) nach der gegebenen Vorschrift bestimmt, in einem anderen nach Fällung des Pb mit 0,5 bis 1 g $Na_2SO_4 \cdot 10 H_2O$ nur die Acidität gegen Methylrot als Indikator (das $PbSO_4$ braucht dabei nicht abfiltriert zu werden). Die Differenz beider Titrationen entspricht der vorliegenden Pb-Menge (1 ml 0,1 n NaOH = 20,72 mg Pb).

Die Analysenungenauigkeit steigt bei der Bestimmung von 250 bis 1000 mg Pb von −0,1 auf −1,5%. Übersteigt die Konzentration an insgesamt vorhandenen NO_3^--Ionen 0,3 n, so werden positive Fehler von mehr als 1% erhalten.

Das Verfahren ist nur anwendbar für die Titration von Pb-Salzen starker Säuren. Sein Vorzug liegt nach Ansicht der Autoren nicht in der Genauigkeit, sondern in seiner Schnelligkeit und Einfachheit.

II. Ausführung mit elektrischer Indikation.

MOUSA [371] verwendete eine durch Sublimation mit As frisch überzogene, rotierende Pt-Elektrode als *potentiometrische* Indikatorelektrode u. a. auch für die alkalimetrische Titration des Bleis. Die Elektrode spricht sehr schnell auf p_H-Änderungen an und ergibt bei der Titration von Bleinitratlösung zwei Wendepunkte, von denen der zweite der Bildung eines basischen Salzes vom Typ: $Pb(NO_3)_2 \cdot 3\,Pb(OH)_2$ und der erste der eines weniger basischen Salzes entspricht.

Amperometrisch indizieren KAMECKI und SLABON [372] die Pb-Titration mit Natronlauge unter Verwendung einer mit 1000 bis 1500 U/Min. rotierenden Pb-Elektrode (5 mm lang, 0,2 mm ⌀). Der Titrationsfehler wird mit kleiner als 1% angegeben.

III. Nach Abtrennung der Bleiionen.

Durch Verwendung der Ionenaustauschtechnik ist die alkalimetrische Metalltitration durch eine normale H^+-Titration zu ersetzen. Es werden Kationenaustauscher in ihrer H^+-Form verwendet. Das Verfahren ist jedoch nur dann anwendbar, wenn außer dem zu bestimmenden Metallion kein weiteres in der Analysenlösung vorliegt. Auf die Wiedergabe von Einzelheiten soll deshalb hier verzichtet werden [373, 374, 375].

D. Komplexbildungstitrationen.

Allgemeines. Aus dieser Verfahrensgruppe ist bis jetzt nur eine weitverbreitet brauchbare Methode für die Pb-Titration bekannt geworden, die komplexometrische, die sich der erstmals von SCHWARZENBACH in ihrer analytischen Bedeutung erkannten Äthylendiamintetraessigsäure (AeDTA, Komplexon, Titriplex, Trilon B, Versene, Sequestricacid) bedient. Es sind dazu in den letzten Jahren sehr zahlreiche Publikationen erschienen, die sich, soweit sie methodischer Natur sind, in erster Linie mit der Indizierung sowie der Maskierung störender Begleiter beschäftigen.

I. Titration mit Dinatriumäthylendiamintetraacetat.

Allgemeines. Pb bildet mit Komplexon ein in schwachsaurer bis nicht zu stark alkalischer Lösung beständiges Chelat (Stabilitätskonstante: 10^{-18}), das sowohl für seine direkte als auch seine indirekte Titration herangezogen werden kann. Daneben bestehen auch einige Möglichkeiten für eine Verdrängungstitration, bei der Pb mit einer Lösung eines weniger stabilen Metallkomplexonats umgesetzt und das dabei frei gesetzte Metallkation titriert wird, was mit Vorteil wiederum komplexometrisch geschieht.

Die Indikation der Titration erfolgt mit Hilfe für Blei spezifischer Indikatoren, meist organischer Farbstoffe, von denen recht zahlreiche in Vorschlag gebracht worden sind; sie kann mit sehr gutem Erfolg auch elektrisch oder optisch vorgenommen werden.

1. Ausführung mit chemischer Indikation.

a) direkte Titration in schwachsaurer Lösung.

Für die Titration in saurer Lösung (Puffer: Natriumacetat, $p_H = 5$) schlagen JENÍČKOVÁ, MALÁT und SUK [376] die Verwendung von Pyrogallolrot:

oder Brompyrogallolrot:

als Indikatoren vor, die als 0,05%ige Lösung in 50%igem Äthanol zur Anwendung kommen. In acetatgepufferter Lösung zeigen diese Farbstoffe in Gegenwart von Pb eine violette bzw. blauviolette Farbe. Gegen Pyrogallolrot können 10 bis 100 mg Pb, gegen Brompyrogallolrot 2 bis 150 mg titriert werden. Ca, Sr, Ba und Mg stören nicht. Der Titrationsendpunkt wird von beiden durch einen Farbumschlag nach strahlendrot angezeigt. Die Indikation ist auch anwendbar, wenn es sich um die Titration eines in Ammoniumacetat gelösten PbSO$_4$ handelt, z. B. bei der Analyse von Pb-Legierungen. Die Titrationsgenauigkeit wird mit $\pm$ 0,2% angegeben.

Von SUK und MALÁT [377] sowie von VŘEŠŤÁL und HAVÍŘ [378] ist das Brenzkatechinviolett:

für die Indikation als brauchbar befunden worden, das bei $p_H = 5{,}5$ den Endpunkt der direkten komplexometrischen Pb-Titration mit einem Farbumschlag von blau nach gelb indiziert. Zur p_H-Pufferung wird ein Urotropin-Zusatz empfohlen.

Arbeitsvorschrift. Für die Titration von 1 bis 500 mg Pb wird angegeben, die Analysenlösung bis zur beginnenden Trübung (Bleihydroxid) zu neutralisieren, diese mit 1 Tropfen Salpetersäure wieder zu lösen, die Lösung mit 2 Tropfen 0,1%iger wäßriger Indikatorlösung sowie so viel 10%iger Urotropinlösung zu versetzen, bis der Indikator eine blaue Farbe angenommen hat. Danach wird mit 0,1 m Komplexonlösung (hier: Tetraammonium-Salz der Äthylendiamintetraessigsäure) bis zum Farbumschlag nach grau titriert. Man versetzt danach erneut· mit 1 ml 10%iger Urotropinlösung und titriert die dabei gegebenenfalls wieder blau gewordene Lösung bis zum Farbumschlag nach gelb. Ein nochmaliger Urotropinzusatz soll nicht mehr blau verfärben — ist dies jedoch der Fall, wird wie angegeben weitertitriert.

Für die Pb-Titration in ungepufferter Lösung wird von VŘEŠŤÁL und KOTRLÝ [379] das Brillant-Kongo-Blau BFL:

$$HO_3S-\text{[naphthyl]}-N=N-\text{[naphthyl(SO}_3\text{H)]}-N=N-\text{[naphthyl(HO}_3\text{S, OH)]}-NH-\text{[phenyl]}$$

als geeignet angegeben. Dabei wird Pb aus möglichst neutraler Lösung unter Verwendung einer ammoniakalischen Komplexonlösung titriert. Der Farbstoff besitzt ein Absorptionsmaximum bei 578 nm, sein Pb-Komplex bei 506 nm.

Arbeitsvorschrift. Die zu titrierende Lösung wird mit verdünntem Ammoniak auf etwa $p_H = 5$ neutralisiert, auf etwa 75 ml verdünnt, mit einem Stück festen Farbstoff versetzt und titriert. Nimmt die Lösung im Verlauf der Titration eine violette Farbe an, wird so viel verdünntes Ammoniak zugefügt, bis wieder eine ziegelrote Färbung erreicht ist. Die Pb-Titration ist beendet, wenn die Lösung eine reinblaue Farbe angenommen hat.

Von BOVALINI und CASINI [380] wird eine Lösung von Dithizon in Tetrachlorkohlenstoff (3 mg/100 ml) zur Indikation verwendet. Ihr Verfahren erscheint jedoch nur wenig zweckmäßig, da zwei flüssige Phasen vorliegen, und ein kräftiges Schütteln der Lösung nach jedem Komplexonzusatz für die Einstellung des Gleichgewichts zwischen Dithizonat und Komplexon erforderlich ist. Der von den Autoren mitgeteilte Fehler liegt für die Pb-Titration bei —4%.

Ein anderer Weg für die Indikation mit Hilfe von Dithizon wird für die Bestimmung sehr kleiner Pb-Mengen von KOTRLÝ [381] begangen. Dazu wird die schwachsaure Pb-Lösung, die etwa 0,05 mg Pb in 10 ml enthält, mit 45%igem Äthanol auf etwa 50 ml verdünnt, mit 15 bis 20 Tropfen Indikatorlösung (gesättigte äthanolische Dithizonlösung) versetzt und mit verdünntem Ammoniak bis zum Auftreten der roten Bleidithizonatfarbe neutralisiert. Nach Zugabe von Urotropinlösung ($p_H = 5,0$) wird das Pb mit 0,001 m Komplexonlösung bis zum Farbumschlag nach grünblau titriert. Mg und die Erdalkalien stören dabei nicht. Die Störung durch Schwermetalle kann dadurch ausgeschaltet werden, daß das Pb zunächst als Dithizonat aus alkalischer, Ammoniumcitrat und KCN enthaltender Lösung mit Chloroform extrahiert wird.

Einer weitgehend dieser Arbeitsweise ähnlichen bedient sich CELSE-COSTA [382]; er führt die Titration in einem 25%igen Pyridin-Wasser-Gemisch bei $p_H = 3,5$ bis 6,4 aus. Die Indikatorlösung ist eine 0,1%ige in Aceton, die etwa zwei Tage haltbar ist.

ABD EL RAHEEM und Mitarbeiter [383] teilen mit, daß die komplexometrische Pb-Titration auch noch bei p_H-Werten von etwa 3 gelingt, wenn Omega-Chromgrün BBL als Indikator verwendet wird. Der Farbstoff besitzt, in Wasser oder Methanol gelöst, eine violette Farbe und hat p_H-Indikatoreigenschaften dadurch, daß er zwischen $p_H = 1$ und 3 gelb gefärbt und erst bei Werten über 4 eine violette Farbe annimmt. Mit einigen Metallionen, darunter Pb, bildet er einen violetten Komplex, aus dem er mit Hilfe von Komplexon wieder verdrängt werden kann. Wird die Titration also im p_H-Gebiet der gelben Indikatoreigenfarbe ausgeführt, so läßt sich so eine Indikation durch den Farbumschlag von violett nach gelb ermöglichen.

Arbeitsvorschrift. Zu der nicht weniger als 10 mg Pb/ml enthaltenden Analysenlösung werden einige Tropfen 0,1%iger wäßriger Indikatorlösung und 3 ml 0,01 m HNO_3 gegeben; mit 0,01 m Komplexonlösung wird bis zum Farbumschlag von violett nach gelb titriert.

ABD EL RAHEEM und DOKHANA [384] berichten über die Brauchbarkeit von Metomegachromcyanin BLL als komplexometrischen Pb-Indikator. Die Pb-Titration führt bei $p_H = 6,8$ (Puffer: 5 ml einer Lösung von 522 ml 0,1 m Natriumdiäthylbarbiturat + 478 ml 0,1 n HCl im Liter) zu einem kontrastreichen Umschlag von rot nach blau.

Der gleiche Farbstoff wird von BELCHER, CLOSE und WEST [385] als Solochromechtblau B bezeichnet.

BELCHER, LEONARD und WEST [386] verwenden für die Indikation der Titration bei $p_H = 4,3$ N,N-Di(carboxymethyl)-aminomethyl-Derivate einiger Hydroxyanthrachinone, die durch Kondensation von Hydroxyanthrachinon, Formaldehyd und Iminodiessigsäure hergestellt werden. Als besonders brauchbar wurde die 1,2-Dihydroxyanthrachinolyl(3)-methylamin-N,N-Diessigsäure (= Alizarin-Komplexon) befunden, die u. a. mit Pb bei dem angegebenen p_H-Werten einen roten Komplex liefert (Indikator-Eigenfarbe gelb). Die bei Zimmertemperatur ausführbare Titration ist auf 0,1 bis 0,2% genau. Als *Indikatorlösung* wird eine 0,5%ige verwendet, die wie folgt hergestellt wird: Der Farbstoff wird mit 2 Tropfen konz. Ammoniak und anschließend 7 bis 8 Tropfen 20%iger Ammoniumacetatlösung versetzt und mit Wasser verdünnt.

ERDEY und PÓLOS [387] empfehlen eine Indikation auf Basis eines Redoxindikators. Sie haben hierfür das Variaminblau als brauchbar gefunden, das bei $p_H = 5$ in Gegenwart eines Gemisches aus Kaliumhexacyanoferrat(II) und (III) am Endpunkt von violett (oxidierte Form) nach farblos (reduzierte Form) umschlägt. Der Indikator wird in Form einer 1%igen wäßrigen Lösung von Variaminblau B angewendet. Die Hexacyanoferrat-Lösungen sind 0,1 m und werden unmittelbar vor der Titration im Verhältnis 1:4 (Ferrat(III): Ferrat(II)) gemischt. Als Puffer wird eine Acetat-Essigsäure-Lösung vorgeschrieben, die im Liter 19,2 g Natriumacetat und 29,5 ml 0,2 n CH_3COOH enthält ($p_H = 5$).

Arbeitsvorschrift. Die zu titrierende Lösung wird mit 50 ml Pufferlösung, 0,5 ml Indikatorlösung sowie 1 bis 2 Tropfen Cyanoferrat(III)-(II)-lösung versetzt und bei 50 bis 60 °C mit 0,05 m Komplexonlösung bis zum Farbumschlag von violett nach farblos titriert. Die Titration kann bei dieser Temperatur schnell ausgeführt werden; beim Arbeiten bei Zimmertemperatur muß in der Nähe des Endpunktes langsam titriert werden. Die Indikation beruht auf der Bildung des relativ schwerlöslichen Bleihexacyanoferrats(II), wodurch das zunächst zugegebene Hexacyanoferrat(II) aus der Analysenlösung entfernt wird, was zur Folge hat, daß das Oxydationspotential des gleichfalls zugesetzten Hexacyanoferrats(III) hoch genug wird, um den Indikator zu oxydieren. Nach Abbinden der freien Pb-Ionen durch Komplexon wird bei dessen weiterer Zugabe das Bleihexacyanoferrat(II) gelöst und durch das dabei frei werdende Ferrat(II) das Potential des Ferrats(III) so weit erniedrigt, daß der Indikator in seine reduzierte farblose Form übergeht.

FLASCHKA und ABDINE [388] bedienen sich für die Indikation des Kupfer-1-(2-pyridyl-azo)-2-naphthol (= PAN)-Komplexes, der speziell für Titrationen im Mikromaßstab empfohlen wird.

Arbeitsvorschrift. Die zu titrierende Pb-Lösung wird, wenn erforderlich, neutralisiert, mit wenigen Tropfen einer gesättigten Natriumacetatlösung und so viel 50%iger Essigsäure versetzt, daß ein p_H-Wert zwischen 3 und 3,5 erreicht wird. Dazu werden 2 bis 3 Tropfen einer Kupfer-Komplexonat-Lösung (0,05 ml) und so viel PAN-Indikatorlösung (0,1 g in 100 ml Äthanol) hinzugegeben, daß eine intensive violette Farbe erhalten wird. Die Lösung wird zum Sieden erhitzt und mit Komplexonlösung bis zum Farbumschlag nach reingelb titriert. Der Endpunkt kann auf einen Tropfen genau erkannt werden. Die Grundlage des hier verwendeten Indikatorsystems ist die Umsetzung:

$$Me^{++} + [Cu(EDTA)]^{--} + PAN^{--} \rightarrow [Me(EDTA)]^{--} + Cu(PAN)$$

entsprechend der etwas höheren Komplexität des Cu(PAN)-Komplexes gegenüber dem Cu-Komplexonkomplex. Der Umschlag wird erreicht, wenn Cu mit einem geringen Komplexonüberschuß wieder aus seinem PAN-Komplex verdrängt worden ist (Cu(PAN) = violett; freies PAN gelb).

Von Körbl und Přibil [389] wird das Xylenol-Orange (= 3,3'-bis-[N,N-di(carboxymethyl)-amino-methyl]-o-kresolsulfophthalein, ein Kondensationsprodukt aus o-Kresolsulfophthalein, Formaldehyd und Iminodiessigsäure) als Indikator vorgeschlagen. Der damit auftretende Farbumschlag von rot (Metallüberschuß) nach citronengelb (Komplexonüberschuß) ist sehr scharf und gestattet auch das Arbeiten im Mikrobereich.

Arbeitsvorschrift. Die zu titrierende Pb-Lösung wird mit Hilfe eines Acetatpuffers, bestehend aus 100 ml 0,1 m Essigsäure und 200 ml 0,1 m Natriumacetat-Lösung, auf p_H 5 gebracht, mit wenigen Tropfen Indikatorlösung (0,1 g Xylenolorange in 100 ml verd. Äthanol) versetzt und mit 0,05 bis 0,01 m Komplexonlösung bis zum Farbumschlag von purpurrot nach gelb titriert. Die Indikation ist auf einen Tropfen genau.

Fritz, Lane und Bystroff [390] schlagen u. a. für die komplexometrische Pb-Titration das Naphthylazoxin (7-(1-Naphthylazo)-8-hydroxychinolin-5-sulfonsäure, hergestellt durch Kupplung des diazotierten Naphthylamins mit 8-Hydroxychinolin-5-sulfonsäure) vor. Pb kann bei p_H 5 bis 6,5 in Anwesenheit von Citrat oder Tartrat in Gegenwart von 2 g Ammoniumacetat oder 5 bis 10 Tropfen Pyridin als Puffer titriert werden (Titrationsvolumen 50 bis 75 ml, Pb-Konzentration 0,15 bis 0,4 mmol). Der Endpunkt ist erreicht, wenn der Indikator, 0,5 ml einer 1%igen Lösung, eine reine Rotfärbung angenommen hat.

Methylthymolblau, (3,3'-Bis-N,N-di(carboxymethyl)-aminomethylthymolsulfophthalein, ein Kondensationsprodukt aus Thymolsulfophthalein und Natriumiminodiacetat, wird von Körbl und Přibil [391] u. a. für die komplexometrische Pb-Bestimmung vorgeschlagen. Der Farbstoff ist bei $p_H = 1,2$ rot, bei p_H 2,8 bis 6,5 gelb, bei pH 8,5 bis 10,7 hellblau, bei pH 11,5 bis 12,7 grau und bei noch höheren Werten dunkelblau gefärbt. Mit Kationen bildet er intensiv blaue Komplexe. Zur Indikation komplexometrischer Titrationen eignen sich somit besonders die p_H-Bereiche 2,8 bis 6,5 (Umschlag blau-gelb) und 11,5 bis 12,7 (Umschlag blau-graugelb). Im sauren Gebiet besitzt der Indikator das gleiche Anwendungsgebiet wie das Xylenolorange, ist im Gegensatz zu jenem aber auch im alkalischen Gebiet anwendbar. Gegenüber Eriochromschwarz T hat er den Vorteil höherer Beständigkeit gegenüber Oxydationsmitteln. Er wird entweder in 0,1%iger wäßriger Lösung, die etwa 14 Tage haltbar ist, oder als Verreibung mit KNO_3 im Verhältnis 1:100 verwendet. Pb wird wie normal in alkalischer Lösung in Gegenwart von Tartrat titriert.

b) direkte Titration in alkalischer Lösung

Arbeitsvorschrift nach Schwarzenbach [392]. Die Probelösung soll je 100 ml nicht mehr als etwa 30 mg Pb enthalten. Sie wird zur Vermeidung einer $Pb(OH)_2$-

Fällung, die sich mit dem Komplexon nur langsam umsetzen würde, mit 5 ml m Kalium-Natriumtartratlösung versetzt und mit m NaOH ungefähr neutralisiert. Nach Zugabe von 2 ml Pufferlösung $p_H = 10$ (70 g NH_4Cl + 570 ml NH_3 konz. je Liter) wird gegen Eriochromschwarz T

als Indikator (0,2 g Farbstoff gelöst in 15 ml Triäthanolamin und 5 ml abs. Äthanol. Diese Lösung ist mindestens einen Monat haltbar) mit 0,01 m Komplexonlösung bis zum Farbumschlag von rot nach blau bei etwa 40 °C titriert. Der Endpunkt ist erreicht, wenn der Indikator eine reinblaue Farbe angenommen hat (1 ml 0,01 m Komplexonlösung = 2,0721 mg Pb). Störend bei dieser Ausführung der Titration wirkt vor allem Fe, weil es den Indikator blockiert. Die gleichfalls störenden Metalle Co, Ni, Cu, Zn, Cd, Hg und Pt können mit KCN getarnt werden. Die Erdalkalien, die seltenen Erden sowie Mn und In werden mittitriert. Bi, Al und Sb stören nicht, bilden jedoch Niederschläge, die die Erkennbarkeit des Indikatorumschlags nachteilig beeinflussen können. In Gegenwart störender Komponenten wird Pb mit Vorteil zunächst als $PbSO_4$ abgetrennt und dieses nach Lösen in Tartratlösung komplexometrisch titriert.

FLASCHKA und HUDITZ [393] bestätigen die SCHWARZENBACHSche Vorschrift voll und ganz. Sie erwähnen, daß die Fe-Störung auch durch KCN-Tarnung nicht beseitigt werden kann, weil das damit gebildete $[Fe(CN)_6]$-Ion den Indikator oxydativ zerstört.

Von FLASCHKA [394, 395] wird diese Arbeitsweise auch auf den Mikrobereich ausgedehnt. Es können dabei noch 30 bis 100 μg Pb mit einem Fehler von nur etwa 1% titrimetrisch bestimmt werden. Als Indikator wird entweder Eriochromschwarz T oder Murexid:

in fester Form — 1:200 mit NaCl verrieben — verwendet. Die Titerlösungen können bis zu 0,001 n verdünnt sein. Besondere Vorsichtsmaßnahmen bezüglich der Aufbewahrung der Lösungen müssen beachtet werden — es dürfen dafür nur solche Glasgeräte verwendet werden, die keine Ca- oder Mg-Ionen abgeben.

WEHBER [396] empfiehlt für die Pb-Titration im alkalischen Bereich das Eriochromrot B (=Na-Salz des 4-(2-hydroxy-4-sulfo-1-naphthylazo)-3-methyl-1-phenyl-2-pyrazolon-5) als Indikator. Dieser Farbstoff löst sich im sauren und basischen Medium mit gelber Farbe und bildet mit zweiwertigen Ionen — genannt sind neben dem Pb auch Mg, Ca, Sr, Ba, Cu, Cd und Mn — schwachrosa bis rot gefärbte Komplexe. Der Pb-Farbstoffkomplex besitzt jedoch eine geringere Komplexstärke als der Pb-Eriochromschwarz-T-Komplex, was bedeutet, daß der dort üblicherweise verwendete Hilfskomplexbildner Tartrat hier die Indikation verhindert. Er wird deshalb durch Acetat ersetzt, dem nur noch eine geringe Menge Tartrat zugefügt wird. Bei genauer Einhaltung der Arbeitsvorschrift soll damit die Fällung von Bleihydroxid gleichfalls verhindert werden können.

Arbeitsvorschrift. Zu der schwachsauren Pb-Lösung (80 ml) werden einige Tropfen Eisessig und 13 g Natriumacetattrihydrat sowie 70 mg Seignette-Salz hinzugefügt und nach Lösen dieser Zusätze 2 bis 3 ml $p_H = 10$-Puffer (35 ml 25%iges NH_3 + 5,4 g NH_4Cl ad 100 ml), 40 mg Indikatormischung (Eriochromrot B mit NaCl 1:100 verrieben) sowie 1 bis 3 Tropfen Eriochromgrün B (0,1%ig in Wasser). Bei höheren Pb-Konzentrationen fällt dabei ein weißer Niederschlag aus, der aber nicht stört. Die Titration wird bei Zimmertemperatur und kräftigem Rühren mit 0,1 m Komplexonlösung ausgeführt. Gegen Titrationsende klärt sich die Lösung; der Endpunkt wird durch einen Farbumschlag von rot nach grünlich angezeigt. Störende Ionen können wie üblich mit KCN maskiert werden. Ca und Mg stören.

Von ABD EL RAHEEM [397, 398] wurden zwei weitere organische Farbstoffe auf ihre Brauchbarkeit für die Indikation der komplexometrischen Pb-Titration untersucht, das Omegachromblau 2 G und das Omegachromschwarz PPV. Beide besitzen p_H-Indikatoreigenschaften und bilden mit Metallionen Chelate ausreichender Stabilität. Das Omegachromblau 2 G — auch als Chromechtblau FB oder Diamantechtblau FB bezeichnet — ist gut wasserlöslich und ist bei pH-Werten unter 6 weinrot, bei $p_H = 7$ strahlend-blau und bei $p_H > 10$ rötlich-blau. In einer Pufferlösung von $p_H = 8,3$ wird der Endpunkt der Pb-Titration durch einen Farbumschlag von violett nach blau angezeigt. Das Omegachromschwarz PPV ist in saurer Lösung tiefrot gefärbt, bei $p_H = 8,3$ grünlich-blau und bei $p_H = 10$ ultramarinblau. Der Farbumschlag am Endpunkt der komplexometrischen Pb-Titration bei $p_H = 8,3$ verläuft von rot nach ultramarinblau. Die Titrationen werden in Gegenwart von Weinsäure als Hilfskomplexbildner, Mn-Komplexonat (2 ml einer 1%igen Lösung) und Ascorbinsäure ausgeführt. Der verwendete Puffer von $p_H = 8,35$ enthält 320 g Ammoniumacetat, 30 g Natrium-Kaliumtartrat und 40 ml 2 n NH_4Cl-Lösung in 850 ml.

Nach BELCHER, CLOSE und WEST [399] kann auch das Solochromat-Echtviolett BS (= Na-Salz der 2-(2-Hydroxy-3,5,6 trichlorphenylazo)-1-naphthol-4-sulfosäure) als Indikator verwendet werden. Die Titration wird bei $p_H = 10$ ausgeführt; der Farbumschlag am Endpunkt verläuft von rot nach gelb. Er ist zwar scharf, sein Kontrast jedoch nicht zufriedenstellend.

ABD EL RAHEEM und AMIN [400] beschreiben die Verwendung von Eriochromblau S E für die Indikation der komplexometrischen Pb-Bestimmung. Der Indikator verhält sich wie ein p_H-Indikator; er besitzt bei $p_H = 12$ ein dunkles Blau mit leichtem Rotstich, bei $p_H = 10$ ist er rotstichfrei. Die Verwendung von Säuregrün G läßt die Endpunktsfarbe noch deutlicher werden. Die Metallionenkomplexe sind rot gefärbt, der Farbumschlag am Äquivalenzpunkt verläuft somit von rot nach klarblau. Die Pb-Titration wird in ammoniakalischer Lösung (Zusatz von 1 ml Puffer-Lösung, enthaltend 13,5 g NH_4Cl und 88 ml konz. NH_3 in 250 ml) in etwa 0,01 n Lösung in Gegenwart von Tartrat vorgenommen. Als Indikator findet eine feine Verreibung von 0,1 g Erichromblau S E und 0,04 g Säuregrün G mit 10 g NaCl Verwendung.

ALD EB RAHEEM und OSMAN [401] verwenden Omegachromschwarzblau G (= 3-(8-Acetamido-2-hydroxy-naphthylazo)-2-oxybenzosulfosäure) als Indikator für die komplexometrische Pb-Titration bei $p_H = 10$. Als Indikatorlösung wird eine 0,1%ige wäßrige verwendet. Der Pb-Komplex besitzt eine rote Farbe, der Indikator in diesem p_H-Bereich eine blaue Eigenfarbe. Der Farbumschlag ist scharf; die Titrationsunsicherheit bei der Bestimmung von 3 bis 15 mg Pb (0,01 m Komplexonlösung) liegt bei 0,04 mg.

WEHBER [402] beschreibt die Pb-Titration unter Verwendung von Pyridin-(2-azo-4)-resorcin (=PAR) als Indikator in alkalischer mit Tris-(hydroxymethyl)-aminomethan (= Tris) gepufferter Lösung ($p_H = 9$ bis 9,5), wobei die Puffersubstanz gleichzeitig als Hilfskomplexbildner fungiert. Der Farbumschlag erfolgt sehr scharf von rot nach gelb. SOMMER und HNILIČKOVÁ [403] haben als erste auf die gute Brauchbarkeit dieses Indikators hingewiesen und die Titration in mit Hexamethylentetramin gepufferter Lösung ausgeführt. Als weitere brauchbare Indikatoren aus der Klasse der Pyridinazofarbstoffe werden von ihnen genannt Pyridin-(2-azo-2)-chromotropsäure und Pyridin-(2-azo-2)-amino-1-hydroxy-8-naphthalin-3,6-disulfosäure.

Nach ABD EL RAHEEM und AMIN [404] ist für die Indikation der Titration in alkalischer Lösung auch das Eriochromschwarz A (= 4-Sulfo-5-nitro-2-hydroxy-α-naphthalin-azo-β-naphthol) brauchbar, das mit blauer Farbe in Wasser löslich ist und bei $p_H > 10$ nach violettrot umschlägt. Die Pb-Titration mit einem Farbumschlag von rot nach blau wird bei p_H-Werten zwischen 8 und 10 ausgeführt. Der Indikator wird als Verreibung mit NaCl im Verhältnis 1:100 angewendet.

Schließlich sei noch auf das bereits unter den Indikatoren für die Titration im sauren Bereich genannte Methylthymolblau verwiesen, das auch für die Indikation im alkalischen Bereich brauchbar ist (s. S. 185.)

c) indirekte Titration (Rücktitration).

Auch das Verfahren der Rücktitration kann nach SCHWARZENBACH [392] für die komplexometrische Pb-Bestimmung mit gutem Erfolg herangezogen werden. Dabei wird Pb zunächst bei $p_H = 10$ mit einem Komplexonüberschuß gebunden und dieser dann mit Mg- oder Zn-Lösung gegen Eriochromschwarz T zurücktitriert. Nach PŘIBIL [405] führt diese Arbeitsweise zu einem schärferen Umschlag als die direkte Titration. Diese Arbeitsweise ist von einer ganzen Reihe von Autoren als gut brauchbar bestätigt worden.

Ein anderes indirektes Titrationsverfahren wird von ERDEY und PÓLOS [406] angegeben. Sie versetzen die zu titrierende Pb-Lösung mit Komplexonlösung im Überschuß und titrieren diesen gegen das von ERDEY und BODOR [407] als Redoxindikator empfohlene Variaminblau:

$$CH_3O-\langle\rangle-NH-\langle\rangle-NH_2$$

in Gegenwart von Kaliumhexacyanoferrat (II, III)-Gemisch mit Zinksulfat zurück. Sie bevorzugen diese Ausführungsart gegenüber der direkten, weil bei jener das zu bestimmende Pb einen Cyanoferrat (II)-Niederschlag bildet, der vom Komplexon nur langsam wieder gelöst wird, was zu einer langsamen Titration oder zum Arbeiten in der Wärme zwingt.

Arbeitsvorschrift. Die zu untersuchende Lösung soll zwischen 20 und 500 mg Pb enthalten; sie wird je nach ihrem Pb-Gehalt mit 20 bis 100 ml 0,05 m Komplexonlösung und mit 10 ml Essigsäure-Acetatpuffer von $p_H = 5$ (95,9 g Natriumacetat + 295 ml 1 m Essigsäure/l) versetzt. Nach Zugabe von 0,2 g festem Indikatorgemisch (0,2 g Variaminblau B, 0,422 g $K_4[Fe(CN)_6] \cdot 3 H_2O$ und 0,082 g $K_3[Fe(CN)_6]$ mit 50 g NaCl gründlich verrieben) wird bei Zimmertemperatur mit einer 0,05 m Zinksulfatlösung bis zum Auftreten einer violetten Farbe titriert. Die Differenz zwischen zugesetzter Komplexonlösung und verbrauchter Zn-Lösung ist — gleiche Molarität beider Lösungen vorausgesetzt — dem Pb-Gehalt der Analysenlösung äquivalent (1 ml 0,05 m Lösung = 10,36 mg Pb). Die Standardabweichung des Verfahrens wird mit ± 0,03 bis 0,05 ml Lösung angegeben. Selbst ein 100-facher Überschuß an Alkalien und Erdalkalien beeinflußt diese Genauigkeit nicht.

Von FLASCHKA und FRANSCHITZ [408] wird die von BROWN und HAYES [409] für die komplexometrische Zn-Titration vorgeschlagene Indikation an Hand der Änderung des Redoxpotentials zugesetzten Kaliumhexacyanoferrats (III) in Gegenwart von Zn-Ionen gekoppelt mit dem für den gleichen Zweck von BELCHER, NUTTEN und STEFFEN [410] empfohlenen chemischen Indikator: 3,3′-Dimethylnaphthidin, der in seiner oxydierten Stufe eine tiefviolette Farbe aufweist, auf die komplexometrische Pb-Titration übertragen. Sie finden, daß es zweckmäßiger ist, die Titration indirekt auszuführen und geben dafür die folgende

Arbeitsvorschrift. Die angenähert neutralisierte Analysenlösung wird auf etwa 100 ml gebracht und mit 10 ml Pufferlösung von $p_H = 5$ (27,2 g krist. Natriumacetat und 60 ml 1 n HCl im Liter) versetzt. Sodann fügt man einen gemessenen Komplexonüberschuß (0,1 m) und je 1 Tropfen Kaliumhexacyanoferrat-(III)-Lösung (1%ige wäßrige Lösung, täglich frisch bereitet) und 3,3′-Dimethylnaphthidinlösung (1%ig in Eisessig) zu. Unter gutem Umschwenken titriert man nunmehr mit 0,1 m Zn-Maßlösung zurück, bis ein leicht violetter Farbton in der Lösung auftritt. Gegen Ende der Titration verfährt man etwas langsamer. Die Farbe vertieft sich beim Stehen. Man liest die Komplexon- und die Zinkbürette ab, läßt etwas Komplexonlösung zufließen, wartet, bis die Lösung wieder ausgebleicht ist und titriert erneut auf violett. Es wird wieder abgelesen und der Vorgang nochmals wiederholt. Man mittelt 3 bis 4 Ablesungen jeder Bürette und nimmt die Mittelwerte als Grundlage zur Berechnung. (Eine Indikatorkorrektur in Höhe von etwa 0,05 ml Zn-Lösung ist beim Arbeiten mit 0,1 m Lösungen und in einem Volumen von 100 ml anzubringen.) 15 bis 130 mg Pb lassen sich so auf etwa ± 0,2 mg genau bestimmen.

SAJÓ [411] titriert Pb komplexometrisch indirekt gegen Benzidin als Indikator in Gegenwart von Hexacyanoferrat (III/II).

Arbeitsvorschrift. Die Pb-Lösung wird mit überschüssiger Komplexonlösung versetzt, mit 10 ml Acetatpufferlösung (500 g Ammoniumacetat in 1000 ml H_2O + 20 ml Eisessig) gepuffert, 10 Min. im Sieden gehalten und nach dem Erkalten mit 0,05 n Zinkacetatlösung in Gegenwart von 1 ml Hexacyanoferrat-Lösung (25 ml 1%ige Hexacyanoferrat (III)-Lösung und 5 ml 1%ige Hexacyanoferrat (II)-Lösung in 100 ml) und 1 ml Benzidinacetatlösung (1 g Benzidin in 100 ml Eisessig) titriert. Am Endpunkt wird ein Farbumschlag nach blauviolett erhalten (Oxydation des Benzidins). Es kann auch so verfahren werden, daß das Blei in äthanolhaltiger Lösung als Sulfat aus dem Komplexonverband verdrängt wird und das dabei freiwerdende Komplexon in analoger Weise titriert wird.

Von KINNUNEN und MERIKANTO [412] wird gleichfalls von der Rücktitration mit Zn-Lösung Gebrauch gemacht, zur Indikation jedoch das Zincon (= 2-Carboxy-2′-hydroxy-5′-sulfoformazylbenzol) verwendet. Die Indikatorlösung enthält 0,13 g Zincon, gelöst in 2 ml m-NaOH, in 100 ml. Der Endpunkt wird als sehr scharf bezeichnet.

KOVAŘÍK und MOUČKA [413] haben die Pyrogallolcarbonsäure für die direkte komplexometrische Ca-Titration mit einem Farbumschlag von violettrot nach gelb für brauchbar befunden und daraus ein Verfahren für die indirekte Titration einer Reihe von Schwermetallen, u. a. auch für Pb, entwickelt.

Arbeitsvorschrift. Die Pb-Lösung wird mit einem Überschuß an 0,1 m Komplexonlösung versetzt, mit NaOH auf $p_H = 12$ gebracht und nach Zugabe von $1/10$ des Flüssigkeitsvolumens an gesättigter wäßriger Indikatorlösung mit 0,1 m $CaCl_2$-Lösung bis zum Farbumschlag von gelb nach rotviolett titriert. Der Endpunkt ist scharf und gut reproduzierbar zu erkennen. Die Genauigkeit bei der Bestimmung von 2 bis 8 ml 0,1 m Pb-Lösung beträgt ± 0,05 ml 0,1 m Komplexonlösung.

Nach FLASCHKA und ABDINE [414] kann die Indikation der indirekten komplexometrischen Pb-Titration mit sehr gutem Erfolg auch mit Hilfe des Cu-PAN-Komplexes (s. S. 184) vorgenommen werden. Die Pb-Lösung (50 bis 100 ml) wird dabei mit 15 ml einer Pufferlösung (13,5 g NH_4Cl + 88 ml konz. NH_3 in 250 ml) alkalisch gemacht, mit überschüssiger 0,01 m Komplexonlösung versetzt, die nach Zugabe von 1—2 Tropfen Indikatorlösung (0,05 g PAN in 100 ml Äthanol) mit 0,01 m Cu-Lösung bis zum Farbumschlag von gelb nach violett zurücktitriert wird. Die Titration wird bei Zimmertemperatur ausgeführt; eine Indikatorkorrektur ist nicht erforderlich.

Ein interessanter Vorschlag für die Indikation wird von ERDEY und BUZÁS [415] gemacht; sie verwenden Chemolumineszenz-Indikatoren,

das Luminol: und das Lucigenin:

Beide Substanzen emittieren in alkalischer Lösung in Gegenwart oxydierender Substanzen Licht, das Luminol bei Anwesenheit irgendeines Oxydationsmittels bei Gegenwart eines Katalysators, das Lucigenin hingegen nur bei Anwesenheit von H_2O_2. Diese Indikatoren können für komplexometrische Titrationen verwendet werden, wenn Cu-Ionen anwesend sind. In alkalischer Lösung, die geringe Mengen H_2O_2 enthält, sendet Lucigenin ständig Licht aus, Luminol hingegen zeigt keine Luminescenz. Sie tritt mit der letztgenannten Substanz erst auf, wenn freie Cu-Ionen vorliegen, während sie bei der erstgenannten unter diesen Bedingungen erlischt.

Arbeitsvorschrift. Die zu titrierende etwa 0,01 n Pb-Lösung wird mit 0,01 m Komplexonlösung im Überschuß versetzt, zum Sieden erhitzt und durch Zugabe von 20 ml 4 n NH_3 alkalisch gemacht. Nach Zugabe von 1 ml 3%igem H_2O_2, 3 ml 0,01%iger Luminollösung (0,1 g in einem Gemisch von 500 ml H_2O und 5 ml n NaOH gelöst und mit Wasser auf 1 Liter verdünnt) oder 1 ml 0,5%iger Lucigeninlösung (1 g in 200 ml Wasser gelöst) wird der Komplexonüberschuß im Dunkeln mit einer 0,01 m Cu-Lösung zurücktitriert. Am Äquivalenzpunkt hört im Falle von Lucigenin als Indikator die blaugrüne Luminescens auf; im Falle von Luminol als Indikator setzt sie ein. Die Titration von 5 bis 30 ml 0,01 m Pb-Lösung ist mit einer Genauigkeit von etwa $\pm$ 0,4% möglich.

TAKAMOTO [416] sowie SEN [417] verwenden als anorganischen Indikator bei indirekter Ausführung der Titration das in Aceton lösliche Kobaltthiocyanat. Sie versetzten 5 bis 10 ml Analysenlösung mit überschüssiger Komplexonlösung (15 ml 0,01 m), stellten den p_H-Wert auf 7 ein und gaben 1 g Ammoniumacetat zu. Nach Zugabe von 1 ml gesätt. Ammoniumthiocyanatlösung wird so viel Aceton zugefügt, daß die Lösung daran 50%ig ist. Der Komplexonüberschuß wird mit 0,01 m Kobaltnitratlösung zurücktitriert. Am Endpunkt bildet sich der blaue Kobaltkomplex, der ihn auf einen Tropfen genau erkennen läßt. Hilfskomplexbildner, wie Citrat, Oxalat und Tartrat, stören nicht; Cyanid hingegen ist von Einfluß.

d) Substitutionstitration (Verdrängungstitration).

Für die komplexometrische Pb-Bestimmung auf dem Wege einer Substitutionstitration beschreibt SCHWARZENBACH [392] die folgende

Arbeitsvorschrift. Die Analysenlösung, die nicht mehr als etwa 30 mg Pb in 100 ml enthalten soll, wird mit 5 ml etwa 0,1 m Mg-Komplexonatlösung versetzt und mit m NaOH neutralisiert. Nach Zugabe eines gegebenenfalls erforderlichen Tarnungsmittels (z. B. KCN) sowie von 2 ml pH = 10-Puffer und Erio T als Indikator wird das in Freiheit gesetzte Mg mit 0,01 m Komplexon titriert (1 ml 0,01 m Komplexon = 2,0721 mg Pb). Der Endpunkt wird durch eine reinblaue Farbe der Analysenlösung angezeigt. Wird Pb zunächst als $PbSO_4$ von seinen Begleitern abgetrennt, so wird dieses direkt in überschüssiger Mg-Komplexonatlösung gelöst und dann, wie beschrieben, weiterverfahren.

Von PŘIBIL [418] sowie FLASCHKA [419] wird diese Arbeitsweise als voll brauchbar befunden.

Mit ähnlichem guten Erfolg kann nach FLASCHKA [420] auch mit einer Zn-Komplexonatlösung und nach KINNUNEN und WENNERSTRAND [421] mit einer Mn-Komplexonatlösung gearbeitet werden.

2. Ausführung mit elektrischer Indikation.

Allgemeines. Eine allgemeine Übersicht über die Möglichkeiten der elektrischen Indikation komplexometrischer Titrationen wird von KRAFT [422] gegeben. Für das Pb speziell sind die folgenden Verfahren publiziert.

a) amperometrische Indikation.

Die amperometrische Indikation der direkten komplexometrischen Titration des Bleis wird erstmals von PŘIBIL und MATYSKA [423] in normaler Ausführung beschrieben.

TANAKA, KODAMA, SASAKI und SUGINO [424] erhalten ausgeprägte Knickpunkte in der Stromvolumenkurve vor allem im Bereich von $5 \cdot 10^{-4}$ bis 10^{-2} m Pb-Lösungen. Sie arbeiten bei $p_H = 4,2$ in einer 0,01 m Gelatine enthaltenden Lösung mit einem Kathodenpotential von —0,6 V gegen die gesättigte Kalomelelektrode.

NIKELLY und COOKE [425] führen sie an einer großflächigen Hg-Elektrode (1 bis 2 cm²) aus, weil dabei bei konstantem Potential kein Kapazitätsstrom mehr auftritt und so auch noch sehr verdünnte Lösungen titriert werden können. Bei p_H-Werten zwischen 6 und 9 werden 0,2 bis $1 \cdot 10^{-5}$ m Pb-Lösungen in 0,01 bis 0,1 n KNO_3-Lösung unter Stickstoffspülung mit einer etwa 10^{-3} m Komplexonlösung bei einem Kathodenpotential von etwa —0,6 V titriert. Die Genauigkeit wird mit ± 0,7% genannt. Zur Titration gelangen 50 bis 100 ml Analysenlösung, so daß Pb-Mengen zwischen etwa 10 und 300 µg bestimmt werden.

REILLEY, SCRIBNER und TEMPLE [426] titrieren bei p_H 4 und verwenden als Indikatorelektrode die Hg-Tropfelektrode (—0,55 V). Den störenden Diffusionsstrom des Bi-Komplexonats unterdrücken sie durch einen auf 0,033% erhöhten Gelatinezusatz. Die Genauigkeit der Bestimmung ist besser als 1%. Durch Heranziehen der anodischen Komplexonstufe bei +0,2 V können auch mehrere Kationenarten nebeneinander tiriert werden, so z. B. Pb und Ca.

b) potentiometrische Indikation.

Es sind hierfür im wesentlichen zwei Verfahren zu unterscheiden: Indikation bei der indirekten Titration mit Hilfe des Redoxpotentials einer geeigneten Maßlösung und Indikation bei der direkten Titration an einer Hg-Elektrode in Gegenwart von Quecksilber (II)-komplexonat.

PŘIBIL, KOUDELA und MATYSKA [427] titrieren indirekt mit Hilfe potentiometrischer Indikation. Dazu wird die Pb-Lösung in bekannter Weise bei $p_H = 5$ mit überschüssiger Komplexonlösung gebunden. Der Komplexonüberschuß wird mit $FeCl_3$-Lösung zurücktitriert. Der an einer Pt-Elektrode gemessene Potentialsprung beträgt im Titrationsendpunkt etwa 350 mV je 0,04 ml Maßlösung.

Die Indikation auf diesem Wege wird noch von einigen weiteren Autoren beschrieben, ohne daß dabei neue Gesichtspunkte aufgezeigt werden. Die diesbezüglichen Arbeiten sollen deshalb hier nicht im einzelnen aufgeführt werden.

Ein anderes Verfahren wird von KHALIFA [428] vorgeschlagen. Er titriert gleichfalls indirekt, verwendet dafür jedoch eine Quecksilber(II)-nitratlösung. Die Titration wird bei p_H 8 bis 11 vorgenommen. Die Potentialänderung — über die verwendeten Elektroden werden leider keine Angaben gemacht — am Äquivalenzpunkt beträgt etwa 100 mV. Eine gleichzeitige Bestimmung der Erdalkalien wird dadurch möglich, daß diese bei $p_H = 8$ zum Unterschied vom Blei durch Hg^{2+} aus ihrem Komplexonverband verdrängt, bei $p_H = 11$ dagegen zusammen mit dem Blei bestimmt werden.

REILLEY, SCHMID und LAMSON [429] beschreiben eine potentiometrische Indikation für die direkte komplexometrische Pb-Titration mit Hilfe einer Hg-Elektrode in Gegenwart von Quecksilberchelat. 15 bis 25 ml Probelösung werden mit Essigsäure oder Urotropin auf $p_H = 4$ bis 5,5 gebracht, mit 1 Tropfen 10^{-3} m Quecksilber(II)-komplexonatlösung versetzt und mit 0,05 bis 0,005 m Komplexonlösung titriert. Die Genauigkeit ist besser als $\pm 1\%$.

Die theoretischen Grundlagen für dieses Indikationsverfahren werden von REILLEY und SCHMID [430] beschrieben, worauf hier nur verwiesen sei.

Über eine Möglichkeit zur komplexometrischen Pb-Titration im Ultramikromaßstab unter Verwendung potentiometrischer Indikation mit einer Hg-Elektrode in Gegenwart von Quecksilberkomplexonat berichten SADEK und REILLEY [431]. Unter speziellen Bedingungen sind auf diesem Weg noch 1,8 µg Pb mit einer Unsicherheit von nur $\pm 0,085$ µg zu bestimmen.

Einen völlig anderen Weg beschreiben BINDANOVA und PLATONOVA [432], die die direkte Titration unter Verwendung eines Pt-W-Elektrodenpaares potentiometrisch indizieren. Die Pb-Titration wird von ihnen in ammoniakalischer Lösung in Gegenwart von Tartrat ausgeführt; am Endpunkt wird ein großer Potentialsprung erhalten.

c) Konduktometrische Indikation.

Über die konduktometrische Indikation der komplexometrischen Pb-Titration wird von HALL, GIBSON JR., WILKINSON und PHILLIPS [433] sowie von VYDRA und KARLÍK [434] berichtet. Bei der Titration des Bleis mit 0,02 m Komplexonlösung in 0,005 bis 0,1 m Ammoniak wird vor dem Äquivalenzpunkt ein schwacher, nach seinem Überschreiten ein steiler Anstieg der Leitfähigkeit erhalten, womit die Voraussetzung für eine hohe Genauigkeit bei der Auswertung der Leitfähigkeits-Volumen-Kurve gegeben ist.

Unter Verwendung von Hochfrequenz — Sargent Oscillometer, Modell V — indizieren HARA und WEST [435]. Das Blei wird dabei in acetatgepufferter Lösung (p_H 5,3) direkt mit Komplexon(III)-Lösung titriert. Der Endpunkt ist an einem scharfen Knick in der Meßwert-Volumen-Kurve zu erkennen. Es können mit sehr hoher Genauigkeit 10^{-4} m bis 10^{-2} m Pb-Lösungen titriert werden, wobei eine etwa um den Faktor 10 konzentriertere Titerlösung Verwendung findet.

In ähnlich guter Weise ist auch die indirekte Titration unter Verwendung von freier Äthylendiaminessigsäure bei einem Ausgangs-pH-Wert von etwa 5,3 möglich, wobei die bei der Komplexbildung in Freiheit gesetzten H^+-Ionen mit NaOH zurücktitriert werden.

3. Ausführung mit photometrischer Indikation.

Der photometrischen Indikation bei der komplexometrischen Pb-Titration bedienen sich WILHITE und UNDERWOOD [436]. Das Bleikomplexonat besitzt ein Absorptionsmaximum bei 240 nm, das Pb-Ion sowie das freie Komplexon zeigen bei dieser Wellenlänge noch keine Absorption. Die Titration wird deshalb bei 240 nm indiziert, wofür ein infacher Weise die Absorption im Verlauf der Titration vor und nach Überschreiten des Endpunktes gemessen wird. Es wird dabei zunächst ein geradliniger Anstieg der Absorptions-Volumen-Kurve erhalten, nach Überschreiten des Endpunktes hingegen bleibt die Absorption praktisch unabhängig von der Menge zugesetzter Titerlösung konstant. Der Schnittpunkt der beiden Kurvenäste gibt den Äquivalenzpunkt an, der sehr scharf zu ermitteln ist. Das Verfahren eignet sich für die Indikation der Titration auch sehr verdünnter Pb-Lösungen (bis herab zu 10^{-6} m). Bei der Titration von 0,2 bis 2 mg Pb — ausgeführt bei $p_H = 2$ — werden lediglich Fehler von $\pm 1\%$ erhalten.

Die photometrische Indikation ist auch bei Verwendung chemischer Indikatoren anzuwenden und bringt mitunter eine wesentliche Verbesserung der Erkennbarkeit ihrer Farbumschläge. Methodisch treten dabei jedoch keine neuen Gesichtspunkte gegenüber den hier und den bei der Behandlung der Indikatoren angeführten auf, so daß auf die ausführlichere Behandlung verzichtet werden kann.

4. Ausführung mit thermometrischer Indikation.

Mit thermometrischer Indikation titrieren JORDAN und ALLEMAN [437] komplexometrisch u. a. Blei. Die quantitative Analyse ist bis zu Konzentrationen von $5 \cdot 10^{-4}$ m möglich; die dabei erreichbare Genauigkeit ist noch besser als 3%; für 10^{-2} m Lösungen liegt sie unter 1%. Die Komplexonlösung ist dabei in etwa 100-fach höherer Konzentration anzuwenden als die Pb-Lösung. Verwendet wird eine Lösung des Tetranatriumsalzes der Äthylendiamintetraessigsäure.

5. Coulometrische Titration.

REILLEY und PORTERFIELD [438] titrieren das Blei coulometrisch mit elektrolytisch aus Quecksilberkomplexonat an einer Hg-Elektrode erzeugtem Komplexon. Dazu werden 20 ml 0,1 m Quecksilberkomplexonatlösung mit 55 ml 0,1 m NH_4NO_3-Lösung in die Elektrolysezelle eingefüllt und mit Ammoniak auf $p_H = 8,5$ gebracht. Als Anolyt wird eine gesättigte K_2SO_4-Lösung verwendet. Nach Durchleiten von Stickstoff durch den Katholyten wird zur Beseitigung eines gegebenenfalls vorhandenen Hg-Überschusses mit 100 sec, zuletzt mit 10 sec-Stromstößen von 43,5 mAmp. vortitriert. Dann wird die Pb-Lösung (Nitrat-Lösung) zugesetzt, erneut der p_H-Wert eingestellt, wiederum mit Stickstoff gespült und coulometrisch titriert. 10 bis 40 mg Pb lassen sich auf diesem Weg mit Fehlern unter 1% bestimmen.

II. Titration mit Tartrat.

Ein weiteres Verfahren für die Komplextitration des Bleis wird von TSIMBLER und DERENOVSKII [439] vorgeschlagen. Sie bedienen sich dafür des Tartrats, das in schwach alkalischer Lösung mit dem Blei einen Komplex der Zusammensetzung 1 Mol Pb : 1 Mol Tartrat bildet. Sie arbeiten mit einer 0,1 bis 0,05 n Kalium-Natriumtartratlösung, die mit einer 0,085 bis 0,042 n KOH im Verhältnis 1:0,85 gemischt ist. Diese Lösung wird vorgelegt (20 bis 40 ml) und mit der zu analysierenden Pb-Lösung unter Rühren titriert. Der Endpunkt wird durch das Auftreten einer Trübung angezeigt. Über die Leistungsfähigkeit des Verfahrens und seine Genauigkeit ist nichts bekannt.

III. Titration mit Tripolyphosphat.

Von KOBAYASHI [440] wurde die Komplexbildungstitration des Bleis mit Hilfe von Natriumtriphosphatlösungen (Tripolyphosphat) unter Verwendung amperometrischer Indikation untersucht. Bei einem p_H-Wert von 6,5 und einem Kathodenpotential zwischen $-0,6$ und $0,7$ V sollen dabei brauchbare Verhältnisse erhalten werden.

Dritter Teil:

Photometrische Bestimmungsverfahren.

Allgemeines. Der Anwendungsbereich der photometrischen Verfahren zur Pb-Bestimmung liegt naturgemäß im Gebiet der µg- bis mg-Mengen. Die Verfahren waren anfänglich colorimetrische, d. h. solche, bei denen lediglich ein Farbvergleich zwischen der Analysenlösung und einer Reihe von Vergleichslösungen mit bekannten Pb-Mengen vorgenommen wurde. Mit Weiterentwicklung der Meßtechnik hat sich jedoch weitgehend die photometrische Arbeitsweise eingeführt, d. h. die Messung der Farbintensität der Analysenlösung.

Die hier zu betrachtenden Verfahren bauen sich entweder auf direkte Reaktionen geeigneter Reagenzien mit den Pb-Ionen auf oder werden indirekt ausgeführt dadurch, daß Pb mit Hilfe ausreichend empfindlicher Fällungsreaktionen aus der Analysenlösung abgetrennt und danach das an Pb gebundene Anion photometrisch bestimmt wird. Im allgemeinen besitzen die direkten Methoden die größere Richtigkeit, weil sie nicht mit dem Fehler behaftet sind, der für die indirekten in erster Linie in der Löslichkeit der gefällten Pb-Verbindung begründet ist. Die indirekten Methoden scheiden deshalb im allgemeinen für die Bestimmung kleinster Mengen aus. Andererseits zeichnen sie sich hier aber durch die höhere Spezifität aus, so daß von Fall zu Fall entschieden werden muß, welchem Weg der Vorzug zu geben ist: dem empfindlicheren, aber aufwendigeren direkten oder dem weniger empfindlichen, dafür aber einfacheren indirekten.

Die im wesentlichen nur der Vollständigkeit halber mitaufgeführten nephelometrischen Verfahren treten hinter den photometrischen in ihrer praktischen Bedeutung weit zurück.

A. Direkte photometrische Verfahren.

Allgemeines. Es sind hier zwei Verfahrensgruppen zu nennen, solche, die im UV messen, und solche, die im sichtbaren Wellenlängenbereich ausgeführt werden. Für die Messung im UV eignen sich einige lösliche, einfache Pb-Salze; der Messung im Sichtbaren liegen schwerlösliche Pb-Verbindungen im kolloiddispersen Zustand oder lösliche Pb-Komplexe, meistens mit organischen Komplexbildnern zugrunde. Die Verfahren der UV-Messung sind wegen ihrer hohen Störungsanfälligkeit nur von theoretischem Interesse.

I. Messung im UV.

1. *Bestimmung als $PbCl_2$.*

Die Möglichkeit einer UV-photometrischen Pb-Bestimmung als $PbCl_2$ wird von YAMAMOTO [441] aufgezeigt. Die Messung wird in 6 n HCl ausgeführt. Nach der nur im Referat zugänglich gewesenen Arbeit lassen sich Pb, Fe und Bi nebeneinander bestimmen, Cu, Sb, V und Ti hingegen stören.

2. *Bestimmung als $Pb(ClO_4)_2$.*

Nach ISHIBASHI und YAMAMOTO [442, 443] besitzt $Pb(ClO_4)_2$ bei 208 nm ein Absorptionsmaximum, das gut für die photometrische Pb-Bestimmung geeignet ist. In n $HClO_4$ wird das Beersche Gesetz von Pb-Mengen zwischen 0,5 bis 20 ppm erfüllt. Wird nicht im Maximum, sondern bei 218 nm gemessen, können noch 80 ppm Pb bestimmt werden. Die Extinktion ist u. a. abhängig von der $HClO_4$-Konzentration.

Wie alle Messungen im kurzwelligen UV ist auch dieses Verfahren sehr störungsanfällig. Fe-, Bi-, Sb-, Zn- u. a. Ionen verursachen bereits in geringer Konzentration beträchtliche Überwerte.

Die Genauigkeit des Verfahrens wird von den gleichen Autoren mit 4,5% für Pb-Konzentrationen zwischen 2,5 und 12,5 ppm in reiner Lösung genannt.

II. Messung im sichtbaren Gebiet.

1. Bestimmung als PbS.

Allgemeines. Wohl das älteste Verfahren der colorimetrischen und photometrischen Pb-Bestimmung ist das PbS-Verfahren, dessen Grundlage die braune Farbe von kolloiddispersem Bleisulfid ist. Die Spezifität des Verfahrens ist zwar nur gering, die Methode hat aber doch eine gewisse Bedeutung für die Wasseranalyse erlangt.

WINKLER [444] hat das Verfahren erstmals sehr eingehend und kritisch untersucht — von der Wiedergabe der zahlreichen älteren Arbeiten über dieses Thema soll deshalb abgesehen werden. WINKLER hat gefunden, daß die Reaktion in alkalischer Lösung empfindlicher — aber auch störungsanfälliger — ist als in saurer. Ihre Empfindlichkeit kann noch — in saurer Lösung sogar um etwa den Faktor 2 — dadurch gesteigert werden, daß der Lösung Elektrolyte, vornehmlich Ammoniumchlorid, zugesetzt werden. Dadurch werden auch die Unterschiede in der Farbtiefe ausgeglichen, die normalerweise auftreten je nachdem, ob das Reagens zu einer bleihaltigen Lösung gegeben oder ob die Untersuchungslösung in die Reagenslösung eingetragen wird. Als Reagens wird von WINKLER eine 10%ige $Na_2S \cdot 9 H_2O$-Lösung in 70%igem Glycerin als besonders vorteilhaft bezeichnet.

Die Bestimmung wird colorimetrisch ausgeführt. Dafür wird so vorgegangen, daß eine bleifreie Vergleichslösung verwendet wird, die durch Hinzufügen von bekannten Pb-Mengen auf die gleiche Farbtiefe (braun) gebracht wird wie sie die Analysenlösung zeigt.

Arbeitsvorschrift.

a) Bestimmung in saurer Lösung.

Für die Pb-Bestimmung in Wässern wird so verfahren, daß 100 ml der erforderlichenfalls geklärten Probe, ebenso wie die bleifreie Vergleichsprobe, mit 2 ml 10%iger Essigsäure, 2 g NH_4Cl und 2 Tropfen 10%iger $Na_2S \cdot 9 H_2O$-Lösung versetzt werden. Zu der Vergleichsprobe wird dann so lange Bleinitratlösung (1 ml = 0,1 mg Pb) eingetragen, bis Farbgleichheit hergestellt ist. Die Bestimmung von Pb-Mengen zwischen 0,5 und 1,5 mg/l ist auf diesem Wege mit einer Genauigkeit von etwa ± 10% möglich.

b) Bestimmung in ammoniakalischer Lösung.

100 ml Analysenprobe werden — zur Ausschaltung der Störungen durch Fe und Cu — mit 2 bis 3 Tropfen 10%iger KCN-Lösung versetzt. Ist Fe vorhanden, färbt sich die Lösung vorübergehend bräunlichgelb, wird aber innerhalb einer halben Minute wieder farblos. Ist dies eingetreten, werden 2 g NH_4Cl, 5 ml 10%iges NH_3 und schließlich 2 bis 3 Tropfen Reagenslösung hinzugefügt. Durch Zugabe von Bleinitratlösung zur Vergleichslösung wird wieder Farbgleichheit mit der Analysenprobe hergestellt. Auch auf diesem Weg wird eine Genauigkeit von etwa ± 10% erreicht.

PYRIKI [445] kommt bei der Überprüfung der Winklerschen Arbeitsweise zu dem Ergebnis, daß damit an Proben, die bis zu 2,5 mg Pb/l enthalten, richtige Werte gefunden werden, daß jedoch in solchen, die mehr Pb enthalten, beim Arbeiten in ammoniakalischer Lösung Unterwerte auftreten, wenn vorhandenes Cu durch KCN maskiert wird. (Ausfällung von Bleicyanid, das sich mit Na_2S nicht mehr umsetzt.) Muß kein KCN verwendet werden, werden auch in ammoniakalischer Lösung genaue Resultate erzielt.

SCHOORL [446] kann diesen das WINKLERsche Verfahren einschränkenden Befund nicht bestätigen. Er erhält auch an Pb-Lösungen mit 20 mg/l noch gute Ergebnisse. Er stellt weiter fest, daß auch Salzgehalte an NaCl, $CaCl_2$, $MgCl_2$ und $MgSO_4$ bis zu 2 g/l die Pb-Bestimmung nach WINKLER nicht beeinträchtigen, und entkräftet damit zumindest für die Wasseranalyse die von HAASE [447] geltend gemachten diesbezüglichen Bedenken. SCHOORL befindet die Methode für Pb-Mengen bis herab zu 0,1 mg/l als brauchbar; für noch geringere Konzentrationen empfiehlt er die Anreicherungsmethode von KOLTHOFF [448], die in einem Schütteln des zu untersuchenden Wassers mit $CaCO_3$ (0,5 g/l) besteht, das Pb selektiv adsorbiert.

REITH und DE BEUS [449] bauen auf den Angaben von SCHOORL auf und erweitern seine Vorschriften für die Wasseranalyse auch auf solche Wässer, die größere Mengen störender Bestandteile (wie z. B. Fe) enthalten. Sie führen die Bestimmung entweder, wie von WINKLER angegeben, durch colorimetrische Titration oder normal colorimetrisch aus. Bei der letztgenannten Arbeitsweise unter Verwendung von Nessler-Zylindern lassen sich noch 2 μg Pb/100 ml erkennen. Pb-Mengen bis zu 100 μg lassen sich auf 2 bis 3 μg Pb genau abschätzen, wenn man mit um 5 μg Pb steigenden Vergleichslösungen arbeitet. Es wird darauf hingewiesen, daß die Farbe zeitlich nicht konstant ist, sondern im Verlauf von $\frac{1}{2}$ Stunde um etwa 10% aufhellt. Die Verwendung von Gummi arabicum in einer nicht durch Opalescenz störenden Konzentration (0,1 bis 0,3%) vermag das PbS-Kolloid nicht zu stabilisieren. Den günstigsten Einfluß in dieser Beziehung übt das bereits von WINKLER empfohlene NH_4Cl aus.

URBACH [450] gibt eine photometrische Vorschrift für die Pb-Bestimmung in Wässern. Er konstatiert, daß reproduzierbare Werte nur in alkalischer Lösung zu erhalten sind, daß aber die Haltbarkeit des PbS-Kolloids keine sehr große ist. Die Messung wird bei 430 nm (Filter S 43) ausgeführt und liefert eine geradlinige Eichkurve für Pb-Mengen zwischen 0 und 1 mg Pb/25 ml.

Arbeitsvorschrift. 15 ml bleihaltige Lösung, 0,75 ml 20%ige NaOH enthaltend, werden in einen 25 ml-Meßkolben eingetragen, mit 1 ml 1%iger Gummi arabicum-Lösung sowie 6 ml 15%iger $Na_2S \cdot 9\,H_2O$-Lösung versetzt und zur Marke mit Wasser verdünnt. Die braungelbe PbS-Lösung wird in einer Schichtdicke von 30 mm bei 430 nm möglichst schnell gemessen. Pb-Mengen von etwa 150 μg können auf etwa 10% genau bestimmt werden, wobei die Abweichungen vom Sollwert bevorzugt negative sind. Für die Wasseranalyse werden 1 bis 2 l Wasser nach schwachem Ansäuern mit HCl auf etwa 30 ml eingedampft, mit 5 ml 20%iger heißer NaOH versetzt, nach 1 bis 2 Stunden filtriert und das Filtrat auf 100 ml verdünnt. Danach wird wie oben angegeben verfahren.

2. Bestimmung als Bleidithizonat.

Das Dithizon (Diphenylthiocarbazon),

$$\text{C}_6\text{H}_5\text{-N=N-C(=S)-NH-NH-C}_6\text{H}_5$$

wurde von H. FISCHER [451] als ein äußerst empfindliches, photometrisches Reagens für solche Metallionen erkannt, die in wäßriger Lösung schwerlösliche Sulfide bilden. Es reagiert mit — soweit bis jetzt bekannt — 18 verschiedenen Schwermetallionen in jeweils definierten p_H-Bereichen unter Bildung gefärbter innerer Komplexsalze, die in einer Reihe von organischen Lösungsmitteln, am besten in Chloroform, löslich sind und mit ihnen aus der wäßrigen Lösung extrahiert werden können. Eine umfassende Übersicht über das große Gebiet der Metalldithizonate wird von IWANTSCHEFF [452] gegeben, der neben der theoretischen Betrachtung dieser Stoffklasse auch genaue Angaben über die Beachtung einer Reihe von Vorsichtsmaßnahmen und eine besonders hohe Sorgfalt voraussetzende Arbeiten mit Dithizon macht. Wegen Einzelheiten sei deshalb auf dieses ausgezeichnete Buch verwiesen.

Das Blei bildet ein karminrotes primäres Dithizonat,

$$\text{Pb}\left[-\text{S}-\text{C}\underset{\text{N}-\text{NH}-}{\overset{\text{N}=\text{N}-}{\diagup}}\right]_2$$

mit einem Absorptionsmaximum bei 520 nm im Sichtbaren und einem weiteren im UV bei 270 nm; der molare Extinktionskoeffizient beträgt 68 800 l/Mol · cm beim längerwelligen und 35 200 beim kürzerwelligen Maximum. Die Komplexkonstante in CCl_4 ist $2,2 \cdot 10^{-19}$ [453]; der Stabilitätsbereich liegt etwa zwischen pH 5 und 12. Die Extraktion gelingt nur bei p_H-Werten > 7 vollständig. In Gegenwart von CN⁻-Ionen reagieren bei $p_H > 8$ neben Pb nur noch Bi^{3+}, In^{3+} und Tl^+ mit Dithizon; die Bildung des Bleidithizonats erfolgt dabei bevorzugt. Der Pb-Komplex wird in $CHCl_3$-Lösung bei $p_H < 4,5$ zerlegt.

Die Bestimmung des Bleis als Dithizonat ist zum wichtigsten photometrischen Pb-Bestimmungsverfahren geworden. Sie kann entweder colorimetrisch oder photometrisch sowohl nach dem Einfarbenverfahren (isoliertes Bleidithizonat (rot) oder daraus durch Zersetzen mit Säure erhaltenes freies Dithizon (grün)) als auch nach dem Mischfarbenverfahren (rotes Bleidithizonat neben freiem grünen Dithizon) vorgenommen werden. IWANTSCHEFF [452] gibt dafür die folgenden

Arbeitsvorschriften.

a) Colorimetrisches Einfarbenverfahren.

20 ml Untersuchungslösung werden in einem Scheidetrichter mit Ammoniak (7 n) auf p_H etwa 7 neutralisiert — bei Anwesenheit von Elementen, die mit NH_3 auch in Gegenwart von CN⁻ eine Fällung ergeben, nach vorheriger Zugabe von 5 ml 10%iger Natriumtartratlösung, die für die Komplexbildung von z. B. etwa 100 mg Al ausreichen — und mit 5 ml 10%iger KCN-Lösung sowie 1 ml 10%iger Hydroxylammoniumchlorid-Lösung versetzt.

Man extrahiert erschöpfend durch je 20 sec langes Schütteln mit abnehmenden Anteilen Dithizonlösung (50 μ molar in CCl_4; 1 ml entspricht etwa 5,2 μg Pb), bis der letzte organische Extrakt nicht mehr rot, sondern grün oder farblos ist.

Die in einem zweiten Scheidetrichter gesammelten, organischen Extrakte werden 2 mal mit je 5 ml Waschlösung (0,5%ige KCN-Lösung) je 20 sec lang geschüttelt und somit von überschüssigem Dithizon befreit. Der erste wäßrige Extrakt soll dabei gelblich, der zweite farblos sein. Ist auch der zweite noch gefärbt, so wird noch eine dritte Waschextraktion vorgenommen.

Die so gereinigte rote, organische Phase wird mit Tetrachlorkohlenstoff definiert verdünnt und mit einer Eichreihe verglichen. Genauigkeit: etwa $\pm 4\%$.

Es kann auch so verfahren werden, daß die rote organische Phase mit 5 ml n HNO_3 etwa 30 sec lang geschüttelt und erst dann mit CCl_4 definiert verdünnt wird. Die nun grüngefärbte Lösung von freiem Dithizon wird wiederum mit einer Eichreihe verglichen. Genauigkeit: etwa $\pm 2\%$.

b) Photometrisches Einfarbenverfahren.

Die wie oben beschrieben erhaltene, gereinigte, rote, organische Phase wird mit CCl_4 definiert verdünnt und bei 520 nm photometriert. Genauigkeit: etwa $\pm 2\%$.

Die an sich in analoger Weise mögliche, photometrische Messung des in Freiheit gesetzten Dithizons bietet hier keine Vorteile und wird deshalb nur selten praktiziert.

c) Colorimetrisches Mischfarbenverfahren.

5 ml Untersuchungslösung werden in einen Schüttelzylinder gegeben, mit 0,15 n HNO_3 auf 10 ml verdünnt und mit 2 ml Pufferlösung $p_H = 11,5$ (100 ml 10%ige KCN-Lösung und 75 ml 14 n NH_3 im Liter) versetzt. Man titriert dann mit Reagenslösung (Dithizon 25 μmolar in $CHCl_3$; 1 ml = 2,59 μg Pb) unter jeweiligem Schütteln von 30 sec Dauer, bis man eine gut abschätzbare violette Mischfarbe erhält, die mit derjenigen einer Eichreihe verglichen wird. Dafür wird von abgestuften Pb-Mengen ausgegangen, die in der beschriebenen Weise mit der gleichen Reagensmenge wie oben versetzt werden. Genauigkeit: $\pm$ 2%.

d) Photometrisches Mischfarbenverfahren.

5 ml Analysenlösung werden wie unter c) mit HNO_3 und Pufferlösung versetzt. Nach Zugabe von 10 ml Reagenslösung (ausreichend für etwa 10μg Pb) wird 1 Min. lang geschüttelt, wobei sich in der organischen Phase eine Mischfarbe zwischen dem roten Bleidithizonat und dem grünen Dithizon einstellt. Die Farbe der organischen Phase wird bei 520 nm photometriert. Genauigkeit: $\pm$ 2%.

Es kann auch in der Weise verfahren werden, daß die Messung außer bei 520 nm auch bei 605 nm (in $CHCl_3$) bzw. bei 620 nm (in CCl_4) vorgenommen wird, Wellenlängen, bei denen das Bleidithizonat keine Eigenabsorption mehr besitzt. Es wird auf diesem Wege der Gehalt des Mischextrakts an freiem Dithizon ermittelt, dessen Einfluß auf die 520 nm-Messung so rechnerisch ausgeschaltet werden kann. Diese Arbeitsweise erlaubt es, weitgehend unabhängig von der genauen Einhaltung des p_H-Wertes der wäßrigen Lösung sowie der Menge und der Konzentration der Reagenslösung zu sein.

Man kann auch so vorgehen, daß der Mischextrakt nach Messung der Extinktion bei 605 bzw. 620 nm mit 15 ml 0,15 m HNO_3 1 Min. lang geschüttelt und die Zunahme der Menge an freiem Dithizon durch erneute Messung bei den genannten Wellenlängen ermittelt wird. Wird diese Zersetzung mit 0,005 n HNO_3 vorgenommen, so wird gegebenenfalls vorhandenes Wismutdithizonat nicht zerlegt und somit nicht erfaßt.

Eine weitere Variante des Verfahrens ist die, den p_H-Wert der wäßrigen Lösung auf etwa 11,5 (30 ml einer Lösung von 500 ml 7 n NH_3 + 100 ml 1%ige Na_2SO_3-Lösung + 20 ml 10%ige KCN-Lösung) zu erhöhen, und Dithizon in reichlichem Überschuß (10 ml 250 μmolare Lösung in $CHCl_3$) anzuwenden. Es wird dadurch erreicht, daß das Bleidithizonat in der organischen Phase verbleibt, während das freie Dithizon fast vollständig als Alkalisalz in die wäßrige Lösung übergeht. Man ist so weniger an die strenge Einhaltung definierter Volumina und Konzentrationen bei der Untersuchungs- und bei der Reagenslösung gebunden und kann ohne Änderung der Arbeitsbedingungen den Pb-Gehalt innerhalb weiter Konzentrationsgrenzen erfassen. Die organische Phase wird unverzüglich nach der Schütteloperation bei 520 nm gemessen. Genauigkeit: $\pm$ 2%.

e) Abtrennung als Dithizonat.

Bei Anwesenheit großer Mengen Begleitsubstanzen ist zu empfehlen, Pb zunächst als Dithizonat aus der zu untersuchenden Lösung lediglich abzutrennen. Der Pb-Komplex wird anschließend daran durch Säure wieder zerlegt und die so erhaltene, fast reine Pb-Lösung als Analysenlösung nach einem der genannten Verfahren untersucht.

Für die Abtrennung wird wie folgt verfahren.

Arbeitsvorschrift. Die Untersuchungslösung wird in einem Scheidetrichter mit 5 ml 10%iger Natrium–Kaliumtartrat-Lösung oder 20%iger Ammoniumcitratlösung (ausreichend für etwa 100 mg Al) versetzt und mit NH_3 neutralisiert. Danach wird eine zur Tarnung vorhandener Schwermetalle ausreichende Menge 10%ige KCN-Lösung (z. B. 5 ml) zugegeben, sowie zur Reduktion 1 ml 10%ige Hydroxylammoniumchlorid-Lösung und der p_H-Wert mit NH_3 auf 8,5 bis 10 gebracht.

Nun wird mit Reagenslösung (25 μmolar in $CHCl_3$) erschöpfend extrahiert, bis der letzte Reagensanteil nach 30 sec langem Schütteln keine Verfärbung nach Rot mehr zeigt. Die in einem zweiten Scheidetrichter gesammelten Extrakte werden mit 5 ml 0,15 n HNO_3 30 sec lang geschüttelt und die wäßrige Lösung nach Abtrennen der organischen Phase nochmals mit reinem Lösungsmittel nachgewaschen. Die wäßrige Phase enthält nunmehr das gesamte Pb der Analysenlösung in 0,15 n HNO_3-Lösung.

Zusammen mit Pb werden Tl und Bi erfaßt. Sie können jedoch von ihm wie folgt abgetrennt werden: Zur Entfernung von Tl werden die im zweiten Scheidetrichter gesammelten, organischen Extrakte ein- bis zweimal je 30 sec lang mit je 25 ml H_2O (p_H etwa 7) durchgeschüttelt. Hierbei hydrolysiert das Thalliumdithizonat, und Tl geht in die wäßrige Phase über. Zur Beseitigung von Bi wird der mit H_2O gewaschene Extrakt mit 25 ml einer Pufferlösung $p_H = 3,4$ (9,1 ml 15 n HNO_3 mit H_2O auf etwa 500 ml verdünnt, mit 7 n NH_3 auf $p_H = 3,4$ gebracht, mit 25 ml 0,2 m Kaliumhydrogenphthalat sowie 5 ml 0,2 n HCl versetzt und mit H_2O auf 1 l verdünnt) etwa 1 Min. lang geschüttelt. Hierdurch wird das Bleidithizonat zerlegt und Pb in die wäßrige Phase überführt, während das Wismutdithizonat nicht angegriffen wird und in der organischen Phase verbleibt. (Bei Abwesenheit von Bi nimmt die organische Phase bei dieser Operation eine grüne Farbe an; bei seiner Anwesenheit bleibt sie rot.)

f) Anwendungsbereich

Die sehr hohe Empfindlichkeit sowie die Möglichkeiten zur Pb-Abtrennung und zur weitgehenden Selektivgestaltung der Reaktion des Pb mit Dithizon haben dazu geführt, daß die photometrische Pb-Bestimmung als Dithizonat eine sehr weite Verbreitung gefunden hat. Eine sehr große Zahl von Publikationen beschreibt das Verfahren in seiner Anwendung auf eine Vielzahl von Materialien; auf ihre Wiedergabe muß deshalb verzichtet werden. (Eine Auswahl wird von IWANTSCHEFF gegeben.)

Es sei betont, daß wegen der großen Allgegenwartskonzentration des Bleis bei der Bestimmung von Pb-Spuren eine besonders hohe Sorgfalt am Platze sein muß. Dies gilt in erster Linie hinsichtlich der Sauberkeit der Geräte und des Pb-Blindwertes der verwendeten Reagenzien, die zweckmäßigerweise mit Dithizonlösung von Pb befreit werden.

3. Bestimmung mit diversen organischen Substanzen.

a) mit Resorcin.

BEY und FAILLEBIN [454] haben gefunden, daß Resorcin in ammoniakalischer Lösung in Gegenwart einer Reihe von Schwermetallionen, wie Cu, Zn, Cd, Pb, in der Kälte langsam, in der Wärme schneller von Luftsauerstoff unter Bildung eines blauen Farbstoffs oxydiert wird.

Für die colorimetrische Pb-Bestimmung werden die folgenden Angaben gemacht.

Arbeitsvorschrift. Die bleihaltige Lösung wird mit verd. Ammoniak ammoniakalisch gemacht, kräftig durchgeschüttelt und mit etwa 5 ml einer 5%igen Resorcinlösung versetzt. Mit 1 mg Bleiacetat wird nach 20 Min. noch eine deutliche Blaufärbung erhalten; 0,3 mg zeigen sie erst nach etwa 90 Minuten. Noch weniger Pb liefert nur noch graurosa-gefärbte Lösungen. Tritt eine Blaufärbung erst nach 2 Stunden auf, so beruht sie allein auf der Oxydation des Reagenses durch den Luftsauerstoff und ist nicht mehr für Pb signifikant.

Es wird als nicht unbedingt erforderlich angesehen, daß Pb in gelöstem Zustand vorliegt. Suspensionen von $PbSO_4$ ergeben die gleiche Blaufärbung. Ammoniumacetat darf dabei — wegen von ihm ausgehender Störungen — nicht verwendet werden.

b) mit 4-(2-Pyridylazo)-resorcin.

Nach POLLARD, HANSON und GEARY [455] ist das als komplexometrischer Indikator Verwendung findende 4-(2-Pyridylazo)-resorcin (PAR) auch für die photometrische Pb-Bestimmung brauchbar und stellt somit das erste wasserlösliche, photometrische Pb-Reagens dar. Der Pb-Komplex besitzt bei $p_H = 10$ ein Absorptionsmaximum bei 250 nm und eine Molarextinktion von etwa 35000. Die Pb-Konzentration soll höchstens 5 µg/ml betragen.

c) mit Omegachromschwarzblau G.

Nach ABD EL RAHEEM, AMIN und OSMAN [456] kann Pb mit Hilfe des auch für seine komplexometrische Titration als Indikator von ihnen vorgeschlagene Omegachromschwarzblau G photometrisch bestimmt werden. Der rote Pb-Komplex ($p_H = 10$) folgt dem LAMBERT–BEER-Gesetz bis zu einer Konzentration von 80 µg/25 ml bei 625 nm. Die Standardabweichung wird mit 1,2 µg angegeben.

Das Verfahren ist jedoch nur anwendbar, wenn Pb in reiner Lösung vorliegt. Cd, Ca, Mg, Mn, Sr und Zn bilden unter den vorliegenden Bedingungen gleichfalls rot gefärbte Komplexe.

d) mit weiteren organischen Verbindungen.

In der Literatur sind noch weitere photometrische Pb-Bestimmungsverfahren mit Hilfe organischer Reagenzien angegeben. Da die Originalliteratur nicht zugängig war, kann hier nur das vermittelt werden, was aus Referaten entnommen werden konnte.

Nach T'IEN und WANG [457] ist Gallein als photometrisches Pb-Reagens geeignet. Es bildet bei p_H 7 bis 8 in äthanolischer Lösung einen stabilen blauen Komplex, der Pb und Reagens im Verhältnis 2:3 enthält. Im Bereich von 5 bis 150 µg ist das Beersche Gesetz erfüllt. Die Empfindlichkeit der Farbreaktion wird mit 1:5000000 angegeben. Die Reaktion ist nicht spezifisch; Cu, Ce^{3+}, Fe^{3+}, Sb, Sn und Ti stören.

LUKIN und PETROVA [458] nennen die 4'-Nitrobenzol-4-Diazoamino-1,1'azobenzol-2'-arsensäure, die durch Kupplung von diazotierter 4-Nitroanilin-2-arsensäure und p-Aminoazobenzol herstellbar ist, als für die Pb-Bestimmung geeignet. Zn gibt eine ähnliche Reaktion.

Nach den gleichen Autoren [459] ist auch die 4-(2-Arseno-4-nitrophenyldiazoamino)-1,1'-azobenzol-4'-sulfosäure als Reagens brauchbar.

XAVIER und RAY [460] haben die Diphenylrubeansäure als brauchbar befunden. Das Reagens, eine 0,05%ige Lösung in 0,5 n NaOH, bildet mit Pb eine gefärbte schwerlösliche Verbindung, die mit Pyridin extrahierbar ist. Zahlreiche andere Metalle stören; die Störungen können z. T. mit Komplexon ausgeschaltet werden.

BISQUE und BANKS [461] berichten über die Verwendung von α, β, γ, δ-Tetraphenylporphin zur Pb-Bestimmung in ameisen- oder essigsaurer Lösung (Absorptionsmaximum bei 550 nm.)

Nach MOFFATT und SPIRO [462] kann Hämatein als photometrisches Pb-Reagens verwendet werden. Das Reagens, das mit Blei eine blaugefärbte Verbindung bildet, ist jedoch nur wenig spezifisch.

B. Indirekte photometrische Verfahren.

Allgemeines. Unter den hier zusammengefaßten Verfahren sind diejenigen verstanden, die Pb als schwerlösliche Verbindung über die Bestimmung des Anions erfassen. Es handelt sich dabei also nicht um Pb-Farbreaktionen.

I. Nach Fällung als PbO_2.

Allgemeines. Grundlage der hier zu nennenden Bestimmungsverfahren ist die Oxydationskraft des Pb^{4+}, deren Auswirkung auf zu farbigen Produkten oxidierbare Substanzen, organische oder anorganische, ausgenutzt wird. Es bedarf dabei einer genauen Einhaltung bestimmter Reaktionsbedingungen, einmal, um zu einem definiert und reproduzierbar zusammengesetzten PbO_2 zu gelangen, zum anderen, um einen quantitativen Ablauf der von ihm ausgehenden Oxydationsreaktion zu gewährleisten.

1. Bestimmung mit Tetramethyldiamidodiphenylmethan.

Das Reagens ist erstmals von TRILLAT [463] für den Pb-Nachweis empfohlen worden. Er gibt für seine *Herstellung* die folgende Vorschrift: Ein Gemisch von 30 g Dimethylanilin, 10 g Formaldehyd, 200 ml Wasser und 10 g Schwefelsäure wird eine Stunde lang auf dem Wasserbad erhitzt, nach dem Erkalten mit Natronlauge stark alkalisch gemacht und durch Wasserdampfdestillation von überschüssigem Dimethylanilin befreit. Die ausgefallene Verbindung wird abfiltriert und aus Äthanol umkristallisiert.

Die Nachweisreaktion für Pb beruht auf der Oxydation des Reagenses durch PbO_2 in essigsaurer Lösung zu einer blaugefärbten Verbindung.

KLOSTERMANN [464] erhält PbO_2 durch Oxydation von in Natriumacetat gelöstem $PbSO_4$ mit NaOCl- oder Br_2-Lösung. Er vergleicht die beim Umsatz mit dem Reagens $CH_2[C_6H_4N(CH_3)_2]_2$ erhaltene Farbe mit derjenigen, die mit bekannten Pb-Mengen auf dem gleichen Weg erhalten wurde. 500 μg Pb wurden mit einem Fehler von $+16\%$, 100 μg mit einem von $+20\%$ und 10 μg sowie 5 μg mit einem von -40% bestimmt.

NECKE, SCHMIDT und KLOSTERMANN [465] fällen Pb aus neutraler Lösung als PbO_2 mit Natriumhypochlorit und filtrieren es über einen mit Asbest gedichteten Glasfiltertiegel ab. Als Reagenslösung wird eine 5%ige in 10%iger Essigsäure verwendet, die vor Licht geschützt in gut verschlossener Flasche aufbewahrt wird. Sie darf weder in der Kälte noch in der Wärme eine Blaufärbung zeigen.

PETROW [466] fällt das Blei mit Hilfe einer ammoniakalischen 12 bis 14%igen Ammoniumpersulfatlösung als PbO_2 bei Zimmertemperatur. Nach einer Stehzeit von 10 bis 15 Minuten wird PbO_2 abfiltriert, ausgewaschen und mit einer Lösung von 5 Teilen Äthanol und 1 Teil Essigsäure, die 0,5 bis 1%ig an Reagens ist, versetzt. Je mg Pb sollen bei der Fällung etwa 0,7 bis 1 ml Ammoniak, 1 bis 2 ml der genannten Persulfatlösung und bei der Umsetzung mit PbO_2 etwa 5 bis 7 ml Reagenslösung verwendet werden. Als Vergleichslösung für die Colorimetrie empfiehlt der Autor alkalische Lackmuslösung, weil die von dem Reagens mit PbO_2 erzeugte Blaufärbung zu unbeständig ist. Die Bestimmbarkeitsgrenze wird mit 5 μg Pb angegeben. Eisen und eine Reihe weiterer Kationen stören, weshalb die Abtrennung des Bleis empfohlen wird.

GEUER [467] gibt für die photometrische Bestimmung die folgende
Arbeitsvorschrift.
Das Blei wird in 1 bis 2 ml neutraler Lösung zunächst mit 3 bis 4 Tropfen 10%igem Ammoniak und danach mit 1 bis 3 Tropfen einer ganz schwachen — eine genauere Angabe ist leider nicht gemacht — H_2O_2-Lösung versetzt. Durch vorsichtiges Erwärmen auf dem Wasserbad werden überschüssiges NH_3 und H_2O_2 fast beseitigt. Die Lösung wird dann in einen 25 ml-Meßkolben überführt und PbO_2 mit 10 ml konz. Essigsäure in Lösung gebracht. Hierzu wird 1 ml Reagenslösung (1 g in 15 ml Essigsäure konz. +85 ml H_2O) zugegeben und nach Abkühlen auf Zimmertemperatur mit Essigsäure zur Marke verdünnt (Auffüllen mit Wasser würde die Lösung entfärben). Die entstandene Blaugrünfärbung, die tagelang haltbar ist, besitzt ein Extinktionsmaximum bei etwa 610 nm. Zur Aufstellung der Eichkurve werden 0,025 bis 0,15 mg Pb (als Acetat) in der beschriebenen Weise verarbeitet. Es wird eine geradlinige Eichkurve erhalten. Bei Messung in 5 cm-Küvetten bei 578 nm wird für 0,1 mg Pb in 25 ml Lösung eine Extinktion von 0,35 erhalten.

2. Bestimmung mit o-Tolidin.

BOLOTOW [468] scheidet Pb anodisch als PbO_2 ab und bestimmt dieses an Hand seiner Oxydationsreaktion mit o-Tolidin. Er taucht dazu die Anode in eine Lösung, die 0,1 g o-Tolidin, 10 ml HCl konz. und 90 ml H_2O enthält. Das Reagens wird dabei zu einer gelbgefärbten Verbindung oxidiert, deren Intensität mit derjenigen von Vergleichslösungen bekannten Gehalts verglichen wird. Die Empfindlichkeit wird mit 1 μg Pb/10 ml angegeben.

ŠICHVARGER [469] bedient sich in etwa der gleichen Arbeitsweise für die Bestimmung von μg-Mengen an Pb, arbeitet dabei jedoch mit einer stärker konzentrierten Farblösung. Er löst das abgeschiedene PbO_2 (Anodenstromdichte 2 bis 5 mA/cm², 10 bis 20 Min. bei 50 bis 60 °C, 20 Min. bei Zimmertemperatur) in 1 ml der genannten Reagenslösung, wäscht die Anode mit 3 ml aqua dest. nach, überführt die Lösung in ein Colorimetergefäß und verdünnt darin auf 5 ml. Die Farbintensität wird mit aus $KMnO_4$ hergestellten Standardlösungen verglichen.

3. Bestimmung als J_2.

DAY, DELANO und SCHRENK [470] setzen das anodisch abgeschiedene PbO_2 mit KJ um und bestimmen das gebildete Jod nach Extraktion mit CCl_4 photometrisch. Das Verfahren wird für Pb-Mengen zwischen 0,3 und 8 mg als brauchbar bezeichnet.

Die elektrolytische Abscheidung von 0,5 bis 5 mg Pb erfolgt unter guter Rührung aus einer Lösung, die 15 bis 20% freie HNO_3 enthält, bei einer Anfangstemperatur von etwa 90 °C mit einer Stromstärke von 5,5 bis 7 A. Sie ist nach 15 Min. vollständig Zur Ausschaltung systematischer Fehler werden der Analysenlösung bekannte Pb-Mengen zugesetzt.

II. Nach Fällung als $PbCrO_4$. Bestimmung des Chromations mit Diphenylcarbazid.

JONES [471] bestimmt kleine Mengen Pb nach Fällung als $PbCrO_4$ über den violetten Farbstoff, der von CrO_4^{2-} mit Diphenylcarbazid gebildet wird. Er bezeichnet diese Arbeitsweise als geeignet, die Lücke, die zwischen den nach dem photometrischen PbS-Verfahren (höchstens 0,1 mg Pb) und den gravimetrisch oder titrimetrisch bestimmbaren Pb-Mengen klafft, zu schließen.

Die quantitative Fällung kleiner Pb-Mengen als $PbCrO_4$ gelingt nach JONES nach folgender

Arbeitsvorschrift. Die Pb-Lösung wird zunächst, falls es sich um eine saure Lösung handelt, auf dem Wasserbad zur Trockne gebracht. Der Rückstand wird mit 8 Tropfen HCl (1 + 1) (etwa 6 m) versetzt und in heißem Wasser gelöst. Zu der so erhaltenen, klaren Lösung werden 10 ml einer etwa 0,1 n K_2CrO_4-Lösung zugegeben. Durch tropfenweise Zugabe von verd. Ammoniak wird die Lösung gerade alkalisch gemacht und dann wieder mit etwa 3 Tropfen Essigsäure (1 + 1) (etwa 51,5%ig) schwach angesäuert, was an einer Farbänderung von grünlich nach orangegelb zu erkennen ist. Die Lösung wird dann zum Sieden erhitzt, 10 Min. im Sieden gehalten und anschließend 15 Min. lang mit fließendem Wasser gekühlt. $PbCrO_4$ fällt dabei als gutkristallisierter Niederschlag aus; er wird über ein Asbest-Filterbett abfiltriert und so lange mit 2%iger KNO_3-Lösung gewaschen, bis das Filtrat farblos ist.

Für die Bestimmung des ausgefällten Bleis gilt die folgende

Arbeitsvorschrift. $PbCrO_4$ wird mit 10 ml HNO_3 (D 1,2), die durch Kochen von nitrosen Gasen befreit worden ist, vom Filter durch zwei- bis dreimaliges Durchgeben gelöst und die Lösung in einem 100 ml-Neßler-Zylinder aufgefangen. Das Asbestfilter wird so lange mit Wasser nachgewaschen, bis dieses farblos abläuft. Das Waschwasser wird gleichfalls im Neßler-Zylinder aufgefangen und die Lösung darin mit Wasser zur Marke verdünnt. In einem zweiten Zylinder wird zum Vergleich die gleiche Menge HNO_3 mit Wasser zur Marke verdünnt. Zu beiden werden 5 ml einer 0,1%igen Diphenylcarbazid-Lösung in verd. Essigsäure (1 + 1) (etwa 51,5%ig) zugegeben. In die Lösung im Vergleichszylinder wird dann so lange 0,01 bis 0,001 n K_2CrO_4-Lösung eingetragen, bis darin Farbgleichheit mit der Analysenlösung im anderen Zylinder erhalten ist. Für Pb-Mengen zwischen 0,1 und 3 mg werden Beleganalysen mitgeteilt, die eine Genauigkeit von besser als 10% ausweisen. Ammoniumacetat wird als stark störend bezeichnet, da es die Fällung der hier vorliegenden kleinen $PbCrO_4$-Mengen zu verhindern vermag.

Liegen mehr als 1 mg Pb vor, so kann der colorimetrische Vergleich auf dem angegebenen Wege direkt auf Grund der dann deutlich erkennbaren CrO_4^{2-}-Eigenfarbe vorgenommen und auf die Umsetzung mit Diphenylcarbazid verzichtet werden. Damit werden Angaben von EVANS [472] bestätigt.

III. Nach Fällung als $PbMoO_4$. Bestimmung des Molybdations als Molybdän(V)-thiocyanat.

FEINBERG [473] beschreibt für die photometrische Pb-Bestimmung den Weg der photometrischen Messung des Molybdän(V)-thiocyanat nach Fällung des Bleis als $PbMoO_4$. Es können nach diesem Verfahren 0,1 bis 1,5 mg Pb bestimmt werden. Die Methode wird besonders für die Fälle empfohlen, in denen die z. B. anodisch abgeschiedenen PbO_2- oder die ausgefällten $PbSO_4$-Mengen für eine direkte gravimetrische Bestimmung zu gering sind.

Für die Aufarbeitung von anodisch abgeschiedenem PbO_2 wird die folgende *Arbeitsvorschrift* gegeben. Der PbO_2-Niederschlag wird mit wenig HCl (1 + 1) (etwa 6 m) gelöst, die Lösung mit Wasser auf 35 bis 40 ml verdünnt, mit Ammoniak neutralisiert und mit 15 bis 20 Tropfen Essigsäure angesäuert. Pb wird aus der zum Sieden erhitzten Lösung mit 10 bis 15 ml einer 0,5%igen Ammoniummolybdatlösung gefällt. Nach etwa 5-minütigem Kochen hat sich der Niederschlag so weit zusammengeballt, daß er filtriert werden kann, was am zweckmäßigsten über ein Polster aus Filterpapiermasse erfolgt. Nach 5 bis 6-fachem Auswaschen mit heißem, mit Essigsäure angesäuertem Wasser wird das Bleimolybdat mit heißer 10%iger H_2SO_4 vom Filter gelöst. Dazu wird es 7 bis 8mal mit je etwa 5 ml dieser Säure gewaschen (Gesamtsäureverbrauch 50 bis 60 ml). Das Filtrat wird auf Zimmertemperatur abgekühlt, in einen Colorimeterzylinder übergeführt, darin mit 10 ml 5%iger KCNS-Lösung und 5 ml einer 10%igen Lösung von $SnCl_2$ in HCl (1:4) (etwa 2,5 m) versetzt und nach gutem Umschütteln mit 10%iger H_2SO_4 auf 100 ml verdünnt. Die Lösung zeigt eine mit der Pb-Menge zunehmende, orangegelbe Färbung, die nach einigen Minuten konstant geworden ist und es dann einige Stunden lang bleibt.

Für die *Herstellung von Vergleichslösungen* verwendet man eine Lösung von 0,2 bis 0,25 g MoO_3 in 10 ml H_2SO_4 (1 + 1) (etwa 9,3 m), die auf 500 ml verdünnt ist. Unterschiedliche Mengen davon werden wie beschrieben verarbeitet, wobei die Reagenzien stets in der genannten Reihenfolge zuzusetzen sind. Die Färbung der Analysenlösung wird mit den Färbungen der Vergleichsproben visuell verglichen und eingeordnet.

Der Autor findet für Pb-Mengen zwischen 0,1 und 1,75 mg Pb Abweichungen vom Sollwert zwischen −1 und +4%. Er weist darauf hin, daß die Pb-Bestimmung auf diesem Weg durch anodisch gegebenenfalls mitabgeschiedenes MnO_2 nicht beeinträchtigt wird. Das Verfahren ist auch für die Bestimmung kleiner $PbSO_4$-Mengen brauchbar, die, in Ammoniumacetatlösung gelöst, wie beschrieben weiterverarbeitet werden.

IV. Nach Fällung als Bleithionalid. Bestimmung des Thionalids mit Phosphor-Molybdän-Wolframsäure.

Eine photometrische Bestimmungsmethode für Pb kann nach BERG [474] auch auf seiner Fällbarkeit mit Thionalid aufgebaut werden, wobei von den reduzierenden Eigenschaften des Thionalids auf die Heteropolysäuren von Mo und W mit P Gebrauch gemacht wird.

Pb wird dazu in bekannter Weise (s. S. 115) gefällt; den Niederschlag läßt man in der Wärme kristallin werden, zentrifugiert und hebert die Flüssigkeit ab. Der Rückstand wird durch 2 Tropfen n H_2SO_4 und 1 ml Äthanol in der Wärme gelöst und die Lösung in ein Photometerglas übergeführt. Je nach Menge des Niederschlags werden 1 bis 3 Tropfen Molybdän–Wolfram–Phosphorsäurelösung (1 g Phosphormolybdänsäure, 5 g Natriumwolframat und 5 ml konz. Phosphorsäure werden mit 18 ml H_2O 2 Std. am Rückflußkühler erhitzt und nach dem Erkalten mit Wasser auf 25 ml verdünnt) sowie 30 bis 40 Tropfen Formamid zugesetzt. Das Gemisch läßt man bei 40 °C 10 bis 15 Min. stehen und vergleicht dann mit Farbstoff-Standardlösungen. Genauigkeit: etwa 10%.

Vergleichslösungen werden durch Mischen von Chikagoblau, Naphthylaminschwarz mit einer Spur chinesischer Tusche hergestellt und auf die Färbungen abgestimmt, die mit bekannten Pb-Mengen nach der oben genannten Arbeitsweise erhalten wurden. Diese Sekundärstandards sind — im Gegensatz zu den mit Thionalid erhaltenen Färbungen —, verschlossen und im Dunkeln aufbewahrt, längere Zeit haltbar.

C. Nephelometrische Verfahren.

1. Bestimmung als $PbCrO_4$.

DANCKWORTT und JÜRGENS [475] geben ein Verfahren an, das die nephelometrische Bestimmung des Bleis als $PbCrO_4$ zum Gegenstand hat. Sie trennen Pb zunächst in Gegenwart von Cu als Spurenfänger von den meisten seiner Begleiter mit H_2S ab, lösen PbS in HNO_3, dampfen die Lösung zur Trockne ein und lösen den Rückstand in Natriumacetatlösung. Die Lösung wird in ein Gemisch aus 5 ml einer 1%igen $K_2Cr_2O_7$-Lösung und 5 Tropfen Eisessig eingegeben und auf 20 ml mit H_2O verdünnt. Nach 10-minütigem Stehen wird die $PbCrO_4$-Trübung gemessen. Die Haltbarkeit der trüben Analysenlösung wird mit etwa 1 Stunde angegeben. Die Erfassungsgrenze des Verfahrens wird mit 6 μg Pb genannt, die Genauigkeit mit 0,4% an Hand von Messungen an reinen Pb-Lösungen ausgewiesen. Cu wird als nicht, Fe hingegen als empfindlich störend bezeichnet.

2. Bestimmung als PbJ_2.

BOZSAI und KOPÓCSY [476] beschreiben eine Methode für die Pb-Bestimmung im Stahl über eine nephelometrische PbJ_2-Bestimmung.

Arbeitsvorschrift. 1 g Stahlspäne wird in 40 ml H_2O mit 8 ml 60%iger $HClO_4$ unter gelindem Erwärmen gelöst, wobei das verdampfende Wasser ersetzt wird. Sind die Späne völlig gelöst, wird in der Lösung gegebenenfalls vorhandenes Cu durch Zusatz von 100 mg bleifreien Stahlspänen auszementiert. Nach 3-minütigem Stehen wird auf Zimmertemperatur abgekühlt und die Lösung in einen 50 ml-Meßkolben filtriert und darin zur Marke verdünnt. 2 ml davon werden zu einem Gemisch von 5 ml konz. H_3PO_4 und 1 ml frischbereiteter Gummi-Arabicum-Lösung (0,1 g gelöst in 6 ml kaltem H_2O), das sich in einem 10 ml-Meßkolben befindet, eingetragen. Mit Wasser wird auf 9 ml verdünnt und unmittelbar vor der Messung 1 ml 2,5%ige KJ-Lösung zugegeben. Die Lösung wird durchgeschüttelt und die entstandene PbJ_2-Trübung sofort in einer 1 cm-Küvette mit Licht von 420 nm gemessen. Die Eichung erfolgt mit Hilfe von Stahl, dessen Pb-Gehalt gravimetrisch bestimmt wurde. Die Dauer einer Analyse wird mit 25 Min. angegeben, die Genauigkeit mit ±0,02% Pb abs. Von den im Stahl normalerweise enthaltenen Elementen stört nur Cu, das wie beschrieben entfernt wird.

3. Bestimmung als Bleithionalid.

BERG [477] beschreibt die nephelometrische Bestimmung des Pb als Bleithionalid.
Arbeitsvorschrift. Man fügt zu der zu analysierenden neutralen oder schwachsauren Pb-Salzlösung, deren Volumen z. B. 15 ml beträgt, 5 Tropfen 2 n H_2SO_4, erhitzt zum Sieden — bei Anwesenheit von Oxydationsmitteln unter Zusatz von Hydroxylammoniumsulfat — und fügt unmittelbar darauf 3 Tropfen einer eisessigsauren 1%igen Thionalidlösung hinzu. Nach 2 bis 3 Stunden, bei kleinsten Pb-Mengen nach etwa 5 bis 6 Stunden, vergleicht man die erhaltene Trübung im Nephelometer mit den unter gleichen Bedingungen und zur gleichen Zeit mit bekannten Pb-Mengen erhaltenen. Auf diese Weise können noch Bruchteile eines μg Pb bestimmt werden.

Vierter Teil:

Polarographische Bestimmungsverfahren

Die Polarographie gewinnt als sehr empfindliches Analysenverfahren zunehmende Bedeutung für die Bestimmung kleiner Pb-Mengen, so vor allem für die von Pb-Verunreinigungen in den verschiedensten Materialien in Konzentrationen bis herab zu wenigen g/t. Die erreichbare Genauigkeit ist mit etwa $\pm 3\%$, in günstigen Fällen sogar mit 0,5%, anzusetzen; der zu treibende Aufwand — der zeitliche sowohl wie der arbeitsmäßige — ist im allgemeinen sehr gering und stets erheblich niedriger als der von anderen Verfahren geforderte. Handelt es sich dabei um die Bestimmung des Bleis in einer im elektrochemischen Sinne unedleren Matrix, wie z. B. im Zn oder Al, ist die Analyse ohne jede Vortrennung direkt möglich. Der Materialbedarf ist sehr niedrig: polarographische Bestimmungen sind im Mikromaßstab bereits in Volumina von 0,005 ml ausführbar und erreichen dabei eine Erfassungsgrenze von etwa 0,001 μg.

Umfassende Übersichten über dieses Gebiet der quantitativen Analyse, ihre apparativen Hilfsmittel und Arbeitstechniken, geben z. B. HEYROVSKÝ [478], v. STACKELBERG [479], KOLTHOFF und LINGANE [480] oder HEYROVSKÝ und ZUMAN [481], worauf hier verwiesen sei.

Die Halbstufenpotentiale des Bleis liegen, bezogen auf die Normal-Kalomelelektrode, für eine Reihe gebräuchlicher Grundlösungen bei den folgenden Werten [481] (Tab. 17).

Für die Ausführung polarographischer Pb-Bestimmungen seien die folgenden beiden Verfahren genannt:

1. Bestimmung von Pb in cyanidischer Lösung
(z. B. im Kupfer) [511]

Eine Einwaage von etwa 0,5 g einer mit Blei verunreinigten Kupferprobe wird in einem 50 ml-Meßkölbchen in etwa 4 ml Salpetersäure (1 + 1) (etwa 7 m) gelöst und die Stickoxide durch kurzes Kochen vertrieben. Die Lösung wird abgekühlt und mit Wasser zu 10 ml verdünnt. Nun pipetiert man dazu 10 ml 2 n NaOH und 8 ml einer 5 n KCN-Lösung, welche 0,5 n NaOH enthält. Nach jeder Zugabe werden die Lösungen gut umgerührt. Sodann fügt man noch 5 ml 10 n NaOH, 2 ml einer frisch gesättigten Na_2SO_3-Lösung und 0,2 ml einer 0,5%igen Gelatinelösung zu, füllt mit Wasser zur Marke auf und mischt gut durch. Ein Teil dieser Lösung (etwa 10 ml) wird in einem offenen Becher anodisch-kathodisch im Spannungsbereich von etwa 0 bis zu 0,6 V aufgenommen.

Die Pb-Stufe liegt unter diesen Bedingungen bei etwa 0,2 V.

2. Bestimmung von Pb in schwachsaurer Lösung (z. B. im Zink) [512].

5 g Zink werden mit 20 ml konz. Salzsäure unter schwacher Erwärmung gelöst. Nach Zugabe einiger Tropfen gesättigter $KClO_3$-Lösung wird etwa 5 Min. im Sieden gehalten. Nach Abkühlen auf Zimmertemperatur wird das Volumen der Lösung auf 20 ml gebracht.

Zu 5 ml davon wird ein Tropfen einer 0,01%igen wäßrigen Lösung von Methylviolett gegeben und tropfenweise so viel konz. Ammoniak, bis die Farbe nach violett umschlägt. Nach Verdünnen auf 7 ml wird die Lösung in das Polarographiegefäß eingefüllt, 10 Min. lang mit Wasserstoff gespült und polarographiert. Die Pb-Stufe liegt bei ungefähr −0,45 V.

Tabelle 17. *Halbstufenpotentiale des Bleis gegen die n-Kalomelelektrode.*

Lösung	Halbstufenpotential in V
0,1 bis 1 m Perchlorat, Chlorat oder Nitrat	−0,42
0,1 bis 1 m Chlorid	−0,44
0,1 bis 1 m $HClO_4$ oder H_2SO_4	−0,41
0,1 bis 1 m HCl	−0,49
5 m $CaCl_2$	−0,52
1 m NaOH	−0,80
1 m KCN	−0,74
1 m KCNS	−0,42
0,5 m NaF	−0,42
0,1 bis 1 m KJ	−0,63
0,05 m Tiron (Brenzkatechindisulfonsäure) 0,05 m in 0,2 m NH_3 + 0,2 m NH_4Cl	−0,74 bis 0,85
0,05 m in 1 m $(NH_4)_2CO_3$	−0,64
0,05 m in 1 m NaOH	−0,86
saures Tartrat $p_H =$ 4,5	−0,52
0,5 m Natriumtartrat $p_H =$ 4,5	−0,54
alkalisches Tartrat $p_H =$ 13	−0,79
Citrat $p_H =$ 8	−0,53
Acetat $p_H =$ 4,7	−0,51
Oxalat $p_H =$ 7,6	−0,62
0,1 m Äthylendiamin	−0,70
0,1 bis 1 m Pyridin	−0,49
0,3 m Triäthanolamin +0,1 m KOH	−0,80
0,3 m Triäthanolamin +0,5 m NH_3 +0,5 m NH_4Cl	−0,59
0,4 m Acetat $p_H =$ 4,6 +0,1 m Nitrilotriessigsäure	−0,72

Fünfter Teil:

Spektrochemische Bestimmungsverfahren.

Allgemeines. In diesem Kapitel sollen die flammenspektrometrischen, emissionsspektrochemischen und röntgenfluorimetrischen Verfahren zusammengefaßt werden. Auch hier muß wie im vierten Teil „Polarographische Bestimmungsverfahren" auf die Darstellung des Methodischen verzichtet und können nur Hinweise auf die einschlägige Fachliteratur gegeben werden.

A. Flammenspektrometrie.

Zusammenfassende Darstellungen dieses Gebietes der analytischen Chemie, der Meßanordnungen, der Arbeitstechniken und der Störeinflüsse werden von HERRMANN–ALKEMADE [482] sowie SCHUHKNECHT [515] gegeben, denen die nachstehenden Angaben entnommen sind: Für die flammenspektrometrische Pb-Bestimmung kommen die Linien des neutralen Pb-Atoms bei 364,0, 368,3 und 405,8 nm in Frage. Die außerdem emittierten, wenig charakteristischen PbO-Banden sind für eine analytische Verwertung zu schwach. Da Pb schwerer anregbar ist als z. B. die Alkalien, müssen nach SCHUHKNECHT [516] möglichst hohe Flammentemperaturen und große Verweilzeiten angewendet werden. Dieser Forderung wird am besten ein mit H_2/O_2-gespeister Vorkammerzerstäuber gerecht. Beim Arbeiten mit einem direkten Zerstäuberbrenner empfiehlt es sich, die Flammentemperatur durch Zusatz eines organischen Lösungsmittels zur Analysenlösung zu erhöhen.

Die Nachweisgrenze für Pb wird beim Arbeiten mit dem BECKMAN DU-Gerät für die verschiedenen Flammen mit den folgenden mg/l-Werten angegeben [H_2O = in wäßriger Lösung, org. = in organischen Lösungsmitteln [482] (Tab. 18).

Tabelle 18. *Flammenspektrometrische Nachweisgrenzen für Blei.*

Linie: nm	H_2 + Preßluft mg/l	$H_2 + O_2$ H_2O mg/l	$H_2 + O_2$ org. mg/l	$C_2H_2 + O_2$ org. mg/l	$(CN)_2 + O_2$ mg/l
364,0	7	2	1,5	2	4
368,3	3	1	0,7	1	1,5
405,8	3	1	0,7	1	1,5

Unter Nachweisgrenze wird dabei eine solche Konzentration verstanden, die noch einen Nutzausschlag von 1% des Flammenuntergrundes hervorzubringen vermag, vorausgesetzt, daß der Spalt des Gerätes so eingestellt wurde, daß der Flammenuntergrund gerade vollen Skalenausschlag unter sonst optimalen Bedingungen hervorruft. Die Spaltbreite beträgt dabei etwa 0,1 bis 0,2 mm für eine H_2/O_2-Flamme, etwa 0,02 bis 0,05 mm für eine C_2H_2/O_2-Flamme und etwa 0,01 bis 0,02 mm für $(CN)_2/O_2$-Flammen bei Verwendung wäßriger Analysenlösungen und ist bei der Verwendung organischer Lösungsmittel noch kleiner.

Neben der Möglichkeit der Pb-Bestimmung in wäßrigen Lösungen, wie sie nach der üblichen, analytischen Aufarbeitung gegebener Substanzen vorzuliegen pflegen, ist auf diejenige der direkten Untersuchung organischer Substanzen, wie z. B. von Treibstoffen, auf ihren Pb-Gehalt hinzuweisen [483, 484, 485, 513, 514], die zunehmend an Bedeutung gewonnen hat. Hier dürfte heute auch das Hauptanwendungsgebiet der flammenspektrometrischen Pb-Bestimmung liegen.

Die neueste Entwicklung auf dem Gebiet der Flammenspektralanalyse ist die sog. Atomabsorptions-Spektroskopie (= Flammenphotometrie), bei der die Flamme zwischen eine Hohlkathode als Strahlungsquelle und den Strahlungsempfänger gebracht wird und so nach dem Prinzip der Frauenhoferschen Linien als absorbierendes Medium fungiert. Über das Methodische dieser Arbeitstechnik informiert MENZIES [486]; über die Anwendbarkeit auf Pb-Bestimmungen berichtet ROBINSON [487], der die Erfassungsgrenze mit 0,5 ppm Pb angibt.

B. Emissionsspektralanalyse.

Für eine Übersicht über Theorie und Praxis dieses Gebiets sei auf „Analyse der Metalle" [488], MORITZ [489], SEITH und RUTHARD [490], SCHELLER [491] oder AHRENS und TAYLOR [492] verwiesen.

Für die Pb-Bestimmung kommen im wesentlichen die folgenden Linien (in nm) in Frage [493, 494, 495]; s. Tabelle 19.

Tabelle 19. *Spektrallinien des Bleis in nm.*

560,88	II	V 2	280,20	I	
405,78	I	U 1	261,42	I	
368,35	I	U 2	220,35	II	V 1
363,96	I		217,00	I	
283,31	I				

Die mit I gekennzeichneten sind Bogenlinien, d. h. Linien, die vom neutralen Atom emittiert werden, die mit II markierten sind Funkenlinien, d. h. solche, die dem einfach ionisierten Atom zuzuordnen sind. Die beiden empfindlichsten Bogenlinien sind mit U 1 bzw. U 2, die entsprechenden Funkenlinien mit V 1 bzw. V 2 bezeichnet.

Der Anwendungsbereich des Verfahrens liegt im Gebiet kleiner Konzentrationen ($<$ etwa 5%). Seine Nachweisempfindlichkeit für Pb ist mit etwa 1 g/t anzugeben; sie hängt naturgemäß von der Matrix ab. Die Genauigkeit der Pb-Bestimmung variiert mit der verwendeten Meßanordnung und beträgt im allgemeinen 1 bis 10%.

C. Röntgenemissionsanalyse (Röntgenfluorescenz).

Zur Information über diese noch relativ junge Arbeitstechnik seien die Bücher von FLÜGGE [496], BLOCHIN [497], BIRKS [498], GLOCKER [499] oder SAGEL [500] genannt. Die für die Pb-Bestimmung interessierenden Linien sind: (Tab. 20).

Tabelle 20. *Röntgenspektrallinien des Bleis.*

$K_{\alpha 1}$	0,16536 Å	$L_{\alpha 1}$	1,1750 Å
$K_{\alpha 2}$	0,17028 Å	$L_{\alpha 2}$	1,1864 Å
$K_{\beta 1}$	0,14596 Å	$L_{\beta 1}$	0,9822 Å
$K_{\beta 2}$	0,14680 Å	$L_{\beta 2}$	0,9830 Å

Das Verfahren hat seinen Anwendungsschwerpunkt im Bereich nicht zu kleiner Konzentrationen und stellt somit eine wertvolle Ergänzung zu der emissionsspektrochemischen Arbeitsweise dar. Es wird heute bereits weitverbreitet praktiziert, so z. B. bei der Analyse von Erzen, bei der ständigen Produktionskontrolle von Legierungen und nicht zuletzt bei der Öl- und Treibstoffanalyse (BIRKS und Mitarbeiter [501]). Seine Genauigkeit ist etwas höher als diejenige der Emissionsspektralanalyse und dürfte bei wenigen % liegen.

Ergänzend sei erwähnt, daß auch Röntgenabsorptionsmessungen für quantitative Pb-Bestimmungen herangezogen werden können. Die Arbeitsweise ähnelt dabei der photometrischen. Spezielle Angaben finden sich bei CALINGAERT und Mitarbeitern [502] sowie HUGHES und HOCHGESANG [503], die Vorschriften für die Pb-Bestimmung in Treibstoffen auf dieser Methode aufgebaut haben.

Sechster Teil:

Radiochemische Bestimmungsverfahren

Das natürlich vorkommende Blei setzt sich aus drei stabilen Isotopen, dem ^{206}Pb mit einer Häufigkeit von 25%, dem ^{207}Pb mit einer solchen von 21,2% und dem ^{208}Pb mit einer von 52,4% sowie einem instabilen, dem ^{204}Pb mit einer Häufigkeit von 1,37% zusammen. Die drei stabilen Isotope sind zugleich die Endglieder der drei in der Natur vorkommenden radioaktiven Familien, der Uranfamilie, der Actiniumfamilie und der Thoriumfamilie. Innerhalb dieser Zerfallsreihen treten einige weitere, meist relativ kurzlebige Pb-Isotope auf, und zwar

in der Uranreihe: ^{214}Pb (= RaB), ein β-Strahler der Halbwertszeit 26,8 m
und ^{210}Pb (= RaD), ein β-Strahler der Halbwertszeit 19,4 a
in der Actiniumreihe: ^{211}Pb (= AcB), ein β-Strahler der Halbwertszeit 36,1 m
in der Thoriumreihe: ^{212}Pb (= ThB), ein β-Strahler der Halbwertszeit 10,6 h

Das natürlich vorkommende radioaktive ^{204}Pb ist ein α-Strahler der Halbwertszeit $1,4 \cdot 10^{17}$ a.

Neben diesen natürlichen Pb-Isotopen sind eine ganze Reihe künstlicher, radioaktiver Isotope aufgefunden worden, die in der folgenden Zusammenstellung [518] gemeinsam mit den bereits genannten aufgeführt sind.

Isotop	Halbwertszeit	Strahlung
^{195}Pb	17 m	K, γ 0,45
^{196}Pb	37 m	K, γ 0,25; 0,19; 0,24
^{197}Pb	42 m	
	I < 42 m	
	K	β$^+$?, K
		γ 0,385; 0,387
^{198}Pb	2,4 h	γ 0,17; 0,29; 0,37; 0,12 bis 0,4, K
^{199}Pb	12 m	1,5 h
	I	β$^+$ 2,8, K
		γ 0,37; 0,35; 0,72
^{200}Pb	21 h	
	K	γ 0,15; 0,14; 0,24; 0,27; 0,03 bis 0,45
^{201}Pb	61 s	9,4 h
	I	β$^+$ ~2,5, K
		γ 0,33; 0,36 bis 1,1
^{202}Pb	3,6 h	$3 \cdot 10^5$ a
	I, K	L
	γ 0,15 bis 0,49	
^{203}Pb	6,1 s	52 h
	I	γ 0,28; 0,40; 0,68; K
^{204}Pb	67 m	$1,4 \cdot 10^{17}$ a
	I	α 2,6
	γ 0,38; 0,90	
	0,28	
^{205}Pb	5 ms	~$5 \cdot 10^7$ a
	I	L
		kein γ
^{206}Pb	stab.	
^{207}Pb	0,85 s	
	I	stab.
	γ 0,57	
	e$^-$	
^{208}Pb	stab.	
^{209}Pb	3,3 h	β$^-$ 0,62, kein γ
^{210}Pb (= RaD)	19,4 a	β$^-$ 0,018; 0,065	γ 0,047
^{211}Pb (= AcB)	36,1 m	β$^-$ 1,4; 0,5	γ 0,83, 0,06, 0,76
^{212}Pb (= ThB)	10,6 h	β$^-$ 0,34; 0,58	γ 0,24, 0,12, 0,2 bis 0,4
^{214}Pb (= RaB)	26,8 m	β$^-$ 0,7	γ 0,35, 0,30, 0,24

Zeichenerklärung: Halbwertszeiten in:

ms	= Millisekunden		α, β, γ	= Strahlungsart mit Angabe der Energie in MeV
s	= Sekunden		I	= isomerer Übergang
m	= Minuten		K, L	= Elektroneneinfang aus K- bzw. L-Schalen
h	= Stunden		e$^-$	= Konversionselektron
a	= Jahre		β$^+$	= Positron
			β$^-$	= Negatron

14 Handb. analyt. Chemie, Teil III, Bd. IV a, β, δ

Aus der Tatsache, daß in natürlichen, bleihaltigen Materialien normalerweise nur ein radioaktives Isotop, der sehr langlebige α-Strahler, ^{204}Pb, noch dazu nur in relativ geringer Konzentration enthalten sein kann, folgt, daß radiochemische Analysenverfahren für deren Untersuchung bislang noch keine wesentliche Bedeutung erlangt haben. Anders hingegen liegen die Verhältnisse, wenn z. B. solche Stoffe, die Substanzen der natürlichen radioaktiven Familien enthalten, oder neutronenaktivierte Stoffe auf Pb zu analysieren sind. Da es dabei oft nicht nur darauf ankommt, festzustellen, wieviel Blei in den Proben vorliegt, sondern auch darauf zu wissen, um welche Pb-Isotope es sich handelt, ist hier die radiochemische Analyse — gegebenenfalls in Verbindung mit einer massenspektrometrischen Untersuchung — das Verfahren der Wahl. Auf Einzelheiten der dabei zur Anwendung kommenden Methoden, Meßtechniken und Geräte kann im Rahmen dieser Abhandlung jedoch nicht eingegangen werden; es sei deshalb auch hier auf die Fachliteratur verwiesen, z. B. SCHMEISER [519].

Siebenter Teil:

Trennungen.

Allgemeines. Die Verfahren zur Abtrennung des Bleis von seinen Begleitern können ebenso vielfältig sein wie es die Zusammensetzung der Analysensubstanz in qualitativer Hinsicht sein kann. Es ist somit nicht angängig, jeden dieser möglichen Fälle einzeln zu behandeln. Es soll sich deshalb in den nachstehenden Ausführungen darauf beschränkt werden, eine allgemeiner gehaltene Übersicht über die bestehenden Möglichkeiten zu geben, wobei die in Frage kommenden Begleiter gruppenweise zusammengefaßt werden.

A. Pb neben Alkalimetallen.

Für die Pb-Bestimmung neben Alkalien bedarf es normalerweise keiner Trennung. Größere Pb-Mengen können praktisch nach jedem der behandelten titrimetrischen und gravimetrischen, kleinere nach den photometrischen oder polarographischen Verfahren direkt bestimmt werden.

B. Pb neben Erdalkalimetallen.

Für die Trennung des Bleis von den Erdalkalimetallen kommt in erster Linie seine Fällung mit H_2S oder dessen als Pb-Fällungsmittel geeigneten organischen Derivaten in Frage. Die meisten der anderen vorn genannten anorganischen Fällungsmittel, wie SO_4^{2-}, CrO_4^{2-}, CO_3^{2-}. SO_3^{2-} u. a., sind hier nicht geeignet; die elektrolytische Pb-Abtrennung — die anodische sowohl wie die kathodische — hingegen führt voll zum Ziel.

Für die titrimetrische Bestimmung größerer Pb-Mengen bestehen einige Möglichkeiten, die keine Abtrennung der Erdalkalien erfordern, so z. B. die Titration mit $[Fe(CN)_6]^{4-}$-Lösung, um nur das gebräuchlichste Verfahren zu nennen.

Kleine Pb-Mengen können photometrisch oder polarographisch gleichfalls ohne Abtrennung neben den Erdalkalien bestimmt werden.

C. Pb neben den Elementen der $(NH_4)_2S$-Gruppe.

Als Trennungsverfahren sind hier mehrere zu nennen, so z. B. die Fällung des Bleis als Sulfid, Sulfat oder Chromat. Auch die meisten der organischen Pb-Fällungsmittel, speziell die H_2S-Derivate, sind geeignet. Die elektrolytische Abtrennung des

Bleis gelingt weder kathodisch (z. B. Mitfällung von Zn) noch anodisch (z.B. Mitfällung von Mn) hinreichend sauber.

Finden titrimetrische Verfahren für die Pb-Bestimmung Verwendung, kann u. U. von einer Trennung abgesehen werden. Dies gilt z. B. für die Pb-Titration mit Sulfat unter Verwendung elektrischer Indikation. Im allgemeinen ist aber auch hierfür die vorangegangene Trennung der sicherere Weg.

Bei der Bestimmung kleiner Pb-Mengen ist, wenn sie photometrisch oder polarographisch erfolgt, keine Trennung erforderlich, im letzteren Falle aber nur, wenn die Begleiter, so z. B. Fe, in ihrer niedrigsten Wertigkeitsstufe vorliegen.

D. Pb neben den anderen Elementen der H_2S- und HCl-Gruppe.

Die Pb-Bestimmung ist bei nicht zu extremem Konzentrationsverhältnis der einzelnen Komponenten zueinander ohne vorangegangene Trennung sowohl auf gravimetrischem als auch titrimetrischem Wege möglich, in beiden Fällen z. B. mit SO_4^{2-}. Liegen jedoch Begleitelemente in hoher Konzentration vor, so kann das ausgefällte $PbSO_4$ mehr oder weniger stark verunreinigt sein, z. B. durch Sb, Sn, Ag und Bi. Es empfiehlt sich somit in diesen Fällen, eine Trennungsoperation vorzunehmen, für die in „Analyse der Metalle", Bd. 1 [508], die folgende

Arbeitsvorschrift gegeben wird. Die unmittelbar mit Salzsäure erhaltene Lösung des bleihaltigen Materials oder die salzsaure Lösung eines Schmelzaufschlusses wird nach Abstumpfen der Säure und starkem Verdünnen in der Hitze mit Schwefelwasserstoff gesättigt; eine ganz schwach salpetersaure Lösung versetzt man zur Zerstörung der Stickoxide mit 0,5 bis 1 g Harnstoff, läßt erkalten und leitet dann Schwefelwasserstoff ein. Die ausgefallenen Sulfide filtriert man ab und behandelt sie in der Wärme mit einer 10%igen Lösung von Natriumsulfid, um Arsen, Antimon und Zinn zu entfernen. Die abfiltrierten, unlöslichen Sulfide von Blei, Kupfer, Cadmium und Wismut werden in Salpetersäure gelöst, worauf man die Lösung mit Schwefelsäure zum Rauchen eindampft. Nach dem Verdünnen mit Wasser auf 100 bis 150 ml erwärmt man, läßt bis zum vollständigen Erkalten absitzen, filtriert das Bleisulfat ab und bestimmt das Blei. Bei Gegenwart nennenswerter Mengen von Wismut ist das abfiltrierte Bleisulfat in Säure zu lösen und nochmals mit Schwefelsäure abzuscheiden.

Auch die elektrolytische Abscheidung als PbO_2 kann in vielen Fällen für eine saubere Trennung herangezogen werden.

Die Bestimmung kleiner Pb-Mengen wird im allgemeinen gleichfalls z. B. weder polarographisch noch photometrisch auf direktem Wege mit befriedigender Genauigkeit möglich sein. Auch hier empfiehlt sich eine Vortrennung, die nach einem der beiden vorstehend genannten Verfahren erfolgen kann.

E. Pb neben beliebigen Begleitelementen.

Zur Bestimmung des Bleis in Materialien unbekannter Zusammensetzung wird stets seine vorangegangene Abtrennung empfehlenswert sein. Es dürfte zweckmäßig sein, dafür zunächst die Fällung als Sulfid heranzuziehen und Pb daraus — gegebenenfalls nach einer Reinigung des Niederschlags mit 10%iger Na_2S-Lösung — in einer zweiten Operation als Sulfat zu isolieren. Die eigentliche Bestimmung erfolgt dann am einfachsten titrimetrisch in der Lösung des Sulfats in Ammoniumacetat, z.B. nach dem Chromatverfahren. Auch die anodische Abscheidung des Bleis als PbO_2 dürfte in vielen Fällen ein geeignetes erstes Trennungsverfahren sein.

Für die Pb-Bestimmung in Pb-Erzen nach dem Sulfatverfahren z. B. wird in „Analyse der Metalle", Bd. 2 [509] die folgende

Arbeitsvorschrift angegeben. In der nach dem Aufschluß erhaltenen Lösung wird zunächst gegebenenfalls ausgefallenes Bleichlorid durch Erwärmen oder Verdünnen in Lösung gebracht. Danach wird so viel Ammoniak zugegeben, bis gerade ein Niederschlag entsteht. Diesen löst man mittels 10 ml verd. Salzsäure (1 + 1) (etwa 6 m) und füllt die Lösung mit Wasser auf etwa 300 ml auf. Bei 70 bis 80° wird 5 Min. lang Schwefelwasserstoff eingeleitet. Nach Verdünnen mit Schwefelwasserstoffwasser auf etwa 800 ml läßt man unter ständigem Einleiten von Schwefelwasserstoff erkalten. Nach kurzem Stehenlassen des abgesetzten Niederschlages wird dieser abfiltriert. Der Niederschlag wird mit Schwefelwasserstoffwasser, das 0,5% Salzsäure enthält, ausgewaschen und in das Fällungsglas zurückgespritzt. Das Filter übergießt man mit heißer Natriumsulfidlösung (100 g Na_2S + 9 H_2O/l) und wäscht mit wenig heißem Wasser aus. Zum Sulfidniederschlag werden ebenfalls 10 ml Natriumsulfidlösung gegeben. Nach Erwärmen auf 60 bis 80 °C wird mit 100 ml Wasser verdünnt, durch das vorher benutzte Filter filtriert, mit Natriumsulfidlösung (5g/l) gewaschen und der Niederschlag wieder in das Becherglas zurückgespritzt. Das Filter spült man mit heißer verd. Salpetersäure (1 + 1) (etwa 7 m) aus. Dunkle Teilchen auf dem Filter werden mit Bromdämpfen behandelt, worauf man das Abspritzen mit Salpetersäure wiederholt.

Die Aufschlämmung des Niederschlages in etwa 30 ml verd. Salpetersäure (1 + 1) wird gekocht, bis sich die Sulfide gelöst haben und der ausgeschiedene Schwefel reinweiß oder gelb ist. Nach Zugabe von 10 ml verd. Schwefelsäure (1 + 1) (etwa 9,3 m) wird bis zum Entweichen dichter Schwefelsäurenebel eingeengt. Nach dem Erkalten werden unter Umschütteln 1 bis 2 ml Wasser zugesetzt. Beim Auftreten von Stickoxiden wird nochmals abgeraucht. Die erkaltete Lösung nebst dem ausgeschiedenen Bleisulfat wird mit 60 ml Wasser versetzt, zur Lösung etwaiger Sulfate des Kupfers oder Cadmiums kurz aufgekocht und das Bleisulfat nach dem Erkalten in einen Porzellanfiltertiegel abfiltriert.

Der Filterinhalt wird zunächst mit 1prozentiger Schwefelsäure und dann mit Äthanol gewaschen. Der Filtertiegel wird auf der Flamme in einem Filterschuh oder ohne diesen im Elektroofen bei 450 bis 550° zur Konstanz geglüht. Die Auswaage, multipliziert mit 0,6832, ergibt den Bleigehalt.

Bemerkungen. *I. Prüfung auf Reinheit.* Das ausgewogene Bleisulfat muß sich vollständig in Ammoniumacetatlösung lösen. Ein Rückstand wird zurückgewogen und sein Gewicht von der Auswaage an Bleifulfat abgezogen.

II. Es sei erwähnt, daß bei sehr *reinen* Bleierzen die Fällung mit Schwefelwasserstoff und das Ausziehen des Sulfidniederschlages mit Natriumsulfidlösung entfallen kann.

III. Ist die Zusammensetzung der Analysenprobe qualitativ bekannt, ist es der Kunst und Erfahrung des Analytikers überlassen, je nach Lage der Dinge einen einfacheren Weg zu wählen, wofür ihm die in den vorangegangenen Kapiteln gemachten Ausführungen sowie die im folgenden zitierten Arbeiten zahlreiche Hinweise zu geben vermögen.

Von Interesse dürfte weiterhin ein Verfahren von MAHR und OTTERBEIN [504] sein, die aufbauend auf Arbeiten von KRÖNER [505] sowie MAHR und OHLE [506] die folgende Trennungsvorschrift geben und sie durch Anwendung der komplexometrischen Titration zu einem einfachen Bestimmungsverfahren ausbauen.

Das Blei wird aus mineralsaurer, Nitrationen enthaltender Lösung als Bleithiocarbamidnitrat $Pb[CS(NH_2)_2]_6[NO_3]_2$ abgeschieden. Die Fällung ist bemerkenswert selektiv. Sie kann sogar in verdünntem Königswasser vorgenommen werden und bildet daher z. B. für die Pb-Bestimmung neben Antimon und Zinn besondere Vorteile. In der ausgefällten Verbindung läßt sich Pb komplexometrisch titrieren, wofür das Rücktitrationsverfahren unter Verwendung von Mg-Lösung besonders gut geeignet ist.

Arbeitsvorschrift. Die 1 bis 2 n salpetersaure Pb-Salzlösung, deren Volumen möglichst gering sein soll, wird bei Zimmertemperatur mit festem Thioharnstoff bis zur Sättigung versetzt und in Eis auf 0 °C abgekühlt. Man achte darauf, daß dabei neben den feinen Nadeln der Pb-Verbindung auch derbe Kristalle des Thiocarbamids auftreten, um die Sättigung der Lösung daran sicherzustellen. Nach halbstündigem Stehen in Eis saugt man den Niederschlag auf einer Glasfritte ab, durch die man unmittelbar vorher etwas eisgekühlte Waschlösung (eiskalte n HNO_3 sättigt man mit Thiocarbamid, gibt Pb-Salzlösung bis zur beginnenden Fällung zu und filtriert nach kurzem Stehen bei 0 °C ab)gesaugt hat. Der Niederschlag wird mit eiskalter Waschlösung überspült, ausgewaschen und scharf abgesaugt. Gegebenenfalls kann einmal mit eisgekühlter, an Thiocarbamid gesättigter Salpetersäure ohne Pb-Gehalt gedeckt werden. Der Niederschlag wird dann mit heißem Wasser gelöst. Man erhält somit eine fast neutrale Bleinitratlösung, die Thiocarbamid in großem Überschuß enthält.

Zur Durchführung der Pb-Titration versetzt man die noch etwa 40 °C warme Lösung in der angegebenen Reihenfolge mit 2 bis 5 ml 3%iger KCN-Lösung, etwas fester Weinsäure oder festem Tartrat bis zur Auflösung etwa ausgeschiedenen basischen Salzes und mit einigen Tropfen 0,01%iger äthanolischer Methylrotlösung zur Prüfung des p_H-Wertes; wenn nötig, wird mit Ammoniak bis zum Umschlag nach gelb neutralisiert. Dann werden 5 bis 20 ml Pufferlösung (54 g NH_4Cl + 350 ml NH_3 konz. im Liter) und Eriochromschwarz T als Indikator (mit NaCl im Verhältnis 1:300 verrieben) in ausreichender Menge zugefügt. Die rötlichviolette Lösung wird mit 0,1 bis 0,01 n Komplexonlösung bis zum Umschlag nach reinblau titriert. (Bei Anwesenheit von viel Methylrot ist das Blau grünstichig.) Bei Unsicherheit in der Endpunktserkennung wird noch ein gemessener Komplexon-Überschuß zugegeben, den man dann mit einer auf die verwendete Komplexonlösung eingestellten Mg-Salzlösung bis zum Farbumschlag von blau nach violett, der besser zu erkennen ist als der erste, zurücktitriert.

5 bis 77 mg Pb wurden mit einem mittleren Fehler von 0,13% — Extremwerte: +0,6 und —0,5% — bestimmt. Bei Pb-Mengen unter 5 mg ist mit Fehlern von etwa ±2% zu rechnen.

Ein weiteres, recht weitgehend *spezifisches* Trennungsverfahren wird von WEST und CARLTON [507] angegeben. Sie extrahieren Pb als PbJ_2 aus Lösungen, die 5 Vol.% konz. HCl und mindestens 10000mal so viel KJ wie Pb enthalten, mit Methylisopropylketon. Durch vorgeschaltete Extraktionen einer Reihe störender Elemente, wie Fe, Cu, Zn, Hg, Au und Pd, in Form ihrer Thiocyanate sowie Sb und Sn als Chloride mit dem gleichen Lösungsmittel, wobei Pb nicht erfaßt wird, wird eine hohe Selektivität erreicht.

Die Analysenlösung (etwa 10 ml) wird mit 1 ml gesättigter NH_4CNS-Lösung und so viel HCl versetzt, daß sie daran 5vol.-%ig ist. Nach Ausschütteln mit Methylisopropylketon (gesättigt mit HCl (1 + 20) (etwa 0,6 m)) und Entfernen der organischen Phase wird die wäßrige Lösung mit 1 ml gesättigter KJ-Lösung versetzt und daraus Pb durch Schütteln mit frischem Methylisopropylketon extrahiert. Pb wird dabei nur von Cd und Ru begleitet.

Literatur.

[1] NISSENSON, H., u. B. NEUMANN: Ch. Z. **19**, 1142 (1895).
[2] COHEN, A.: Rationelle Metallanalyse, Basel 1948, S. 194.
[3] Analyse der Metalle, Bd. I Schiedsverfahren, 1942 S. 90 ff.
[4] BILTZ, H., u. W. BILTZ: Ausführung quantitativer Analysen, 6. Aufl., Stuttgart 1953, S. 321, 323.
[5] KOHLRAUSCH, F.: Ph. Ch. **64**, 129 (1908).
[6] BÖTTGER, W.: Ph. Ch. **46**, 604 (1903).
[7] HUYBRECHTS, M., u. N. ANDRAULT DE LANGERON: Bl. Soc. chim. Belg. **39**, 43 (1930).

- [8] Huybrechts, M., u. H. Ramelot: Bl. Soc. chim. Belg. **36**, 239 (1927).
- [9] Kolthoff, I. M., u. Ch. Rosenblum: Am. Soc. **55**, 2658 (1933).
- [10] Crockford, H. D., u. D. I. Brawley: Am. Soc. **56**, 2600 (1934).
- [11] Purdum, R. B., u. H. A. Rutherford jr.: Am. Soc. **55**, 3221 (1933).
- [12] Ditz, H., u. F. Kanhäuser: Z. anorg. Ch. **98**, 128 (1916).
- [13] Karaoglanov, Z., u. B. Sagortschev: Fr. **81**, 275 (1930).
- [14] Majdel, J.: Fr. **83**, 36 (1931).
- [15] Scott, W. W., u. S. M. Alldredge: Ind. eng. Chem. Anal. Edit. **3**, 32 (1931).
- [16] Noyes, A., u. Whitcomb: Am. Soc. **24**, 667 (1902); **27**, 756 (1905).
- [17] Marden, J. W.: Am. Soc. **38**, 310 (1916).
- [18] Treadwell, W. D.: Analytische Chemie, II. Band, Quantitative Analyse, 11. Aufl. Wien 1946, S. 143 bis 147.
- [19] Biltz, H., u. W. Biltz: Ausführung quantitativer Analysen, 6. Aufl., Stuttgart 1953, S. 84.
- [20] Kolthoff, I. M., u. E. B. Sandell: Textbook of quantitative inorganic Analysis, New York 1959, S. 669.
- [21] Analyse der Metalle, Betriebsanalysen, 2. Aufl., Berlin/Göttingen/Heidelberg 1961, S. 164.
- [22] Wdowiszewski, H.: Fr. **104**, 94 (1936).
- [23] ASTM-Methods for Chemical Analysis of Metals; herausgegeben von American Society for Testing Materials, 1950, S. 267.
- [24] Duval, Cl.: Inorganic thermogravimetric Analysis, New York 1953, S. 465.
- [25] Dittrich, M., u. A. Reise: B. **38**, 1829 (1905).
- [26] Winkler, L. W.: Angew. Ch. **35**, 662, 715 (1922).
- [27] Moser, L., u. L. v. Zombory: Fr. **81**, 95 (1930).
- [28] Dick, J.: Fr. **77**, 357 (1929).
- [29] Elving, Ph. J., u. W. C. Zook: Anal. Chem. **25**, 502 (1953).
- [30] Huybrechts, H., u. Ch. Degard: Bl. Soc. chim. Belg. **42**, 331 (1933).
- [31] v. Hevesy, G., u. F. Paneth: Z. anorg. Ch. **82**, 323 (1913).
- [32] v. Hevesy, G., u. E. Rona: Ph. Ch. **89**, 294 (1915).
- [33] Kohlrausch, F.: Ph. Ch. **64**, 159 (1908).
- [34] Fresenius, R.: Anleitung zur quant. chem. Analyse, Bd. I, 6. Aufl., Braunschweig 1875, S. 316.
- [35] Diehl, W.: Chem. Ind. **9**, 494 (1888).
- [36] Bull, I. C.: Fr. **41**, 653 (1902).
- [37] Karaoglanov, Z., u. B. Sagortschev: Z. anorg. Ch. **194**, 151 (1930).
- [38] Bucherer, H. Th., u. F. W. Meier: Fr. **83**, 354 (1931).
- [39] Geilmann, W., u. H. Bode: Fr. **132**, 260 (1951).
- [40] Guzelj, L.: Fr. **104**, 107 (1936).
- [41] Fairhall, L. T., u. K. Akatsuka: Am. Soc. **56**, 14 (1934).
- [42] Goode, E. A., u. W. H. Summers: Soc. chem. Ind. Victoria (Proc.) **32**, 686 (1932); durch Fr. **98**, 137 (1934).
- [43] Brown, D. J., J. A. Moss, u. I. B. Williams: Ind. eng. Chem. Anal. Edit. **3**, 134 (1931).
- [44] Höll, K.: Fr. **102**, 4 (1935).
- [45] Hoffman, W. A., u. W. W. Brandt: Anal. Chem. **28**, 1487 (1956).
- [46] Küster, F. W., u. A. Thiel: Logarithmische Rechentafeln, 84. bis 93. Aufl., Berlin 1962, S. 69.
- [47] Chemikerfachausschuß der Gesellschaft „Metall und Erz": Met. Erz **37**, 207 (1940).
- [48] Grote, F.: Fr. **126**, 129 (1943).
- [49] Vastagh, G.: Fr. **123**, 279 (1942).
- [50] Kolthoff, I. M., u. F. T. Eggertsen: Am. Soc. **62**, 2125 (1940); durch Fr. **126**, 129 (1943).
- [51] Weigel: Ph. Ch. **58**, 294 (1907).
- [52] Karaoglanov, Z., u. B. Sagortschev: Z. anorg. Ch. **205**, 270 (1932).
- [53] Mickwitz, A.: Z. anorg. Ch. **176**, 271 (1928).
- [54] Moser, L., u. E. Neusser: Ch. Z. **47**, 541, 581 (1923).
- [55] Souchay, A.: Fr. **4**, 63 (1865).
- [56] Classen, A.: J. pr. **96**, 257 (1865).
- [57] Brunck, O.: Fr. **113**, 385 (1938).
- [58] Flaschka, H., u. H. Jakobljevich: Anal. chim. Acta **4**, 606 (1950).
- [59] Přibil, R.: Coll. Czechoslov. Chem. Comm. **16**, 86 (1951); durch Fr. **135**, 359 (1952).
- [60] Taimni, I. K., u. G. B. S. Salaria: Anal. chim. Acta **11**, 54 (1954).
- [61] Böttger, W.: Ph. Ch. **46**, 604 (1903).
- [62] Vortmann, G., u. A. Bader: Fr. **56**, 577 (1917).
- [63] Vancea, M., u. M. Voluşniuc: Studii cercetări Chim. **9**, 155 (1958); durch Fr. **171**, 211 (1959/60).

[64] LIANG, S.-C., u. K.-I. LU: Anal. chim. Acta 7, 451 (1952).
[65] HUBICKI, W., B. FRANK, C. DRIEWALTOWSKI u. K. SYKUT: Ann. Univ. M. Curie — Skłodowska 8, 177 (1953); durch Anal. Abstr. 2, 3010 (1955).
[66] JÍLEK, A., J. KOTÁ u. J. VŘEŠTÁL: Chem. Listy 29, 299 (1935); durch Fr. 111, 24 (1937/38).
[67] SPACU, G., u. J. DICK: Fr. 72, 289 (1927).
[68] MASAKI, K.: Bl. chem. Soc. Japan 6, 163 (1931).
[69] KARAOGLANOV, Z., u. B. SAGORTSCHEV: Z. anorg. Ch. 202, 67 (1931).
[70] SPACU, G., u. C. JANCU: Chem. Abstr. 53, 4003d (1959).
[71] GEILMANN, W., u. H. BODE: Fr. 132, 260 (1951).
[72] HANUŠ, J., u. V. HOVORKA: Chem. Listy 31, 489 (1937); durch Fr. 118, 276 (1939/40).
[73] JAMIESON, G. S.: Am. J. Sci. [4] 40, 157 (1915); durch Fr. 56, 54 (1917).
[74] HERZ, W., u. E. NEUKIRCH: Z. anorg. Ch. 130, 343 (1923).
[75] GRUNDT, SH.: C. r. 185, 72 (1927).
[76] DUPUIS, TH.: Anal. chim. Acta 3, 663 (1949).
[77] BERNOUILLI, F.: Pogg. Ann. 111, 573 (1860).
[78] CARRIÈRE, E., u. R. BERKEM: Bl. 5 [4], 1907 (1937).
[79] TARTAR, H. V.: Am. Soc. 53, 3949 (1931).
[80] DUNN, C. L., u. H. V. TARTAR: Ind. eng. Chem. Anal. Edit. 6, 64 (1934).
[81] WILLARD, H. H., u. J. J. THOMPSON: Am. Soc. 56, 1828 (1834).
[82] Ind. eng. Chem. Anal. Edit. 6, 425 (1934).
[83] KALLMANN, S.: Anal. Chem. 23, 1291 (1951).
[84] FLÖTTMANN, F.: Fr. 73, 31 (1928).
[85] DEACONE, G. E. R.: Soc. 1927, 2063.
[86] WEBER, L. J.: Z. anorg. Ch. 181, 389 (1929).
[87] BRÖNSTEDT: Ph. Ch. 56, 679 (1907).
[88] NOYES: Ph. Ch. 9, 623 (1892).
[89] ISHIBASHI, M., u. T. MATSUMOTO: Jap. Analyst 5 392, (1956); durch Anal. Abstr. 4, 383 (1957).
[90] DENK, G., u. J. ALT: Z. anorg. Ch. 285, 134 (1956).
[91] RYAZONOV, I. P., u. T. I. BADEEVA: Uch. Zap. Saratousk Univ. 34, 208 (1954); durch Anal. Abstr. 3, 1299 (1956).
[92] BERG, R.: Das O-Oxychinolin, Stuttgart 1938; Band XXXIV der Sammlung: Die Chemische Analyse, herausgegeben von W. BÖTTGER.
[93] MARSSON, V., u. L. W. HAASE: Ch. Z. 52, 993 (1928).
[94] MURGULESCU, I. G., u. F. DOBRESCU: Fr. 128, 203 (1948).
[95] PIRTEA, D., u. G. BAIULESCU: Comm. acad. rep. populare Romîne 7, 329 (1957); durch Chem. Abstr. 52, 966 (1958).
[96] ISHIBASHI, M., u. H. KISHI: Bl. chem. Soc. Japan 10, 362 (1935); durch Fr. 106, 288 (1936).
[97] LIGETT, W. B., u. L. P. BIEFELD: Ind. eng. Chem. Anal. Edit. 13, 813 (1941).
[98] — 14, 359, (1942).
[99] FUNK, H., u. F. RÖMER: Fr. 101, 85 (1935).
[100] KISSER, J.: Mikrochemie 1, 25 (1923).
[101] HECHT, F., W. REICH-ROHRWIG, u. H. BRANTNER: Fr. 95, 152 (1933).
[102] IMAI, H.: J. chem. Soc. Japan, pure Chem. Sect. 76, 770 (1955); durch Anal. Abstr. 3, 1670 (1956).
[103] BERG, R., u. E. S. FAHRENKAMP: Fr. 112, 161 (1938).
[104] HOVORKA, V., u. L. DIVIŠ: Coll. Czechoslov. Chem. Comm. 14, 473 (1949); durch Fr. 132, (1951) 122.
[105] HOVORKA, V., u. V. SYKORA: Colle. Trav. chim. Tchécosl. 10, 83 (1938); durch Fr. 121, 40 (1941).
[106] KURAŠ, M.: Chem. Obzor 14, 51 (1939); durch Fr. 121, 39 (1941).
[107] SPACU, G., u. M. KURAŠ: Fr. 104, 88 (1936).
[108] KRAJOVAN-MARJANOVIĆ, V., u. R. PODHORSKY: Croat. Chem. Acta 30, 135 (1958); durch Anal. Abstr. 6, 1674 (1959).
[109] CIMERMAN, CH., u. D. BOGIN: Anal. chim. Acta 12, 218 (1955); durch Fr. 148, 220 (1955/56).
[110] MAJUMDAR, A. K., u. B. R. SINGH: Fr. 154, 413 (1957).
[111] DUTT, N. K., u. K. P. SEN SARMA: Anal. chim. Acta 15, 21 (1956).
[112] — Sci. and Cult. 22, 283 (1956); durch Chem. Abstr. 51, 11159 (1957).
[113] POPPER, E., L. POPA, V. JUNIE u. L. ROMAN: Stud. Cercet. Chim. 8, 269 (1957); durch Anal. Abstr. 6, 97 (1959).
[114] POPPER, E., N. ARITON u. R. CRĂCIUNEANU: Stud. Cercet. Chim. 7, 85; (1956); durch C. 129, 519 (1958).

[115] Popper, E., V. Junie u. L. Popa: Stud. Cercet. Chim. 7, 89 (1956); durch Anal. Abstr. 4, 3894 (1957).
[116] Musil, A., u. W. Haas: Mikrochim. A. **1958**, 765.
[117] Bremanis, E., L. Schaible u. K. G. Bergner: Fr. **145**, 18 (1955).
[118] Gleu, K., u. R. Schwab: Angew. Ch. **62**, 320 (1950).
[119] Stefanescu, P. u. Y. Stefanescu: Stud. Cercet. Chim. **10**, 137 (1959); durch Anal. Abstr. **7**, 1697 (1960).
[120] Drăgulescu, C., u. I. Florea: Bul. ştiinţ. tehn. Inst. Politehn. Timişoara **1**, 275 (1956) durch C. **129**, 10165 (1958).
[121] Classen, A.: Quantitative Analyse durch Elektrolyse, 5. Aufl., Berlin 1908, S. 124.
[122] Hollard u. Bertiaux: Analyse par Electrolyse, II. Edit. Paris 1909, S. 105.
[123] Smith, R. O.: Am. Soc. **27**, 1287 (1905).
[124] Fischer, A.: Elektroanalytische Schnellmethoden. Stuttgart 1908, S. 174.
[125] Pamfilov, A. V.: Fr. **78**, 43 (1929).
[126] Treadwell, W. D.: Kurzes Lehrbuch der analytischen Chemie, II. Bd., 11. Aufl., Leipzig-Wien 1937, S. 146.
[127] Sand, H. I. S.: Chem. N. **100**, 269 (1909).
[128] Fischer, A., u. O. Scheen: Ch. Z. **34**, 477 (1910).
[129] Benner, R. C.: Ind. eng. Chem. **2**, 348 (1910).
[130] Collin, E. M.: Analyst **54**, 654 (1929).
[131] Woiciechowski, B.: Met. chem. eng. **10**, 108 (1912).
[132] Fairchild, J. G.: Ind. eng. Chem. **3**, 302 (1911).
[133] List, E.: Met. chem. eng. **10**, 135 (1912).
[134] Grosset, Th.: Bl. Soc. chim. Belg. **42**, 269 (1933).
[135] Töpelmann, H.: J. pr. **121**, 289 (1929).
[136] Collin: E. M.: Analyst **55**, 312 (1930).
[137] Biltz, H.: B. **58**, 913 (1925); Fr. **90**, 277, (1932).
[138] Bjørn-Andersen, H.: Fr. **89**, 178 (1932).
[139] Schrenk, W. T., u. P. H. Delano: Ind. eng. Chem. Anal. Edit. **3**, 27 (1931).
[140] Day, Th. G., P. H. Delano u. W. T. Schrenk: Missouri School Mines Metallurg., Bull., Techn. Ser. **12**, Nr. 2, 9 (1935); durch Fr. **121**, 432 (1941).
[141] Randall, M. u. M. N. Sarquis: Ind. eng. Chem. Anal. Edit. **7**, 2 (1935).
[142] Lindsay, A. I.: Analyst **60**, 598 (1935).
[143] Hertelendi, L., u. J. Jovanovich: Fr. **128**, 151 (1948).
[144] Norwitz, G.: Fr. **132**, 165 (1951).
[145] Silverman, L.: Anal. Chem. **20**, 906 (1948).
[146] Scherrer, J. A., R. K. Bell u. W. D. Mogerman: J. Res. Nat. Bureau of Standards **22**, 697 (1939).
[147] Norwitz, G.: Analyst **76**, 113 (1951).
[148] Norwitz, G., u. I. Norwitz: Metallurgia **46**, 318 (1952).
[149] Seiser, A., A. Necke u. H. Müller: Angew. Ch. **42**, 96 (1929).
[150] Necke, A., u. H. Müller: Angew. Ch. **48**, 259 (1935).
[151] Šichvarger, F. D.: Betriebslab. (russ.) **31**, 1165 (1949); durch Fr. **134**, 382 (1951/52).
[152] Messerschmidt, W., u. G. Tartler: Angew. Ch. **48**, 261 (1935).
[153] Hertelendi, L., Fr. **122**, 30 (1941).
[154] Luckow, C., Fr. **19**, 1 (1880).
[155] Hampe, W.: Z. Berg-, Hütten- und Salinenwes. **27**, 205; durch Fr. **13, 176**, 183 (1874).
[156] Riche, A.: C. r. **85**, 226 (1877).
[157] Rüdorff, F.: Angew. Ch. **1892**, 197.
[158] Bull, I. C.: Fr. **41** 653 (1902).
[159] Hollard, A.: C. r. **136**, 229 (1903).
[160] Exner, F. F.: Am. Soc. **25**, 896 (1903).
[161] Fischer, A., u. R. J. Boddaert: Z. El. Chem. **10**, 945 (1904).
[162] Hollard, A.: C. r. **138**, 142 (1904).
[163] Smith, R. O.: Am. Soc. **27**, 187 (1905).
[164] Sand, H. I. S.: Pr. **22**, 43 (1906).
[165] — **223**, 26 (1907).
[166] Fischer, A.: Ch. Z. **31**, 25 (1907).
[167] Vortmann, G.: A. **351**, 283 (1907).
[168] Ipiens, A.: Fr. **53**, 261 (1914).
[169] Pamfilov, A. V., u. A. A. Blagonravova: J. Russ. phys.-chem. Ges. **60**, 699 (1928).
[170] Holmes, O. W., u. D. P. Morgan: Ind. eng. Chem. Anal. Edit. **1**, 210 (1929).
[171] Garcia, M.: Quím. e Ind. **9**, 1; (1932) durch Fr. **91**, 203 (1933).
[172] Brantner, H., u. F. Hecht: Mikrochemie **14**, 30 (1933/34).
[173] Lundell, G. E. F.: Metal Progr. **35**, 383 (1939).
[174] Neusstrujewa, M. W.: Trav. Inst. Etat Radium (russ.); durch C. **110, II**, 3608 (1939).

[175] COHEN, A.: Rationelle Metallanalyse, Basel 1948, S. 85.
[176] CIMERMAN, CH., u. M. ARIEL: Anal. chim. Acta **15**, 207 (1956).
[177] FACSKO, GH.: Studii Cercetări ştiinţ., Ser. Ştiinţe chim. **4**, 91 (1957); durch C. **130**, 16108 (1959).
[178] LIPĆINSKY, A., u. M. KRSTEWA: Fr. **164**, 246 (1958).
[179] CLASSEN, A.: Quantitative Analyse durch Elektrolyse. 6. Aufl., 1920, S. 172.
[180] SMITH, E. F., durch A. CLASSEN: Quantitative Analyse durch Elektrolyse. 4. Aufl., 1897, S. 178.
[181] ENGELENBURG, A. I.: Fr. **62**, 266 (1923).
[182] SAND, H. I. S.: Elektrochemical Analysis **1902**, 79.
[183] SCHOCH, E. P., u. D. I. BROWN: Am. Soc. **38**, 1660 (1913).
[184] GARTENMEISTER, R.: Ch. Z. **37**, 1281 (1913).
[185] PODOBED, N. D.: Soobshich. Nauch. Rabotakh. Chlenov. Vsesoyuz. Khim. **1954**, 35; durch Anal. Abstr. **3**, 2686 (1956).
[186] TANAKA, M.: Bunseki Kagaku **6**, 344, 477, (1957), durch Chem. Abstr. **1958**; 15323.
[187] ALFONSI, B.: Anal. chim. Acta **19**, 276 (1958).
[188] LINGANE, J. J., u. S. L. JONES: Anal. Chem. **23**, 1798 (1951).
[189] TUTUNDŽIĆ, P. S.: Z. anorg. Ch. **237**, 38 (1938).
[190] SCHLEICHER, A.: Fr. **126**, 412 (1943).
[191] SMITH-STÄHLER: Quantitative Elektroanalyse. Leipzig 1908, S. 54.
[192] PAWECK, H., u. E. WALTHER: Fr. **64**, 94 (1924).
[193] MOLDENHAUER, W., K. F. A. EWALD u. O. ROTH: Angew. Ch. **42**, 331 (1929).
[194] ALDERS, H., u. A. STÄHLER: B. **42**, 2685 (1909).
[195] TREADWELL, W. D.: Elektroanalytische Methoden, 1915, S. 152.
[196] BÖTTGER, W., N. BLOCK u. M. MICHOFF: Fr. **93**, 415 (1933).
[197] VORTMANN, G.: B. **24**, 2749 (1891).
[198] PAWECK, H., u. R. WEINER: Fr. **72**, 225 (1927).
[199] ALEXANDER, H.: Berg- u. Hüttenmänn. Z. **52**, 201 (1897).
[200] BULL, I. C.: Fr. **41**, 653 (1902).
[201] KROUPA: Berg- u Hüttenmänn. Z. **53**, 411.
[202] LINDT: Fr. **57**, 71 (1918).
[203] SACHER: Ch. Z. **1909**, 1257.
[204] JOLSON, L. M., u. E. M. TALL: Fr. **108**, 96 (1937).
[205] SCHULZ-LOW: Berg- und Hüttenmänn. Z. **51**, 473 (1896).
[206] ROESSLER, C.: Fr. **24**, 1 (1885).
[207] WILEY, R. C.: Ind. eng. Chem. Anal. Edit. **2**, 124 (1930).
[208] KOENIG, E., durch I. C. BULL: Fr. **41**, 662 (1902).
[209] KUTZELNIGG, A.: Fr. **129**, 382 (1949).
[210] WILEY, R. C., P. M. AMBROSE u. A. D. BOWERS: Ind. eng. Chem. Anal. Edit. **2**, 415 (1930).
[211] CANDEA, C., u. I. G. MURGULESCU: Ann. Chim. anal. [3] **18**, 33, (1936); durch Fr. **110**, 207 (1937).
[212] RAICHINSTEIN, Z., u. N. KOBOROW: Chem. J. Ser. B (russ.); durch Fr. **121**, 361 (1941).
[213] HENKEL, H.: Fr. **119**, 326 (1940).
[214] HOLNESS, H.: Analyst **69**, 145 (1944).
[215] EVANS, B. S.: Analyst **64**, 2 (1939).
[216] DUBROVSKAJA, T. F., u. N. A. FILIPPOVA: Betriebslab. (russ.) **21**, 523 (1955); durch Chem. Abstr. **49**, 14564 (1955).
[217] BRINTZINGER, H., u. E. JAHN: Fr. **94**, 400 (1933).
[218] SCHWARZ, H.: Dingl. J. **169**, 284; durch Fr. **2**, 378 (1863).
[219] LAURIC, A. P.: Chem. N. **68**, 211.
[220] JELLINEK, K., u. H. ENS: Z. anorg. Ch. **124**, 185 (1922).
[221] JELLINEK, K., u. J. CZERWINSKI: Z. anorg. Ch. **130**, 253 (1923).
[222] JELLINEK, K., u. P. KREBS: Z. anorg. Ch. **130**, 263 (1923).
[223] SCHACHKELDJAN, A.: Chem. J. Ser. B. (russ.) 4, 1087 (1931); durch Fr. **98**, 137 (1934).
[224] FRICKE, R., u. R. SAMMET: Fr. **126**, 13 (1943).
[225] KOCSIS, E. A., J. F. KALLÓS, G. ZÁDOR u. L. MOLNÁR: Fr. **126**, 452 (1943).
[226] KENNY, F., u. R. B. KURTZ: Anal. Chem. **25**, 1550 (1953).
[227] — **28**, 1206 (1956).
[228] BUCHERER, H. T., u. F. W. MEIER: Fr. **83**, 351 (1931).
[229] SCHWARZ, H.: Dingl. J. **127**, 51; durch Fr. **2**, 381 (1863).
[230] DIEHL, W.: Fr. **19**, 306 (1880).
[231] ALLERTON, S., S. CUSHMAN u. J. HAYES-CAMPBELL: Am. Soc. **17**, 901 (1895).
[232] POPE, F. J.: Am. Soc. **18**, 737 (1896).
[233] BULL, I. C.: Fr. **41**, 666 (1902).
[234] BROWN, D. J., J. A. MOSS u. J. B. WILLIAMS: Ind. eng. Chem. Anal. Edit. **3**, 134 (1931).

[235] GEILMANN, W., u. R. HÖLTJE: Z. anorg. Ch. **152**, 59 (1926).
[236] FAIRBALL, L. T.: durch Z. Pflanzenernähr. Düng. Bodenkunde **5**, 361 (1924).
[237] TOPF, G.: Fr. **26**, 296 (1887).
[238] BERNHARDT, H.: Fr. **67**, 97 (1925/26).
[239] KOLTHOFF, I. M.: Pharm. Weekbl. **57**, 934 (1920).
[239a] KOLTHOFF, I. M., u. Y. D. PAN: Am. Soc. **61**, 3402 (1939).
[240] DE BACHO, F.: Ann. Chim. appl. **12**, 153; durch Fr. **68**, 117 (1926).
[240a] KHADEEV, V. A., u. A. G. NIKURASHINA: Chem. Abstr. **53**, 6897 (1959).
[241] KOLTHOFF, J. M.: Fr. **62**, 97 (1923).
[242] SAWYER, D. T., u. P. S. FARRINGTON: Anal. Chem. **29**, 1688 (1957).
[243] MAJUMDAR, A. K., u. B. K. MITRA: Anal. chim. Acta **21**, 29 (1959).
[244] GELBACH, R. W., u. K. G. COMPTON: Ind. eng. Chem. Anal. Edit. **2**, 397 (1930).
[245] HILTNER, W., u. W. GITTEL: Fr. **99**, 169 (1934).
[246] LOW, A. H.: Am. Soc. **15**, 548 (1893).
[247] BULL, I. C.: Fr. **41**, 669 (1902).
[248] BEEBE: Chem. N. **73** (1896).
[249] WEBER, H.: Fr. **42**, 634 (1903).
[250] YVON, M.: J. Pharm. Chim. **19**, 18.
[251] BURSTEIN, R.: Z. anorg. Ch. **164**, 219 (1927).
[252] RIPAN, R.: Fr. **123**, 251 (1942).
[253] ERDEY, L., u. L. PÓLOS: Fr. **153**, 411 (1956).
[254] MÜLLER, E., u. W. PRÉE: Fr. **72**, 195 (1927); (s. auch E. MÜLLER: Die elektrometrische Maßanalyse. 6. Aufl., Dresden 1942, S. 155).
[255] MÜLLER, E., u. H. HENTSCHEL: Fr. **72**, 1 (1927).
[256] MÜLLER, E., u. K. GÄBLER: Fr. **62**, 29 (1923).
[257] ATANASIU, J. A., u. A. J. VELCULESCU: Fr. **85**, 120 (1931).
[258] AGASYAN, P. K.: Met. Anal. Redkikh. i Tsvet. Metal. Sbornik **1956**, 41; durch Chem. Abstr. **53**, 1993 (1959).
[259] SAXENA, R. S.: Fr. **160**, 194 (1958).
[260] BAYRAC, M. P.: J. Pharm. Chim. [5] **28**, 500; durch Z. anorg. Ch. **6**, 206 (1894).
[261] STOLLENWERK, W., u. A. BÄURLE: Fr. **77**, 99 (1929).
[262] BUCHERER, H. TH., u. F. W. MEIER: Fr. **83**, 353 (1931).
[263] EVANS, B. S.: Analyst **64**, 2 (1939).
[264] KOLTHOFF, I. M.: Volumetric Analysis II. Bd., New York 1947, S. 317.
[265] RIPAN, R.: Fr. **123**, 251 (1942).
[266] JELLINEK, K., u. W. KÜHN: Z. anorg. Ch. **138**, 126 (1924).
[267] JELLINEK, K., u. W. KRESTEFF: Z. anorg. Ch. **137**, 344 (1924).
[268] KOCSIS, E. A., J. F. KALLÓS, G. ZÁDOR u. L. MOLNÁR: Fr. **126**, 452 (1943).
[269] KRAUSE, H.: Fr. **128**, 103 (1948).
[270] VALENTIN, J.: Fr. **54**, 83 (1915).
[271] JELLINEK, K., u. W. KÜHN: Z. anorg. Ch. **138**, 121 (1924).
[272] RUPP, E., W. WEGNER u. P. MAIHS: Z. anorg. Ch. **144**, 313 (1925).
[273] JELLINEK, K., u. P. KREBS: Z. anorg. Ch. **130**, 263 (1923).
[274] KOHLRAUSCH, F.: Ph. Ch. **50**, 355 (1904).
[275] CAMERON, C. A.: Chem. N. **38**, 145; durch Am. Soc. **1**, 535 (1879).
[276] MOSER, L.: Ch. Z. **30**, 9; durch Fr. **46**, 56 (1907).
[277] RUPP, E., u. L. KRAUS: Ar. **241**, 435 (1903); durch C. **74**, II, 1024 (1903).
[278] CUNY, L.: J. Pharm. Chim. [7] **28**, 154 (1923); durch Fr. **64**, 402 (1924).
[279] GEILMANN, W., u. R. HÖLTJE: Z. anorg. Ch. **152**, 63 (1926).
[280] KOLTHOFF, I. M., u. Y. D. PAN: Am. Soc. **62**, 3332 (1940).
[281] DRĂGULESCU, C., u. E. LATIU: Fr. **126**, 63 (1943).
[282] RINGBOM, A.: Ph. Ch. A **173**, 207 (1935).
[283] DRĂGULESCU, C., u. E. LATIU: Fr. **126**, 67 (1943).
[284] ATANASIU, I. A., u. A.I. VELCULESCU: Bl. Acad. Roum. **19**, 37 (1937); durch Fr. **120**, 196 (1940).
[285] SPACU, G., u. P. SPACU: Bl.Acad. Roum. **26**, 162, 234 (1943); durch Fr. **129**, 73 (1949).
[286] WILLARD, H. H., u. J. J. THOMPSON: Ind. eng. Chem. Anal. Edit. **6**, 425 (1934).
[287] ROY, S. N.: J. Indian chem. Soc. **12**, 584 (1935); durch Fr. **110**, 206 (1937).
[288] BOVALINI, E., u. A. CASINI: Ann. chim. Rome **42**, 610 (1952); durch Fr. **140**, 64 (1953).
[289] BUCHERER, H. T., u. F. W. MEIER: Fr. **83**, 352 (1931).
[290] KOLTHOFF, I. M.: Fr. **62**, 5 (1923).
[291] KOLTHOFF, I. M., u. Y. D. PAN: Am. Soc. **62**, 3334 (1940).
[292] BULL, I. C.: Fr. **41**, 662 (1902).
[293] BENESCH, E., u. E. ERDHEIM: Przemysl Chem. **15**, 153 (1931); durch Fr. **91**, 372 (1933).
[294] TANANAEFF, N. A.: Fr. **100**, 394 (1935).
[295] JELLINEK, K., u. J. CZERWINSKI: Z. anorg. Ch. **130**, 253 (1923).

[296] ROY, S. N.: J. Indian chem. Soc. **13**, 40 (1936); durch Fr. **111**, 23 (1937/38).
[297] KOMARETZKYJ, S.: Fr. **84**, 407 (1931).
[298] RICHARDS, C. E.: Analyst **50**, 398 (1925).
[299] GAPTSCHENKO, M. W.: Betriebslab. (russ.) **4**, 1014 (1935); durch Fr. **109**, 206 (1937).
[300] TANANAEFF, I.: Fr. **99**, 18 (1934).
[301] KURTENACKER, A., u. W. JURENKA: Fr. **82**, 210 (1930).
[302] FARKAS, L., u. N. URI: Anal. Chem. **20**, 236 (1948).
[303] BUCHERER, H. TH., u. F. W. MEIER: Fr. **83**, 355 (1931).
[304] DESHMUKH, G. S., M. G. BAPAT, E. BALAKRISHNAN u. M. C. ESHWAR: Fr. **170**, 381 (1959).
[305] EVANS, B. S.: Analyst **64**, 2 (1939).
[306] KOCSIS, E. A., J. F. KALLÓS, G. ZÁDOR u. L. MOLNÁR: Fr. **126**, 454 (1943).
[307] RAICHINSTEIN, Z., u. N. KOBOROW: Chem. J. Ser. B (russ.) **8**, 154 (1935); durch Fr. **109**, 278 (1937).
[308] CASAMAJOR, P.: Am. Soc. **4**, 35 (1882).
[309] LONGI, A., u. L. BONAVIA: G. **1**, 327 (1896); durch Z. anorg. Ch. **17**, 157 (1898).
[310] KARABAŠ, A. G.: Ž. anal. Chim. (russ.) **8**, 140 (1953); durch Fr. **143**, 298 (1954).
[311] MAHESHWARI, G. L., u. J. B. IHA: J. Indian chem. Soc. **14**, 42 (1937); durch Fr. **122**, 357 (1941).
[312] KREMER, V. A., E. I. VAĬL', F. P. FRIZYUK u. L. S. SONCHIK: Betriebslab. (russ.) **24**, 1440 (1958); durch Anal. Abstr. **6**, 3928 (1959).
[313] ANDREASOV, L. M., E. I. VAĬL', V. A. KREMER u. V. A. ŠELICHOVSKIJ: J. anal. Chim. (russ.) **13**, 657 (1958); durch Fr. **169**, 122 (1959).
[314] SCHNEIDER, A., u. H. BEISKEN: Fr. **141**, 326 (1954).
[315] YATSIMIRSKIĬ, K. B., u. E. N. ROSLYAKOVA: Sovrem. Metody Anal. Metall., M., Metallurgizdat **1955**, 124; durch Anal. Abstr. **4**, 1126 (1957).
[316] ERDEY, L., u. L. PÓLOS: Fr. **153**, 401 (1956).
[317] FUNK, H., u. F. RÖMER: Fr. **101**, 86 (1935).
[318] HOLMES, F., u. W. R. C. CRIMMIN: Anal. chim. Acta **13**, 135 (1955).
[319] KOSTROMIN, A. I.: Uch. Zap. Kazansk. Univ. **116**, 179 (1956); durch Anal. Abstr. **4**, 2551 (1957).
[320] VASYUTINSKII, A. J.: durch Chem. Abstr. **53**, 6897 (1959).
[321] WICKBOLD, R.: Fr. **152**, 266, 342 (1956)
[322] — **153**, 21 (1956).
[323] BOBTELSKY, M., u. R. RAFAILOFF: Anal. chim. Acta **16**, 321 (1957).
[324] BUSEV, A. I., u. M. I. IVANIUTIN: Ž. anal. Chim. (russ.) **13**, 647 (1958); durch Fr. **171**, 210 (1959/60).
[325] ČIHALÍK, I., u. E. KUDRNOVSKÁ-PAVLÍKOVÁ: Chem. Listy **49**, 1640 (1955); Coll. Czechoslov. Chem. Comm. **21**, 718 (1956); durch Anal. Abstr. **4**, 19 (1957).
[326] ČIHALÍK, J., u. J. VORÁČEK: Chem. Listy **50**, 1780 (1956); **51**, 278 (1957); durch Fr. **157**, 277 (1957).
[327] LOW, A. H.: Am. Soc. **15**, 549 (1893).
[328] CUSHMAN, A. S., u. J. HAYES-CAMPBELL: Am. Soc. **17**, 903 (1895).
[329] LONGI, A., u. L. BONAVIA: G. **1**, 327 (1896); durch Z. anorg. Ch. **17**, 156 (1898).
[330] LOW, A. H.: Am. Soc. **30**, 587 (1908).
[331] WARD, H. L.: Z. anorg. Ch. **77**, 269 (1912).
[332] v. ZOMBORY, L., u. L. POLLÁK: Z. anorg. Ch. **217**, 237 (1934).
[333] KOCSIS, E. A., J. F. KALLÓS, G. ZÁDOR u. L. MOLNÁR: Fr. **126**, 452 (1943).
[334] MAYR, C., u. J. FISCH: Fr. **76**, 429 (1929).
[335] USATENKO, Y. I., u. M. A. VITKINA: Ukrain. chem. J. **23**, 788 (1957); durch Anal. Abstr. **6**, 28 (1959).
[336] KOLTHOFF, I. M., u. Y. D. PAN: Am. Soc. **62**, 3334 (1940).
[337] KOLTHOFF, I. M.: Fr. **62**, 161 (1923).
[338] BERG, R.: Das o-Oxychinolin. Stuttgart 1935.
[339] KOLTHOFF, I. M., durch I. M. KOLTHOFF u. R. BELCHER: Volumetric Analysis, Bd. III. New York 1957.
[340] KAMPF, L.: Ind. eng. Chem. Anal. Edit. **13**, 72 (1941).
[341] FLECK, H. R., F. I. GREENANE u. A. M. WARD: Analyst **59**, 325 (1934).
[342] POETHKE, W.: P. C. H. **86**, 2 (1947).
[343] KOLTHOFF, I. M.: Die Maßanalyse, II. Teil, 2. Aufl. (1931).
[344] MÜLLER, H., u. R. FRICKE: Fr. **126**, 9 (1943).
[345] BERG, R.: Fr. **115**, 204 (1938/39).
[346] BUCHERER, H. TH: Fr. **59**, 297 (1920).
[347] CIMERMAN, C., u. M. ARIEL: Anal. chim. Acta **12**, 13 (1955).
[348] BOBTELSKY, M., u. B. GRAUS: Anal. chim. Acta **9**, 163 (1953).
[349] HASWELL, A. E.: Dingl. J. **241**, 393; durch Fr. **21**, 264 (1882).
[350] LONGI, A., u. L. BONAVIA: G. **1**, 327 (1896); durch Z. anorg. Ch. **17**, 158 (1898).

[351] BOLLENBACH, H.: Fr. **46**, 582 (1907).
[352] SCHLOSSBERG: Fr. **41**, 743 (1902).
[353] RUPP, E.: Fr. **42**, 732 (1903).
[354] LINDEMANN u. MOTTEU: Bl. Soc. chim. Paris [3] **9**, 812; durch Fr. **42**, 628 (1903).
[355] WALTERS, H. E., u. O. I. AFFELDER: Am. Soc. **25**, 632 (1903).
[356] ERICSON, E. J.: Am. Soc. **26**, 1135 (1904).
[357] EKWALL, P.: Fr. **70**, 161 (1927).
[358] RUPP, E., u. G. SIEBLER: Ch. Z. **48**, 241 (1924).
[359] LANG, R., u. J. ZWEŘINA: Fr. **93**, 248 (1933).
[360] MCINNES, D. A., u. E. B. TOWNSEND: J. ind. eng. Chem. **14**, 420 (1922).
[361] DAY, TH. G., PH. H. DELANO u. W. T. SCHRENK: School Mines Metallurg. Techn. Ser. **12** Nr. 2, 9 (1935); durch Fr. **121**, 432 (1941).
[362] ISSA, I. M., R. M. ISSA u. A. A. ABDUL AZIM: Anal. chim. Acta **10**, 474 (1954).
[363] KHADEEV, V. A., u. A. G. NIKURASHINA: Uzbek. Khim. Zhur., Akad. Nauk Uzbek SSR Nr. **2**, 11 (1958); durch Chem. Abstr. **53**, 6897 (1959).
[364] ISSA, I. M., u. R. M. ISSA: Anal. chim. Acta **13**, 323 (1955).
[365] KOLTHOFF, I. M., u. V. A. STENGER: Volumetric Analysis, Vol. II. New York 1947.
[366] VIEBÖCK, F., u. C. BRECHER: Ar. **270**, 109 (1932).
[367] WELLINGS, A. W.: Analyst **58**, 332 (1933).
[368] RUOSS: Fr. **37**, 427 (1898).
[369] HAYEK, E.: M. **65**, 233 (1935).
[370] DENK, G., u. J. ALT: Fr. **142**, 359 (1954).
[371] MOUSA, A. A.: Analyst **76**, 96 (1951).
[372] KAMECKI, J., u. M. ŚLABOŃ: Roczniki Chem. **29**, 107 (1955); durch Fr. **148**, 198 (1955/56).
[373] SAMUELSON, O.: Ion Exchangers in Analytical Chemistry. Stockholm-New York 1952.
[374] GRIESSBACH, R.: Angew. Ch. **52**, 215 (1939); durch Fr. **133**, 203 ff. (1951).
[375] SPECKER, H., M. KUCHTNER u. H. HARTKAMP: Fr. **141**, 33 (1954).
[376] JENÍČKOVÁ, A., M. MALÁT u. V. SUK: Chem. Listy **50**, 1113 (1956).
[377] SUK, V., u. M. MALÁT: Chemist-Analyst **45**, 30 (1956).
[378] VŘEŠŤÁL, J., u. J. HAVÍŘ: Chem. Listy **50**, 1851 (1956); durch Fr. **156**, 442 (1957).
[379] VŘEŠŤÁL, J., u. S. KOTRLÝ: Chem. Listy **50**, 1775 (1956).
[380] BOVALINI, E., u. A. CASINI: Ann. chim. Rome **43**, 287 (1953).
[381] KOTRLÝ, S.: Chem. Listy **51**, 730 (1957); durch Anal. Abstr. **4**, 3614 (1957).
[382] CELSE-COSTA, A.: Chemist-Analyst **47**, 39 (1958).
[383] ABD EL RAHEEM, A. A., A. S. MOUSTAFA u. A. A. AMIN: Fr. **175**, 19 (1960).
[384] ABD EL RAHEEM, A. A., u. M. M. DOKHANA: Anal. chim. Acta **20**, 133 (1959).
[385] BELCHER, R., R. A. CLOSE u. T. S. WEST: Chemist-Analyst **46**, 86 (1957).
[386] BELCHER, R., M. A., LEONARD u. T. S. WEST: Soc. **1958**, 2390; durch Fr. **165**, 446 (1959).
[387] ERDEY, L., u. L. PÓLOS: Anal. chim. Acta **17**, 458 (1957).
[388] FLASCHKA, H., u. H. ABDINE: Chemist-Analyst **45**, 58 (1956).
[389] KÖRBL, J., u. R. PŘIBIL: Chemist-Analyst **45**, 102 (1956).
[390] FRITZ, J. S., W. J. LANE u. A. S. BYSTROFF: Anal. Chem. **29**, 821 (1957).
[391] KÖRBL, J., u. R. PŘIBIL: Chem. Listy **51**, 1061 (1957); durch Fr. **160**, 374 (1958).
[392] SCHWARZENBACH, G.: Die komplexometrische Titration. Stuttgart 1955, S. 76.
[393] FLASCHKA, H., u. F. HUDITZ: Fr. **137**, 172 (1952/53).
[394] FLASCHKA, H.: Mikrochem. **39**, 38 (1952); durch Fr. **137**, 453 (1952/53).
[395] —: Fette und Seifen **54**, 267 (1952).
[396] WEHBER, P.: Fr. **153**, 253 (1956).
[397] ABD EL RAHEEM, A. A.: Fr. **167**, 98 (1959).
[398] ABD EL RAHEEM, A. A., u. A.-A. AMIN: Fr. **165**, 416 (1959).
[399] BELCHER, R., R. A. CLOSE u. T. S. WEST: Chemist-Analyst **46**, 86 (1957).
[400] ABD EL RAHEEM, A. A., u. A. A. AMIN: Fr. **163**, 340 (1958).
[401] ABD EL RAHEEM, A. A., u. F. A. OSMAN: Fr. **169**, 328 (1959).
[402] WEHBER, P.: Fr. **166**, 186 (1959).
[403] SOMMER, L., u. M. HNILIČKOVÁ: Naturwiss. **45**, 544 (1958).
[404] ABD EL RAHEEM, A. A., u. A.-A. AMIN: Anal. chim. Acta **19**, 327 (1958).
[405] PŘIBIL, R.: Komplexometrische Titrationen. VEB, Berlin 1961.
[406] ERDEY, L., u. L. PÓLOS: Fr. **174**, 333 (1960).
[407] ERDEY, L., u. A. BODOR: Fr. **137**, 410 (1952/53).
[408] FLASCHKA, H., u. W. FRANSCHITZ: Fr. **144**, 421 (1955).
[409] BROWN, E. G., u. T. J. HAYES: Anal. chim. Acta **9**, 1 (1953).
[410] BELCHER, R., A. I. NUTTEN u. W. I. STEPHEN: Soc. **1951**, 1520.
[411] SAJÓ, I.: Magyar Chem. Folyóirat **62**, 56 (1956); durch Fr. **155**, 202 (1957).
[412] KINNUNEN, J., u. B. MERIKANTO: Chemist-Analyst **44**, 50 (1955).
[413] KOVAŘÍK, M., u. M. MOUČKA: Fr. **150**, 416 (1956).
[414] FLASCHKA, H., u. H. ABDINE: Chemist-Analyst **45**, 2 (1956).

[415] ERDEY, L., u. I. BUZÁS: Anal. chim. Acta **22**, 524 (1960).
[416] TAKAMOTO, S.: Jap. Analyst **4**, 178 (1955).
[417] SEN, B.: Anal. chim. Acta **19**, 551 (1958).
[418] PŘIBIL, R.: Chem. Listy **47**, 1173 (1953).
[419] FLASCHKA, H.: Mikrochim. A. **39**, 315 (1952).
[420] —: Mikrochemie **39**, 38 (1952); **40**, 42 (1953).
[421] KINNUNEN, J., u. B. WENNERSTRAND: Metallurgia **50**, 149 (1954).
[422] KRAFT, G.: Fr. **186**, 187 (1962).
[423] PŘIBIL, R., u. B. MATYSKA: Coll. Czechoslov. Chem. Comm. **16**, 139 (1951).
[424] TANAKA, N., M. KODAMA, M. SASAKI u. M. SUGINO: Jap. Analyst **6**, 86 (1957); durch Fr. **160**, 282 (1958).
[425] NIKELLY, J. G., u. W. D. COOKE: Anal. Chem. **28**, 243 (1956).
[426] REILLEY, C. N., W. G. SCRIBNER u. C. TEMPLE: Anal. Chem. **28**, 450 (1956).
[427] PŘIBIL, R., Z. KOUDELA u. B. MATYSKA: Coll. Cheskoslov. Chem. Comm. **16**, 80 (1951); durch Fr. **135**, 360 (1952).
[428] KHALIFA, H.: Fr. **159**, 410 (1957/58).
[429] REILLEY, C. N., R. W. SCHMID u. D. W. LAMSON: Anal. Chem. **30**, 953 (1958).
[430] REILLEY, C. N., u. R. W. SCHMID: Anal. Chem. **30**, 947 (1958).
[431] SADEK, F. S., u. C. N. REILLEY: Microchemic. J. **1**, 183 (1957).
[432] BINDANOVA, L. M., u. O. P. PLATANOVA: Betriebslab. (russ.) **21**, 1294 (1955); durch Chem. Abstr. **50**, 7003 (1956).
[433] HALL, J. L., J. A. GIBSON, jr., P. R. WILKINSON u. H. O. PHILLIPS: Anal. Chem. **26**, 1484 (1954).
[434] VYDRA, F., u. M. KARLÍK: Chem. Listy **50**, 1749 (1956); durch Fr. **156**, 290 (1957).
[435] HARA, R., u. P. W. WEST: Anal. chim. Acta **11**, 264 (1954); **12**, 72, 285 (1955).
[436] WILHITE, R. N., u. A. L. UNDERWOOD: Anal. Chem. **27**, 1334 (1955).
[437] JORDAN, J., u. T. G. ALLEMAN: Anal. Chem. **29**, 9 (1957).
[438] REILLEY, C. N., u. W. W. PORTERFIELD: Anal. Chem. **28**, 443 (1956).
[439] TSIMBLER, M. E. u. V. I. DERENOVSKIĬ: Trudȳ Kievsk. Gidromelior. Inst. **1956**, 181; durch Anal. Abstr. **5**, 1479 (1958).
[440] KOBAYASHI, M.: J. chem. Soc. Japan, Pure Chem. Sect. **76**, 799 (1955); durch Anal. Abstr. **3**, 1981 III (1956).
[441] YAMAMOTO, Y.: Bl. Inst. chem. Res. Kyoto Univ. **36**, 139 (1958); durch Chem. Abstr. **53**, 8931 (1959).
[442] ISHIBASHI, M., Y. YAMAMOTO u. K. HÜRO: Jap. Analyst **7**, 582 (1958); durch Fr. **169**, 141 (1959).
[443] ISHIBASHI, M., u. Y. YAMAMOTO: Bl. Inst. chem. Res. Kyoto Univ. **36**, 24 (1958); durch Chem. Abstr. **53**, 4001 (1959).
[444] WINKLER, L. W.: Angew. Ch. **26**, 38 (1913).
[445] PYRIKI, C.: Fr. **64**, 325 (1924).
[446] SCHOORL, N.: Fr. **88**, 325 (1932).
[447] HAASE, L. W.: Fr. **78**, 113 (1929).
[448] KOLTHOFF, I. M.: Pharm. Weekbl. **53**, 1739 (1916).
[449] REITH, J. F., u. J. DE BEUS: Fr. **103**, 13 (1935).
[450] URBACH, C.: Mikrochemie **14**, 331 (1934).
[451] FISCHER, H.: Wiss. Veröffentl. Siemens-Konzern **4**, 158 (1925).
[452] IWANTSCHEFF, G.: Das Dithizon und seine Anwendung in der Mikro- und Spureanalyse. Weinheim (Bergstr.) 1958.
[453] BABKO, A. K., u. A. T. PILIPENKO: J. anal. Chem. (russ.) **2**, 33 (1947).
[454] BEY, L., u. M. FAILLEBIN: C. r. **188**, 1679 (1929); Bl. [4] **47**, 225 (1930); durch Fr. **83**, 214 (1931).
[455] POLLARD, F. H., P. HANSON u. W. J. GEARY: Anal. chim. Acta **20**, 26 (1959).
[456] ABD EL RAHEEM, A. A., A.-A. AMIN u. F. A. OSMAN: Fr. **171**, 420 (1959/60).
[457] T'IEN, P., u. K. WANG: Hua Hsüeh Hsüeh Pao **24**, 407 (1958); durch Chem. Abstr. **53**, 18731 (1959).
[458] LUKIN, A. M., u. G. S. PETROVA: Chem. Abstr. **54**, 5348 (1960).
[459] —: **53**, 2944 (1959).
[460] XAVIER, J., u. P. RAY: Sci. and Cult. **21**, 170 (1955); durch Chem. Abstr. **50**, 8375 (1956).
[461] BISQUE, R. E., u. C. V. BANKS: U.S. Atomic Energy Comm. ISC 781 (1957); durch Chem. Abstr. **52**, 3593 (1958).
[462] MOFFATT, M. R., u. H. S. SPIRO: Ch. Z. **31**, 639 (1907); durch Fr. **61**, 303 (1922).
[463] TRILLAT, A.: C. r. **136**, 1205 (1903).
[464] KLOSTERMANN, M.: Naturwiss. **14**, 1116 (1926).
[465] NECKE, A., P. SCHMIDT u. M. KLOSTERMANN: Dtsch. med. Wschr. **52**, 1855 (1926); durch Fr. **73**, 383 (1928).
[466] PETROW, A. D.: J. russ. phys.-chem. Ges. **60**, 311 (1928); durch Fr. **83**, 209 (1931).

[467] GEUER, G.: Angew. Ch. **61**, 102 (1949).
[468] BOLOTOW, M. P.: Problems Nutrit. (russ.) **6**, 117 (1937); durch C. **109. I**, 4508 (1938).
[469] ŠICHVARGER, F. D.: Betriebslab. (russ.) **31**, 1165 (1949); durch Fr. **134**, 382 (1951/52).
[470] DAY, T. G., P. H. DELANO u. W. T. SCHRENK: Missouri School Mines Metallurgy, Bull., techn. Ser. 12, Nr. 2, 9 (1935); durch Fr. **121**, 432 (1941).
[471] JONES, B.: Analyst **55**, 318 (1930).
[472] EVANS: Analyst **53**, 626 (1928).
[473] FEINBERG, S.: Fr. **96**, 415 (1934).
[474] BERG, R., u. E. S. FAHRENKAMP: Mikrochim. A. **1**, 64 (1937); Mikrochem., MOLISCH-Festschrift S. 42 (1936); durch Fr. **115**, 214 (1938/39).
[475] DANCKWORTT, P. W., u. E. JÜRGENS: Ar. **266**, 367 (1928); durch Fr. **76**, 400 (1929).
[476] BOZSAI, I., u. E. KOPÓCSY: Magyar Chem. Folyóirat **62**, 12 (1956); durch Anal. Abstr. **3**, 2095 (1956).
[477] BERG, R., u. E. S. FAHRENKAMP: Mikrochim. A. **1**, 64 (1937); Mikrochem., MOLISCH-Festschrift S. 42 (1936); durch Fr. **115**, 215 (1938/39).
[478] HEYROVSKÝ, J.: Polarographie. Wien 1941.
[479] V. STACKELBERG, M.: Polarographische Arbeitsmethoden. Berlin 1950.
[480] KOLTHOFF, I. M., u. J. J. LINGANE: Polarography. New York 1952.
[481] HEYROVSKÝ, J., u. P. ZUMAN: Einführung in die praktische Polarographie. VEB, Berlin 1959.
[482] HERRMANN, R., u. C. TH. J. ALKEMADE: Flammenphotometrie. Berlin, Göttingen, Heidelberg 1960.
[483] GILBERT, P. T.: Am. Soc. Testing Materials, Techn. Publ. **116**, 77 (1951).
[484] JORDAN, J. H.: Petroleum Refiner **32**, 139 (1953).
[485] SMITH, G. W., u. A. K. PALMBY: Anal. Chem. **31**, 1798 (1959).
[486] MENZIES, A. C.: Anal. Chem. **32**, 899 (1960); durch Fr. **180**, 279 (1961).
[487] ROBINSON, J. W.: Anal. Chem. **32**, Nr. 8, 17 A (1960).
[488] Analyse der Metalle, Bd. 2: Betriebsmethoden, Teil 2, Kap. 59, Spektrochemische Analyse. 2. Aufl., Berlin/Göttingen/Heidelberg 1961.
[489] MORITZ, H.: Spektrochemische Betriebsanalyse. 2. Aufl., Stuttgart 1956.
[490] SEITH, W., u. K. RUTHARDT: Chemische Spektralanalyse. 5. Aufl., 1958.
[491] SCHELLER, H.: Einführung in die angewandte spektrochemische Analyse. 2. Aufl., VEB, Berlin 1958.
[492] AHRENS, L. H., u. S. R. TAYLOR: Spectrochemical Analysis, 2. Aufl., London 1961.
[493] HARRISON, G. R.: M. I.T.-Wavelength Tables. New York 1939.
[494] SAIDEL, A. N., V. K. PROKOFJEW u. S. M. RAISKI: Spektraltabellen. Berlin 1961.
[495] MEGGERS, W. F., CH. H. CORLISS u. B. F. SCRIBNER: Tables of Spectralline Intensities. National Bureau of Standards Monograph 32. Washington 1961.
[496] FLÜGGE, S.: Handbuch der Physik, Band XXX; Röntgenstrahlen. 1957.
[497] BLOCHIN, M. A.: Physik der Röntgenstrahlen. VEB, Berlin 1957.
[498] BIRKS, L. S.: X-Ray Spectrochemical Analysis. New York, London 1959.
[499] GLOCKER, R.: Materialprüfung mit Röntgenstrahlen. 4. Aufl., 1958.
[500] SAGEL, K.: Tabellen zur Röntgen-Emissions- und Absorptions-Analyse. 1959.
[501] BIRKS, L. S., E. J. BROOKS, H. FRIEDMAN u. R. M. ROE: Anal. Chem. **22**, 1258 (1950).
[502] CALINGAERT, G., F. W. LAMB, H. L. MILLER u. G. E. NOAKES: Anal. Chem. **22**, 1238 (1950).
[503] HUGHES, H. K., u. F. P. HOCHGESANG: Anal. Chem. **22**, 1248 (1950).
[504] MAHR, C., u. H. OTTERBEIN: Fr. **144**, 28 (1955).
[505] KRÖNER, E.: Met. Erz **28**, 304 (1931).
[506] MAHR, C., u. H. OHLE: Z. anorg. Ch. **234**, 224 (1937).
[507] WEST, PH. W., u. J. K. CARLTON: Anal. chim. Acta **6**, 406 (1952).
[508] Analyse der Metalle, 1. Bd.: „Schiedsverfahren". Berlin 1942, S.89; vgl. auch 2.Aufl., 1949.
[509] Analyse der Metalle, 2. Bd.: „Betriebsanalysen", 2. Aufl., Berlin/Göttingen/Heidelberg 1961, S. 164.
[510] Analyse der Metalle, 2. Bd.: „Betriebsanalysen", 2. Aufl., Berlin/Göttingen/Heidelberg 1961, S. 163.
[511] HEYROVSKÝ, J.: Polarographisches Praktikum, 2. Aufl., Berlin/Göttingen/Heidelberg 1960, S. 72.
[512] British Standard 1225: 1345.
[513] MEINE, W.: Erdöl und Kohle **8**, 711.
[514] LINNE, W., u. H. D. WÜLFKEN: Erdöl und Kohle **10**, 521.
[515] SCHUHKNECHT, W.: Die Flammen-Spektralanalyse, Stuttgart 1961.
[516] SCHUHKNECHT, W.: Die Flammen-Spektralanalyse, Stuttgart 1961, S. 211.
[517] ASTM Standards: Am. Soc. Testing Materials 267, D 526 bis 56 (1958).
[518] Nuklidkarte, herausgegeben vom Bundesministerium für Atomkernenergie und Wasserwirtschaft, Stand Oktober 1958.
[519] SCHMEISER, K.: Radionuclide, 2. Aufl., Berlin/Göttingen/Heidelberg 1963.

MIX
Papier aus verantwortungsvollen Quellen
Paper from responsible sources
FSC® C105338

If you have any concerns about our products,
you can contact us on
ProductSafety@springernature.com

In case Publisher is established outside the EU,
the EU authorized representative is:
**Springer Nature Customer Service Center GmbH
Europaplatz 3, 69115 Heidelberg, Germany**

Printed by Libri Plureos GmbH
in Hamburg, Germany